普通高等教育"十一五"国家级规划教材
21世纪高等学校机械设计制造及其自动化专业系列教材
华中科技大学"双一流"建设机械工程学科系列教材

数控技术

（第二版）

主　编　彭芳瑜　唐小卫
副主编　周向东　叶伯生　宋　宝
　　　　袁楚明　向　华
主　审　李　斌

华中科技大学出版社
中国·武汉

内 容 简 介

本书以数控系统硬件、软件结构为主线，重点介绍数控加工程序的编制、计算机数控装置、进给伺服驱动系统、运动机构与典型数控机床、数控系统的选型及应用等内容。本书将数控技术及应用方面的基本知识、基本理论与本学科发展的相关新技术、新方法有机地融合，为读者介绍数字制造装备的发展与应用方向，并提供必要的基础知识与方法。本书既强调学科之间的交叉融合，又面向实际应用，通过启发创新思维，培养读者主动实践的工程应用能力。

本书具有概念清晰、内容简明、叙述通俗、体系完整、由浅入深的特点，可作为高等学校机械类专业“数控技术”课程的教学用书，也可供近机械类各专业的学生及从事数控机床加工相关工作的工程技术人员参考，可满足48～56学时本科教学的需要。本书还提供了与教材配套的二维码教学资源，使用本书的读者可以通过扫描二维码阅读和学习。

图书在版编目(CIP)数据

数控技术/彭芳瑜，唐小卫主编. —2版. —武汉：华中科技大学出版社，2022.5
ISBN 978-7-5680-8089-7

Ⅰ. ①数… Ⅱ. ①彭… ②唐… Ⅲ. ①数控技术 Ⅳ. ①TP273

中国版本图书馆CIP数据核字(2022)第069540号

数控技术(第二版) 彭芳瑜 唐小卫 主编
Shukong Jishu(Di-er Ban)

策划编辑：万亚军
责任编辑：姚同梅
封面设计：原色设计
责任监印：周治超
出版发行：华中科技大学出版社(中国·武汉) 电话：(027)81321913
武汉市东湖新技术开发区华工科技园 邮编：430223
录 排：华中科技大学惠友文印中心
印 刷：武汉市籍缘印刷厂
开 本：787mm×1092mm 1/16
印 张：21
字 数：551千字
版 次：2022年5月第2版第1次印刷
定 价：59.80元

21 世纪高等学校
机械设计制造及其自动化专业系列教材
编审委员会

21世纪高等学校
机械设计制造及其自动化专业系列教材

总 序 一

“中心藏之，何日忘之”，在新中国成立60周年之际，时隔“21世纪高等学校机械设计制造及其自动化专业系列教材”出版9年之后，再次为此系列教材写序时，《诗经》中的这两句诗又一次涌上心头，衷心感谢作者们的辛勤写作，感谢多年来读者对这套系列教材的支持与信任，感谢为这套系列教材出版与完善作过努力的所有朋友们。

追思世纪交替之际，华中科技大学出版社在众多院士和专家的支持与指导下，根据1998年教育部颁布的新的普通高等学校专业目录，紧密结合“机械类专业人才培养方案体系改革的研究与实践”和“工程制图与机械基础系列课程教学内容和课程体系改革研究与实践”两个重大教学改革成果，约请全国20多所院校数十位长期从事教学和教学改革工作的教师，经多年辛勤劳动编写了“21世纪高等学校机械设计制造及其自动化专业系列教材”。这套系列教材共出版了20多本，涵盖了“机械设计制造及其自动化”专业的所有主要专业基础课程和部分专业方向选修课程，是一套改革力度比较大的教材，集中反映了华中科技大学和国内众多兄弟院校在改革机械工程类人才培养模式和课程内容体系方面所取得的成果。

这套系列教材出版发行9年来，已被全国数百所院校采用，受到了教师和学生的广泛欢迎。目前，已有13本列入普通高等教育“十一五”国家级规划教材，多本获国家级、省部级奖励。其中的一些教材(如《机械工程控制基础》《机电传动控制》《机械制造技术基础》等)已成为同类教材的佼佼者。更难得的是，“21世纪高等学校机械设计制造及其自动化专业系列教材”也已成为一个著名的丛书品牌。9年前为这套教材作序的时候，我希望这套教材能加强各兄弟院校在教学改革方面的交流与合作，对机械工程类专业人才培养质量的提高起到积极的促进作用，现在看来，这一目标很好地达到了，让人倍感欣慰。

李白讲得十分正确：“人非尧舜，谁能尽善？”我始终认为，金无足赤，人无完人，文无完文，书无完书。尽管这套系列教材取得了可喜的成绩，但毫无疑问，这套书中，某本书中，这样或那样的错误、不妥、疏漏与不足，必然会存在。何况形势总在不断地发展,更需要进一步来完善,与时俱进,奋发前进。较之 9 年前,机械工程学科有了很大的变化和发展,为了满足当前机械工程类专业人才培养的需要,华中科技大学出版社在教育部高等学校机械学科教学指导委员会的指导下,对这套系列教材进行了全面修订,并在原基础上进一步拓展,在全国范围内约请了一大批知名专家,力争组织最好的作者队伍,有计划地更新和丰富“21 世纪高等学校机械设计制造及其自动化专业系列教材”。此次修订可谓非常必要,十分及时,修订工作也极为认真。

“得时后代超前代,识路前贤励后贤。”这套系列教材能取得今天的成绩,是几代机械工程教育工作者和出版工作者共同努力的结果。我深信,对于这次计划进行修订的教材,编写者一定能在继承已出版教材优点的基础上,结合高等教育的深入推进与本门课程的教学发展形势,广泛听取使用者的意见与建议,将教材凝练为精品;对于这次新拓展的教材,编写者也一定能吸收和发展原教材的优点,结合自身的特色,写成高质量的教材,以适应“提高教育质量”这一要求。是的,我一贯认为我们的事业是集体的,我们深信由前贤、后贤一起一定能将我们的事业推向新的高度!

尽管这套系列教材正开始全面的修订,但真理不会穷尽,认识不是终结,进步没有止境。“嘤其鸣矣,求其友声”,我们衷心希望同行专家和读者继续不吝赐教,及时批评指正。

是为之序。

中国科学院院士 杨叔子

2009.9.9

21世纪高等学校
机械设计制造及其自动化专业系列教材

总序二

制造业是立国之本,兴国之器,强国之基。当今世界正处于以数字化、网络化、智能化为主要特征的第四次工业革命的起点,世界各大强国无不把发展制造业作为占据全球产业链和价值链高端位置的重要抓手,并先后提出了各自的制造业国家发展战略。我国要实现加快建设制造强国、发展先进制造业的战略目标,就迫切需要培养、造就一大批具有科学、工程和人文素养,具备机械设计制造基础知识,以及创新意识和国际视野,拥有研究开发能力、工程实践能力、团队协作能力,能在机械制造领域从事科学研究、技术研发和科技管理等工作的高级工程技术人才。我们只有培养出一大批能够引领产业发展、转型升级和创造新兴业态的创新人才,才能在国际竞争与合作中占据主动地位,提升核心竞争力。

自从人类社会进入信息时代以来,随着工程科学知识更新速度加快,高等工程教育面临着学校教授的课程内容远远落后于工程实际需求的窘境。目前工业互联网、大数据及人工智能等技术正与制造业加速融合,机械工程学科在与电子技术、控制技术及计算机技术深度融合的基础上还需要积极应对制造业正在向数字化、网络化、智能化方向发展的现实。为此,国内外高校纷纷推出了各项改革措施,实行以学生为中心的教学改革,突出多学科集成、跨学科学习、课程群教学、基于项目的主动学习的特点,以培养能够引领未来产业和社会发展的领导型工程人才。我国作为高等工程教育大国,积极应对新一轮科技革命与产业变革,在教育部推进下,基于“复旦共识”“天大行动”和“北京指南”,各高校积极开展新工科建设,取得了一系列成果。

国家“十四五”规划纲提出要建设高质量的教育体系。而高质量的教育体系,离不开高质量的课程和高质量的教材。2020年9月,教育部召开了在我国教育和教材发展史上具有重要意义的首届全国教材工作会议。近年来,包括华中科技大学在内的众多高校的机械工程专业结合自身的办学特色,引入先进的教育理念,在专业建设、人才培养模式、教学内容、教学方法、课程建设等方面积极开展教学改革,取得了较好的效果,建设了一大批优质课程。为了将这些优秀的教学改革经验和教学内容推广给全国高校,华中科技大学出版社联合华中科技大学在内的一批高校,在首批“21世纪高等学校机械设计制造及其自动化专业系列教材”的基础上,再次组织修订和编写了一批教材,以支持我国机械工程专业的人才培养。具体如下:

(1)根据机械工程学科基础课程的边界再设计,结合未来工程发展方向修订、整合一批经典教材,包括将画法几何及机械制图、机械原理、机械设计整合为机械设计理论与方法系列教材等。

(2)面向制造业的发展变革趋势,积极引入工业互联网及云计算与大数据、人工智能技术,并与机械工程专业相关课程融合,新编写智能制造、机器人学、数字孪生技术等方面教材,以开拓学生视野。

(3)以学生的计算分析能力和问题解决能力、跨学科知识运用能力、创新(创业)能力培养为导向,建设机械工程学科概论、机电创新决策与设计等相关课程教材,培养创新引领型工程技术人才。

同时,为了促进国际工程教育交流,我们也规划了部分英文版教材。这些教材不仅可以用于留学生教育,也可以满足国际化人才培养需求。

需要指出的是,随着以学生为中心的教学改革的深入,借助日益发展的信息技术,教学组织形式日益多样化;本套教材将通过互联网链接丰富多彩的教学资源,把各位专家的成果展现给各位读者,与各位同仁交流,促进机械工程专业教学改革的发展。

随着制造业的发展、技术的进步,社会对机械工程专业人才的培养还会提出更高的要求;信息技术与教育的结合,科研成果对教学的反哺,也会促进教学模式的变革。希望各位专家同仁提出宝贵意见,以使教材内容不断完善提高;也希望通过本套教材在高校的推广使用,促进我国机械工程教育教学质量的提升,为实现高等教育的内涵式发展贡献一份力量。

中国科学院院士 丁汉

2021年8月

再版前言

数控机床是装备制造业的根本，被称为工业母机，已广泛应用于汽车、铁路、风电、核电、航空航天、船舶以及日常生活用品等的制造。数控技术是数控机床的核心技术，随着数控技术在我国制造业中的普及与发展，迫切需要培养大量素质高、能力强的数控技术人才。

为了适应我国制造业快速发展，我们遵循高等工科院校教学规律的要求，根据教育部机械类专业教学指导委员会关于工科教材编写的有关精神，结合多年来在教学及科研方面的实践经验，参考最新的国内外资料，在上一版本的基础上对本书进行了全面修订，增加了新的内容，完善了某些重要论述，对相关部分进行了增、减、改。本书系统介绍了数控技术和数控机床系统的基本知识、核心技术与最新技术成就，并将理论融入实际需求。在内容编排上，注重先进性与实用性的统一，同时注重知识面的深度与广度；在文字叙述上，注意简练通俗、层次分明，并遵循由点到面、由浅入深的认识规律。2017 年，教育部提出了“新工科”建设目标，“新工科”专业改革类项目涵盖了人工智能类、大数据类、智能制造类项目等，而数控技术是智能制造类项目的重要组成部分，因此，本书也增加了与智能制造相关的智能数控系统的介绍，以进一步深化机械类专业学生对多学科融合智能制造的认识。

全书共分为 6 章。第 1 章介绍数控机床的组成、工作原理、分类、特点及应用范围，数控技术的发展；第 2 章介绍数控编程的方法，有关手工编程的相关标准、程序结构和相关指令，并以大量实例详细描述了手工编程在车削和铣削加工中的应用，同时简单介绍自动编程方法、常用编程软件和编程实例；第 3 章阐述计算机数控装置的软件和硬件结构、插补和刀补的原理、数控系统中的可编程控制器，并简要介绍了目前具有代表性的几种国内外数控系统；第 4 章介绍进给伺服驱动系统，其中详细描述了伺服系统的类型、伺服电机及调速、位置检测装置；第 5 章介绍数控机床的主运动系统及典型功能部件，主要包括主轴部件、主轴驱动与电机、电主轴、丝杠副、同步带、导轨及工作台、换刀机构等典型部件，并介绍了典型的数控机床，包括数控车床、铣床、磨床、加工中心及特种机床等；第 6 章介绍数控系统的选型及应用，包括主轴电机、进给电机的选型和案例等。

本书既可作为高等工科院校机械工程及自动化专业主干技术基础课程“数控技术”的教材，也可供从事数控机床加工相关工作的工程技术人员参考使用。

本书由彭芳瑜和唐小卫主编。参加教材编写的有:彭芳瑜(第1、3、4章)、唐小卫(第2、5、6章)、周向东(第2章)、叶伯生(第3章)、宋宝(第4章)、袁楚明(第5章)、向华(第6章)。闫蓉和胡鹏程参与了书稿的校核。本书由彭芳瑜统稿,李斌主审,相关视频资源由唐小卫负责制作。

在编写本书的过程中,我们参阅了有关院校、科研机构、企业的教材、资料;得到了许多同行专家的鼎力协助,他们对本书初稿提出了许多宝贵的意见和建议;同时还得到了华中科技大学国家数控系统工程技术研究中心教师的热情鼓励和无私支持,他们为本书的出版提供了大量的素材,付出了辛勤劳动;在出版过程中,华中科技大学出版社的领导和编辑也给予了我们极大支持与帮助,使本书得以顺利付梓。编者在此谨向所参考文献的单位和作者以及为我们提供帮助的人们表示诚挚的谢意!

由于编者水平有限,书中错误和不当在所难免,恳请各方面专家及广大读者批评指正。

编　者

2021年7月于武汉喻家山

目 录

概　　论

数控机床是装备制造业的基础设备，机床产业的下游行业主要为汽车、电力、航天航空、电子信息等行业。数控机床主要包括加工中心、组合机床、专用机床、重型龙门铣床、大型落地镗铣床、重型立式车床、高速龙门铣床、小型精密机床等。历经几十年的发展，我国机床工业取得了显著的成就。近年来我国一直保持着世界第一机床生产大国的地位。我国拥有全球最大的高精度数控轧辊磨床、数控龙门镗铣床、巨型模锻液压机和油压机，以及全球最大的齿轮数控加工设备等。随着我国工业转型升级和战略性新兴产业的高速发展，以智能制造、绿色制造和服务型制造为代表的装备制造业已经成为国民经济的支柱产业。在上述工业转型升级的大背景下，规模以上工业企业基本上实现了机床设备的数控化。

高端数控机床属于国家的重要战略物资，世界各机床强国都对其实行了出口管制，为应对日趋复杂的国际形势，我国在不断地加速高端数控机床进口替代的进程，从 2006 年开始就将高档数控机床和基础制造装备列为重大专项，《中国制造 2025》将数控机床和基础制造装备列入“加快突破的战略必争领域”，其中提出要加强前瞻部署和关键技术突破，积极谋划抢占未来科技和产业竞争制高点。根据《中国制造 2025》的规划，到 2025 年，高档数控机床与基础制造装备国内市场占有率要超过 80%，我国机床工业总体进入世界前列。经过多年的努力发展，在高端数控机床方面，国内数控系统和机床企业也逐渐掌握了部分核心技术，其产品得到市场的广泛认可，综合竞争力大幅提高，民族品牌开始崛起，逐渐形成进口替代趋势。

在全球大环境、国家政策以及自主关键技术积累的大背景下，我国数控技术的发展面临着新的机会和挑战，数控技术，尤其是高端数控技术及装备是我国从制造大国转变为制造强国的重要支撑。

1.1　数控机床的基本概念

1.1.1　数控技术与数控机床

在加工机床中得到广泛应用的数控技术，是一种采用计算机对机械加工过程中各种控制信息进行数字化运算、处理，并通过高性能的驱动单元对机械执行构件进行自动化控制的高新技术。当前已有大量机械加工装备采用了数控技术，其中最典型和应用面最广的是数控机床。为了便于后面的讨论，首先给出数控技术、数控系统和数控机床几个概念的定义。

数控技术：也称数字控制（numerical control，NC）技术，是指用数字、字母和特定符号对某一工作过程进行编程的自动控制技术。

数控系统：一般指计算机数控（computer numerical control，CNC）系统，是实现数控技术相关功能的软、硬件模块有机集成系统，通常是以计算机为核心的软、硬件集成系统，是数控技术的载体。

数控机床：应用数控技术对加工过程进行控制的机床。

CNC 系统是在数控技术的基础上发展起来的，其部分或全部功能通过软件来实现。由于 CNC 系统只要更改控制程序，不需更改硬件电路，就可以改变其控制功能，因此，相对于早期的 NC 系统(硬接线数控系统)，CNC 系统在通用性、灵活性、使用范围等方面具有更大的优越性。EIA(美国电子工业协会)所属的数控标准化委员会对 CNC 系统定义为：CNC 系统是一个用于存储程序的计算机，按照存储在计算机内的读写存储器中的控制程序去执行数控装置的部分或全部功能，在计算机之外的唯一装置是接口。CNC 系统是由数控程序、输入/输出(I/O)设备、计算机数控装置(CNC 装置)、可编程逻辑控制器(programable logic controller，PLC)、主轴驱动装置、进给伺服驱动系统共同组成的一个完整的系统，控制机床各组成部分实现各种数控功能。

1.1.2　数控机床的组成

从宏观上看，数控机床主要由机床本体和 CNC 系统两部分组成，如图 1-1 所示。

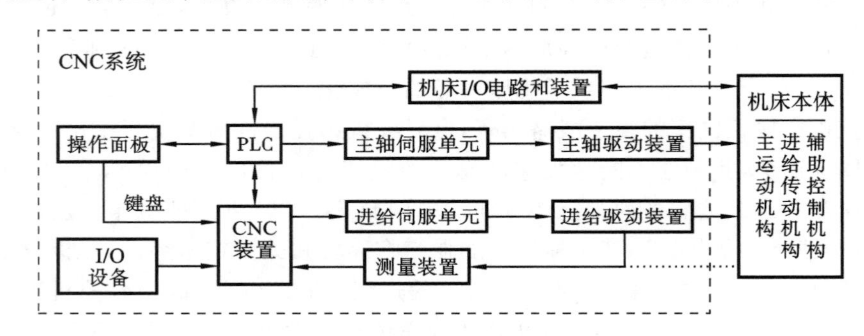

图 1-1　数控机床的组成

1. 机床本体

机床本体(见图 1-2)是数控机床的主体，是数控系统的控制对象，是实现零件加工的执行部件。主要由主运动部件、进给运动部件(工作台、拖板以及相应的传动机构)、支承件(立柱、床身等)、特殊装置(如刀具自动交换系统(automatic tools changer，ATC)、自动工件交换系统(automatic pallet changer，APC))，以及辅助装置(如冷却、润滑、排屑、转位和夹紧装置)等组成。数控机床机械部件的组成与普通机床相似，但传动结构和变速系统较为简单，在精度、刚度、抗振性等方面要求高。

2. 数控系统

数控系统是数控机床的指挥中心，如图 1-3 所示。它主要由操作面板、I/O 设备、CNC 装置、伺服单元、驱动装置、PLC 以及机床 I/O 电路等部分组成。

1) 操作面板

操作面板也称控制面板，是操作人员与数控机床(系统)进行交互的工具。一方面，操作人员可以通过操作面板对数控机床(系统)进行操作、编程、调试或对机床参数进行设定和修改；另一方面，操作人员也可以通过操作面板了解或查询数控机床(系统)的运行状态。操作面板是数控机床的一个 I/O 部件，是数控机床的特有部件。它主要由按钮站、状态灯、按键阵列(功能与计算机键盘一样)和显示器等部分组成，如图 1-4 所示。

图 1-2 机床本体

图 1-3 数控系统

图 1-4 操作面板

操作面板

2）存储介质和 I/O 设备

存储介质是记录零件加工程序的媒介，而I/O设备是 CNC 系统与外部设备进行信息交互的装置，其作用是将编制好的记录在控制介质上的零件加工程序输入 CNC 系统，或将已调试好的零件加工程序通过输出设备存放或记录在相应的存储介质上。数控机床常用的存储介质有电子盘、CF 卡、SD 卡、U 盘、硬盘等，输入设备有键盘、输入按钮、开关等，输出设备有打印机、显示器、状态灯等，另外，读卡器、USB 读/写控制电路、硬盘驱动器可同时作为输入与输出设备。

除此之外，还可采用通信方式进行信息交换，现代数控系统一般都具有利用通信技术进行信息交换的能力。通信技术是实现 CAD/CAM（计算机辅助设计/制造（computer aided design/manufacturing））集成、柔性制造系统（flexible manufacturing system，FMS）、计算机集成制造系统（computer integrated manufacturing system，CIMS）和智能制造系统（intelligent manufacturing system，IMS）的基本技术。

目前在数控机床上常用的通信方式有：

(1) 串行通信，如利用 RS232、RS485、USB 等串口通信。

(2) 利用网络与总线通信，利用如 Internet、局域网，以及现场总线、各种工业总线等通信。

(3) 利用自动控制专用接口，如直接数字控制(direct numerical control，DNC)接口、制造自动化协议(manufacturing automation protocol，MAP)接口等通信。

3) CNC 装置

CNC 装置是 CNC 系统的核心。其主要作用是根据输入的零件加工程序或操作者命令进行相应的处理(如运动轨迹处理、机床输入/输出处理等)，然后输出控制命令到相应的执行部件(伺服单元、驱动装置和 PLC 等)，完成零件加工程序或操作者命令所指定的工作。在数控装置的协调配合、合理组织下，整个系统得以有条不紊地工作。CNC 装置主要由计算机系统、位置控制板、PLC 接口板、通信接口板、扩展功能模块以及相应的控制软件等模块组成。

4) 伺服单元、驱动装置和测量装置

伺服单元和驱动装置是指主轴伺服驱动装置和主轴电机①、进给伺服驱动装置和进给电机；测量装置是指位置和速度测量装置，是实现速度闭环控制(主轴、进给)和位置闭环控制(进给)的必要装置。主轴伺服系统的主要作用是实现零件加工的切削运动，其控制量为速度。进给伺服驱动系统的主要作用是实现零件加工的成形运动，其控制量为速度和位置。能灵敏、准确地跟踪数控装置的位置和速度指令是进给伺服驱动系统的共同特征。

5) PLC、机床 I/O 电路和装置

PLC 用于完成与逻辑运算、顺序动作有关的 I/O 控制，由硬件和软件组成；机床 I/O 电路(由继电器、电磁阀、行程开关、接触器等执行部件组成的逻辑电路)和装置用于实现 I/O 控制。PLC、机床 I/O 电路和装置共同完成以下任务：

(1) 接收 CNC 系统的 M、S、T 指令，对其进行译码并转换成对应的控制信号，控制辅助装置完成机床相应的开关动作；

(2) 接收操作面板和机床侧的 I/O 信号，送给 CNC 装置，经其处理后，输出指令以控制 CNC 系统的工作状态和机床的动作。

1.2 数控机床的分类

数控机床的种类很多，从不同角度对其进行考察，就可采用不同的分类方法对其进行分类。通常有表 1-1 所示的几种不同的分类方法。

表 1-1 数控机床的分类

分类方法	数控机床类型
按运动控制方式分类	点位控制数控机床、直线控制数控机床、轮廓控制数控机床
按伺服系统分类	开环数控机床、半闭环数控机床、全闭环数控机床
按功能水平分类	经济型数控机床、普及型数控机床、高档型数控机床
按工艺方法分类	金属切削数控机床、金属成形数控机床、特种加工数控机床

① 本书中的“电机”均指“电动机”。

1.2.1 按控制功能分类

1）点位控制数控机床

这类数控机床仅能控制两个坐标轴带动刀具相对工件运动，从一个坐标位置快速移动到下一个坐标位置，然后控制第三个坐标轴进行钻、镗等切削加工，具有较高的定位精度。为了提高生产率，定位运动采用数控系统设定的最高进给速度，在移动过程中不进行切削加工，因此对运动轨迹没有要求。点位控制的数控机床用于加工平面内的孔系，这类机床主要有数控钻床、印制电路板钻孔机、数控镗床、数控冲床、三坐标测量机等。

2）直线控制数控机床

这类数控机床可控制刀具或工作台以适当的进给速度、沿着平行于坐标轴的方向进行直线移动和切削加工，进给速度根据切削条件可在一定范围内调节。早期的简易两坐标轴数控车床可用于加工台阶轴。简易的三坐标轴数控铣床可用于平面的铣削加工。现在的组合机床采用数控进给伺服驱动系统，驱动动力头可带着多轴箱轴向进给进行钻、镗削加工，也可以算作一种直线控制的数控机床。

3）轮廓控制数控机床

这类数控机床具有控制几个坐标轴同时协调运动，即多坐标轴联动的能力，可使刀具相对于工件按程序规定的轨迹和速度运动，能在运动过程中进行连续切削加工。可实现联动加工是这类数控机床的本质特征。这类数控机床有数控车床、数控铣床、加工中心等用于加工曲线和曲面形状零件的数控机床。现在的数控机床基本上都是这种类型的。根据其联动轴数还可细分为两轴、三轴、四轴、五轴联动数控机床，例如四轴三联动是指任一时刻只能控制任意三轴联动，而联动坐标轴数越多，加工程序的编制就越难。

1.2.2 按进给伺服驱动系统类型分类

按数控系统的进给伺服驱动系统有无位置测量装置（无位置测量装置的为开环系统，有位置测量装置的为闭环系统），数控机床可分为开环数控机床和闭环数控机床。闭环数控机床根据位置测量装置安装的位置又可分为全闭环数控机床和半闭环数控机床两种。

1）开环数控机床

开环数控机床采用开环进给伺服驱动系统。开环进给伺服驱动系统没有位置测量装置，信号流是单向的（数控装置→进给系统），故系统稳定性好。但由于无位置反馈，其精度相对闭环系统较低。其精度主要取决于伺服驱动系统、机械传动机构的性能和精度。该系统一般以功率步进电机作为伺服驱动元件，具有结构简单、工作稳定、调试方便、维修简单、价格低廉等优点，在精度和速度要求不高、驱动力矩不大的场合得到了广泛应用，一般用于经济型数控机床和旧机床的数控化改造。

2）半闭环数控机床

半闭环数控机床的进给伺服驱动系统采用的位置检测点是从驱动电机（常用交、直流伺服电机）或丝杠端引出，通过检测电机和丝杠旋转角度来间接检测工作台的位移量，而不是直接检测工作台的实际位置。由于在半闭环环路内不包括或只包括少量机械传动环节，因此半闭环进给伺服驱动系统可获得较稳定的控制性能。其稳定性虽不如开环进给伺服驱动系统，但比全闭环进给伺服驱动系统要好。另外，在位置环内各组成环节的误差可得到某种程度的补偿,但位置环外的各环节如丝杠的螺距误差、齿轮间隙引起的运动误差不能消除,可通过软件补偿这类误差来提高其运动精度。总之,半闭环进给伺服驱动系统的精度比开环进给伺服驱动系统好,比全闭环进给伺服驱动系统差,还具有结构简单、调试方便等特点,因而在数控机床中得到了广泛应用。

3) 全闭环数控机床

全闭环进给伺服驱动系统直接对工作台的实际位置进行检测。从理论上讲,全闭环进给伺服驱动系统可以消除整个驱动和传动环节的误差、间隙和失动量,具有很高的位置控制精度。但由于位置环内的许多机械传动环节的摩擦特性、刚性和间隙都是非线性的,很容易造成系统不稳定,因此全闭环进给伺服驱动系统的设计、安装和调试都有相当的难度。因而,全闭环进给伺服驱动系统对其组成环节的精度、刚性和动态特性等都有较高的要求,故价格高昂。全闭环进给伺服驱动系统主要用于精度要求很高的镗铣床、超精车床、超精磨床以及较大型的数控机床等。

1.2.3　按功能水平分类

按功能水平可以将数控机床分为高档型、普及型、经济型三类。这种分类没有明确的定义和确切的界限。通常可通过主CPU(中央处理器)档次、分辨率和进给速度、联动轴数、伺服水平、通信功能、人机界面等评价数控机床档次。

1) 高档型数控机床

高档型数控机床一般采用32位或更高性能的CPU;联动轴数在5以上;分辨率不小于0.1 μm;进给速度不小于24 m/min(分辨率为1 μm时)或不小于10 m/min(分辨率为0.1 μm时);采用数字化交流伺服驱动;具有MAP接口等高性能通信接口,有联网功能;具有三维动态图形显示功能。

2) 普及型数控机床

普及型数控机床一般采用16位或更高性能的CPU;联动轴数在5以下;分辨率为1 μm;进给速度小于或等于24 m/min;采用交、直流伺服电机驱动;具有RS232或DNC通信接口;有阴极射线管(CRT)字符显示和图形显示功能。

3) 经济型数控机床

经济型数控机床一般采用8位CPU或单片机;联动轴数在3以下;分辨率为0.01 mm;进给速度为6～8 m/min;采用步进电机或交流伺服电机驱动;具有简单的RS232通信功能;用发光二极管(LED)数码管或简单的CRT字符显示。

1.2.4　按工艺用途分类

按工艺用途可以将数控机床分为以下四类。

1) 切削加工数控机床

切削加工数控机床是具有切削加工功能的数控机床,如数控铣床、数控车床、数控磨床、加工中心、数控齿轮加工机床等。

2) 成形加工数控机床

成形加工数控机床是具有通过物理方法改变工件形状功能的数控机床,如数控折弯机、数控弯管机等。

3）特种加工数控机床

特种加工数控机床是具有特种加工功能的数控机床，如数控线切割机床、数控电火花加工机床、激光加工机等。

4）其他类型的数控机床

其他类型的数控机床指一些广义上的数控装备，如数控装配机、数控测量机、机器人等。

1.3　数控加工原理、特点及应用范围

1.3.1　数控加工原理

1. 数控加工工作过程

CNC系统的主要功能是进行刀具和工件之间的相对运动控制，其主要工程过程如下：

首先，将被加工零件图上的几何信息和工艺信息数字化，即将刀具与工件的相对运动轨迹、加工过程中主轴速度和进给速度的变换、冷却液泵的启停、工件和刀具的交换等控制和操作，都按规定的代码和格式编成加工程序；然后，将加工程序送入数控系统。数控系统则按照程序的要求，先进行相应的运算、处理，然后发出控制命令，使各坐标轴、主轴以及辅助动作相互协调，实现刀具与工件的相对运动，自动完成零件的加工。数控机床的工作过程如图1-5所示。

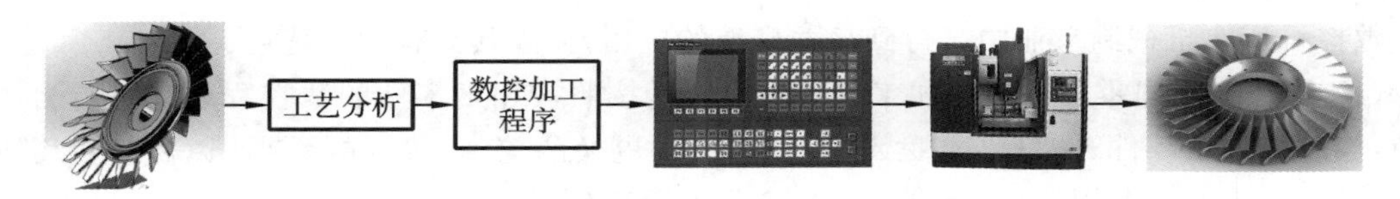

图1-5　数控机床的工作过程

2. 数控加工中数据转换过程

根据前述可知，CNC系统的主要任务，就是将由零件加工程序表达的加工信息（几何信息和工艺信息）变换成各进给轴的位移指令、主轴转速指令和辅助动作指令，控制加工轨迹和逻辑动作，加工出符合要求的零件。其数据转换的过程如图1-6所示。

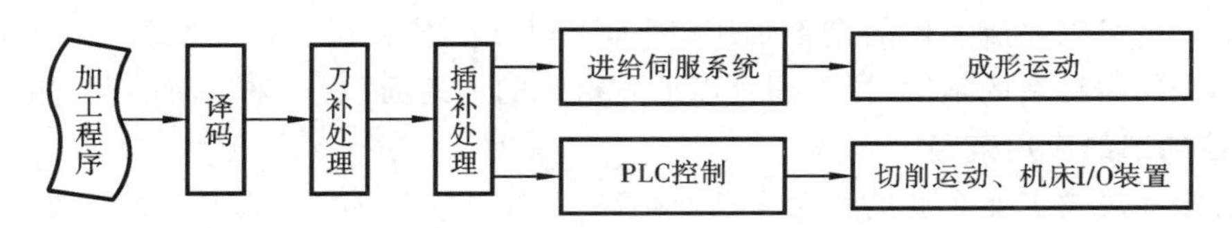

图1-6　数控加工中的数据转换过程

1）译码

译码（解释）程序的主要功能是将用文本格式（通常用ASCII码）表达的零件加工程序，以程序段为单位转换成刀补（刀具补偿的简称）处理程序所要求的数据结构（格式）。该数据结构用来描述一个程序段提供的数据信息（译码后的），主要包括：X、Y、Z坐标值；进给速度；主轴转速；G代码；M代码；刀具号；子程序处理和循环调用处理数据或标志等的存放顺序和格式。

2) 刀补处理

零件加工程序通常是按零件轮廓编制的,而数控机床在加工过程中控制的是刀具中心轨迹,因此在加工前必须进行刀补处理,将零件轮廓变换成刀具中心的轨迹。刀补处理程序就是完成这种转换的处理程序。

3) 插补计算

程序以系统规定的插补周期 Δt 定时运行,将由各种线条(直线、圆弧等)组成的零件轮廓,按程序给定的进给速度 F,实时计算出各个进给轴在 Δt 内的位移(ΔX_1、ΔY_1……),并将位移指令送给进给伺服驱动系统,实现成形运动。插补计算的详细过程将在后面的章节进一步阐述。

4) PLC 控制

CNC 系统对机床的控制分为两类:一类是针对各坐标轴的速度和位置进行的轨迹控制;另一类是针对机床动作进行的顺序控制,或称逻辑控制。后者是指在数控机床运行过程中,以 CNC 内部和机床各行程开关、传感器、按钮、继电器等开关量信号状态为条件,并按预先规定的逻辑关系对诸如主轴的启停、换向,刀具的更换,工件的夹紧、松开,液压、冷却、润滑系统的运行等进行的控制。上述功能就是通过 PLC 控制实现的。

1.3.2　数控加工的特点及应用范围

1. 数控加工的特点

数控机床在机械制造业中已得到日益广泛的应用,因为其具有如下特点:

(1) 能适应不同零件的自动加工。数控机床是按照被加工零件的数控程序来进行自动加工的,当改变加工零件时,只要改变数控程序,不必更换凸轮、靠模、样板或钻镗模等专用工艺装备。因此,生产准备周期短,有利于机械产品的更新换代。

(2) 生产率和加工精度高,加工质量稳定。在数控机床上加工可以采用较大的切削用量,从而有效地节省机动工时。自动变速、自动换刀和其他辅助操作自动化等功能,也使辅助时间大为缩短。同时,数控机床本身的精度较高,还可以利用软件进行精度补偿,而且它是根据数控程序自动进行加工的,因此加工质量稳定。

(3) 功能复合程度高,可一机多用。数控机床,特别是自动换刀的数控加工中心,在一次装夹的情况下几乎可以完成零件的全部加工,因而可以减少装夹误差,节约工序之间的运输、测量和装夹等操作需耗费的辅助时间,还可以节省机床的占地面积,带来较高的经济效益。

2. 数控加工的应用范围

数控机床在规模工业企业的普及率已经很高,其应用范围宽广,基本上各类复杂零件都可以用数控机床进行加工。根据数控加工的优缺点及国内外大量应用实践,结合经济效益考虑,数控加工的应用范围主要如下:

(1) 加工精度要求高,用数学模型描述的形状复杂的曲线或曲面轮廓零件;

(2) 具有难测量、难控制进给、难控制尺寸的不开敞内腔的壳体或盒型零件;

(3) 必须在一次装夹中合并完成铣、镗、锪、铰或攻螺纹等多道工序的零件;

(4) 价格高昂、不允许报废的关键零件;

(5) 需要保证生产周期最短的紧急零件;

(6) 其他适合采用数控机床加工的零件。

1.4 数控机床与数控系统的指标与功能

1.4.1 数控机床主机的规格指标与功能

1. 规格指标

数控机床主机的规格指标是指其的基本能力指标，主要有以下几个。

1）行程范围

行程范围指坐标轴可控的运动区间，反映机床允许的加工空间大小，一般工件轮廓尺寸应在加工空间的范围之内。在个别情况下，工件轮廓也可超出机床加工空间的范围，但工件的加工区域必须在机床的加工空间范围之内。

2）工作台面尺寸

工作台面尺寸反映机床可安装工件大小的最大范围。通常工作台面尺寸应选择比最大加工工件稍大一点，这是因为要预留夹具所需的空间。

3）承载能力

承载能力反映机床能加工零件的最大质量。

4）主轴功率和进给轴转矩

主轴功率和进给轴转矩反映机床的加工能力，同时也可间接反映机床的刚度和强度能力。

5）控制轴数和联动轴数

数控机床的控制轴数通常是指机床数控装置能够控制的进给轴数，现在有的数控机床生产厂家也认为控制轴数包括所有的运动轴，即进给轴、主轴、刀库轴等。数控机床控制轴数和数控装置的运算处理能力、运算速度及内存容量等有关。联动轴数是指数控机床控制多个进给轴，使其按零件轮廓规定的规律运动的进给轴数目，它反映了数控机床的曲面加工能力。

2. 精度指标

1）几何精度

几何精度是综合反映机床的关键零部件和机床在总装完成后的几何形状误差的指标。这些指标可分为两类：一类是对机床的基础件和运动大件（如床身、立柱、工作台、主轴箱等）的直线度、平面度、垂直度的要求，如工作台的平面度、各坐标轴运动方向的直线度和相互垂直度、相关坐标轴运动时工作台面和T形槽侧面的平行度等。另一类是对机床执行切削运动的主要部件——主轴的运动要求，如主轴的轴向窜动、主轴孔的径向跳动、主轴箱移动导轨与主轴轴线的平行度、主轴轴线与工作台面的垂直度（立式）或平行度（卧式）等。

2）位置精度

位置精度是综合反映机床空载时各运动部件在数控系统的控制下所能达到的精度。根据各轴能达到的位置精度就能判断出加工时零件所能达到的精度。位置精度指标主要有以下几种。

（1）定位精度　它指数控机床工作台等移动部件在确定的终点所达到的实际位置的精度。移动部位的实际位置与理想位置之间的误差称为定位误差。定位误差包括伺服系统、检测系统、进给系统等造成的误差，还包括移动部件导轨的几何误差等。定位误差将直接影响零件的加工精度。

(2) 重复定位精度　重复定位精度反映了在同一台数控机床上,应用相同程序加工一批零件所得到的连续结果的一致程度。重复定位精度受伺服系统特性、进给传动环节的间隙与刚性以及摩擦特性等因素的影响。一般情况下,重复定位精度是呈正态分布的偶然性误差,会影响一批零件加工的一致性,是一项非常重要的精度指标。

(3) 分度精度　分度精度用分度工作台在分度时理论上要求回转的角度值和实际回转的角度值的差值来表征。分度精度既影响零件加工部位在空间的角度位置,也影响孔系加工的同轴度等。

(4) 回零精度　回零精度指数控机床各坐标轴达到规定的零点的精度。回零误差为定位误差。回零误差包括整个进给伺服驱动系统的误差,将直接影响机床坐标系的建立精度。

3. 性能指标

1) 最高主轴转速和最大加速度

最高主轴转速是指主轴所能达到的最高转速,是影响零件表面加工质量、生产率以及刀具寿命的主要因素之一,对有色金属的精加工而言尤其如此。最大加速度是反映主轴提速能力的性能指标,也是影响生产效率的重要指标。

2) 最高快移速度和最高进给速度

最高快移速度是指进给轴在非加工状态下的最高移动速度,最高进给速度是指进给轴在加工状态下的最高移动速度,二者是影响零件加工质量、生产率以及刀具寿命的主要因素。它们均受数控装置的运算速度、机床动特性及工艺系统刚度等因素的限制。

3) 分辨率与脉冲当量

分辨率是指两个相邻的分散细节之间可以分辨的最小间隔。对测量系统而言,分辨率是可以测量的最小增量;对控制系统而言,分辨率是可以控制的最小位移增量,即数控装置每发出一个脉冲信号,反映到机床移动部件上的移动量,通常称之为脉冲当量。脉冲当量是设计数控机床的原始参数之一,其数值的大小决定了数控机床的加工精度和加工表面质量。脉冲当量越小,数控机床的加工精度和加工表面质量越高。

另外,换刀速度和工作台交换速度也是影响机床生产率的性能指标。

4. 可靠性指标

1) 平均无故障工作时间(MTBF)

$$\mathrm{MTBF}=\frac{1}{N_0}\sum_{i=1}^{n}t_i$$

式中:N_0——在评定周期内数控机床累计故障频数;

n——加工中心抽样台数;

t_i——在评定周期内第 i 台数控机床的实际工作时间(h)。

2) 平均修复时间(MTTR)

$$\mathrm{MTTR}=\frac{1}{N_0}\sum_{i=1}^{n}t_{\mathrm{M}i}$$

式中:$t_{\mathrm{M}i}$——在评定周期内第 i 台数控机床的实际修复时间(h)。

5. 数控机床的功能

数控机床的功能主要由其工艺用途决定,如数控车床应具备车削工艺所要求的功能,而车铣复合机床除应具备车削工艺所要求的功能外,还必须具备铣削工艺所要求的功能。

1.4.2 数控系统的指标与功能

1. 数控系统的指标

数控系统主要有以下指标。

1）插补精度

插补精度即指令最小分辨率，它反映数控系统控制精度的能力，通常有微米级的精度，如1 μm、0.1 μm，有时也可达到纳米级的精度，甚至还有皮米(10^{-12} m)级的精度；也有用脉冲当量来描述该指标的，脉冲当量越大，插补精度越低。

2）位置指令范围

位置指令范围指可控轴的行程范围，如±99999.999 mm、±999.999 mm等。

3）通道数

通道数即最大可控轴数，反映数控系统可控轴数量的多少。

4）最大联动轴数

最大联动轴数反映数控系统对空间轨迹的控制能力。

5）可靠性指标

可靠性指标也包括平均无故障工作时间和平均修复时间两个具体指标，用于衡量系统的性能。

6）其他指标

数控系统还有描述其特色的其他一些指标，如系统I/O点数、存储容量大小等。

2. 数控系统的功能

数控系统的功能主要由CNC装置的功能体现，通常是指满足用户操作和机床控制要求的方法和手段。CNC装置的功能包括基本功能和选择功能。前者为CNC装置配置的基本的、必备的功能；后者是用户可根据实际要求选择的功能。CNC装置具体有如下功能。

1）控制功能

CNC装置能控制和联动控制进给轴。CNC装置能控制的进给轴有移动轴和回转轴、基本轴和附加轴。如：数控车床只需两轴联动，在具有多刀架的车床上则需要两个以上的控制轴；数控镗铣床、加工中心等需要有三个或三个以上的控制轴。联动控制轴数越多，数控系统就越复杂，编程也越困难。

2）准备功能

准备功能即G功能，是指定机床动作方式的功能。在第2章将对其做详细介绍。

3）插补功能和固定循环功能

所谓插补功能，是指系统实现零件轮廓（平面或空间）加工轨迹运算的功能。一般数控系统仅具有直线和圆弧插补功能，而现在较为高档的数控系统还备有抛物线、椭圆、正弦线、螺旋线、样条曲线插补以及极坐标插补等功能。在第3章将对此做详细介绍。

在数控加工过程中，有些加工工序如钻孔、攻螺纹、镗孔、深孔钻削和切螺纹等，所需完成的动作循环十分典型，数控系统预先将这些循环用G代码进行定义，在加工时使用这类固定循环功能，可大大简化编程工作量。

4）进给功能

进给功能是指数控系统对进给速度的控制功能。主要有以下三种控制功能。

(1) 进给速度控制:控制刀具相对工件的运动速度。进给速度的单位为 mm/min。

(2) 同步进给速度控制:实现切削速度和进给速度的同步,用于加工螺纹。同步进给速度的单位为 mm/r。

(3) 进给倍率(进给修调率)控制:实现人工实时修调进给速度,即通过面板的倍率波段开关在 0%~200%之间对进给速度实现实时修调。

5) 主轴功能

主轴功能是指数控系统对切削速度的控制功能。主要有以下五种控制功能:

(1) 主轴转速(切削速度)控制:实现刀具切削点切削速度的控制功能。主轴转速单位为 r/min(m/min)。

(2) 恒线速度控制:实现刀具切削点的切削速度为恒速控制的功能。

(3) 主轴定向控制:实现主轴周向定位于特定点的控制功能。

(4) *C* 轴控制:实现主轴周向任意位置控制的功能。

(5) 切削倍率(进给修调率)控制:实现人工实时修调切削速度,即通过控制面板的倍率波段开关在 0%~200%之间,对切削速度实现实时修调。

6) 辅助功能

辅助功能即 M 功能,用于指定机床的辅助操作。在第 4 章中将对其做详细的介绍。

7) 刀具管理功能

刀具管理功能是指对刀具几何尺寸和刀具寿命进行管理的功能。加工中心都应具有此功能。刀具几何尺寸是指刀具的半径和长度,这些参数供刀补用;刀具寿命是指时间寿命,当某刀具的时间寿命完结时,数控系统将提示用户更换刀具;另外,数控系统都具有 T 功能,即刀具号管理功能,该功能用于标识刀库中的刀具和自动选择加工刀具。

8) 补偿功能

补偿功能包括以下几种。

(1) 刀具半径和长度补偿功能　利用刀具半径和长度补偿功能,可以实现按零件轮廓编制的程序去控制刀具中心的轨迹,在刀具半径和长度发生变化(如刀具更换、刀具磨损)时,也可利用这样的功能对刀具半径或长度做相应的补偿。该功能由 G 指令实现。

(2) 螺距误差、反向间隙误差补偿功能　可预先测量出螺距误差和反向间隙,然后按要求将所测得的值输入 CNC 装置相应的储存单元内,在加工过程中进行实时补偿。

(3) 智能补偿功能　当数控系统受到外界干扰而产生随机误差时,可采用先进的人工智能系统、专家系统等建立模型,实施智能补偿。如对于热变形引起的误差,CNC 装置将会在相应地方自动进行补偿。

9) 人机交互功能

在 CNC 装置中配有单色或彩色 CRT,通过软件可实现字符和图形的显示,以方便用户的操作和使用。在 CNC 装置中人机交互功能通过菜单结构的操作界面,零件加工程序的编辑环境,系统和机床参数、状态、故障信息的显示、查询或修改界面等来提供。

10) 自诊断功能

自诊断功能是指系统的故障诊断和故障定位功能。一般的数控系统或多或少都具有自诊断功能,这些自诊断功能主要是用软件来实现的。具有此功能的数控系统可以在故障出现后迅速查明故障的类型或部位,减少故障停机时间。CNC 装置的诊断程序既可以作为系统软件的一个模块,在系统运行过程中进行检查,也可以作为服务性程序,在系统运行前或故障停机后进行诊断,查找故障的部位。现在有的CNC装置可以进行远程通信诊断。

11) 通信功能

通信功能是指CNC装置与外界进行信息和数据交换的功能。通常数控系统都具有RS232C接口,可与其他计算机进行通信,传送零件加工程序;有的还备有DNC接口,以便实现直接数控;更高级的系统还可使用MAP协议、Internet或局域网(LAN),参与FMS、CIMS、IMS等大制造系统集成。

1.5　数控机床主机和数控系统的技术特征

1.5.1　数控机床主机的技术特征

数控机床主机的技术特征,与机械设计与制造技术、微电子技术、计算机技术等多领域的技术创新紧密相关。没有机床本体机械设计技术的过硬,就不可能根据用户不同的工艺要求,设计出不同布局、结构、精度、效率、自动化程度的机床。没有各种配套机、电、液、气、光等相关基础元部件和数控系统、自动化刀具、测量等方面技术的突破,没有高精尖机床共性技术(涉及刚度、振动、热变形、噪声、精度补偿等)的科研创新,没有新工艺、新材料、新结构、新元件的发展,数控机床就不可能不断发展。因此,数控机床综合应用了机械设计与制造工艺技术、计算机自动控制技术、精密测量与检测技术、信息技术、人工智能技术等技术领域中的最新成果,使机床的性能更加完善。主要表现在:机床加工精度不断提高,机床的高速化水平不断提高;复合加工技术促进了加工效率的不断提高,控制技术向高速和智能化方向发展,等等。数控机床主机的技术特征可归纳如下。

1. 高速、高精度、高可靠性

提高生产率是制造技术追求的基本目标之一,实现这个目标的最主要、最直接的方法就是提高切削速度。这就要求机床向高速化方向发展,不仅要提高主轴转速和进给速度,还要提高快速移动速度与加(减)速度,缩短主轴启动、制动时间,减少换刀时间等。高速加工不仅是设备本身,而且是机床、刀具、夹具、数控编程技术以及人员素质的集成。目前,主轴转速、进给移动速度和辅助运动速度已达到新的水平。如:主轴、电机一体化的新型高速主轴结构,可获得高转速和高加(减)角速度。采用直线电机驱动技术,可显著地减少直线坐标轴运动摩擦力、间隙和磨损等机械传动特性的影响,实现高精度的位移运动和精确的定位。采用新型换刀机构和伺服电机的托板交换装置,可大大提高换刀速度和托板交换速度。采用涂层硬质合金、陶瓷材料、立方氮化硼(CBN)、立方/六方复合氮化硼(WBN)和聚晶金刚石(PCD)等新型材料的刀具,其切削用量可比常规刀具高几倍到几十倍。

保证数控机床主机的高精度是为了适应高新技术发展的需要,也是为了提高普通机电产品的性能、质量和可靠性,减少其装配时的工作量,从而提高装配效率。随着计算机辅助制造系统的发展,当代工业产品对精度提出了越来越高的要求。仪器、钟表、家用电器等都是高精度零件;典型的高精度零件如陀螺框架、伺服阀体、涡轮叶片、非球面透镜、光盘、磁头、反射鼓等,它们的尺寸精度要求均在微米、亚微米级。因此,加工这些零件的机床也必须受到需求的牵引而向高精度方向发展。

数控机床的可靠性是数控机床产品质量的一项关键性指标。数控机床能否发挥其高性能、高精度、高效率,关键取决于可靠性。数控机床高精化、高速化、智能化等性能都建立在高可靠性基础上,没有高可靠性这些性能就无法实现,所以提高产品可靠性成为世界各国数控机床、数控系统、数控功能部件制造商不懈追求的质量目标。

2. 复合化

机床复合化的含义是在一台机床上能完成或尽可能完成从毛坯至成品的全部加工。为了提高效率、减少工序、缩短加工周期,要求数控机床实现复合加工和机床多功能化,这是数控机床的一个重要发展。集铣削加工装夹、车削加工装夹、钻削加工装夹和磨削加工装夹于一身的一次性装夹,全面完成切削加工的工艺技术已经成为当今金属切削机床的重要配置,而且还出现了车削和激光焊接复合的新加工工艺方案。在工艺技术组合方面,也出现了切削刀具的组合,使用一个刀杆可以逐次实现多种不同的加工工艺,例如用一把刀具可以完成车端面、车外圆、车内孔或者钻孔、倒角等加工工序。

复合机床根据其结构特点,可以分为工艺复合型和工序复合型两类。工艺复合型为跨加工类别的复合机床,包括集成了不同加工方法和工艺的复合机床,如车铣中心、激光铣削加工机床、冲压与激光切割复合机床、金属烧结与镜面切削复合机床等。工序复合包括:回转体零件的车、钻、铰、攻螺纹、铣削等多种工序的复合;切削与非切削工序复合,如铣削与激光淬火的复合、冲压与激光切割的复合、金属烧结与镜面切削的复合、加工与清洗融合于一台机床上的复合等。增加数控机床的复合加工功能,进一步提高其工序集中度,不仅可减少多工序加工零件的上下料时间,而且可以避免零件在不同机床上进行工序转换而增加工序间输送和等待时间,易于保证过程的高可靠性。此外,还可缩短加工过程链和辅助时间,减少机床台数,简化物料流,提高生产设备的柔性。

目前已经有各种机械加工方法组合的复合机床,如五轴车铣中心和立式车削中心,其具有车削和铣削加工的特点,配有刀库,能在一次装夹情况下,完成车削、铣削、钻孔、攻螺纹等工序,不仅能保证加工精度,减少辅助时间,还能提高生产率。如图 1-7 所示,日本森精机制作所开发出了可抑制工件因转动而产生的颤振的复合机床 NT4250 DCG/1500SZ。如图 1-8 所示,日本山崎马扎克(Mazak)公司开发出了以卧式铣床为原型、与卧式加工中心组合而成的卧式复合机床 INTEGREX e-650H Ⅱ。

图 1-7 NT4250 DCG/1500SZ 复合加工机床

图 1-8 INTEGREX e-650H Ⅱ 复合加工机床

3. 生态环保型机床

随着能源危机的加剧、日趋严格的环境保护政策的出台以及能耗成本的控制,人们也从加工效率、运行成本、环境保护等方面对机床提出了越来越高的要求。具有生态效益的机床(eco-efficient machine)概念已经为人们所接受。

建立生态环保型机床的第一个措施是大幅度减小机床质量和减少机床所需的驱动功率,

这样不仅可节省材料，还可降低机床使用时的能源消耗。早期的机床设计理念是“只有足够的刚度才能保证加工精度，提高刚度就必须增加机床质量”。生态环保型机床是在保证机床刚度的前提下，通过大幅减少机床部件的质量来达到省材、节能的目的的。主要可采用以下措施来减小机床质量：

(1) 采用新结构优化机床设计。现有机床质量的 80%用于保证机床的刚度，而只有 20%用于满足机床运动学的需要，机床结构优化的空间很大。采用新型焊接结构可以大幅度减小机床质量。在机床设计中采用焊接结构由来已久，主要做法是将钢板切割后焊接成大型结构件。随着机床结构轻量化要求的日益迫切，异型钢板和异型结构的应用得到了发展，焊接工艺也由电弧焊接扩展到激光焊接。采用“箱中箱”结构也可达到减小机床质量的目的，其特点是采用框架式箱形结构，将一个移动部件嵌入另一个部件的框架箱，借助有限元分析，通过合理配置肋板，在保证同等刚度的前提下，可使部件的质量减小 20%。

(2) 采用新的复合材料。图 1-9 所示为韩国 Mynx400/ACE-TC320D 生态型加工中心，其移动部件限制了空移速度只能在 0.2～0.8 m/s 的范围内变化，加速度也仅为 0.2～2.1 m/s^2。其导轨采用了高弹性模量纤维增强复合材料芯体的夹层结构，这使得其垂直导轨和水平导轨分别比传统钢质材料的导轨轻 34%和 26%。

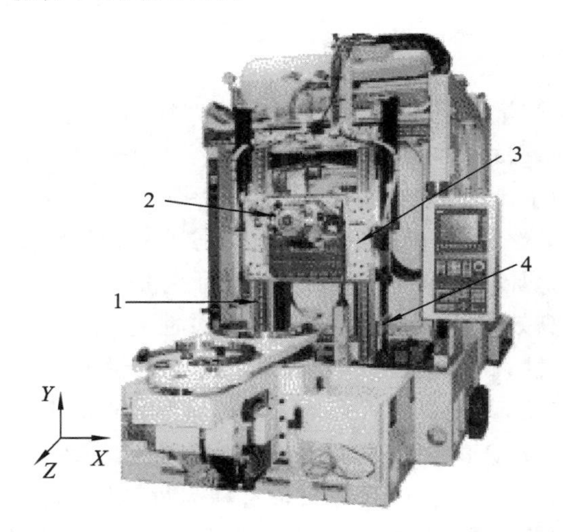

图 1-9 Mynx400/ACE-TC320D 生态型加工中心

1—X 向滑座；2—主轴；3—Y 向滑座；4—夹层梁

(3) 采用直接驱动部件来实现轻量化。直接驱动(或称零传动)是为了克服传统进给运动系统的缺点，简化机床结构，取消了动力源和工作台部件之间的一切中间传动环节，使得机床进给传动链的长度为零的一种传动模式。直线电机和电主轴均属于直接驱动部件。除此之外，直接驱动部件还有电滚珠丝杠(见图 1-10)和直接驱动工作台(见图 1-11)。前者是将空心转子驱动电机的转子与滚珠螺母刚性连接而形成的，滚珠螺母在固定的滚珠丝杠轴上高速旋转，最高可获得 120 m/min 的速度，加速度可达 1g，并可借助于位置反馈系统获得较高的定位精度。其特点是：结构紧凑、转动惯量小，因采用丝杠固定，不但提高了支承刚度，而且避免了丝杠高速旋转所带来的振动、热变形等问题，使整个进给驱动系统的动态特性得到提高。后者采用大力矩的驱动电机直接与回转工作台连接，以达到节省齿轮传动机构的目的。

在机械加工过程中使用冷却液能提高生产率和刀具寿命，但使用冷却液也存在很多缺点：冷却液对周围环境造成的生态危害大；冷却液的制备、利用、回收和处理困难，成本高；冷却液

图 1-10 电滚珠丝杠

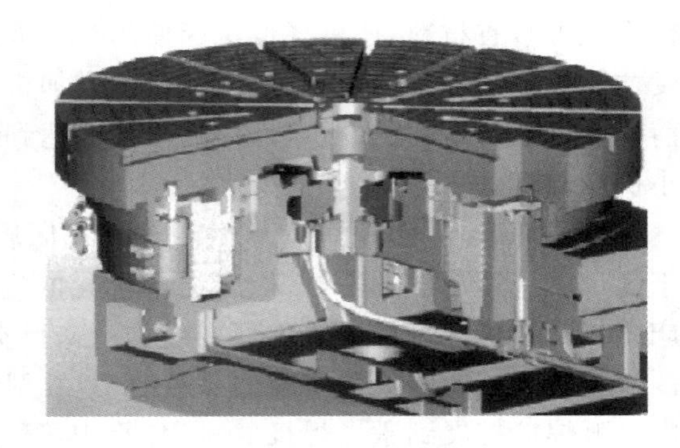

图 1-11 直接驱动的回转工作台

对人的身体有很大的伤害。因此,冷却液的使用和排放量少是生态环保型机床的基本特性。实现这个目标的途径有两个:①干切削(dry cutting),不使用冷却液。这需要机床具有足够的刚度和锋利的刀具,仅适用于某些加工形状比较简单的铣削和车削工序。②微量润滑(minimized quantity lubrication),采用压缩空气和润滑剂混合后的气雾进行润滑和冷却。微量润滑适用范围较广,可用于各种加工方法,但需要专门的装置提供气雾或低温空气(冷风),并需使用专门的润滑剂。

4. 高效柔性化

成本、质量、生产率和产量、交货期是衡量企业生产能力和市场竞争能力的四个要素,在激烈的市场竞争环境下,产品需求呈现多样化和个性化,产品经济寿命大大缩短,从而形成以多品种变批量的生产方式为主流的生产环境。产品更新换代和人们对产品多样化和个性化的需求,使得市场对具有良好柔性和多样化加工能力的制造系统的需求超过了对大型单一制造系统的需求,这就使得数控机床朝着模块化、可重构、可扩充的柔性化方向发展,也要求在多品种、变批量的环境下保持高效生产,这就要求高效与柔性的统一。机床需具备:高度的灵活性和多品种生产的快速适应性;高效的生产能力,包括高生产率(借助于高速化和提高金属切除率等途径来实现);高稳定性,着重要求其降低故障率,提高可靠性。特别是汽车制造业和电子通信设备制造业的发展,对机床的生产率提出了更高的要求。制造过程自动化程度的提高,要求机床不仅能完成通常的加工功能,而且还具备自动测量、自动上下料、自动换刀、自动误差补偿、自动诊断、进线和联网等功能,形成包括工业机器人、物流系统在内的数字化、智能化制造系统。

5. 并联机床

并联机床(parallel machine tools,PMT),又称并联结构机床(parallel structured machine tools)、虚拟轴机床(virtual axis machine tools)、并联运动机床(parallel kinematic machine tools,PKM),是并联机器人技术和数控机床相结合的产物,集成了空间机构学、机械制造技术、数控技术、计算机软硬件技术和 CAD/CAM 技术。图 1-12 所示为清华大学与齐齐哈尔二机床集团联合开发的适用于混流式水轮机叶片、大型模具等复杂曲面零件加工的 XNZD2415 型并联机床。

并联机床克服了传统机床串联机构刀具只能沿固定导轨进给、刀具作业自由度偏低、设备加工灵活性和机动性不够等固有缺陷,可实现多坐标联动数控加工、装配和测量等多种功能,非常适合用于航空航天、汽车等领域的零部件如叶轮、叶片、潜艇螺旋桨、模具、发动机箱体等上的复杂自由曲面的加工。

图 1-12 XNZD2415 型并联机床

并联机床与传统机床相比较具有以下优点：

(1) 加工能力强。并联机床灵活实现空间姿态的能力强，易于实现多坐标加工。

(2) 功能多元化。在并联机床上安装刀具或高能束源、机械手腕、测量头等装备，可以完成加工、装配和测量等作业。

(3) 环境适应能力强。并联机床在构型上的多样性为满足各种加工要求提供了可能，并且由于结构简单、机械元件少，便于进行模块化设计和系列派生，顺应了制造装备可重组、柔性化和集成化的发展趋势。

(4) 技术附加值高。并联机床具有硬件简单、软件复杂的特点，是一种技术附加值很高的机电一体化产品。

1.5.2 数控系统的技术特征

数控系统是数控机床的灵魂，其性能和水平直接决定了数控机床的性能和水平。随着机床主机技术的发展，数控系统也经历了一系列的技术发展，其功能、性能和可靠性不断提高。同样，数控系统的技术特征可归纳如下。

1. 开放式

开放式控制系统的提出是控制系统发展到一定阶段的必然。面对市场全球化导致的激烈竞争，制造行业迫切需要在产品多样化和产品更新换代频繁的情况下，提高生产率、提高产品质量、降低产品成本，同时更人性化地满足用户的需求。对适合中小批量加工、具有良好柔性和多功能型制造系统的需求已逐步超过对具有大型功能单元的制造系统的需求。正是这一需求促进了对模块化、可重构、可扩充、可升级的数控系统的研究。然而，各生产厂家和科研单位各自采用不同的标准、不同的封闭结构、不同的通信协议和数据结构，这导致不同厂家的数控设备之间无法实现信息交换，不同软件之间无法实现信息传输，不同的数据库之间无法实现数据共享。在这样的背景下，许多国家对开放式数控系统进行了研究。开放式数控系统的开放性应体现为系统对不同软硬件平台的可移植性,系统功能的可伸缩性,系统功能模块的可替代性和功能模块间的互操作性。这表明开放式数控系统应构筑在一个开放的平台之上,具有模块化的组织结构,允许用户对功能模块进行选配、更改和扩展,以迅速满足不同的应用需求,并且各功能模块可来源于不同的供应商并相互兼容。

以工业 PC(personal computer,个人计算机)为基础的开放式数控系统很容易实现多轴、多通道控制,实时三维实体图形显示和自动编程等,其利用 Windows 工作平台,使得开发工作量大大减少。实现开放式数控系统的方式主要有三种:将 PC 板卡嵌入专用数控系统,将 NC 板卡嵌入通用 PC 机,以及完全基于通用 PC 机的软件数控方式。将 PC 板卡嵌入专用数控系统,既可以保留原有的专用数控系统,又可以开放数控系统的人机界面,因而这种方式被专用数控系统制造商(例如 SIEMENS 和 FANUC)广泛采用。但是这种方式只实现了人机界面的开放,数控系统的核心是封闭的。将 NC 板卡嵌入通用 PC 机,既可以借助 PC 机实现人机界面的开放,又可以借助 NC 板卡的可编程能力实现系统核心的部分开放。相较于将 PC 板卡嵌入专用数控系统的方式,这种方式使得数控系统更具有开放性,并使其构建更加快捷,因而得到了研究人员的广泛采用,但是数控系统的开放性高度依赖于特定的 NC 板卡,并且只能实现系统核心的局部开放。基于软件数控方式,数控系统的基本功能完全由软件实现,系统的硬件部分由通用 PC 机、I/O 设备及伺服驱动设备等标准化的硬件设备组成,从而为实现从人机界面到系统核心、从软件到硬件的全方位开放提供了可能,并且这种方式也为数控系统能够持续不断地吸收计算机软硬件最新成果创造了条件,有利于数控系统性能的提高和更新换代。

这三种数控系统全部开放,能够满足机床制造厂商和最终用户的种种需求。这种控制技术的柔性,使得用户能十分方便地把数控系统应用到几乎所有应用场合。工业发达国家已经采取许多措施,投入大量人力、财力,组织产、学、研各方面力量进行研究、开发,如美国的 NGC(the next generation work-station/machine control,下一代工作站/机床控制)和 OMAC(open modular architeture controls,开放式模块化体系结构控制器)计划、欧共体的 OSACA(open system architecture for control with automation,自动化控制中的开放系统结构)计划、日本的 OSEC(open system environment for controller,控制器的开放系统环境)计划等。我国已经组织各方面力量制定了自己的开放式数控系统 ONC(open numerical control,开放式数控)技术规范,并已经将其作为国家标准正式发布。在开放式控制系统的体系结构标准的支持下,各个开发者能分别开发出具有互换性和互操作性的系统功能模块,通过标准化接口将不同制造商提供的功能模块组合成所需系统。

2. 网络化

数控系统的网络化,主要指数控系统与外部的其他控制系统或上位计算机进行网络连接和网络控制。网络数控就是使数控系统网络化,通过 Internet/Intranet 技术将制造单元和控制部件相连,以实现网络制造和资源共享为目标,支持各种先进制造环境。

数控机床及车间设备可以产生海量的反映设备状态及行为的数据,但以往这些设备都以“信息孤岛”的形式存在,造成了生产数据的浪费,无法进行大数据的价值挖掘。因此,实现数控机床与车间设备的互联互通,使数控机床具有双向、高速的联网通信功能,保证信息流在车间各个部门间畅通无阻是非常重要的,这样既可以实现网络资源共享,又能实现数控机床的远程监视、控制、培训、教学、管理,还可实现数控装备的数字化服务(数控机床故障的远程诊断、维护等),指导工业大数据的有效采集、存储和管理,并实现设备间的信息交互,提升车间的智能化调度水平。例如,日本山崎马扎克公司推出的新一代的加工中心配备了一个称为信息塔

(e-tower)的外部设备，其组成包括计算机、手机、机外和机内摄像头等，能够以语音、图形、视像和文本等形式实现故障报警，以及在线排除故障等功能，是独立的、自主管理的制造单元。国内的华中数控股份有限公司(简称华中数控)推出的云管家(iNC-Cloud)是面向数控机床用户、数控机床/系统厂商的以数控系统为中心的智能化、网络化服务平台。无论何时何地，只需移动终端，用户即可掌握所有信息，并可随时了解设备生产状态、生产效率、产量、报警信息等，享受专业、智能、安全的跟踪服务，同时可分享生产管理、设备维护等方面的先进经验，从而提高企业核心竞争力。

此外，利用数控机床及车间设备的互联互通协议，可以构建车间的大数据中心，积累海量的工业大数据，形成重要的数字资产，并对外提供用于科研、生产的数据服务，建立数字经济新模式。

为了实现数控机床互联互通，美国机械制造技术协会(AMT)提出了数控设备互联通信协议(MT-Connect)协议，用于机床设备的互联互通。2018年，德国机床制造商协会(VDW)基于通信规范OPC统一架构(UA)的信息模型，制定了德国版的数控机床互联通信协议Umati。

2016年，中国数控行业十几家企事业单位、研究机构与高校共同成立了数控机床互联通讯协议标准联盟。该组织承担了“数控机床互联通讯协议标准与试验验证”智能制造专项课题，研发了数控装备工业互联通信协议(NC-Link协议)，该协议现已进入应用验证阶段。数控机床互联互通有了一套统一的标准，必将促进我国智能工厂、智能车间的建设和智能生产的发展。

3. 智能化

智能化是制造技术发展的一个大方向。当前数控系统所需要的不仅是高性能，而且还包括各种智能化技术。智能化体现在数控系统中的各个方面：为追求加工效率和加工质量而实现的智能化，如加工过程的自适应控制、工艺参数自动生成；为提高驱动性能及确保使用、连接方便的智能化，如前馈控制、电机参数的自适应运算、自动负载识别、自动选定模型、自整定等；简化编程和操作方面的智能化，如智能化的自动编程、智能化的人机界面等；此外，数控系统的智能化还表现在智能诊断、智能监控等方面(方便系统的诊断及维修等)。

1) 加工过程自适应控制

通过监测加工过程中的切削力、主轴和进给电机的功率、电流、电压等信息，利用传统的或现代的算法进行识别，以辨识出刀具的受力、磨损、破损状态及机床加工的稳定性状态，并根据这些状态实时调整加工参数(主轴转速、进给速度)和加工指令，使设备处于最佳运行状态，以提高加工精度、降低加工表面粗糙度并提高设备运行的安全性。

2) 加工参数的智能优化与选择

根据工艺专家或技师的经验、零件加工的一般与特殊规律等，采用现代智能方法，构造基于专家系统或基于模型的“加工参数的智能优化与选择器”，利用其获得优化的加工参数，从而达到提高编程效率和加工工艺水平、缩短生产准备时间的目的。

3) 智能故障自诊断与自修复

根据已有的故障信息，应用现代智能方法实现故障的快速、准确定位。

4) 智能故障回放和故障仿真

完整记录系统的各种信息，对数控机床发生的各种错误和事故进行回放和仿真，用以确定错误引起的原因，找出解决问题的办法，积累生产经验。

5) 智能化交流伺服驱动

自动识别负载,并自动调整参数的智能化伺服系统,包括智能主轴交流驱动装置和智能化进给伺服装置。这种驱动装置能自动识别电机及负载的转动惯量,并自动对控制系统参数进行优化和调整,使驱动系统保持最佳运行状态。

智能数控系统

6) 智能 4M 数控

在制造过程中,加工、检测一体化是实现快速制造、快速检测和快速响应的有效途径。将测量(measurement)、建模(modelling)、加工(manufacturing)、机器操作(manipulator)四者(即 4M)融合在一个系统中,可实现信息共享,促进测量、建模、加工、装夹、操作的一体化。

开展智能化数控系统研究的目的是使数控系统能充分感知机床所处的工作环境并做出符合工况的优化决策,使机床在智能控制器的指挥下,即使在环境不可预知,甚至信息不完整、不确切的情况下仍能正常工作。新一代人工智能(AI)与先进制造技术深度融合所形成的新一代智能制造技术,已成为新一轮工业革命的核心驱动力,也为数控系统发展到智能数控系统,实现真正的智能化提供了重大机遇。

日本的 FANUC 公司开发了人工智能伺服监控和切削负载监控系统,实现了基于机床特性的机器学习参数优化、低频振动抑制、批量加工中的切削负载监测、刀具破损监控等。国内的华中数控研发了数控机床理论建模与大数据融合建模技术,以及自主优化、决策和执行的"i代码"和"双码联控"技术,并开发了质量提升、工艺优化、健康保障、生产管理等方面的一批智能化 APP(应用软件),使得数控加工效率更高、速度更快、更智能。数控系统配置 AI 芯片,可以实现毫秒级实时预测与推理,构建了定制化人工智能运行与开发的开放平台,并具备动态响应仿真功能,如动力学建模与分析、大数据复现关联、自生长式的数字孪生等功能。

习　　题

1. 名词解释:数控技术、数控机床、加工中心、点位直线控制系统、轮廓控制系统、开环进给驱动伺服系统、全闭环进给驱动伺服系统、半闭环进给驱动伺服系统、定位精度、重复定位精度、MTBF、MTTR。

2. 数控机床由哪几部分组成?试用框图表示各部分之间的关系,并简述各部分的基本功能。

3. 试从控制精度、系统稳定性及经济性三个方面比较开环、全闭环、半闭环进给驱动伺服系统的优劣。

4. 数控机床按控制系统的特点(加工功能)分为几类?它们各适用于什么场合?

5. 数控机床适用于加工哪些类型的零件?

6. 试分析数控车床、铣床、磨床以及加工中心的功能特征和加工对象。

7. 数控机床主要的指标有哪些?这些指标各主要包含哪些内容?

8. 数控机床的加工精度和批量零件加工的一致性主要与哪些精度指标有关?为什么?

9. 数控机床的可靠性通常用什么指标来衡量?它们分别从哪些方面反映了数控机床的可靠性?

10. 根据你在实习中以及平时的所见所闻,谈谈数控机床在国民经济中的作用、我国数控机床使用的现状,以及你对这样的现状的感想。

数控加工程序的编制

2.1 程序编制概述

2.1.1 程序编制的基本概念

在数控编程以前，需对零件图上规定的技术要求、几何形状、加工内容、加工精度等进行分析，在分析的基础上确定加工方案、加工工艺路线、对刀点、刀具和切削用量等，然后进行必要的坐标计算。在工艺分析和坐标计算的基础上，将零件的加工顺序、零件与刀具的相对运动轨迹与方向、尺寸数据、工艺参数(F、S、T)及辅助动作(变速、换刀、冷却液泵启停、工件夹紧松开等)等加工信息，用数控机床厂家所规定的由文字、数字、符号组成的代码与格式编写成加工程序单，并将程序单的信息通过手动输入(MDI)方式，或通过 RS232C 接口、USB 接口、DNC 接口或网络通信等多种方式输入数控装置，由数控装置进行自动加工。这种根据被加工零件的图样及其技术、工艺要求等必要的切削加工信息，按数控装置所规定的指令和格式编制的数控加工指令序列，就是数控加工程序。获得数控加工程序的过程称为数控程序编制，简称数控编程，是数控加工中一项极为重要的工作。需要指出的是，数控装置的品牌和种类繁多，所使用的数控程序语言规则和格式也不尽相同。当针对某一台数控机床编制加工程序时，应该严格按机床编程手册中的规定进行。本书以 ISO(国际标准化组织)标准为主来介绍加工程序的编制方法。

2.1.2 程序编制的基本方法

数控程序编制的基本方法可分为手工编程和自动编程两种。其中手工编程的整个过程是由人工完成的，这就要求编程人员不仅要熟悉数控代码和编程规则，而且还必须掌握机械加工工艺知识和具备数值计算能力；而自动编程则是编程人员根据零件图样的要求，按照某个自动编程系统的规定，将零件的加工信息送入计算机，由计算机自动进行程序的编制，编程系统能自动打印出程序单。自动编程既能减轻劳动强度，缩短编程时间，又可减少差错，使编程工作简便。

本章重点介绍手工编程中的相关内容，并将简单介绍自动编程。

2.1.3 手工编程的步骤和内容

手工编程的步骤如图 2-1 所示。

1. 分析零件图样，确定工艺过程

这一步是进行零件加工的必要前提步骤，主要内容是：在对零件图样进行工艺分析的基础

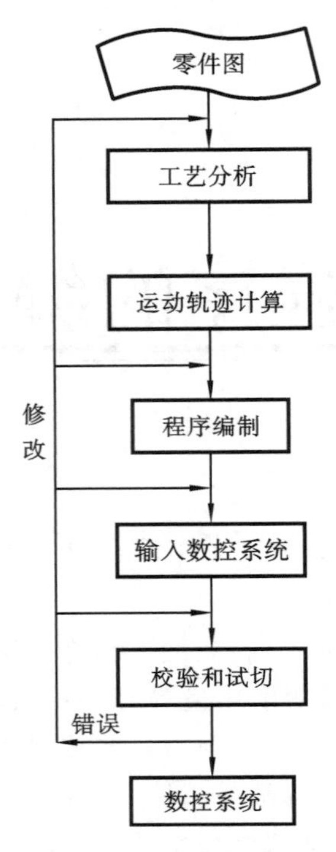

图 2-1　手工编程的步骤

上，选定机床、刀具与夹具；确定零件加工的工艺路线、工步顺序及切削用量等工艺参数。

2. 计算运动轨迹

根据零件图样上的尺寸及加工工艺路线的要求，在选定的坐标系(如工件坐标系)内计算零件轮廓和刀具运动轨迹上各点如起点、终点、圆心、交点、切点等的坐标值，有时只需计算出刀具相对零件轮廓的轨迹，但有时还要进一步换算得出刀具中心运动轨迹，并且按数控机床的规定编程单位(脉冲当量)将各点的坐标换算成相应的数字量。这一步也称为几何计算或数值计算。

3. 编制加工程序并初步校验

根据制定的加工工艺路线、切削用量、刀具号、刀补方式、辅助动作及刀具运动轨迹，按照机床类数控系统规定指令代码及程序格式编制零件加工程序，并进行校核，若出现错误则进行修改，再进行验证。

4. 输入数控系统

将加工程序单的信息通过 MDI、RS232C 接口、USB 接口、DNC 接口或以网络通信等多种方式输入数控装置，若程序较简单，也可直接通过键盘输入。

5. 程序的校验和试切

程序输入数控装置后，必须经过进一步的校验和试切削才能用于正式加工。通常的做法是针对输入的程序在数控系统上进行机床的空运转或试切检查。

对于平面轮廓零件，可在机床上用笔代替刀具、用坐标纸代替工件进行空运转、空运行绘图。对于空间曲面零件，可用蜡块、塑料、木料或价格低的材料制作工件进行试切，以此检查程序的正确性。

在具有图形显示功能的机床上，用静态显示(机床不动)或动态显示(模拟工件的加工过程)的方法则更为方便。但这样只能检查运动轨迹的正确性，不能判别工件的加工误差，而采用首件试切(在允许的条件下)的方法不仅可查出输入的程序是否有错，还可知道加工精度是否符合要求。

当发现错误时，应分析错误的性质，并修改程序单，或调整刀补尺寸，直至工件达到零件图规定的精度要求为止。

2.2　数控机床坐标系

在数控编程时，为了描述机床的运动，简化程序编制的方法及保证记录数据的互换性，并使编出的程序对同类型机床有通用性，同时也给维修和使用带来便利，需要统一规定数控机床坐标轴及其运动的方向。我国和国际标准化组织都制定了机床坐标轴命名的标准。

2.2.1　机床坐标系命名规定

1. 机床相对运动的规定

在机床上，一般认为工件静止而刀具运动，这样编程人员就可以在不考虑机床上工件与刀具具体运动（即加工过程中是刀具运动还是工件运动）的情况下，依据零件图，确定机床的加工过程。

2. 机床坐标系的规定

在数控机床上，机床的动作是由数控装置来控制的，为了确定数控机床上的成形运动和辅助运动，必须先确定机床上刀具的位移和其运动的方向，这就需要建立坐标系。这个坐标系称为机床坐标系，根据机床上的每一个进给运动（包括直线进给和圆进给运动）定义一个坐标轴。

例如：在铣床（见图 2-2(a)）上，有机床的纵向运动、横向运动以及垂向运动，在数控加工中就应该用机床坐标系来描述；而在龙门式铣削加工中心（见图 2-2(b)）上，除了上述三个移动轴外，还有两个旋转轴。

(a) 单柱立式数控铣床

(b) 龙门式铣削加工中心

图 2-2　立式数控铣床和龙门式铣削加工中心

机床坐标系也称基本坐标系，是以直线进给运动为标记的，各坐标轴分别定义为 X 轴、Y 轴、Z 轴，其相互关系用右手笛卡儿直角坐标系决定。

1）进给运动坐标系

如图 2-3 所示，伸出右手的大拇指、食指和中指，并使三者的夹角均为 90°，则大拇指代表 X 轴，食指代表 Y 轴，中指代表 Z 轴。大拇指的指向为 X 轴的正方向，食指的指向为 Y 轴的正方向，中指的指向为 Z 轴的正方向。上述规定针对的是假定工件不动而刀具相对工件运动的情况，如果是工件相对刀具运动，则用加“′”的字母表示各个坐标轴，且其正方向与刀具运动的方向相反。

2）回转运动坐标系

围绕 X、Y、Z 轴转动的圆周进给坐标轴分别用 A、B、C 表示，其方向的正负由右手螺旋定则确定。根据右手螺旋定则，大拇指的指向为 X、Y、Z 轴中任意轴的正向，则其余四指的旋转方向为旋转坐标轴 A、B、C 的正向，如图 2-3 所示。

3）附加坐标系

在数控机床中，在基本坐标系以外且与其各轴分别平行的运动轴，称为附加坐标轴。由附加坐标轴所构成的坐标系称为附加坐标系。第一组附加坐标轴用 U、V、W 表示，第二组附加坐标轴用 P、Q、R 表示，方向规定同基本坐标系。

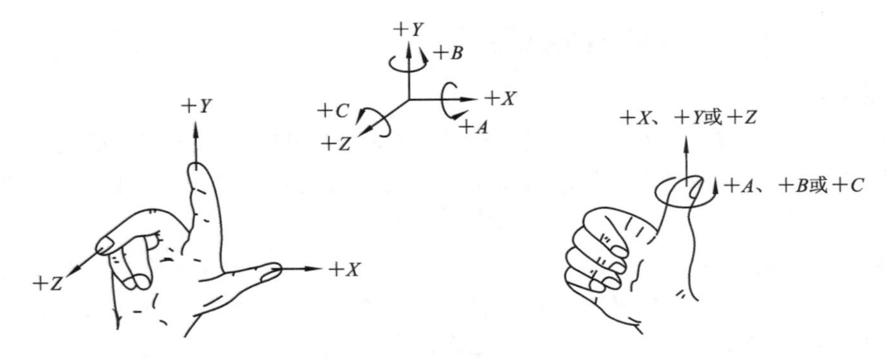

图 2-3 机床坐标系

2.2.2 机床坐标轴的确定

确定机床坐标轴时,一般先确定 Z 轴,再确定 X 轴、Y 轴,最后确定回转轴。

1. Z 轴

(1) 标准规定 Z 轴为平行于主轴轴线的坐标轴。

(2) 若没有主轴(牛头刨床)或者有多个主轴,则选择垂直于工件装夹面的方向为 Z 坐标轴。

(3) 若主轴能摆动,且在摆动的范围内只与基本坐标系中的某一坐标轴平行,则这个坐标轴便是 Z 坐标轴;若主轴在摆动的范围内与多个坐标轴平行,则使 Z 轴垂直于工件装夹面。

(4) Z 轴的正方向是使刀具远离工件的方向。

2. X 轴

(1) 在刀具旋转的机床(如铣床、钻床和镗床)上,若 Z 轴是水平的,则从刀具(主轴)向工件看时,X 轴的正方向指向右边。若 Z 轴是竖直的,对于单立柱机床,从刀具向立柱看时,X 轴的正方向指向右边;对于双立柱机床(龙门机床),从刀具向左立柱看时,X 轴的正方向指向右边。注意:在上述的正方向判断中,都是假定刀具运动而工件不动,即刀具相对工件运动。

(2) 在工件旋转的机床(如车床、磨床等)上,X 轴的运动方向是沿工件的径向并平行于横向拖板的,且刀具离开工件旋转中心的方向是 X 轴的正方向,如图 2-4 所示。

3. Y 轴

利用已确定的 X 轴和 Z 轴的正方向,用右手定则或右手螺旋法则,便可确定 Y 轴的正方向。立式数控铣床的坐标系如图 2-5 所示。

2.2.3 机床坐标系与工件坐标系

1. 机床原点与机床坐标系

1) 机床原点

要建立一个坐标系,除了按上述方法确定各坐标轴的方向外,还必须有一个要素,即机床的原点。机床原点是位于机床有效工作空间中的某个特定的点,这个点是机床上固有的点,是在机床生产、调试完成后就确定了的,是数控机床所有坐标系的基础。机床原点在数控机床说明书上均有说明,其具体位置是由机床制造厂家在每个进给轴上用限位开关精确调整好的,其坐标值已输入数控系统,如图 2-6 所示。

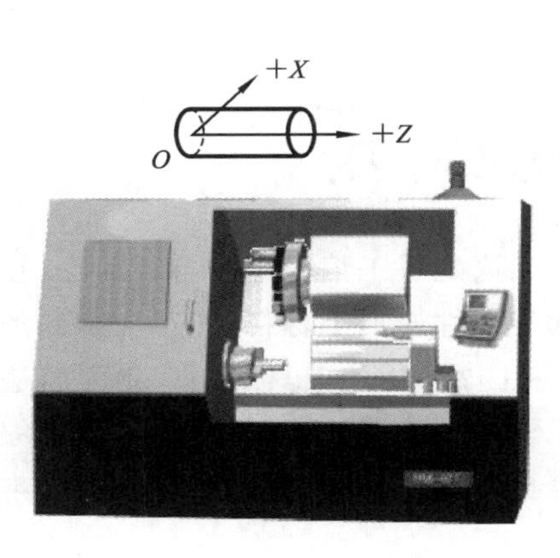

图 2-4　机床轴及运动方向的确定

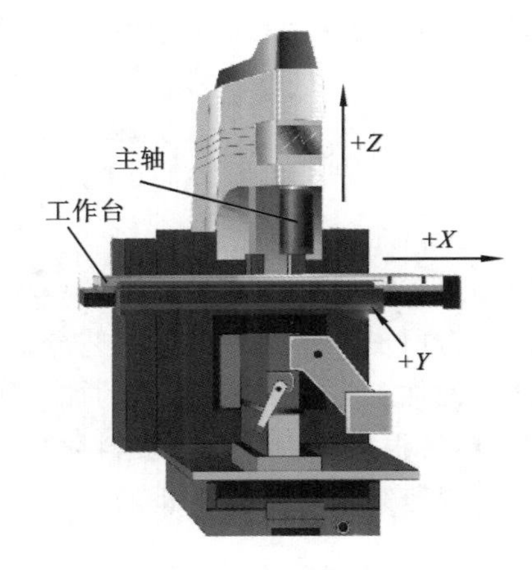

图 2-5　立式数控铣床的坐标系

数控机床原点的确定方法：每次机床上电后，按下各轴回零按钮，机床就会自动找到零点，从而建立起机床坐标系。数控机床若具有坐标记忆功能，比如采用绝对编码器，那么开机后不需要回参考点就可以进行加工操作。

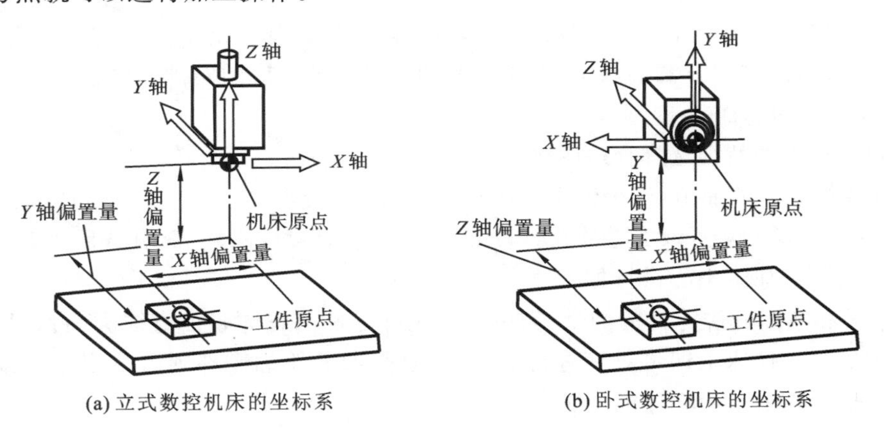

(a) 立式数控机床的坐标系　(b) 卧式数控机床的坐标系

图 2-6　机床原点

2）机床坐标系

机床坐标系是机床固有的坐标系，机床完成回零操作后，该坐标系就建立好了，数控机床上的各点相对于该坐标系的位置是唯一的、确定的。但应注意，机床的有效工作区域通常都远远大于实际被加工工件的范围，故一般不将机床坐标系作为编程坐标系，因此还需建立工件坐标系。

2. 工件原点与工件坐标系

工件坐标系是为了编程方便和改善加工程序的通用性而设立的，通常编程人员在编程时可以不去考虑工件在机床上的安装位置，而只需在工件上选定某一定点为原点（这个点称为工件原点，通常是对刀点），并建立一个坐标系，这个坐标系便是工件坐标系。编程时，所有尺寸都基于此坐标系计算。在加工时，工件随夹具在机床上安装后，测量工件原点与机床原点间的距离（通过测量某些基准面、线之间的距离来确定），这个距离称为工件原点偏置。该值需预先存到数控系统中，在加工过程中，当选用工件坐标系时，该值便能自动加到工件坐标系上。因此，编程人员可不考虑工件在机床上的安装位置和安装精度，而利用数控系统的原点偏置功能来简化编程,而且还可利用此功能来补偿工件在工作台上的装夹位置误差,使用起来十分方便。

2.3　数控加工工艺设计要点

数控加工工艺设计是数控加工的一项核心内容,无论是手工编程还是自动编程,在编制程序以前都要对所加工的零件进行工艺分析,根据被加工工件的加工材料、加工内容和加工要求制定出合适的加工方案,确定零件的加工顺序,确定各工序所用的刀具、夹具、走刀轨迹以及切削用量等,然后根据编程手册等资料编写具体的加工程序。从某种程度上来说,数控编程就是用一种书写规范来描述工艺分析的具体结果,工艺分析对加工品质、效率、安全性、成本等有直接影响。

数控加工的工艺设计所涉及的内容较多,一般来说主要包括制定加工工艺路线、进行详细的工序设计。

2.3.1　数控加工工艺路线设计

数控加工工艺路线设计是工艺设计的重要内容,主要包括针对加工内容组织生产资源,比如数控机床的选择、加工方法的确定、加工方案的拟定以及工序的安排等内容。

1. 数控机床的选择

需要根据加工的特征选择合适的机床。

(1) 旋转体零件的加工:旋转体零件通常在数控车床上加工。

(2) 孔系零件的加工:该类零件孔数较多,孔间位置精度要求较高,宜选用由点位直线控制的数控钻床或数控加工中心进行加工。

(3) 平面和曲面轮廓零件的加工:简单平面轮廓零件的轮廓多由直线和圆弧组成,一般在两坐标联动的数控铣床上即可对其进行加工;而复杂曲面轮廓零件则需采用三轴或三轴以上联动的数控机床或加工中心才能加工。

(4) 模具型腔的加工:模具型腔表面一般比较复杂、不规则,对表面质量及尺寸要求也较高,而材料也多是高硬度、高韧度的材料,因此可考虑选用铣削并结合数控电火花成形的加工方法。

2. 加工方案的拟定

零件上精度要求比较高的表面,常常是由粗加工→半精加工→精加工逐步完成加工的。例如,对于孔径不大的IT7级精度的孔,若最终加工方法为精铰,则精铰孔前通常要经过钻孔、扩孔和粗铰孔等加工。对这些表面仅仅根据质量要求选择相应的最终加工方法是不够的,还应正确拟定从毛坯到最终成形的加工方案。拟定加工方案时,首先应根据主要表面的精度和表面粗糙度的要求,初步确定为达到这些要求所需要的加工方法。加工方法的选择原则是保证加工表面的加工精度和表面粗糙度的要求。由于获得同一级精度及表面粗糙度的加工方法较多,因此在实际选择时,要结合零件的形状、尺寸大小和热处理要求等全面考虑。例如,对于有IT7级精度要求的孔,采用镗削、铰削、磨削等加工方法均可,但箱体上的孔一般采用镗削或铰削,而不宜采用磨削加工方法;对于小尺寸的箱体孔,一般选择铰孔,当孔径较大时则应选择镗孔。此外,还应考虑生产率和经济性的要求,以及工厂的生产设备等实际情况。常用加工方法的加工精度及表面粗糙度可查阅有关工艺手册。

表 2-1 至表 2-2 列出了钻、镗、铰等几种加工方法所能达到的公差等级及其工序加工余量，仅供参考。

表 2-1　H13～H7 孔的加工方式($l \leqslant 5d$)

孔的精度	孔的毛坯性质	
	在实体材料上加工孔	预先铸出或热冲出的孔
H13、H12	一次钻孔	用扩孔钻钻孔或用镗刀镗孔
H11	$d \leqslant 10$ mm：一次钻孔 10 mm$<d \leqslant 30$ mm：钻孔及扩孔 30 mm$<d \leqslant 80$ mm：钻孔、扩孔或钻、扩、镗孔	$d \leqslant 80$ mm：粗扩、精扩或单用镗刀粗镗、精镗或根据余量一次镗孔或扩孔
H10 H9	$d \leqslant 10$ mm：钻孔及铰孔 10 mm$<d \leqslant 30$ mm：钻孔、扩孔及铰孔 30 mm$<d \leqslant 80$ mm：钻孔、扩孔、铰孔或钻、镗、铰(或镗)孔	$d \leqslant 80$ mm：用镗刀粗镗(一次或两次，根据余量而定)铰孔(或精镗)
H8 H7	$d \leqslant 10$ mm：钻孔、扩孔、铰孔 10 mm$<d \leqslant 30$ mm：钻孔、扩孔及一次或两次铰孔 30 mm$<d \leqslant 80$ mm：钻孔、扩孔(或用镗刀分几次粗镗)一次或两次铰孔(或精镗)	$d \leqslant 80$ mm：用镗刀粗镗(一次或两次，根据余量而定)及半精镗、精镗或精铰

注：l 为孔长；d 为孔径。

表 2-2　按 H7 和 H8 级精度加工已预先铸出或热冲出的孔　(单位：mm)

加工孔的直径	直径					加工孔的直径	直径				
	粗镗		半精镗	粗铰或二次半精镗	精铰或精镗		粗镗		半精镗	粗铰或二次半精镗	精铰或精镗
	第一次	第二次					第一次	第二次			
30	—	28.0	29.8	29.93	30	100	95	98.0	99.3	99.85	100
32	—	30.0	31.7	31.93	32	105	100	103.0	104.3	104.8	105
35	—	33.0	34.7	34.93	35	110	105	108.0	109.3	109.8	110
38	—	36.0	37.7	37.93	38	115	110	113.0	114.3	114.8	115
40	—	38.0	39.7	39.93	40	120	115	118.0	119.3	119.8	120
42	—	40.0	41.7	41.93	42	125	120	123.0	124.3	124.8	125
45	—	43.0	44.7	44.93	45	130	125	128.0	129.3	129.8	130
48	—	46.0	47.7	47.93	48	135	130	133.0	134.3	134.8	135
50	45	48.0	49.7	49.93	50	140	135	138.0	139.3	139.8	140
52	47	50.0	51.5	51.93	52	145	140	143.0	144.3	144.8	145

3. 工序的安排

安排工序时需要注意以下几个问题：

(1) 以一次安装、加工作为一道工序。

这种方法适合于加工内容较少的零件,加工完后就能达到待检状态。

(2) 按同一把刀具加工的内容划分工序。

有些零件虽然能在一次安装中加工出很多待加工表面,但考虑到程序太长,会受到某些限制,如控制系统的限制(主要是内存容量)、机床连续工作时间的限制(如一道工序在一个工作班内不能结束)等。此外,程序太长会增加出错概率与检索的难度,因此程序最好不要太长,一道工序的内容不能太多。

(3) 以加工部位划分工序。

对于加工内容很多的工件,可按其结构特点将加工部位分成几个部分,如内腔、外形,曲面或平面,并将每一部分的加工作为一道工序。

(4) 以粗、精加工划分工序。

对于经加工易发生变形的工件,由于粗加工后工件可能发生变形,需要进行校形,故一般来说,只要需进行粗、精加工,都要将工序分开。

2.3.2 数控加工工序设计

选择数控加工工艺内容和确定零件加工工艺路线后,即可进行数控加工工序的设计。数控加工工序设计所涉及的工艺问题很多,一般来说包括加工内容、切削用量、工艺装备、定位夹紧方式、刀具和运动轨迹等方面的问题,有兴趣的读者可参考相关的文献。

对数控机床加工工艺,除按一般方式对零件进行分析外,还必须注意以下几个方面的内容。

1. 确定刀具与工件的相对位置

对于数控机床,在加工开始时,确定刀具与工件的相对位置十分重要,这一相对位置是通过确认对刀点来实现的。

对刀点是指用于对刀,以确定刀具与工件相对位置的基准点。对刀点可以设置在被加工零件上,也可以设置在夹具上与零件定位基准有一定尺寸联系的某一位置,对刀点往往就是零件的加工原点。对刀点的选择原则如下:

(1) 所选的对刀点应使程序编制简单;

(2) 对刀点应选择在容易找正、便于确定零件加工原点的位置;

(3) 对刀点应选在加工时检验方便、可靠的位置;

(4) 对刀点的选择应有利于提高加工精度。

例如,加工图 2-7 所示零件,编制数控加工程序时,选择夹具定位元件圆柱销的中心线与工件平面上方的某个安全平面(距工件平面 35 mm)的交点作为加工的对刀点。显然,这里的对刀点也恰好是加工原点。

在使用对刀点确定加工原点时,就需要进行对刀。所谓对刀就是使刀位点与对刀点重合的操作。每把刀具的半径与长度尺寸都是不同的,刀具装在机床上后,应在控制系统中设置刀具的基本位置。刀位点是指刀具的定位基准点。如图 2-8 所示,圆柱铣刀的刀位点通常是刀具中心线与刀具底面的交点,而球头铣刀的刀位点是球头的球心点或球头顶点,车刀(镗刀)的刀位点是刀尖或刀尖圆弧中心,钻头的刀位点是钻头顶点。各类数控机床的对刀方法是不完全一样的,对此我们将结合各类机床分别予以讨论。

换刀点是为加工中心、数控车床等采用多把刀具进行加工的机床而设置的,因为这些机床

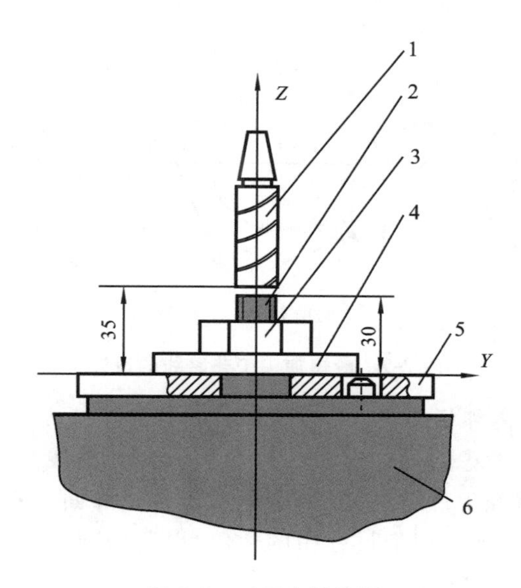

图 2-7　对刀点的选取

1—刀具;2—螺栓;3—螺帽;4—垫板;5—工件;6—夹具

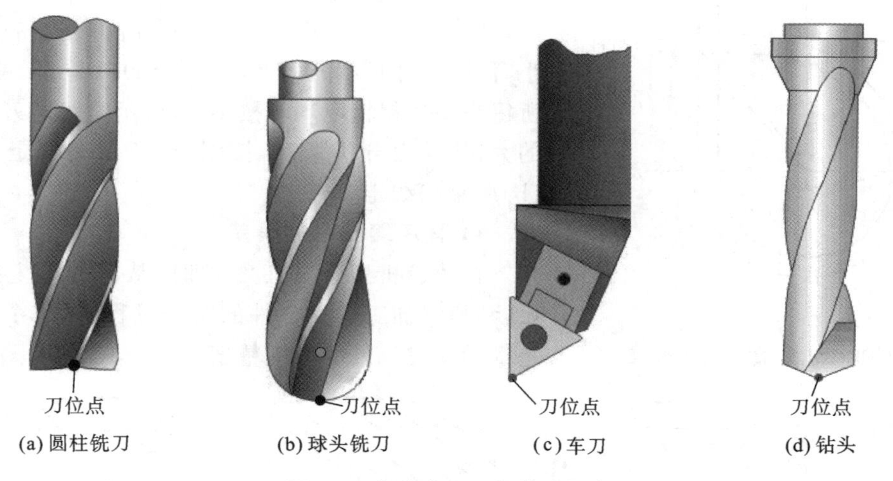

图 2-8　各种常见刀具的刀位点

在加工过程中要自动换刀。对于手动换刀的数控铣床,也应确定相应的换刀位置。为防止换刀时碰伤零件、刀具或夹具,换刀点常常设置在被加工零件的轮廓之外,并留有一定的安全量。

2. 加工工艺路线的确定

加工工艺路线也称走刀路线,即描述加工过程中刀具相对于工件的运动轨迹,它不仅包括工步的内容,也反映了工步顺序,是编写程序的重要依据之一。选择加工工艺路线时应从以下几个方面进行考虑。

1) 使工艺路线最短

一般应在能满足精度要求的前提下,尽可能缩短工艺路线以减少空行程。例如:加工图 2-9(a)所示孔系(钻孔、镗孔),可以采用图 2-9(b)所示的工艺路线,先加工完外圈孔,再加工内圈孔;若改用图 2-9(c)所示的工艺路线,则可减少空刀时间,节省定位时间近一半,从而可提高加工效率。

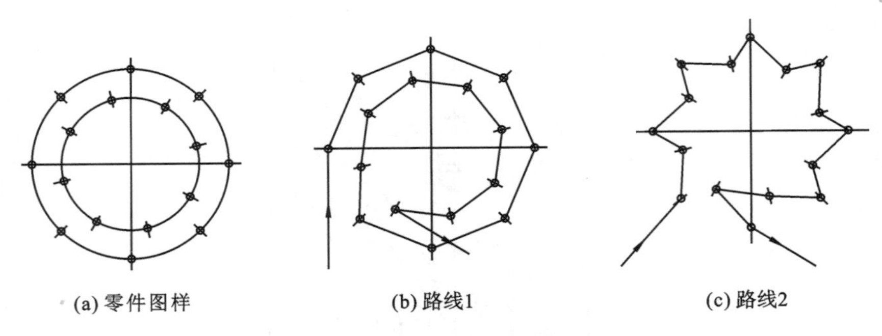

图 2-9 最短加工工艺路线的设计

2) 尽可能避免径向切入和切出

对车削或铣削过程,应考虑刀具的进、退刀(切入、切出)路线。刀具的切入或切出点应在沿零件轮廓的切线上,以保证工件轮廓光滑;避免在工件轮廓面上垂直上、下刀而划伤工件表面;同时,应尽量减少在轮廓加工切削过程中的暂停,以免切削力突然变化造成弹性变形而在零件表面留下刀痕,如图 2-10 所示。

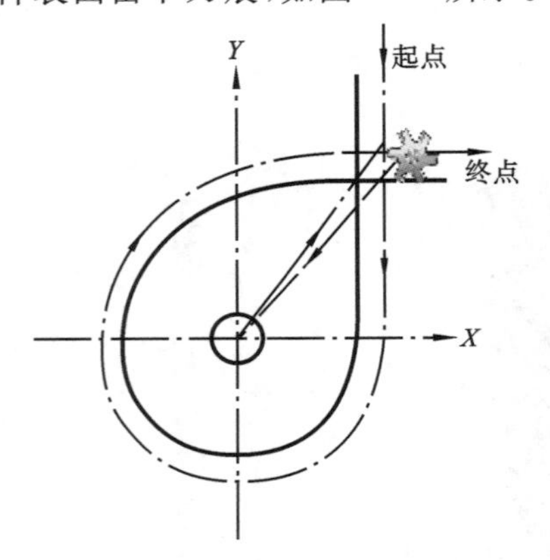

图 2-10 切入、切出点的选择

3) 应保证零件的加工精度和表面粗糙度要求

如图 2-11 所示,加工该空间曲面时有三种走刀方法,其中:按图(c)所示路线走刀,所得表面的粗糙度最小,但受工件长度的限制。按图(a)(b)所示路线走刀,所得表面的粗糙度均较按图(c)所示路线走刀所得表面的大;从受力分析来看,按图(a)所示路线走刀比按图(b)所示路线走刀好。

4) 程序编制中的误差

在数控机床上加工零件时,从零件图上的信息开始,到最终加工得到零件的整个过程中,每个环节的误差都会影响工件的加工精度。

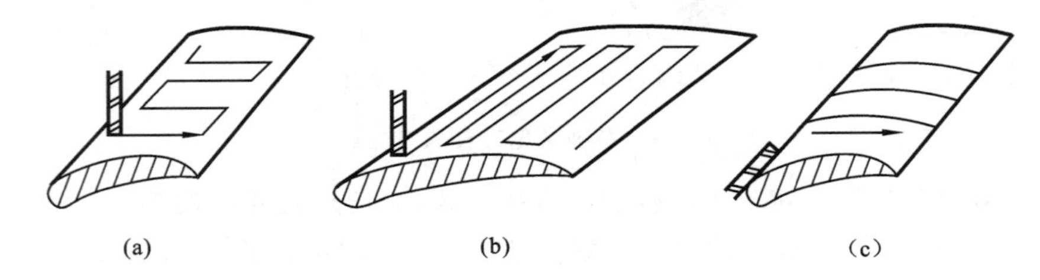

图 2-11 加工工艺路线与加工精度的选择

这些误差通常分为两类:

(1) 在直接加工零件的过程中产生的误差。它是加工误差的主体,主要源于数控系统(包括伺服系统)的误差和整个工艺系统(机床-刀具-夹具-毛坯)内部的各种因素对加工精度的影响。

(2) 编程时产生的误差(简称编程误差),即利用数控系统具备的插补功能去逼近任意曲线时所产生的误差,如图 2-12 所示。编程误差可表示为

$$S_p = f(\Delta a, \Delta b, \Delta c)$$

式中：Δa——算法误差(拟合误差)，为用近似算法逼近零件轮廓时产生的误差(故也称一次逼近误差)。例如，用直线或圆弧去逼近某曲线或用近似方程去拟合列表曲线时，计算方程所表示的形状与零件原始轮廓之间的偏差。这种误差是难以避免的。

Δb——计算误差，是插补时算出的线段与理论线段之间的偏差，与在计算时所取的字节长度有关。

Δc——圆整误差，是插补完成后，由于分辨率的限制，将计算结果圆整时产生的误差，与机床的分辨率有关。

对 Δc 应注意处理，不然会产生累积误差。通常的处理方法有逢奇(偶)四舍五入法、小数累进法等。

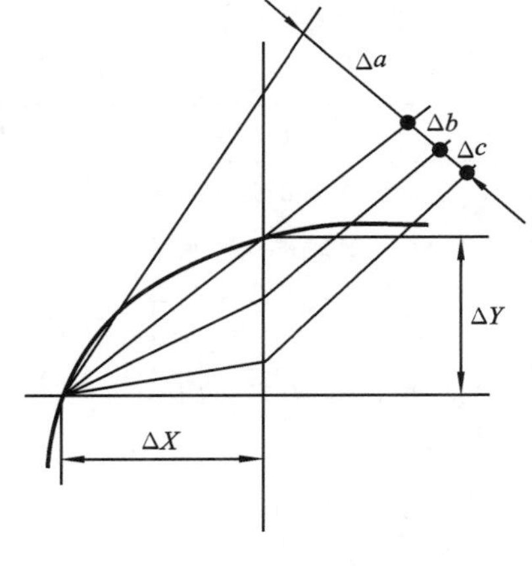

图 2-12　编程误差

2.4　指令及程序结构

2.4.1　程序结构

1. 指令字和地址

在加工程序中，最小的功能单位称为指令字，或简称为字。指令字是加工程序的基本信息单位。它是由表示地址的英文字母、特殊文字和数字集合而成。例如：X2500.0 为一个字，表示 X 向尺寸为 2500 mm；F1200 为一个字，表示进给速度为 1200 mm/min。ISO 标准规定的尺寸字地址符的含义如表 2-3 所示。

1）准备功能 G 指令

准备功能 G 指令用来规定刀具和工件的相对运动轨迹、机床坐标系、坐标平面、刀具半径补偿、刀具长度补偿、坐标偏置等多种加工操作。《数控机床　穿孔带程序段格式中的准备功能 G 和辅助功能 M 的代码》(JB/T 3208—1999)①规定：G 指令由字母 G 和后面的两位数字组成，从 G00 到 G99 共 100 种，具体规定参见附表 A-1。

2）辅助功能 M 指令

辅助功能是控制机床或系统的开关功能的一种命令，如开、停冷却泵命令，主轴正转、反转、停转命令，程序结束命令等。JB/T 3208—1999 标准规定的 M 指令也有 M00～M99 共 100 种。具体规定参见附表 A-2。

3）模态指令与非模态指令

模态指令也称续效指令，其一旦在程序段中使用便持续有效，直到同组的另一指令出现为止。非模态指令是指仅在当前程序段内有效的指令。在附录 A 中 G、M 标准表的第二列中标有相同符号的指令为同组模态指令，其余为非模态指令。

4）G、M 指令的扩展

随着数控技术的发展，一些数控系统中 G 指令、M 指令的数量已超过 100 种。现在已有用

① 该标准已废止，但无新的替代标准，实际应用中仍参照该标准来编制程序。

三位数表示的G、M指令。

表 2-3 尺寸字地址符的含义

字符	意　　义	字符	意　　义
A	关于 X 轴的角度尺寸	M	辅助功能
B	关于 Y 轴的角度尺寸	N	顺序号
C	关于 Z 轴的角度尺寸	O	不用,有的系统定为程序编号
D	第二刀具功能,也有系统规定为偏置号	P	平行于 X 轴的第三尺寸,也有系统规定为固定循环的参数
E	第二进给功能	Q	平行于 Y 轴的第三尺寸,也有系统规定为固定循环的参数
F	第一进给功能	R	平行于 Z 轴的第三尺寸,也有系统规定为固定循环的参数、圆弧的半径等
G	准备功能	S	主轴速度功能
H	暂不指定,有的系统规定为偏置号	T	第一刀具功能
I	平行于 X 轴的插补参数或螺纹导程	U	平行于 X 轴的第二尺寸
J	平行于 Y 轴的插补参数或螺纹导程	V	平行于 Y 轴的第二尺寸
K	平行于 Z 轴的插补参数或螺纹导程	W	平行于 Z 轴的第二尺寸
L	不指定,有的系统规定为固定循环返回次数,也有的系统规定为子程序返回次数	X,Y,Z	基本尺寸

2. 程序段及格式

所谓程序段,是为了完成某一动作要求所需的指令字的组合。例如,表示直线运动功能的程序段“G90　G01　X60　Y60　F300”由五个指令字组成,其中G90表示绝对尺寸,G01表示直线插补,X60表示 X 轴的坐标,Y60表示 Y 轴的坐标,F300表示进给速度。程序段格式是指指令字在程序段中的顺序和书写方式的规定。不同的数控系统,程序段格式一般不同。程序段格式有多种,如固定程序段格式、使用分隔符的程序段格式、使用地址符的程序段格式等,现在最常用的是使用地址符的程序段格式,见表2-4。

表 2-4 程序段格式

1	2	3	4	5	6	7	8	9	10	11
N_	G_	X_ U_	Y_ V_	Z_ W_	I_ J_ K_ R_	F_	S_	T_	M_	LF_
顺序号	准备功能	坐标尺寸字				进给功能	主轴转速	刀具功能	辅助功能	结束符号

使用地址符的程序段中,指令字的数目是可变的,因此程序段的长度也是可变的,所以这种形式的程序段又称为地址符可变程序段。地址符可变程序段格式的优点是程序段中所包含的信息可读性高,便于人工编辑修改,为数控系统解释执行数控加工程序提供了一种便捷的方式。

3. 程序结构

不同的数控系统的程序格式一般都有差异，但程序的结构基本相同。一个完整的程序由程序名、程序的内容和程序结束指令三部分组成，每一部分由若干程序段构成，每一个程序段由若干指令字构成，如图2-13所示。

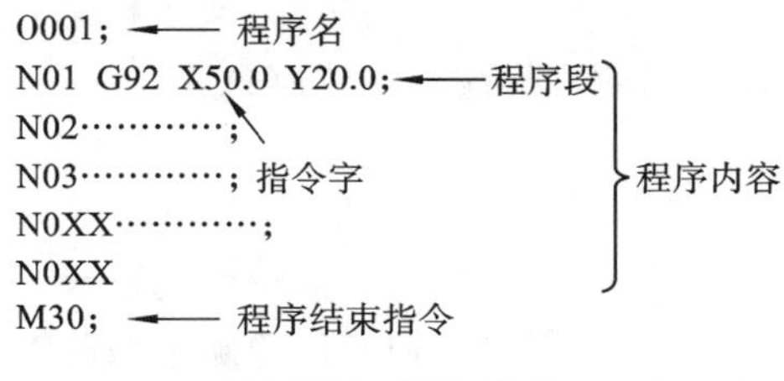

图 2-13　程序格式

程序名：程序名是一个程序的标识符，每个程序都必须有程序名。它由地址符后带若干位数字组成。地址符常见的有"%""O""P"等，视具体数控系统而定。如国产华中Ⅰ型数控系统采用"%"，日本FANUC系统采用"O"。后面所带的数字一般为4～8位。

程序内容：该部分是整个程序的核心，由许多程序段组成，每个程序段由一个或多个指令构成。它表示数控机床要完成的全部动作。

程序结束指令：程序结束指令是M02或M30，用于结束整个程序的运行。

以下是一个完整加工程序：

```
%2000
N01  G91  G17  G00  G42  D01  X85  Y-25
N02  Z-15  S400  M03  M08
N03  G01  X85  F300
N04  G03  Y50  I25
N05  G01  X-75
N06  Y-60
N07  G00  Z15  M05  M09
N08  G40  X75  Y35
N09  M02
```

这个零件加工程序主要由程序名和若干程序段组成，程序名是该加工程序的标识，每个程序段是一个完整的加工工步单元。

2.4.2　基本指令详解

1. 与坐标系有关的指令

在2.4.1节的程序中使用了G91、G17等指令，这些都是与坐标系有关的指令，现分述如下：

1) G90和G91指令

G90指令表示程序中的编程尺寸是在某个坐标系下按其绝对坐标给定的。

G91指令表示程序中编程尺寸是相对于本段的起点，即编程尺寸是本程序段各轴的移动增量，故G91又称增量坐标指令。

G90、G91是同组续效指令，二者不能同时使用，也就是说在同一程序段中只允许使用其中之一。G90 后的所有坐标值都是绝对坐标值;G91 后的坐标值为增量坐标值,当 G90 指令出现时,坐标值则为绝对坐标值。G90 为缺省指令。在实际编程中多采用 G91 指令,因为零件图通常是按增量方式标注的;当然也有相对某一基准点来标注的,这时可能采用 G90 指令。

3) G92 指令

G92 指令用来设定刀具在工件坐标系中的坐标值,属于模态指令,其设定值在重新设定之前一直有效。G92 指令只有在采用绝对值编程时才有意义。

编程格式:

G92　X_　Y_　Z_

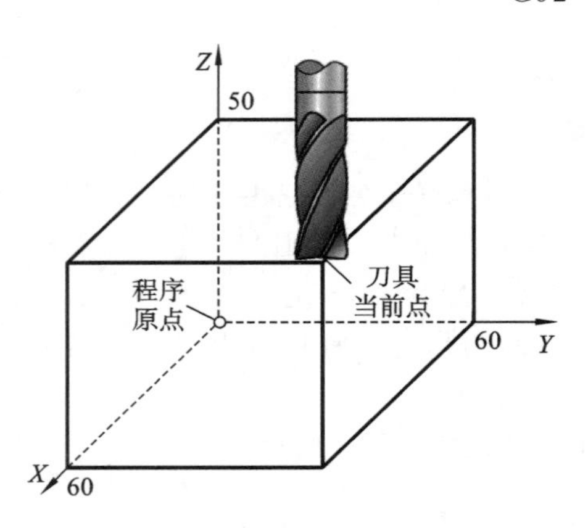

图 2-14　用 G92 指令设定工作坐标系

该指令通过设定刀具起点与坐标系原点的相对位置确定当前工件坐标系,X、Y、Z 用于指定刀尖起始点距离工件原点在 *X*、*Y*、*Z* 方向的距离。如图 2-14 所示,用 G92 指令建立工件坐标系的程序段为“G92　X60　Y60　Z50”。

使用 G92 指令只能建立工件坐标系,刀具并不产生运动,且刀具必须放在程序要求的位置上。

该指令还有补偿工件在机床上安装误差的功能,即采用该指令时,首个零件加工完成后,系统会测量工件尺寸。如果发现工件安装不准且引起了误差,不必重新安装工件,只需修改所设的坐标值,即可消除这一加工误差。

4) G53、G54～G59 指令

G53、G54～G59 为坐标系选择指令。

G53 用于选择机床坐标系。

G54～G59 分别用于选择工件坐标系 1、工件坐标系 2……工件坐标系 6。

不是所有数控机床都同时具有 G53～G59 功能,有的只有其中几个。这些指令本身不使机床产生运动,但是在使用该指令后,其后的编程尺寸都是相对相应坐标系而确定的。

这类指令是续效指令,在有些系统中,若程序中没有这类指令,即默认所给出的是机床坐标系下的坐标值。

而对于 G54～G59 指令,数控系统为每个指令提供了一个存储区,在该存储区内存放有该坐标系相对于机床坐标系原点的偏移量。

加工之前,通过 MDI 方式设定六个工件坐标系原点在机床坐标系中的位置,系统则将相应位置信息分别存储在六个寄存器中。程序中出现 G54～G59 中某一指令时,就相应地选择工件坐标系 1～6 中的一个。

G54 为缺省指令。当在 G54 后有移动指令时,数控系统便自动将偏移量的值增加进去。

注意:这类指令均只在采用绝对坐标时(G90)有意义,在采用增量坐标时(G91)无效。

5) G17、G18、G19 指令

G17、G18、G19 是坐标平面指定指令,分别表示规定的操作在 *OXY*、*OZX*、*OYZ* 坐标平面内完成。程序段中的坐标地址符必须按坐标平面指令中的一致。若数控系统只有一个平面的加工能力，则可省略该指令。

这类指令为续效指令，缺省时默认为G17。

G17、G18、G19指令的功能为指定坐标平面。它们都是模态指令，相互之间可以注销。如图2-15所示，G17、G18、G19的作用是让机床在指定坐标平面上进行插补加工和加工补偿。

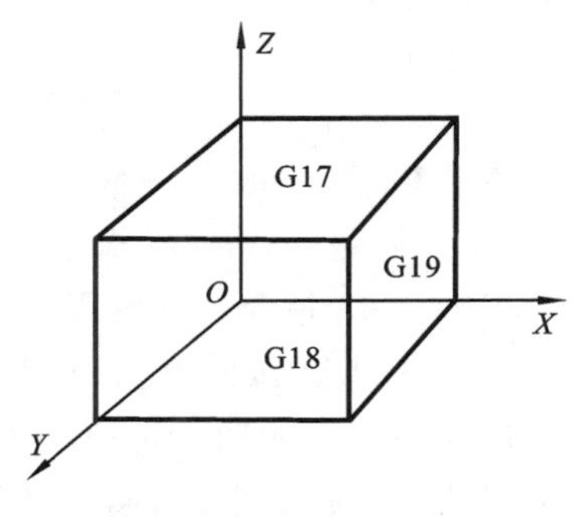

图2-15　加工平面的设定

对于三坐标数控铣床和铣镗加工中心，开机后数控装置自动将机床设置成G17状态。如果在OXY坐标平面内进行轮廓加工，就不需要用G17指令指定坐标平面。同样，数控车床上的运动总是在OXZ坐标平面内进行，在程序中也不需要用G18指令指定坐标平面。

2. 与控制方式有关的指令

1) G00指令——快速定位指令

编程格式：

G00　X_　Y_　Z_

G00指令用来使刀具相对于从现时的定位点，以数控系统预先设定的快进速度，快速移动到程序段所指定的下一个定位点。

注意：G00的运动轨迹不一定是直线，若不注意则容易碰接。

2) G01指令——直线插补指令

编程格式：

G01　X_　Y_　Z_　F_

G01指令用来使两个坐标轴(或三个坐标轴)以联动的方式，按程序段中规定的合成进给速度(由F地址符指定)，插补加工出任意斜率的平面(或空间)直线。工件相对于刀具的当前位置是直线的起点，为已知点，而程序段中指定的坐标为终点坐标。

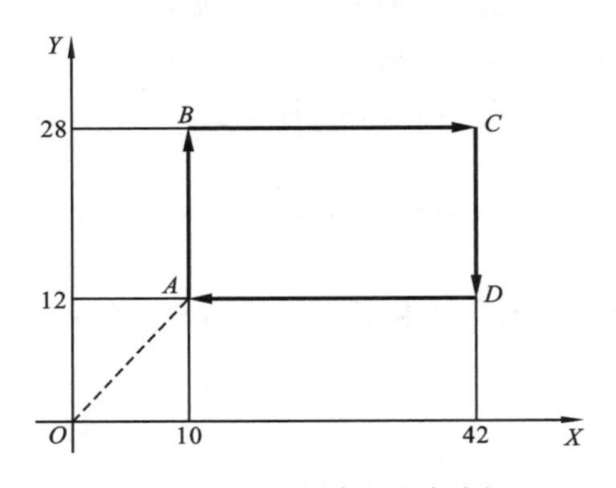

图2-16　用G01指令实现直线加工

机床在执行G01指令时，在该程序段中或在该程序段前必须已经有F指令，如无F指令则认为进给速度为零。G01和F均为模态指令。

例2-1　如图2-16所示路径，要求用G01指令实现加工，坐标系原点O是程序起始点，要求刀具由O点快速移动到A点，然后沿AB、BC、CD、DA实现直线切削，再由A点快速返回程序起始点O。

例2-1

按绝对值编程方式编制程序如下：

```
%0001                                ;程序名
N01  G92  X0  Y0                     ;坐标系设定
N10  G90  G00  X10  Y12  S600  M03   ;快速移至A点，主轴正转，转速为600 r/min
N20  G01  Y28  F100                  ;直线进给，由A点至B点，进给速度为100 mm/min
N30  X42                             ;直线进给，由B点至C点，进给速度不变
```

```
N40  Y12            ;直线进给，由 C 点至 D 点，进给速度不变
N50  X10            ;直线进给，由 D 点至 A 点，进给速度不变
N60  G00  X0  Y0    ;返回原点 O
N70  M05            ;主轴停止
N80  M02            ;程序结束
```

直线插补指令 G01 一般作为直线轮廓的切削加工运动指令，有时也用作短距离的空行程运动指令，以避免采用 G00 指令时在短距离高速运动状况下可能出现的惯性过冲现象。

3）G02、G03 指令——圆弧插补指令

G02、G03 为圆弧插补指令，其中 G02 为顺时针圆弧插补指令，G03 为逆时针圆弧插补指令。圆弧插补指令的功能是使机床在给定的坐标平面内进行圆弧插补运动。圆弧插补指令首先要指定圆弧插补的平面，插补平面由 G17、G18、G19 选定。圆弧插补编程格式有两种，一种是 I、J、K 格式，另一种是 R 格式。

编程格式：

$$OXY\ \text{平面：(G17)}\quad \begin{Bmatrix} \mathrm{G02} \\ \mathrm{G03} \end{Bmatrix}\quad \mathrm{X}\_\quad \mathrm{Y}\_\quad \begin{Bmatrix} \mathrm{I}\_\quad \mathrm{J}\_ \\ \mathrm{R}\_ \end{Bmatrix}\quad \mathrm{F}\_$$

$$OZX\ \text{平面：(G18)}\quad \begin{Bmatrix} \mathrm{G02} \\ \mathrm{G03} \end{Bmatrix}\quad \mathrm{X}\_\quad \mathrm{Z}\_\quad \begin{Bmatrix} \mathrm{I}\_\quad \mathrm{K}\_ \\ \mathrm{R}\_ \end{Bmatrix}\quad \mathrm{F}\_$$

$$OYZ\ \text{平面：(G19)}\quad \begin{Bmatrix} \mathrm{G02} \\ \mathrm{G03} \end{Bmatrix}\quad \mathrm{Y}\_\quad \mathrm{Z}\_\quad \begin{Bmatrix} \mathrm{J}\_\quad \mathrm{K}\_ \\ \mathrm{R}\_ \end{Bmatrix}\quad \mathrm{F}\_$$

说明：X、Y 用于指定圆弧终点坐标值。在绝对值编程方式(G90)下，圆弧终点坐标是绝对值；在增量值编程方式(G91)下，圆弧终点坐标是相对于圆弧起点的增量值。I、J、K 用于指定圆弧圆心相对于圆弧起点在 *X*、*Y*、*Z* 方向上的增量坐标，即 I 用于指定圆弧起点到圆心的距离在 *X* 轴上的投影，J 用于指定圆弧起点到圆心的距离在 *Y* 轴上的投影，K 表示圆弧起点到圆心的距离在 *Z* 轴上的投影。I、J、K 的方向与 *X*、*Y*、*Z* 轴的正负方向相对应。如图 2-17 所示，图上 I、J、K 的值均为负值。要注意的是 I、J、K 的值属于 *X*、*Y*、*Z* 方向上的坐标增量，与 G90 和 G91 指令无关。

I、J、K 的值为零时可以省略，但它们不能同时为零，否则刀具将在原地不动或系统会发出错误信息。

圆弧的顺时针、逆时针方向要沿垂直于圆弧所在平面的坐标轴的负方向观察判别，如图 2-18所示。

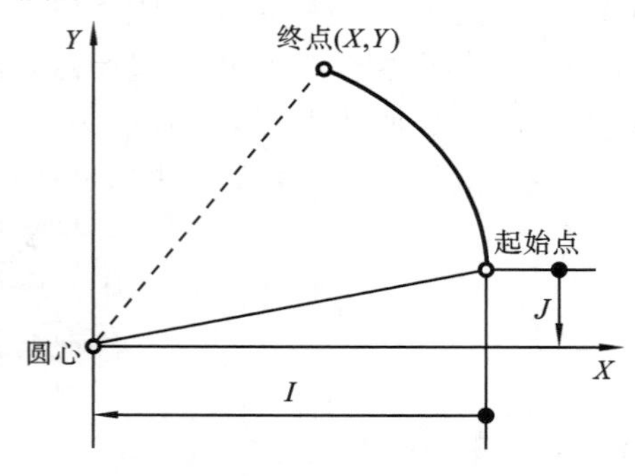

图 2-17　圆弧插补中起点与圆心的相对位置关系

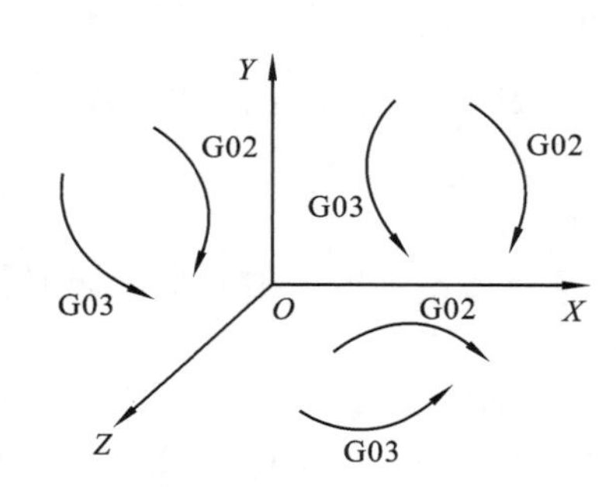

图 2-18　顺时针圆弧、逆时针圆弧插补指令

下面举例说明采用 G02、G03 指令时的编程方法。

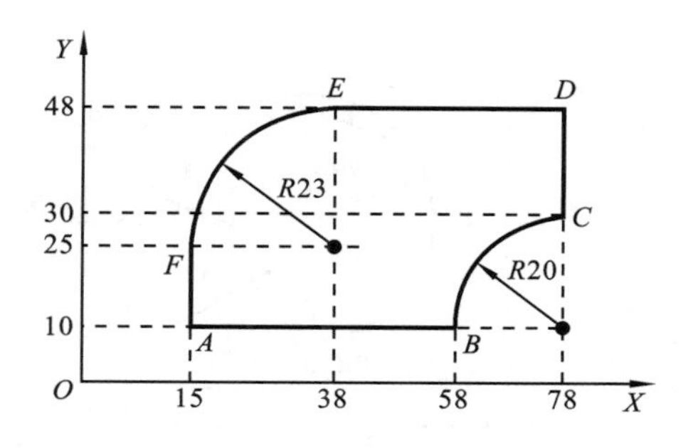

图 2-19　G02、G03 加工实例

例 2-2　如图 2-19 所示，设刀具由坐标原点 O 相对工件快速进给到 A 点，从 A 点开始沿着 $A \to B \to C \to D \to E \to F \to A$ 的路线切削，最终回到原点 O。

为了讨论的方便，在这里暂不考虑刀具半径对编程轨迹的影响，编程时假定刀具中心与工件轮廓轨迹重合。实际加工时，刀具中心与工件轮廓轨迹间总是相差一个刀具半径，这就要用到刀具半径补偿功能。

用增量值编程方式编制程序如下：

例 2-2

```
%0002                              ;程序名
N10  G92  X0  Y0                   ;建立坐标系
N20  G90  G17  M03                 ;绝对值编程方式，OXY 平面，主轴正转
N30  G00  X15  Y10                 ;快速移动到 A 点
N40  G91  G01  X43  F180  S400     ;增量值编程方式，直线插补到 B 点，进给速度为 180 mm/min，
                                    主轴 400 r/min
N50  G02  X20  Y20  I20  F80       ;顺时针圆弧插补，由 B 至 C 点，进给速度为 80 mm/min
N60  G01  X0  Y18  F180            ;直线插补，由 C 至 D 点，进给速度为 180 mm/min
N70  X-40                          ;直线插补，由 D 点至 E 点，进给速度不变
N80  G03  X-23  Y-23  J-23  F80    ;逆时针圆弧插补，由 E 点至 F 点，进给速度为 80 mm/min
N90  G01  Y-15  F180               ;直线插补，由 F 点至 A 点，进给速度为 180 mm/min
N100  G00  X-15  Y-10              ;快速返回原点 O
N110  M002                         ;程序结束
```

上面的程序是用 I、J、K 格式编写的，如果使用 R 格式编程，如图 2-19 所示，只需将上面程序中 N50、N80 程序段分别修改为下面的程序段就行了：

```
N50  G02  X20  Y20  R20  F80
N80  G03  X-23  Y-23  R23  F80
```

进行半径编程时，如图 2-20 所示，在几何作图过程中会出现两段起点和半径都相同的圆弧，其中一段圆弧的圆心角 $\alpha > 180^\circ$，另一段圆弧的圆心角 $\alpha < 180^\circ$。规定编程时用 R 表示圆心角小于 180°的圆弧，用 R－表示圆心角大于 180°的圆弧，圆心角正好为 180°时，用 R 和 R－表示均可。图 2-20 所示两段圆弧编程如下：

```
圆弧 1：G90  G17  G02  X50  Y40  R-30  F120
圆弧 2：G90  G17  G02  X50  Y40  R30  F120
```

在实际加工中，往往要求在工件上加工出一个整圆轮廓。整圆的起点和终点重合，用 R 编程无法定义，所以只能用圆心坐标编程。如图 2-21 所示，从起点开始顺时针切削，整圆程序段如下：

```
G90  G17  G02  X80  Y50  I-35  J0  F120
```

3. 刀具半径补偿指令 G40、G41、G42

G40 指令用于取消刀具半径补偿功能。

G41 指令用于在刀具相对于工件前进方向的工件左侧进行补偿，称为左刀补（见图 2-22a）。

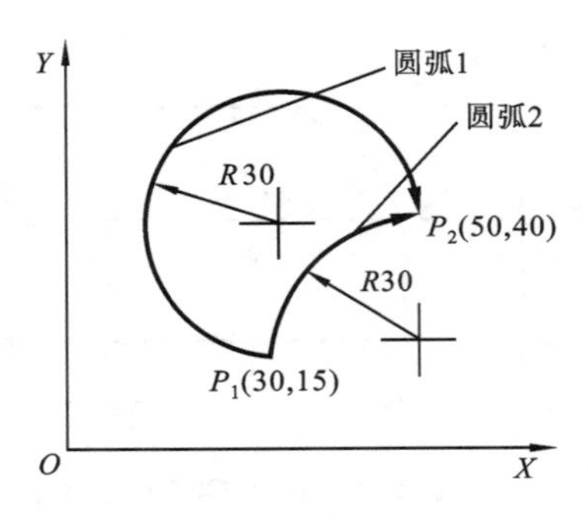

图 2-20　圆弧的加工编程

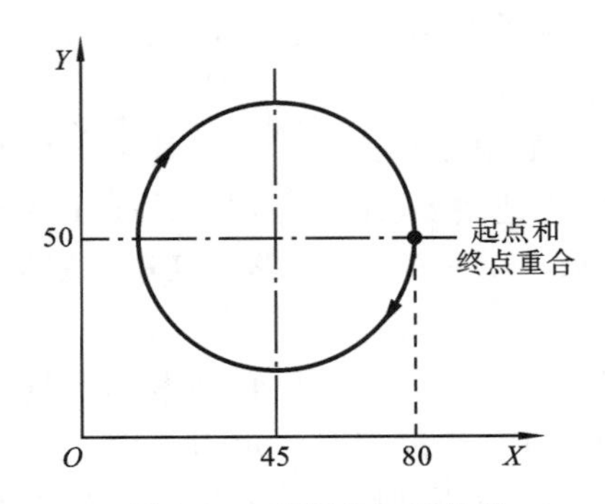

图 2-21　整圆的加工编程

G42 指令用于在刀具相对于工件前进方向的工件右侧进行补偿,称为右刀补(见图 2-22b)。

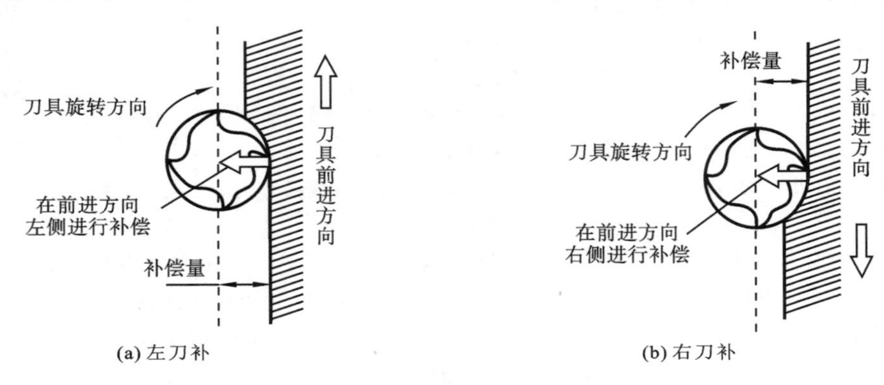

图 2-22　刀具半径补偿

编程格式:

$$(G17)\quad \begin{Bmatrix} G00 \\ G01 \end{Bmatrix} \quad \begin{Bmatrix} G41 \\ G42 \end{Bmatrix} \quad X\_ \quad Y\_ \quad D\_ \quad F\_;$$

其中 D 后的数值是刀补号,它表示使用该刀补号所对应的存储单元中的刀补值。如 D01 表示采用存储单元刀补表中 1 号刀具的半径值,其值是预先输入的。

G40、G41、G42 是同组模态指令。G40 是缺省指令。

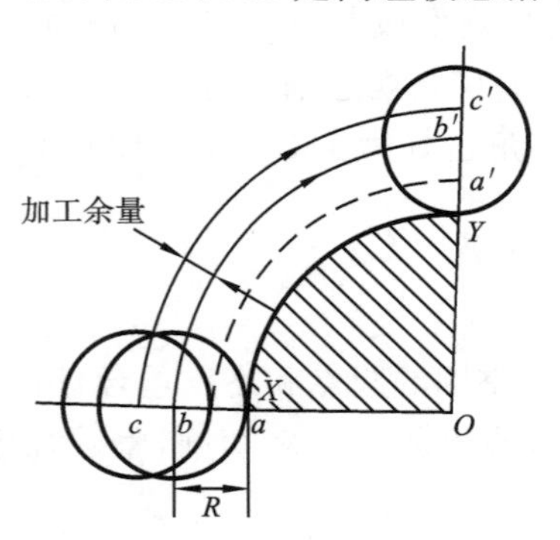

图 2-23　刀具半径补偿功能的用法

刀具半径补偿功能的用途:

(1) 在编程时可以不考虑刀具的半径,直接按图样所给尺寸编程,只要在实际加工时输入刀具的半径即可。

(2) 简化粗加工程序的编制。通过改变刀具半径补偿量,则可用同一刀具、同一程序完成不同切削余量的加工。如图 2-23 所示,当设定补偿量为 ac 时,刀具中心按 cc'运动(粗加工),第二次设定补偿量为 ab 时,刀具中心按 bb'运动,完成切削(精加工)。

4. 暂停指令

G04 为暂停指令,该指令的功能是使刀具做短暂的无进给加工(主轴仍然在转动),经过指令的暂停时间后再继续执行下一程序段,以获得平整而光滑的表面。G04 指令为非模态指令。

其程序段格式为

G04　P

P后跟的数据表示暂停的时间，其单位可以是秒或者毫秒。

如：

```
N05  G90  G01  F120  Z-50  S300  M03
N10  G04  P2.5                     ;暂停2.5 s
N15  Z70
N20  G04  P30                      ;暂停30 s
N30  G00  X0  Y0                   ;进给率和主轴转速继续有效
N40  ……
```

暂停指令G04主要用于如下几种情况：

(1) 横向切槽、倒角、车顶尖孔时，为了得到光滑平整的表面，使用暂停指令，使刀具在加工位置停留几秒再退刀。

(2) 对盲孔进行钻削加工时，刀具进给到孔底位置，用暂停指令使刀具做非进给光整切削，然后再退刀，保证孔底平整。

(3) 钻深孔时，为了保证良好的排屑及冷却效果，可以设定加工一定深度后短时间暂停，暂停结束后，继续执行下一程序段。

(4) 锪孔、车台阶轴清根时，刀具在短时间内实现无进给光整加工，可以得到平整表面。

5. 辅助功能指令

1) M00——程序停止指令

M00指令实际上是一个暂停指令，执行此指令后，机床停止一切操作，即主轴停转、冷却液泵关闭、进给停止，但模态信息全部被保存下来。在按下控制面板上的启动指令后，机床重新启动，继续执行后面的程序。

该指令主要用在工件加工过程中需停机检查、测量零件、手工换刀或交接班等情况下。

2) M01——计划停止指令

M01指令的功能与M00相似，不同的是，只有在预先按下控制面板上“选择停止开关”按钮的情况下，程序在执行到M01时才会停止。如果不按下“选择停止开关”按钮，程序执行到M01时不会停止，而是继续执行下面的程序。使用M01指令停止执行程序之后，按启动按钮可以继续执行后面的程序。

该指令主要用于加工工件抽样检查、清理切屑等。

3) M02——程序结束指令

M02指令的功能是使程序全部结束。此时主轴停转、冷却液泵关闭，数控装置和机床复位。该指令写在程序的最后一段。

4) M03、M04、M05——主轴运动控制指令

M03表示主轴正转，M04表示主轴反转。所谓主轴正转，是指从主轴向Z轴负向看，主轴顺时针转动，反之则为反转。M05表示主轴停止转动。M03、M04、M05均为模态指令。要说明的是，有些系统(如华中数控的CJK6032数控车床)不允许在M03和M05程序段之间写入M04程序段，否则在执行到M04程序段时，主轴立即反转，进给停止，此时按“主轴停”按钮也不能使主轴停止。

5) M06——自动换刀指令

M06为手动或自动换刀指令。当执行M06指令时，进给停止，但主轴、冷却液泵不停。

M06 指令的功能不包括刀具选择,常用于加工中心等换刀前的准备工作。

6) M07、M08、M09——冷却液泵开关指令

M07、M08、M09 指令用于控制冷却液泵的启停,属于模态指令。

M07 用于控制 2 号冷却液泵或雾状冷却液泵开。

M08 用于控制 1 号冷却液泵或液状冷却液泵开。

M09 用于关闭冷却液泵开关,并注销 M07、M08、M50 及 M51 指令(M50、M51 分别用于控制 3 号、4 号冷却液泵开),且是缺省指令。

7) M30——程序结束指令

M30 指令与 M02 指令的功能基本相同,不同的是,M30 能使系统自动返回程序起始位置,为加工下一个工件做好准备。

8) M98、M99——子程序调用与返回指令

M98 为子程序调用指令;M99 为子程序返回指令,用于使子程序结束,系统返回主程序。

6. 其他功能指令

1) F 指令——进给功能指令

进给功能也称 F 功能。F 指令用于指定进给速度,它属于模态指令。在 G01、G02、G03 和循环指令程序段中,必须要有 F 指令,或者在这些程序段之前已经存在 F 指令。没有 F 指令时,不同的数控系统处理方法不一样,有的数控系统显示出错,有的数控系统自动取轴参数中各轴最高允许速度的最小设置值。快速点定位指令 G00 指定的快速移动速度与 F 指令无关。

数控系统不同,F 指令的用法也不一定相同。用地址符 F 和其后 1～5 位数字来指定进给速度,通常用 F 后跟三位数字(F×××)表示。进给速度的单位一般为 mm/min,当进给速度与主轴转速有关时(如车削螺纹),单位为 mm/r。

2) S 指令——主轴转速功能指令

主轴转速功能也称 S 功能。S 指令主要用于指定主轴转速,属于模态指令。主轴转速用地址符 S 加 2～4 位数字来指定。采用 G97 指令时,主轴转速单位为 r/min;采用 G96 指令时,主轴转速单位为 m/min。例如:

```
G96  S300        ;主轴转速为 300 m/min
G97  S1500       ;主轴转速为 1500 r/min
```

注意:在车床系统里,G97 指定的是主轴恒转速,G96 指定的是恒切削速度。

3) T 指令——刀具功能指令

刀具功能也称为 T 功能,用于选择刀具和刀补号。一般具有自动换刀功能的数控机床都有此功能。

刀具功能指令的编程格式因数控系统不同而不完全一样,主要有两种格式。

(1) T 指令编程　刀具功能用地址符 T 加 4 位数字表示,前两位是刀具号,后两位是刀补号。刀补号即刀具参数补偿号,一把刀具可以有多个刀补号。如果后两位数为 00,则表示取消刀补。例如:

```
N01  G92  X140.0  Z300.0      ;建立工件坐标系
N02  G00  S2000  M03          ;主轴以 2000 r/min 的速度正转
N03  T0304                    ;3 号刀具,4 号刀补
N04  X40.0  Z120.0            ;快速点定位
N05  G01  Z50.0  F20          ;直线插补
```

```
N06　G00　X140.0　Z300.0　　　　;快速点定位
N07　T0300　　　　　　　　　　　;3号刀具,取消刀补
```

(2) T、D指令编程　T后接两位数字,用于指定刀具号,选择刀具;D后面也是接两位数,用于指定刀补号。

定义这两个参数时,其编程的顺序为T、D。T指令和D指令可以编写在一起,也可以单独编写。例如,T05D08表示选择5号刀,采用刀具偏置表8号的偏置尺寸。如果在前面程序段中写入T05,后面程序段中写入D08,则仍然表示选择5号刀,采用刀具偏置表8号的偏置尺寸。如果选用了D00,则表示取消刀补。

2.4.3　宏指令

宏指令是数控系统企业为方便用户而设计的类似于高级语言的功能,用户可以使用变量进行算术运算、逻辑运算和函数的混合运算,可以使用提供的循环语句、分支语句和子程序调用语句进行工艺流程的控制。采用宏指令非常利于编制各种参数化零件加工程序,减少乃至免除手工编程时烦琐的数值计算,并精简程序。

虽然在数控编程中,使用各种CAD/CAM软件编制数控加工程序已经成为主流,但是灵活、高效、快捷的宏程序编程仍然是重要的编程方法,在实际生产过程中具有广泛的应用空间。比如数控装置中一些典型的型腔加工、固定循环程序等,其内部可由宏程序实现。

不同的数控系统企业的宏指令差别较大(见图2-24),必须参照相应编程手册使用。现以某国产数控系统的宏指令为例进行简单介绍。

```
DEF INT NUMBER= 60
DEF REAL RADIUS = 20
DEF INT COUNTER
DEF REAL ANGLE
N10 G1 X0 Y0 F5000 G64
$SC_COMPRESS_CONTOUR_TOL = 0.05
$SC_COMPRESS_ORI_TOL = 5
TRAORI
COMPCURV
N100 X0 Y0 A3=0 B3=-1 C3=1
N110 FOR COUNTER = 0 TO NUMBER
N120 ANGLE= 360 * COUNTER /NUMBER
N130  X=RADIUS*COS(WINKEL)Y=RADIUS
      SIN(ANGLE) A3=SIN(ANGLE)
      B3=-COS(ANGLE) C3=1
N140 ENDFOR
...
```

(a) 西门子数控系统宏指令

```
...
G90 G00 X[#50] Y[#51] ;go to start point
WHILE[#6 LE #10]
  #1=#8*COS[#9];计算下个点的X
  #2=#8*SIN[#9];计算下个点的Y
  G91 G00 X[#1] Y[#2]
  ;G91 G01 X[#1] Y[#2]
  ;G04 P5
  #6=#6+1
ENDW
G[#45]
...
```

(b) 华中数控系统宏指令

图2-24　宏指令示例

1. 宏变量及常量

1) 变量的表示

宏程序中,用变量符号“#”和后面紧跟的1～4位数字表示一个变量,如#1、#50等。表达式可以用于指定变量号。此时,表达式必须封闭在括号中,例如#1、#[#1+#2-12]。

变量可以代表程序中的数据,如位置、G代码编号、刀补号等,也可以进行各类运算。变量的使用给程序设计带来了极大的灵活性。

使用变量前一般需要给变量正确地赋值,如#10=4、#1=5*10。

2)宏程序中变量的类型

变量共有三种类型,其功能见表2-5。

表2-5 变量的类型及其功能

变量类型	变量号范围	功能
局部变量	#0~#49	用于在宏程序中存储数据
全局变量	#50~#99	—
系统变量	#300~#1199	用于读写各种CNC数据

(1) 局部变量:#0~#49的变量为局部变量。局部变量的作用范围是当前程序,如果在主程序或不同的子程序里出现了相同的局部变量,它们不会相互覆盖。例如:

```
%100
#2=30        ;主程序中的#2为30
M98  P101
G04  P[#2]  ;#2仍然为30
M30
%101
#2=10
M99
```

(2) 全局变量:#50~#199的变量为全局变量。全局变量的作用范围是整个程序文件内的程序,如果在该程序文件内的某个程序改变了该变量的值,会影响其他引用该变量的程序。例如:

```
%100
#52=30        ;#52赋值为30
M98  P101
G04  P[#52]  ;#52的值为2
M30
%101
G04  P[#52]  ;#52的值为30
#52=2         ;将#52的值改为2
M99
```

采用全局变量可以较方便地在程序间传递数据。但全局变量使用较多容易引起混乱,因此使用全局变量时要仔细审查。

(3) 系统变量:#300以上的变量是系统变量。系统变量是数控系统内部定义好的具有特殊意义的变量。华中数控系统的部分宏变量定义见表2-6。

表2-6 华中数控系统宏变量定义

变量号	类
#600~#699	刀具长度寄存器(H0~H99)
#700~#799	刀具半径寄存器(D0~D99)
#800~#899	刀具寿命寄存器

续表

变　量　号	类
＃1000～1008	机床当前位置(XYZABCUVW)
＃1010～1018	机床编程位置(XYZABCUVW)
＃1030～1038	当前工件零点(XYZABCUVW)
＃1040～1048	当前 G54 零点(XYZABCUVW)
＃1150～1169	G 代码模态值

引用系统变量可实现一些特殊的功能，比如检查刀具寿命、动态修改刀具和坐标参数等。

例 2-3　假设对刀仪安装在机床固定的位置，在机床坐标系下的坐标为(－100，50，－60)，储存在全局变量＃100、＃101、＃102 中，试编制程序，使刀具运动到该对刀仪上方。

编制程序如下：

```
%343
G54
#10=#100-#1030    ;当前工件坐标系下的 X 坐标=机床坐标系下的 X 坐标-工件坐标系原点在机床坐标系下的 X 坐标
#11=#101-#1031    ;当前工件坐标系下的 Y 坐标=机床坐标系下的 Y 坐标-工件坐标系原点在机床坐标系下的 Y 坐标
G90  G01  X[#10]  Y[#11]  F300
M30
```

3）常量

该系统中宏变量共有三个，分别是圆周率 π、TRUE(真)和 FALSE(假)。

2. 运算符

1）算术运算符

算术运算符共四个，分别是＋、－、＊、/。

2）条件运算符

条件运算符共六个，分别为 EQ(＝)、NE(≠)、GT(＞)、GE(≥)、LT(＜)、LE(≤)。

3）逻辑运算符

逻辑运算符共三个：AND、OR、NOT。

AND(且)：多个条件为真才为真。

OR(或)：多个条件只要有一个为真就为真。

NOT(非)：取反。

例：

```
#1  LT  20  AND  #1  GT-20    ;表示  #1<20  且  #1>-20
#1  GT  20  OR  #1  LT-20     ;表示  #1>20  或  #1<-20
NOT[#1  EQ  0]                ;表示取反(#1==0)
```

3. 函数

宏指令函数共十个：SIN[　]、COS[　]、TAN[　]、ATAN[　]、ATAN2[　]、ABS[　]、INT[　]、SIGN[　]、SQRT[　]、EXP[　]。部分宏指令函数功能如表 2-7 所示。

表 2-7　宏指令函数

函数名称	功　能	备　注
SIN[a]	正弦计算	a 的单位为弧度
COS[a]	余弦计算	
TAN[a]	正切计算	
ATAN[a]	反正切计算	
ABS[a]	取绝对值	
INT[a]	取整	
SQRT[a]	开平方	
EXP[a]	指数	

运用函数,可以实现更高级的计算功能。如计算图 2-25 上的坐标点:

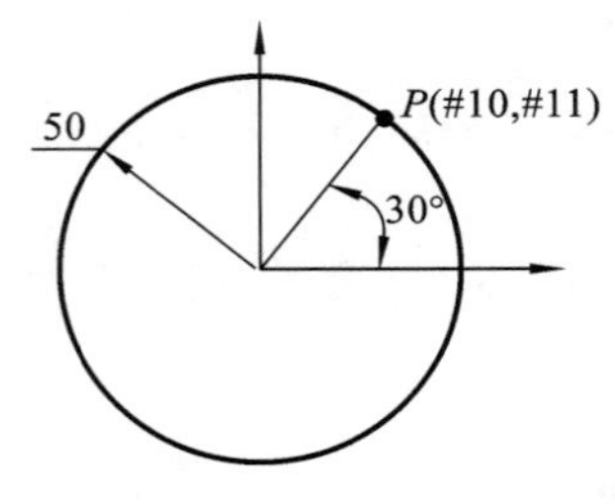

图 2-25　函数应用示例

```
……
#10=50*cos[30*PI/180]
#11=50*sin[30*PI/180]
……
```

4. 表达式

用运算符连接起来的常数、宏变量构成表达式,如 175/SQRT[2]*COS[55*PI/180]、#3*6 GT 14 等。

5. 赋值语句

格式:

宏变量=常数或表达式

把常数或表达式的值送给一个宏变量称为赋值,例如:

```
#2=175/SQRT[2]*COS[55*PI/180];
#3=124.0;
```

6. 条件判别语句

格式一:

```
IF 条件表达式
……
ELSE
……
ENDIF
```

格式二:

```
IF 条件表达式
……
ENDIF
```

例如:

```
……
IF  #1  EQ  1
    G90  G0  X50  Y50
```

```
ELSE
    G90  G0  X100  Y50
ENDIF
G91  X50
     Y50
     X-50
     Y-50
G90  G0  X0  Y0
……
```

7. 循环语句

格式：

```
WHILE 条件表达式
……
ENDW
```

例如：求 1～10 的和。

```
#1=1+2+…+10
……
#1=0
#2=1
WHILE[#2  LE  10]
    #1=#1+#2        ;累计
    #2=#2+1         ;循环变量+1
ENDW
……
```

2.4.4　子程序编写方法

在一个加工程序中，如果有些加工内容完全相同或相似，为了简化程序，可以把这些重复的程序段单独列出编成一个程序，该程序称为子程序，原来的程序称为主程序。在主程序执行期间出现子程序执行指令时，就执行子程序，子程序执行完毕后，系统继续执行主程序。此外，为了进一步简化程序，还可以让一个子程序调用另一个子程序，实现子程序嵌套。

子程序的格式和主程序的格式相仿，在子程序开头必须规定子程序号，以其作为调用入口地址。在子程序的结尾采用 M99 指令，以控制系统执行完该子程序后返回主程序。子程序调用格式如下：

M98　P_　L_

说明：

P 用于指定被调用的子程序号。

L 用于指定重复调用次数，当不指定重复调用次数时，子程序只调用一次。

G 代码在调用宏程序（子程序或固定循环，下同）时，系统会将当前程序段各字段（A～Z 共 26 个字段，如果没有定义则为零）的内容拷贝到宏执行时的局部变量 #0～#25，同时拷贝调用宏时当前通道九个轴（轴 0～轴 8）的绝对位置（机床绝对坐标）到宏执行时的局部变量 #30～#38。

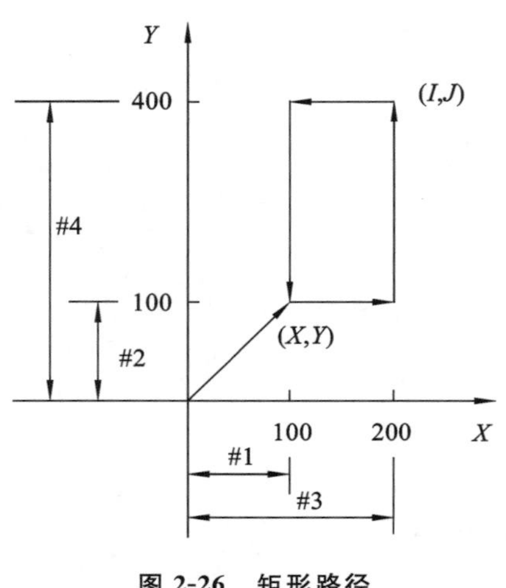

图 2-26　矩形路径

宏程序的调用格式为

M98 P(宏程序号)<变量赋值>

或　　G65 P(宏程序号)<变量赋值>

例如:"M98　P200　X100"表示调用程序号为"200"的程序,并将参数"100"传递给子程序。

1. 参数化矩形加工编程

例 2-4　如图 2-26 所示,矩形路径由左下角坐标和长宽确定。试编制参数化矩形加工子程序,左下角坐标和长宽为参数,并在主程序中通过该子程序完成矩形加工。

通过地址符 X、Y、I 和 J 将角点坐标及长宽值传入子程序,在子程序中根据功能及传入的参数进行轨迹控制。编制程序如下:

```
O600;                                    子程序
                                         ;#23  X地址传入的参数存放在该变量中
                                         ;#24  Y地址传入的参数存放在该变量中
                                         ;#8   I地址传入的参数存放在该变量中
                                         ;#9   J地址传入的参数存放在该变量中
G90  G00  X[#23]  Y[#24]                 ;快速运动到角点
G91  G01  X[#8]                          ;以增量的方式走一个宽度
          Y[#9]
          X[-#8]
          Y[-#9]
M99

O100                                     ;主程序
G92  X0  Y0  F4000
M98  P600  X100  Y100  I100  J300        ;调用矩形指令
G90  G00  X0  Y0
M30
```

2. 简单平面曲线轮廓加工编程

对简单平面曲线轮廓进行加工,是采用小直线段逼近曲线来完成的。具体算法为:采用某种规律在曲线上取点,然后用小直线段将这些点连接起来完成加工。

例 2-5　编制程序,控制刀具实现图 2-27 所示的运动轨迹。

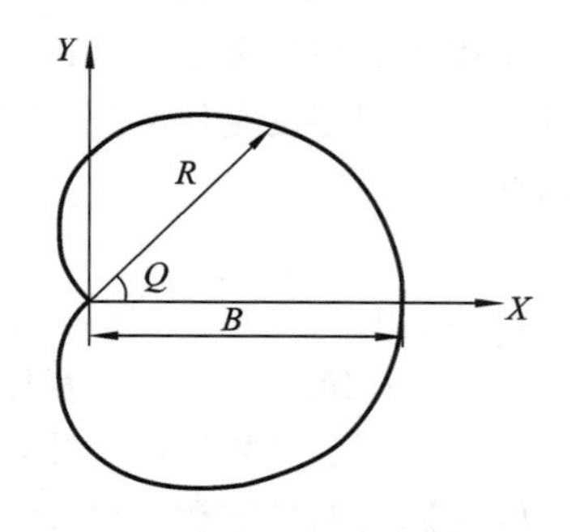

$R=B\cos(Q/C)$, $C=2\times180°/\mathrm{PI}$

图 2-27　简单平面曲线

编制程序如下:

```
%007
G92  X0  Y0
#1=60          ;B
#2=0           ;Q
```

```
#3=0           ;R
#4=30          ;离散段数
#5=360/#4      ;角度
#6=0           ;循环变量
#9=0           ;X 坐标
#10=0          ;Y 坐标
#6=0
WHILE[#6  LE#4]
    #2=#5*#6
    #3=#1*COS[0.5*#2*PI/180]
    #3=ABS[#3]
    #9=#3*COS[#2*PI/180]
    #10=#3*SIN[#2*PI/180]
    G01  X[#9]  Y[#10]  F1000
    #6=#6+1
ENDW
G0  X0  Y0
M30
```

2.5　编程应用举例

2.5.1　数控车床编程

数控车床是目前使用比较广泛的数控机床，主要用于轴类和盘类回转体工件的加工，能自动完成内外圆柱面、锥面、圆弧、螺纹等特征的切削加工，并能完成切槽、钻孔、扩孔、铰孔等复杂工序。图 2-28 所示为适合数控车削加工的零件。

图 2-28　适合数控车削加工的零件

2.5.1.1　数控车床编程要点

数控车床的编程具有如下特点：

(1) 在一个程序段中,根据图样上标注的尺寸可以进行绝对值编程或增量值编程,也可以进行混合编程。

(2) 被加工零件的径向尺寸,在图样上标注和测量时,一般用直径值表示,所以采用直径尺寸编程更为方便。

(3) 由于车削加工常用棒料作为毛坯,加工余量较大,为简化编程,常采用不同形式的固定循环。

(4) 编程时,认为车刀刀尖是一个点,而实际上为了提高刀具寿命和工件表面质量,常将车刀刀尖磨成半径不大的圆弧形。为提高工件的加工精度,编制圆头刀程序时,需要对刀具半径进行补偿。使用刀具半径补偿功能时,可直接按工件轮廓尺寸编程。

(5) 为了提高加工效率,在车削加工中进刀与退刀时都采用快速运动方式。进刀时,尽量接近工件切削开始点(切削开始点的确定以使刀具不碰撞工件为原则)。

2.5.1.2　车削编程常用指令应用举例

1. 简单车削加工程序

例 2-6　欲加工如图 2-29 所示的轴,加工工艺路线为 1→2→3→4,编制相应的加工程序。

采用直径方式进行绝对值编程,编制程序如下：

```
%2001
N10  T0101
N20  G92  X50  Z2
N30  G00  X15
N40  G01  Z-30
N50  X25  Z-40
N60  X50  Z2
N70  M30                        ;程序结束
```

例 2-6

例 2-7　加工如图 2-30 所示的阶梯轴,先粗加工,留 1 mm 余量,再精加工,编制相应的加工程序。图中点画线为毛坯轮廓,虚线为进刀路线,对刀点为轴的端面与轴线的交汇点。

编制程序如下：

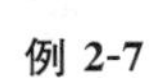

例 2-7

```
%2003
N1  G92  X80  Z10
N2  G00  X31  Z3  M03  S300   ;快速进刀,靠近加工面,并留 1 mm 精车余量
N3  G01  Z-50  F100            ;车第一个台阶
N4  X36                        ;退刀
N5  G00  Z3
N6  X29                        ;车第二个台阶,并留 1 mm 精车余量
N7  G01  Z-20  F100
N8  X36
N9  G00  Z3
N10  X28                       ;精车第二个台阶
N11  G01  Z-20  F80
N12  X30
```

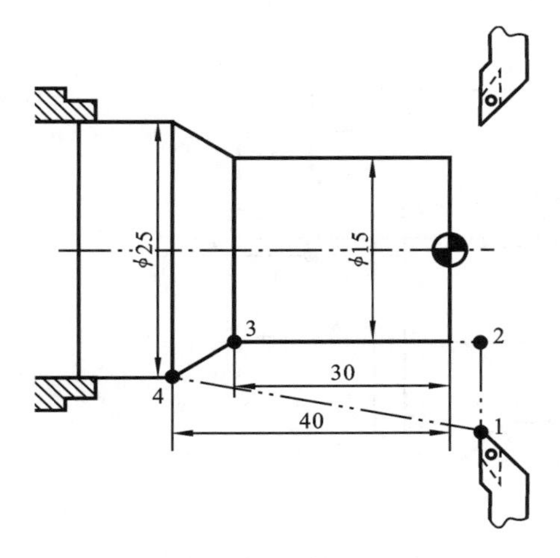

图 2-29　简单轴加工实例

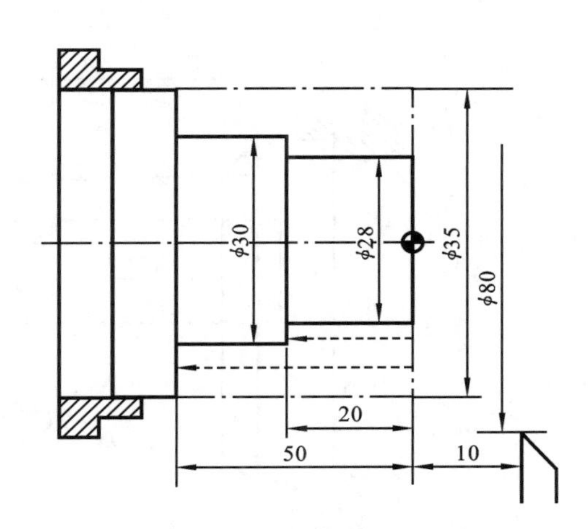

图 2-30　阶梯轴的加工

```
N13  Z-50                    ;精车第一个台阶
N14  X36
N15  G00  X80  Z10
N16  M05
N18  M30                     ;程序结束
```

2. 螺纹切削指令 G32

编程格式：

G32　X_　Z_　R_　E_　P_　F_

说明：

X、Z 为在采用 G90 指令时用于指定螺纹终点在工件坐标系中的坐标；在采用 G91 指令时用于指定螺纹终点相对于螺纹起点的位移量。

F 用于指定螺纹导程，即主轴每转一圈，刀具相对于工件的进给值。

R、E 用于指定螺纹切削的退尾量。R 指定的为绝对值，表示 Z 向回退量；E 指定的值表示 X 向回退量，为正时表示沿 X 正向回退，为负时表示沿 X 负向回退。使用 R、E 指令字时可免去退刀槽。R、E 可以省略，表示不用回退功能；根据螺纹标准，R 的指定值一般取 2 倍的螺距，E 的指定值取螺纹的牙型高。

P 用于指定主轴基准脉冲处距离螺纹切削起始点的主轴转角。

使用 G32 指令能加工圆柱螺纹、锥螺纹和端面螺纹。程序段中 X 省略时为圆柱螺纹车削，Z 省略时为端面螺纹车削，X、Z 都不省略时为圆锥螺纹车削。对于圆锥螺纹，当斜角 $\alpha \leqslant 45°$ 时螺纹导程在 Z 方向上指定，当斜角 $\alpha < 45°$ 时螺纹导程在 X 方向上指定，如图 2-31 所示。

例 2-8　欲加工如图 2-32 所示的圆柱螺纹，编制相应的加工程序。螺纹导程为 1.5 mm，$\delta = 1.5$ mm，$\delta' = 1$ mm，每次吃刀量(直径值)分别为 0.8 mm、0.6 mm、0.4 mm、0.16 mm。

编制程序如下。

```
%0012
N1  G92  X50  Z120           ;设立坐标系，定义对刀点的位置
N2  M03  S300                ;主轴以 300 r/min 的速度旋转
N3  G00  X29.2  Z101.5       ;到螺纹起点，升速段长 1.5 mm，吃刀量为 0.8 mm
N4  G32  Z19  F1.5           ;切削螺纹到螺纹切削终点，降速段长 1 mm
```

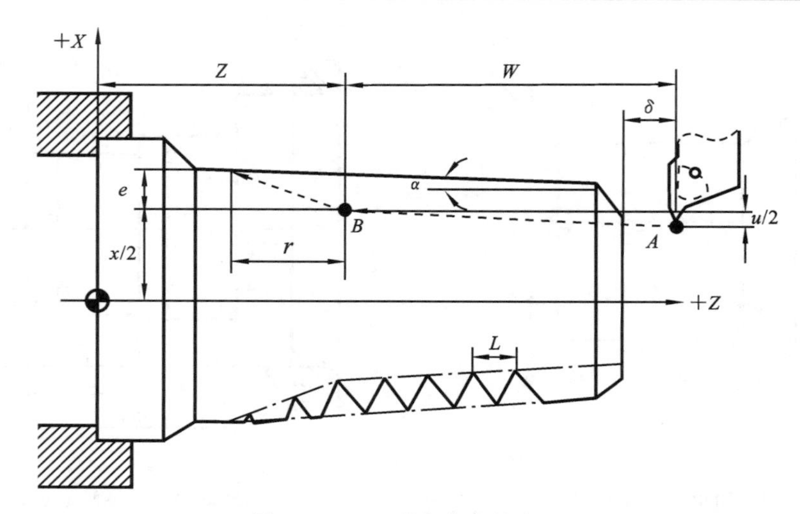

图 2-31　G32 中各参数的含义

例 2-8

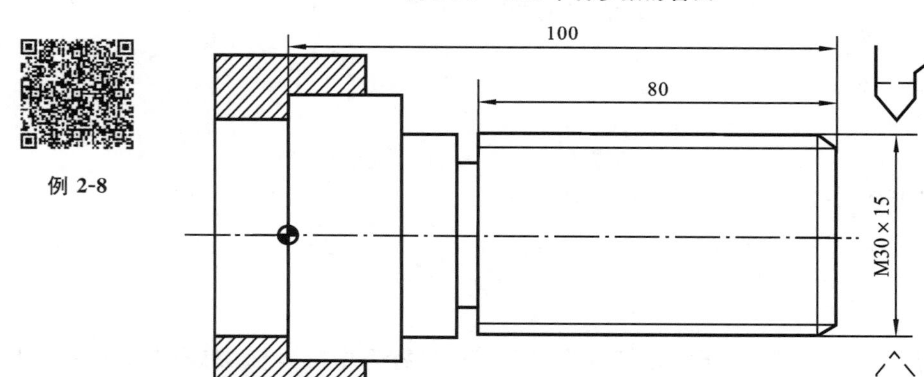

图 2-32　螺纹加工实例

```
N5   G00   X40              ;沿 X 方向快退
N6   Z101.5                 ;沿 Z 方向快退到螺纹起点处
N7   X28.6                  ;沿 X 方向快进到螺纹起点处,吃刀量为 0.6 mm
N8   G32   Z19   F1.5       ;切削螺纹到螺纹切削终点
N9   G00   X40              ;沿 X 方向快退
N10  Z101.5                 ;沿 Z 方向快退到螺纹起点处
N11  X28.2                  ;沿 X 方向快进到螺纹起点处,吃刀量为 0.4 mm
N12  G32   Z19   F1.5       ;切削螺纹到螺纹切削终点
N13  G00   X40              ;沿 X 方向快退
N14  Z101.5                 ;沿 Z 方向快退到螺纹起点处
N15  U-11.96                ;沿 X 方向快进到螺纹起点处,吃刀量为 0.16 mm
N16  G32   W-82.5   F1.5    ;切削螺纹到螺纹切削终点
N17  G00   X40              ;沿 X 方向快退
N18  X50   Z120             ;回对刀点
N19  M05                    ;主轴停
N20  M30                    ;主程序结束并复位
```

3. 简单固定循环指令 G80 和 G81

数控车床的固定循环一般分为简单固定循环和复合固定循环。一个简单固定循环程序段可以完成由切入→切削→退刀→返回的顺序动作。常见的简单固定循环指令有 G80 和 G81。其中 G80 指令可用于圆柱面内(外)径切削循环和圆锥面内(外)径切削循环,G81 指令可用于端平面切削循环或端锥面切削循环。

G80 指令用于圆柱面内(外)径切削循环时的编程格式为

G80　X_　Z_　F_;

G80 指令用于圆锥面内(外)径切削循环时的编程格式为

G80　X_　Z_　I_　F_;

其中 I 用于指定切削起点处与切削终点 *C* 处的半径差。

加工时的进给轨迹如图 2-33 所示。

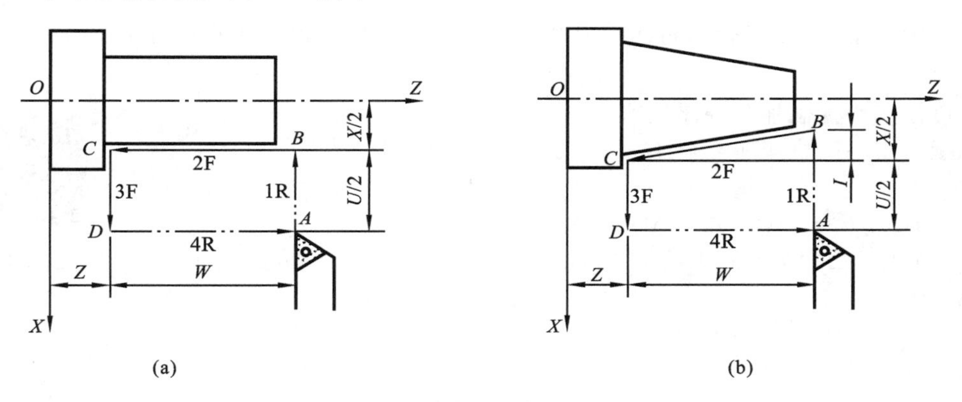

图 2-33　内外径车削循环

G81 指令用于端平面切削循环时的编程格式为

G81　X_　Z_　F_;

G81 指令用于端锥面切削循环时的编程格式为

G81　X_　Z_　K_　F_;

其中 K 用于指定切削起点与切削终点在 *Z* 方向上的有向距离。

加工时的进给轨迹如图 2-34 所示。

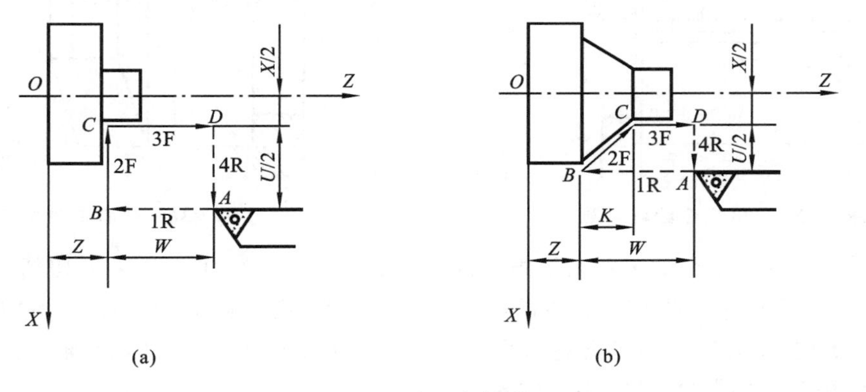

图 2-34　端面车削循环

例 2-9　如图 2-35 所示,用 G80 指令编程,毛坯直径为 $\phi34$,工件直径为 $\phi24$,分三次车削。用绝对值编程。

编制程序如下:

```
%0013
N01  G54
N05  M03  S400
N15  G90  G00  X40  Z60
N20  G80  X30  Z20
N30  G80  X27  Z20
N40  G80  X24  Z20
N50  G00  X60  Z80
N60  M02
```

例 2-9

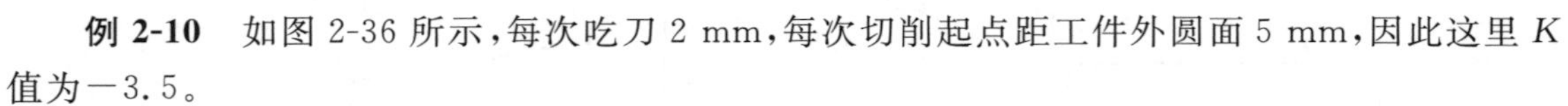

例 2-10　如图 2-36 所示,每次吃刀 2 mm,每次切削起点距工件外圆面 5 mm,因此这里 K 值为－3.5。

用 G81 指令编制加工程序如下:

例 2-10

```
%0014
N10  G54         ;选择坐标系
N15  G90  G00  X60  Z45  M03  S300
N20  G81  X25  Z31.5  K-3.5  F100
N30  X25  Z29.5  K-3.5
N40  X25  Z27.5  K-3.5
N50  X25  Z25.5  K-3.5
N60  M05
N70  M02
```

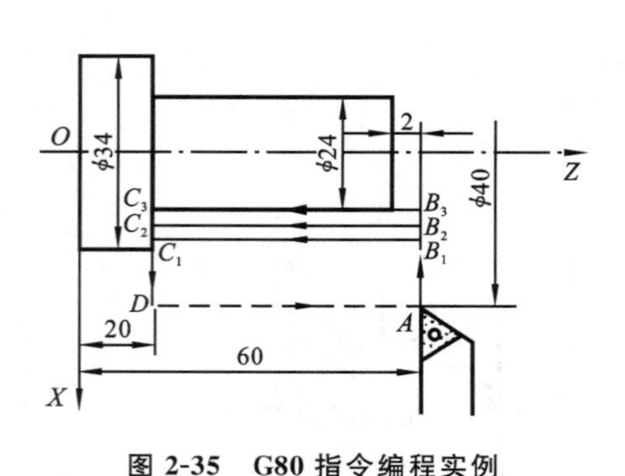

图 2-35　G80 指令编程实例

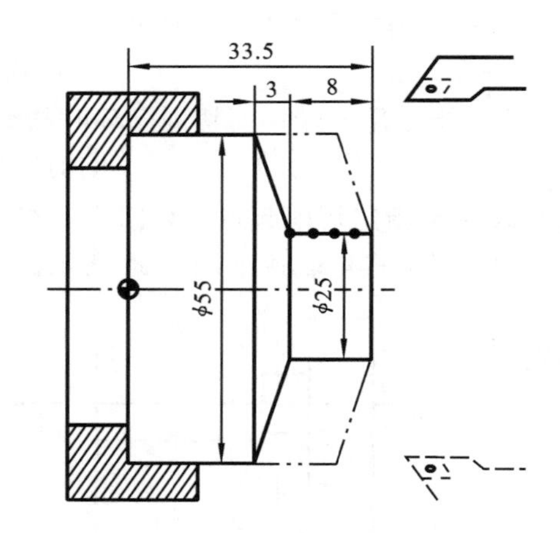

图 2-36　端面车削循环

G81 指令与 G80 指令的区别只是指定的切削方向不同。G81 指令下的切削方向是 X 方向,主要适用于 X 向进给量大于 Z 向进给量的情况,例如切割圆盘类工件。G80 指令下的切削方向是 Z 方向,主要适用于 Z 向进给量大于 X 向进给量的情况,例如切割轴类工件。

4. 复合固定循环指令 G71、G72、G73

复合固定循环有三类,分别是内(外)径粗车复合循环指令 G71、端面粗车复合循环指令

G72、封闭轮廓复合循环指令 G73。

1）内外径粗车复合循环指令 G71

图 2-37 所示为内(外)径粗车复合循环运动轨迹。

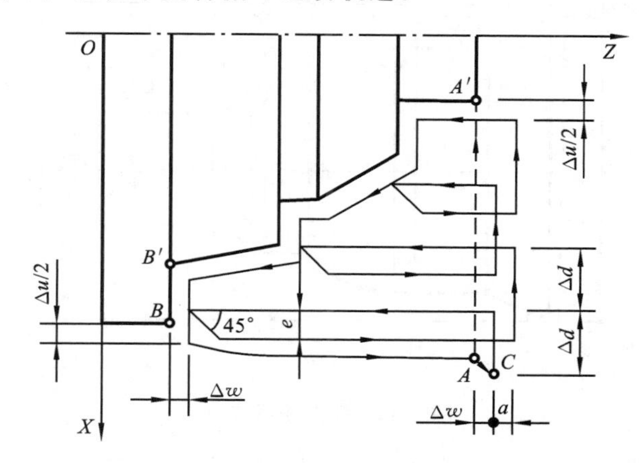

图 2-37　粗车复合循环

编程格式：

G71　U(Δd)　R(e)　P(ns)　Q(nf)　X(Δu)　Z(Δw)　F_　S_　T_；

说明：

Δd 为切削深度(每次切削量)，半径值，无正负号，方向由矢量$\overrightarrow{AA'}$决定。

e 为每次退刀量，半径值，无正负。

ns 为精加工工艺路线中第一个程序段(即图中 AA'段)的顺序号。

nf 为精加工工艺路线中最后一个程序段(即图中 BB'段)的顺序号。

Δu 为 X 方向精加工余量(直径编程时为 Δu，半径编程为 Δu/2)。

Δw 为 Z 方向精加工余量。

使用 G71 编程时要注意：

①G71 程序段本身不用于精加工，粗加工时按后续 ns～nf 程序段给定的精加工编程轨迹 $A \to A' \to B \to B'$，沿平行于 Z 轴的方向进行。

②G71 程序段不能省略除 F、S、T 以外的地址符。G71 程序段中的 F、S、T 只在循环时有效，精加工时处于 ns～nf 程序段之间的 F、S、T 有效。

③循环中的第一个程序段(即 ns 段)必须包含 G00 或 G01 指令，即 $A \to A'$的动作必须是直线或点定位运动，但不能有沿 Z 方向的移动。

④ns～nf 程序段中不能包含子程序。

⑤采用 G71 循环指令时可以进行刀具位置补偿，但不能进行刀尖半径补偿。因此在 G71 指令前必须用 G40 取消原有的刀尖半径补偿。在 ns～nf 程序段中可以含有 G41 或 G42 指令，对精车轨迹进行刀尖半径补偿。

例 2-11　用内外径粗车复合循环指令编制图 2-38 所示零件的加工程序：要求循环起点为 A(46,3)，切削深度为 1.5 mm(半径量)。退刀量为 1 mm，X 方向精加工余量为 0.4 mm，Z 方向精加工余量为 0.1 mm，如图 2-38 所示，其中点画线部分为工件毛坯。

编制程序如下：

%0015

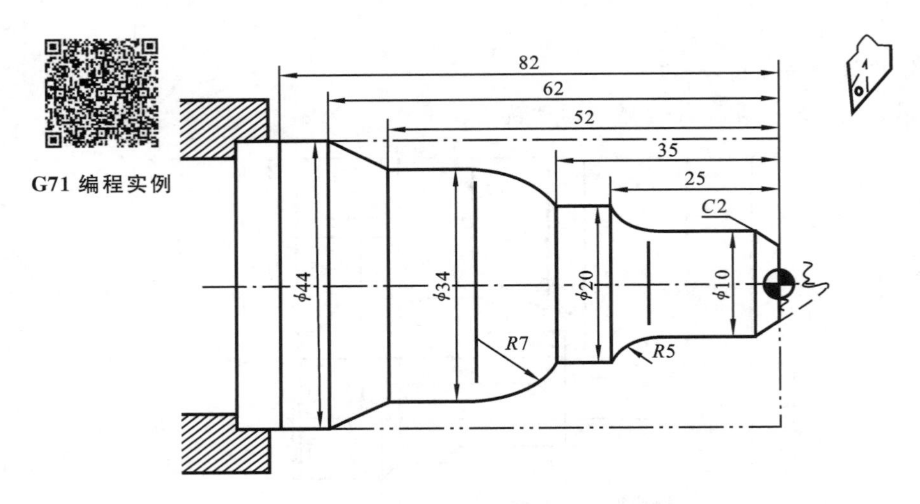

图 2-38　G71 编程实例

```
N10   G59   G00   X80   Z80          ;选定坐标系 G59,到程序起点位置
N20   M03   S400                     ;主轴以 400 r/min 的速度正转
N30   G01   X46   Z3   F100          ;刀具移到循环起点位置
N40   G71   U1.5   R1   P50   Q130   X0.4   Z0.1
                                     ;粗切量为 1.5 mm,X 方向精切量为 0.4 mm,
                                     Z 方向精切量为 0.1 mm
N50   G00   X0   Z3                  ;精加工轮廓起始行,到倒角延长线
N60   G01   X10   Z-2                ;精加工 C2 倒角
N70   Z-20                           ;精加工 ϕ10 外圆
N80   G02   U10   W-5   R5           ;精加工 R5 圆弧
N90   G01   W-10                     ;精加工 ϕ20 外圆
N100   G03   U14   W-7   R7          ;精加工 R7 圆弧
N110   G01   Z-52                    ;精加工 ϕ34 外圆
N120   U10   W-10                    ;精加工外圆锥
N130   W-20                          ;精加工 ϕ44 外圆,精加工轮廓结束行
N140   X50                           ;退出已加工面
N150   G00   X80   Z80               ;回对刀点
N160   M05                           ;主轴停
N170   M30                           ;主程序结束并返回
```

2）端面粗车复合循环指令 G72

图 2-39 所示为端面粗车复合循环的运动轨迹。

编程格式：

$$G72\quad U(\Delta d)\quad R(e)\quad P(ns)\quad Q(nf)\quad X(\Delta u)\quad Z(\Delta w)\quad F\quad S\quad T\quad ;$$

G72 指令与 G71 指令的区别仅在于切削方向平行于 X 轴，在 ns 程序段中不能有 X 方向的移动指令，其他与 G71 指令相同。

例 2-12　假设粗车深度为 1 mm，退刀量为 0.3 mm，X 向精车余量为 0.5 mm，Z 向精车余量为 0.25 mm。毛坯为 ϕ160 mm 的棒料，如图 2-40 所示。

编制程序如下：

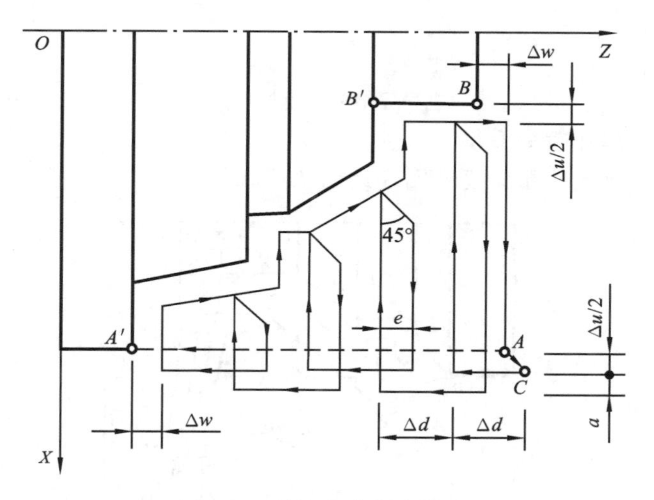

图 2-39　端面粗车复合循环

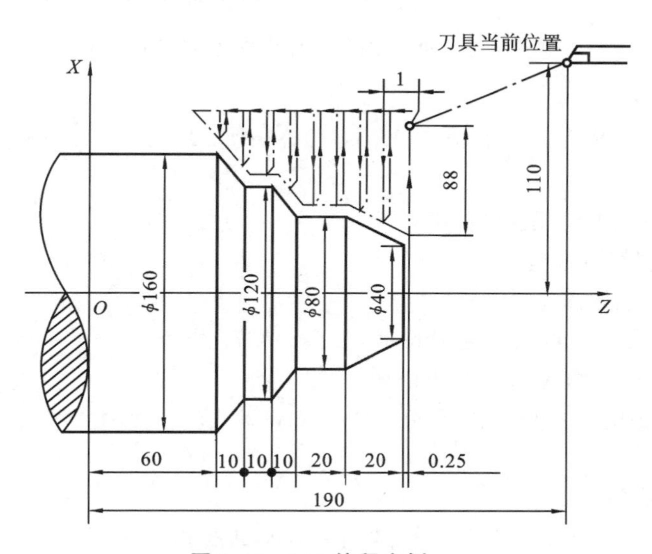

图 2-40　G72 编程实例

G72 编程实例

```
%0016
N10   G54   G00   X200   Z190        ;选定坐标系 G54,到程序起点位置
N20   M03   S400                     ;主轴以 400 r/min 的速度正转
N40   G00   X176.0   Z130.25         ;刀具到循环起点位置
N50   G72   U1.0   R0.3
N60   G72   P70   Q120   X0.5   Z0.25   F300   S500
N70   G00   Z56.0   S600
N80   G01   X120.0   Z70.0   F250
N90   W10.0
N100   X80.0   W10.0
N110   W20.0
N120   X36.0   W22.0
N140   X176                          ;退出加工面
```

```
N150  G00  X200  Z190          ;回对刀点
N160  M05                      ;主轴停
N170  M30                      ;主程序结束并返回
```

3) 封闭轮廓复合循环指令 G73

图 2-41 所示为封闭轮廓粗车复合循环运动轨迹。

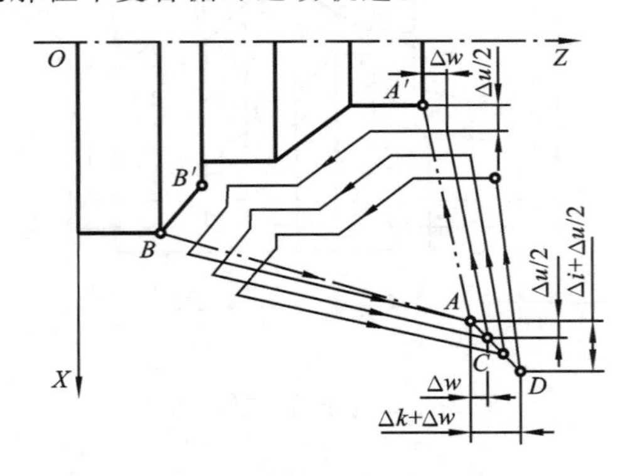

图 2-41　封闭轮廓粗车复合循环

编程格式：

G73　U(Δ*i*)　W(Δ*k*)　R(*d*)　P(ns)　Q(nf)　X(Δ*u*)　Z(Δ*w*)　F　S　T　;

说明：

Δ*i* 为 *X* 方向粗车的总退刀量，半径值。

Δ*k* 为 *Z* 方向粗车的总退刀量。

d 为粗车循环次数。

在 ns 程序段可以有 *X*、*Z* 方向的移动，其余同 G71 指令。

G73 指令适用于已初成形毛坯的粗加工。

例 2-13　粗车图 2-42 所示工件，分三次循环进给，*X*、*Z* 方向的精加工余量均为0.25 mm。编制程序如下：

```
%0017
N10  G54  G00  X260  Z220      ;选定坐标系 G54,到程序起点位置
N20  M03  S400                 ;主轴以 400 r/min 的速度正转
N25  G0  X220  Z160            ;到循环起点
N30  G73  U14.0  W14.0  R3     ;X 向总退刀量为 14 mm,Z 向总退刀量为 14 mm,退刀次数为 3 次
N40  G73  P50  Q100  X0.5  Z0.25  F0.3  S180
N50  G00  X80.0  W-40.0        ;到轮廓起点
N60  G01  W-20.0  F0.15  S600
N70  X120.0  W-10.0
N80  W-20.0  S400
N90  G02  X160.0  W-20.0  R20.0
N100  G01  X180.0  W-10.0  S280
N120  G00  X260.0  Z220.0
N130  M30
```

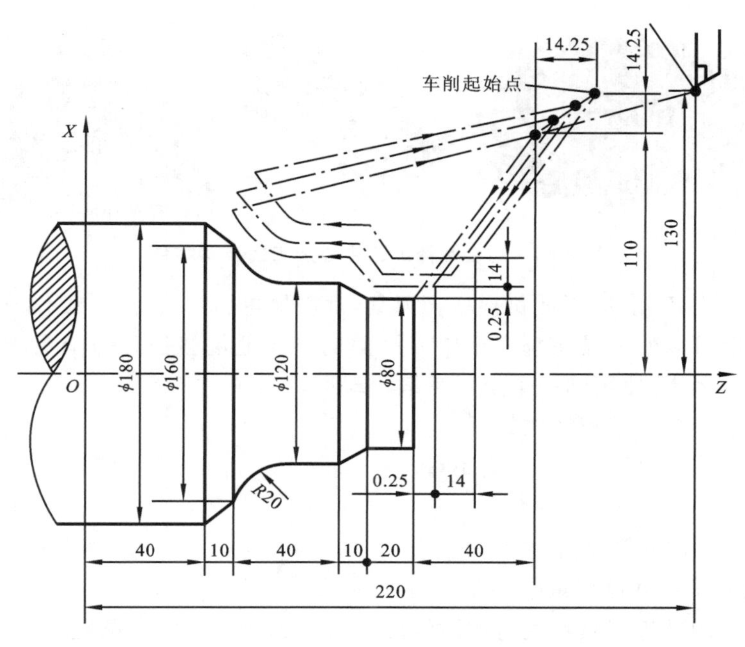

图 2-42　G73 编程实例

2.5.2　数控加工中心编程

2.5.2.1　加工中心编程要点

数控加工中心是指具有刀库和自动换刀装置的数控机床，有的甚至还有可交换的工作台，如图 2-43 所示。数控加工中心根据机床结构可分为立式加工中心、卧式加工中心、立卧可转换加工中心。

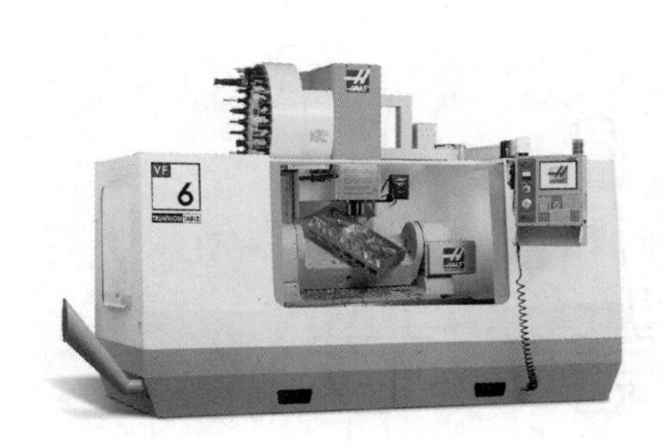

图 2-43　数控加工中心

数控加工中心主要用于加工平面和曲面轮廓零件，还可以用于加工具有复杂型面的零件，如凸轮、样板、模具等。同时也可以对零件进行钻、扩、铰、锪和镗孔加工。数控加工中心最大的优势是工序集中，一次装夹能进行铣、镗、钻、攻螺纹等多种工序的加工，如图 2-44 所示。

2.5.2.2　数控加工中心编程常用指令

1. 刀具长度补偿指令 G43、G44、G49

在加工中心上更换多把刀具加工零件时，由于各把刀具安装后的长短各不相同，工件零点

图 2-44 适合数控加工中心加工的典型零件

在 Z 方向的位置也各不相同,因此每换一把刀具,都需要重新对刀,这样工作效率会大大降低。刀具长度补偿功能可以使刀具在垂直于走刀平面的方向上偏移任意一个距离,因而编程时不用考虑刀具长度的因素,使用同一个坐标系编程即可。

刀具长度补偿指令的编程格式如下:

G43(G44) Z_ H_;

说明:

Z 用于指定补偿轴的终点值。

H 用于指定刀具长度偏移量的存储器地址。

把编程时假定的理想刀具长度与实际使用的刀具长度之差作为偏置值保存在偏置存储器中,该指令不改变程序就可以实现对 Z 轴(或 X、Y 轴)运动指令的终点位置进行正向或负向补偿。

采用 G43 指令时,实现正向偏置;采用 G44 指令时,实现负向偏置。无论是绝对指令还是增量指令,在采用 G43 指令时都要在 Z 轴(或 X、Y 轴)运动指令的终点坐标值中加上偏置值,在采用 G44 指令时则是从 Z 轴(或 X、Y 轴)运动指令的终点坐标值中减去偏置值。计算后的坐标值成为终点坐标值。

如图 2-45 所示,若选择刀具 3 作为基准刀具进行对刀并建立工件零点。刀具 1 比基准刀具短 6 mm,因此需要向下进行负补偿,以免切不到工件;刀具 2 比基准刀具长 10 mm,因此需要向上进行正补偿,以免过切。

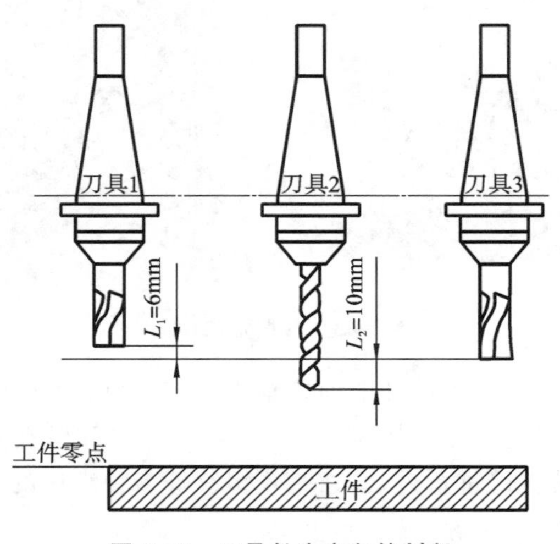

图 2-45 刀具长度方向的判断

取消长度补偿指令格式:

G49　Z(或 X 或 Y)

实际上,它和指令"G44/G43　Z　H00"的功能是一样的。G43、G44、G49 为模态指令,它们可以相互注销。以下是一包含刀具长度补偿指令的具体程序。

例 2-14　图 2-46 所示零件的加工工艺路线为①→②→…→⑬。要求用刀具长度补偿指令编程。

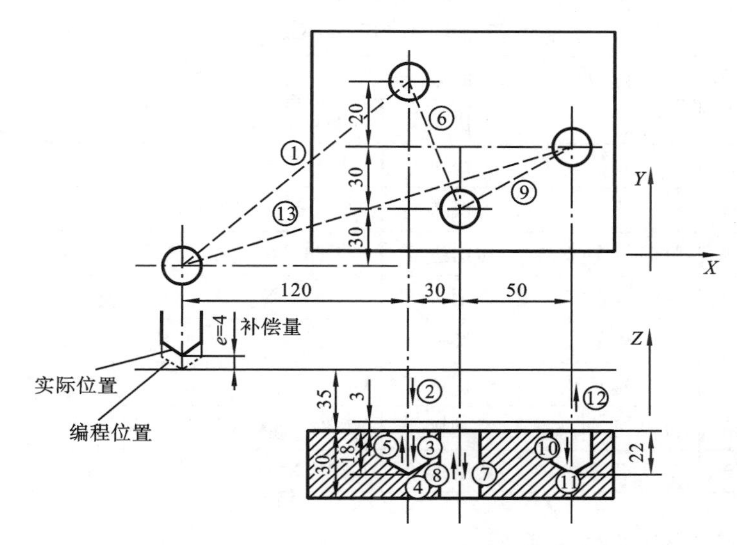

图 2-46　刀具长度补偿指令编程案例

例 2-14

编制程序如下:

```
N01  G91  G00  X70  Y45  S100  M03  ;主轴以 100 r/min 的速度正转,快移到(70,45)
N02  G43  H01  Z-22                 ;刀具正向补偿 H01=e,并向下进给 22 mm
N03  G01  Z-18  F500                ;以 500 mm/min 的速度向下进给 18 mm
N04  G04  P1                        ;暂停进给 1 s,以达到修光孔壁的目的
N05  G00  Z18                       ;快速上移 18 mm
N06  X30  Y-20                      ;快速移动到(30,-20)
N07  G01  Z-33  F500                ;以 500 mm/min 的进给速度向下钻孔
N08  G49  G00  Z55                  ;快速向上移动 55 mm,并撤销刀具长度补偿指令
N09  X-100  Y-15  M05               ;刀具在 OXY 平面上向(-100,15)处快速移动
N10  M30                            ;程序运行结束
```

2. 孔加工指令

在数控机床上进行加工时,常常需要重复执行一系列固定的加工动作,比如孔加工,通常包括以下六个基本固定动作(见图 2-47)。

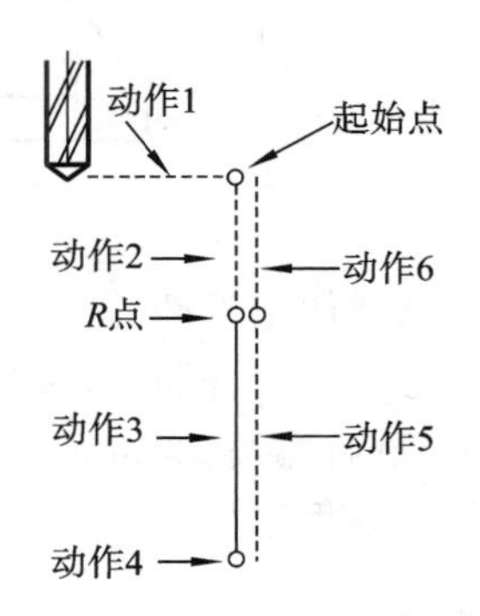

图 2-47　六个基本固定动作

动作 1:快速在 OXY 平面定位。

动作 2:快速移动到 R 点。

动作 3:进行孔加工。

动作 4:孔底位置的动作,如暂停加工。

动作 5:返回到 R 点。

动作 6:快速返回到起始点。

若每一个动作用一个程序段来表示,则完成一个完整的孔加工过程至少需要六个程序段。为简化编程,常按这些典型动作预先编好程序并存储在系统中,将这些程序段的指令按约定的执行次序综合为一个 G 指令,称之为固定循环指令。

采用一个固定循环指令就可完成孔加工的全部动作(进给、退刀、孔底暂停等),从而大大减少编程的工作量。常见的孔加工循环指令如表 2-8 所示。

表 2-8　孔加工循环指令

G 代码	孔加工动作	孔底动作	返回动作	程序段格式	功能
G81	切削进给	—	快速	G81　X_　Y_　Z_　R_　F_	钻孔、中心孔
G82	切削进给	暂停	快速	G82　X_　Y_　Z_　R_　P_　F_	钻孔、锪孔
G83	间隙进给	—	快速	G83　X_　Y_　Z_　R_　Q_　F_	深孔钻
G84	切削进给	暂停-主轴反转	切削进给	G84　X_　Y_　Z_　R_　F_	攻螺纹
G85	切削进给	—	切削进给	G85　X_　Y_　Z_　R_　F_	镗孔
G86	切削进给	主轴停止	快速	G86　X_　Y_　Z_　R_　F_	镗孔
G87	切削进给	主轴正转	快速	G87　X_　Y_　Z_　R_　Q_　F_	反镗孔
G88	切削进给	暂停-主轴停止	手动操作	G88　X_　Y_　Z_　R　P_　F_	镗孔
G89	切削进给	暂停	切削进给	G89　X_　Y_　Z_　R_　P_　F_	镗孔

2.5.2.3　数控铣削编程举例

例 2-15　铣削加工如图 2-48 所示的零件,毛坯为 70 mm×70 mm×16 mm 的 45 钢,经调质后,六个面已完成粗加工,现要求编制精加工程序。

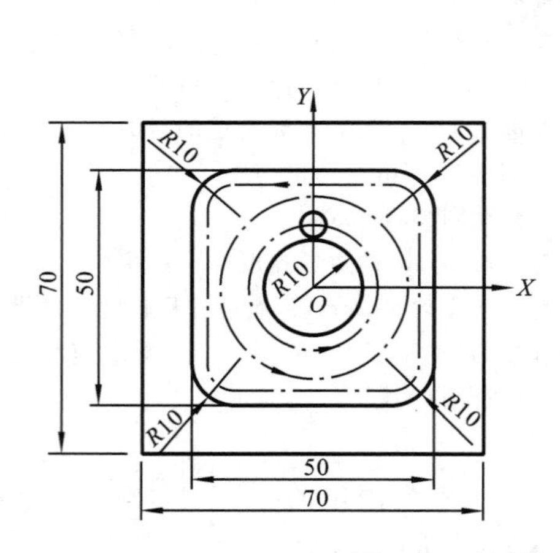

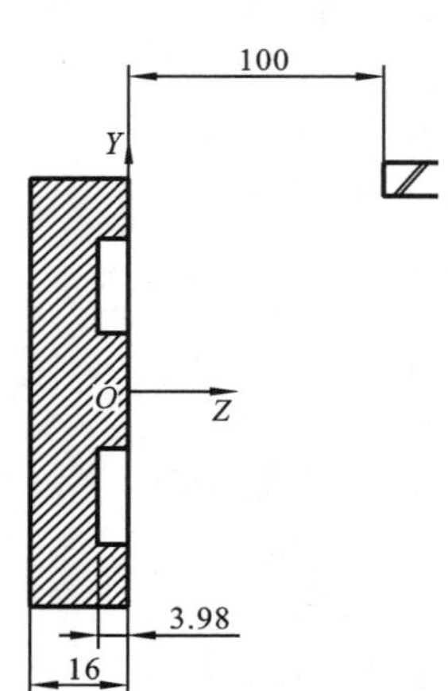

图 2-48　铣削加工实例零件图 1

以被加工工件的底面为定位基准,用固定于数控铣床工作台上的台钳夹紧后,以工件表面的中心点为编程原点,选用 $\phi8$ 键槽铣刀进行加工,先按圆形轨迹走刀,将零件中心的圆柱加工出来,最后再按 50 mm×50 mm 的带有倒角的正方形轨迹走刀。

例 2-15

编制程序如下:

```
%0319
N10  G54
N20  G00  X14.0  Y0  S600  M03
```

```
N25  G01  Z-3.98  F100
N30  G03  X14.0  Y0  I-14.0  J0
N40  G01  X20.0
N50  G03  X20.0  Y0  I-20.0  J0
N60  G41  G01  X25.0  Y0  D01  ;左刀补
N65  G01  Y15.0
N70  G03  X15.0  Y25.0  R10
N80  G01  X-15.0
N90  G03  X-25.0  Y15.0  R10
N100  G01  Y-15.0
N110  G03  X-15.0  Y-25.0  R10
N120  G01  X15.0
N130  G03  X25.0  Y-15.0  R10
N140  G01  Y0
N150  G00  Z150.0
N160  G40  X35.0  Y35.0  M05
N160  M30
```

例 2-16 加工如图 2-49 所示的零件，包括粗铣和精铣 *B* 面，半精镗和精镗 ϕ60H7 孔，钻、扩、铰 ϕ12H8 孔以及 M16 螺纹孔等九大工序。

根据图样要求，确定加工工艺方案如下：选择 *A* 面为定位基准，现分别粗铣和精铣零件的 *B* 面，选用 ϕ100 端铣刀（T02）；分别用 ϕ59.95 镗刀（T03）和 ϕ60 镗刀（T04）半精镗和精镗 ϕ60H7 孔；用 ϕ3 中心钻（T05）、ϕ10 钻头（T06）、ϕ11.85 扩孔钻（T07）、ϕ12H8 铰刀（T08）、ϕ16 锪孔钻（T09）加工 ϕ12 通孔和 ϕ16 沉孔，最后用 ϕ14 钻头（T10）和 M16 机用丝锥（T11）加工 M16 的螺纹孔。工件毛坯尺寸为 162 mm×162 mm×15.5 mm，材料为 45 钢，经调质后，六个面以及中心 ϕ60 孔已完成粗加工，工件坐标系原点在 ϕ60 孔的中心点上，*Z* 方向零点选在加工表面上，对刀点位于原点上方（*Z* 方向）50 mm 处，换刀点位于原点上方 10 mm 处。

编制程序如下：

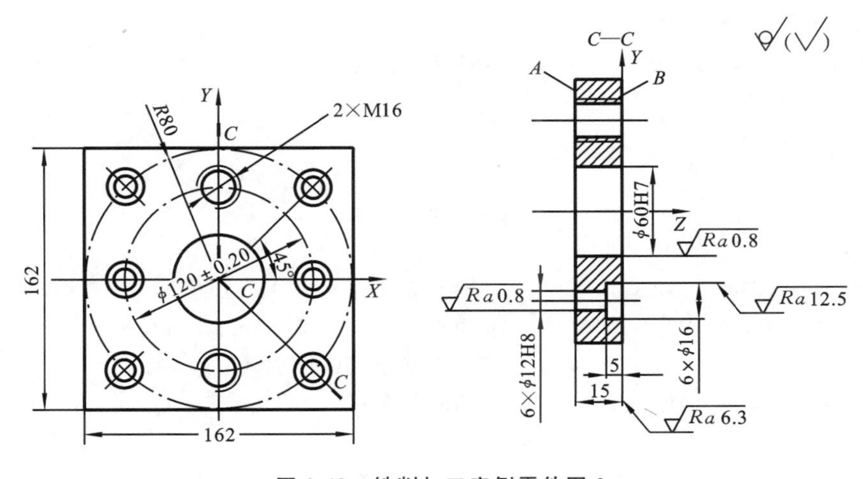

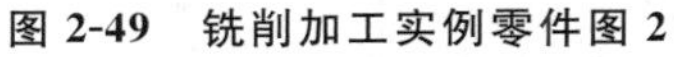

图 2-49 铣削加工实例零件图 2

例 2-16

```
;粗铣
%2014
N1   G92   X0   Y0   Z50.0
N2   T01   M06                                  ;1 号 φ100 端铣刀
N3   G90   G00   Z10.0
N4   X-135.0   Y45.0   S300   M03
N6   G43   Z0.5   H01   M08                    ;长度补偿
N7   G01   X75.0   F70
N8   Y-45.0
N9   X-135.0
N10   G00   G49   Z10.0   M09   M05             ;取消长度补偿
N11   X0   Y0
;精铣
N12   T02   M06                                 ;2 号 φ100 端铣刀
N13   G00   X-135.0   Y45.0   S500   M03
N14   G43   Z0   H02   M08
N15   G01   X75.0   F50                         ;铣削
N16   Y-45.0;
N17   X-135.0
N18   G00   G49   Z10.0   M09   M05
N19   X0   Y0
;镗中心孔(半精镗、精镗)
N20   T03   M06                                 ;换 φ59.95 镗刀,半精镗
N21   G43   Z4.0   H03   S400   M03;
N22   G98   G85   Z-17.0   R2.0   F40           ;镗孔固定循环
N23   G00   G49   Z10.0   M05
N24   X0   Y0
N25   T04   M06                                 ;换 φ60 镗刀,精镗
N26   G43   Z4.0   H04   S450   M03
N27   G98   G85   Z-17.0   R2.0   F50           ;镗孔固定循环
N28   G00   G49   Z10.0   M05
N29   X0   Y0
;钻中心孔
N30   T05   M06                                 ;换 φ3 中心钻
N35   X60   Y0.0;
N40   G43   Z4.0   H05   S1000   M03;
N45   G98   G90   G81   Z-1.0   R2.0   F50      ;钻中心孔,钻孔到深度为－1 mm 处
N50   M98   P0005                               ;调子程序完成其他孔加工
N55   G80   G00   G49   Z10.0   M05             ;取消固定循环
;钻孔
N60   X0   Y0
N65   T06   M06                                 ;换 φ10 钻头
N70   X60.0   Y0;
```

```
N75   G43   Z4.0   H06   S600   M03;
N80   G99   G81   Z-17.0   R2.0   F60                  ;加工φ12孔,钻孔到为深度−17 mm处
N85   M98   P0005                                      ;调子程序完成其他孔加工
N90   G80   G00   G49   Z10.0   M05
;扩孔
N100   X0   Y0
N110   T07   M06                                       ;换φ11.85扩孔钻
N120   X60.0   Y0
N130   G43   Z4.0   H07   S300   M03
N140   G99   G82   Z-17.0   R2.0   P2000   F40         ;扩φ12孔,孔深度为−17 mm
N150   M98   P0005                                     ;调子程序完成其他孔加工
N160   G80   G49   G00   Z10.0   M05;
;铰孔
N170   X0   Y0
N180   T08   M06                                       ;换φ12H8铰刀
N190   X60.0   Y0
N200   G43   Z4.0   H08   S500   M03
N210   G99   G81   Z-17.0   R2.0   F40                 ;铰φ12孔,孔深度为−17 mm
N220   M98   P0005                                     ;调子程序完成其他孔加工
N230   G80   G49   G00   Z10.0   M05
;锪孔
N170   X0   Y0
N180   T09   M06                                       ;换φ16锪孔钻
N190   X60.0   Y0
N200   G43   Z4.0   H09   S500   M03
N210   G99   G81   Z-5.0   R2.0   F40                  ;锪φ16孔,孔深度为−5 mm
N220   M98   P0005                                     ;调子程序完成其他孔加工
N230   G80   G49   G00   Z10.0   M05
;钻螺纹孔
N240   X0   Y0
N250   T09   M06                                       ;换φ14钻头
N260   X0.0   Y60;
N270   G43   Z4.0   H09   S500   M03
N280   G99   G81   Z-17.0   R2.0   F40                 ;钻螺纹孔1
N290   X0.0   Y-60
N300   G99   G81   Z-17.0   R2.0   F40                 ;钻螺纹孔2
N310   G80   G00   G49   Z10.0   M05
;攻螺纹
N320   X0   Y0
N330   T10   M06                                       ;换M16丝锥
N340   X60.0   Y0
N350   G43   Z4.0   H10   S500   M03
N360   G99   G84   Z-17.0   R2.0   F2                  ;攻螺纹孔1,M16螺距为2 mm
N370   X0.0   Y-60
```

```
N380  G99  G84  Z-17.0  R2.0  F2          ;攻螺纹孔 1,M16 螺距为 2 mm
N390  G80  G00  G49  Z10.0  M05;
N400  M30

;子程序
%0005
N10  X56.57  Y56.57
N20  X-56.57
N30  X60.0  Y0
N40  X-56.57  Y-56.57
N50  X56.57
N60  M99
```

2.6 自动编程

2.6.1 自动编程基础知识

2.6.1.1 自动编程的概念

自动编程(automatic programming)也称为计算机编程,是利用专用编程软件编制数控加工程序的过程,即将输入计算机专用软件的零件设计和加工信息自动转换成为数控装置能够读取和执行的指令(或信息)的过程就是自动编程。

目前,采用 CAD/CAM 图形交互方式的自动编程已得到普遍应用,是数控自动编程的主要方式,其主要过程为:利用 CAD 软件绘制的零件加工图样,经计算机内的刀具轨迹数据进行计算和后置处理后,自动生成数控机床零部件加工程序,以实现 CAD 与 CAM 的集成。随着 CIMS 技术的发展,又出现了 CAD/CAPP(computer aided process planning,计算机辅助工艺规划)/CAM 集成的全自动/智能编程方式,其编程所需的加工工艺参数不必人工设置,直接从系统内的 CAPP 数据库获得,推动数控机床系统自动化和智能化的进一步发展。

自动编程的特点是编程工作主要由计算机完成。在自动编程方式下,编程人员只需采用某种方式输入工件的几何信息以及工艺信息,计算机就可以自动完成数据处理、编写零件加工程序、制作程序信息载体以及程序检验的工作。在目前的技术水平下,零件图分析以及工艺处理仍然需要人工来完成,但随着技术的进步,将来的数控自动编程系统将从只能处理几何参数发展到能够处理工艺参数,即按加工的材料、零件几何尺寸、公差等原始条件,自动选择刀具、确定工序和切削用量等数控加工中的全部信息。

手工编程仅适用于简单几何形状零件加工程序的编制,而自动编程可以实现复杂曲面零件的数控加工程序编制,编程效率和精度均可以得到保证,已成为工业企业进行数控加工的普遍编程方式。

2.6.1.2 自动编程方法的分类

自动编程技术发展迅速,自动编程方法种类繁多。这里仅介绍三种常见的分类方法。

1. 按使用的计算机硬件种类划分

按使用的计算机硬件的种类,自动编程方法可分为微机自动编程、小型计算机自动编程、大型计算机自动编程、工作站自动编程、依靠机床本身的数控系统进行的自动编程。

2. 按程序编制系统(编程机)与数控系统的紧密程度划分

按程序编制系统(编程机)与数控系统的紧密程度,自动编程方法可分为如下两类。

1) 离线自动编程

不在数控系统上而采用独立机器进行程序编制工作称为离线自动编程。其特点是可为多台数控机床编程,功能多而强,编程时不占用机床工作时间。随着计算机硬件价格的下降,离线编程将是未来的趋势。

2) 在线自动编程

数控系统不仅用于控制机床,而且用于自动编程,这样的自动编程方法称为在线自动编程。

3. 按编程信息的输入方式划分

1) 语言自动编程

这是在自动编程技术发展初期出现的一种编程方法。语言自动编程的基本方法是:编程人员在分析零件加工工艺的基础上,采用编程系统所规定的数控语言,对零件的几何信息、工艺参数、切削加工时刀具和工件的相对运动轨迹和加工过程进行描述,形成所谓的“零件源程序”;把零件源程序输入计算机,由储存于计算机内的数控编程系统软件自动完成机床刀具运动轨迹数据的计算、加工程序的编制和加工程序的输入、所编程序的检查等工作。

2) 图形自动编程

这是一种先进的自动编程方法,目前很多CAD/CAM系统都采用了这种方法。在图形自动编程中,编程人员直接输入各种图形要素,从而在计算机内部建立起加工对象的几何模型,然后编程人员在该模型上进行工艺规划、选择刀具、确定切削用量以及走刀方式,之后由计算机自动完成机床刀具运动轨迹数据的计算、加工程序的编制和加工程序的输入等工作。此外,计算机系统还能够对所生成的程序进行检查与模拟仿真,以消除错误、减少试切工作量。

3) 采用其他输入方式的自动编程

除了前面两种主要的编程方法外,自动编程方法还有语音自动编程和数字化自动编程两种。语音自动编程是指采用语音识别技术,直接采用音频数据作为自动编程的输入。使用语音编程系统时,操作人员使用记录在计算机内部的词汇,通过话筒将所要进行的操作以语言形式输入编程系统,编程系统自动产生加工所需程序。数字化自动编程是指通过三坐标测量机,对已有零件或实物模型进行测量,然后将测得的数据直接送往数控编程系统,将其处理成数控加工指令,形成加工程序。

2.6.1.3　自动编程的发展

1. 语言自动编程的产生、发展及其特点

1952年,世界上第一台数控铣床研制成功。为了充分发挥数控机床的加工能力,克服手工编程时计算工作量大、容易出错、编程效率低、质量差、对于形状复杂零件由于计算困难而难以编程等缺点,MIT(麻省理工学院)伺服机构实验室在美国空军的资助下,开始研究数控自动编程问题,并于1955年发布了世界上第一个语言自动编程系统APT(automatical programmed tools,自动编程工具)-Ⅰ。1956年美国宇航工业协会(AIA)组织人员研究自动编程系统,于1958年发展出APT-Ⅱ系统,1961年又开发出了APT-Ⅲ系统。后来AIA继续对APT进行改进,并成立了APT长期规划(APT long range program,ALRP)组织。到20世纪70年代,成立了计算机辅助制造的国际机构 CAM-Ⅰ,它取代了 ALRP 组织,又发展了 APT-Ⅳ系统。到 80 年代,又发展出了具有定义和编制复杂曲面加工程序功能的 APTI-Ⅴ/SS。

2. 图形自动编程系统的特点

1965 年,美国洛克希德公司组织一个专门小组进行图形自动编程系统的研制,并于 1972 年以 CADAM 为名将所开发的系统正式投入使用,该系统具有计算机辅助设计、绘图和数控编程一体化功能。1978 年,法国达索飞机制造公司开发出具有三维设计、分析与数控编程一体化功能的 CATIA 系统,该系统经过不断发展,目前已成为应用最为广泛的 CAD/CAM 集成软件之一,特别是在航空和汽车工业领域应用很普遍。1983 年,美国 McDonnell Douglas 公司(1991 年并入通用汽车公司下属的 EDS 公司,1998 年成为 EDS 公司的独立子公司,即现在的 Unigraphics Solutions 公司)开发出 UG 系统,该系统也是目前应用最为广泛的 CAD/CAM 集成软件之一。从 20 世纪 80 年代以后,各种不同的 CAD/CAM 集成数控图形自动编程系统如雨后春笋般地发展起来,如法国的 Euclid,美国的 MasterCAM、SurfCAM、Pro/Engineer,以色列的 Cimatron,英国的 HyperMill 等。90 年代中期以后,CAD/CAM 集成数控图形自动编程向集成化、智能化、网络化、并行化和虚拟化方向迅速发展。

我国对图形自动编程技术的研究起步较晚,但经过数十年的发展,尤其是近年来在国际大环境及国家政策的大力支持下,已出现了一些具有较强竞争力的商品化软件,如北京数码大方科技股份有限公司的 CAXA CAM 制造工程师、山东山大华天软件有限公司开发的 SINOVATION、广州中望龙腾软件股份有限公司开发的 3D-CAM 加工软件、华中科技大学国家 CAD 支撑软件工程技术研究中心开发的 CAM 系统、西北工业大学的 NUP-CAD/CAM 系统、华中科技大学无锡研究院开发的 TurboWorks(整体叶盘/叶盘五轴数控加工),为实现我国 CAM 方面的核心工业软件技术自主可控奠定了基础。

很显然,图形自动编程方法与语言自动编程方法相比,具有速度快、精度高、直观性好、简便易学、便于检查与纠错、便于实现 CAD/CAM 一体化等优点。因此,图形自动编程已成为目前国内外先进的集成 CAD/CAM 自动编程系统所普遍采用的方法。

3. 数控编程的智能化发展趋势

随着自动编程技术和人工智能等信息技术的逐步融合,自动编程具有向智能编程发展的趋势。智能编程可定义为:输入零件数据模型、技术要求、备选机床型号、现场已有的其他制造资源信息(刀具、工装),无须(或很少)人工干预,就能自动输出工艺、机床可执行的数控程序代码的编程技术。未来数控编程的智能化发展趋势主要表现在以下几个方面:

(1) 大数据匹配与迁移学习。让软件搜索相似(相同)零件的历史加工过程,将工艺知识迁移到新零件上。数据库里存储加工过的零件加工模板,随着不同编程人员把加工过的零件加入大数据库,数据库中的历史模板会迅速增加。一个零件的整个流程结束,并且结果被认可之后,就可以将相应流程数据再加入数据库,从而自动完成数据升级与迭代。

(2) 人工智能化。智能编程系统如同人一样处理问题,并且能自动学习升级。Google 公司深度学习的阿尔法狗围棋软件就是这种类型的人工智能系统,它可以深度学习,自我升级。

(3) 算法的智能化。把结构类似、特征相同的零件的过程做成模板(策略),只需简单几个参数,完成复杂程序的编制。自动识别零件特征,建立工艺库、刀具库,自动针对某一类零件自动快速编程。

(4) 系统的集成化。智能编程系统应实现 CAM 技术与 CAD、CAPP、CAT(计算机辅助检测)技术的一体化,使产品从设计到制造的全过程更系统、更科学。

(5) 系统的虚拟化。逐步引入虚拟现实技术,使动态仿真更加真实可靠,从而不必进行任何实际加工,就可以对零件的设计、工艺、程序进行评估。

2.6.2　自动编程的基本工作原理及基本步骤

2.6.2.1　基本工作原理

交互式图形自动编程系统采用图形输入方式,通过激活屏幕上的相应菜单,利用系统提供的图形生成和编辑功能,将零件的几何图形绘制到计算机上,完成零件造型。同时以人机交互方式指定要加工的零件部位、加工方式和加工方向,输入相应的加工工艺参数,通过软件系统的处理自动生成刀具轨迹文件,形成刀具运动的加工轨迹,再经后置处理,最终生成适合指定数控系统的数控加工程序,并通过通信接口,把数控加工程序送给机床数控系统完成加工。这种编程系统具有交互性好、直观性强、运行速度快、便于修改和检查、使用方便、容易掌握等特点。因此,交互式图形自动编程软件已成为国内外流行的CAD/CAM软件所普遍采用的数控编程方法。在交互式图形自动编程系统中,需要输入两种数据以产生数控加工程序:零件几何模型数据和切削加工工艺数据。交互式图形自动编程系统实现了图样绘制、建模、数控编程和加工的一体化,它的三个主要处理过程是:零件几何造型;生成刀具轨迹文件;进行后置处理,生成零件加工程序。

1. 零件几何造型

交互式图形自动编程系统(CAD/CAM)可通过三种方法获取和建立零件几何模型:

(1) 利用软件本身提供的CAD设计模块创建。

(2) 将其他CAD/CAM系统生成的图形,通过标准图形转换接口(例如STEP、DXFIGES、STL、DWG、PARASLD、CADL、NFL等接口),转换成本软件系统的图形格式。

(3) 由三坐标测量机数据或三维多层扫描数据生成。

2. 生成刀具轨迹

在完成了零件的几何造型以后,交互式图形自动编程系统第二步要完成的是产生刀具轨迹。

首先确定加工类型(轮廓加工、点位加工、挖槽或曲面加工),用光标选择加工部位,选择走刀路线或切削方式,以铣削加工模块为例来说明交互式图形自动编程系统通常可以处理的几种加工类型,如图2-50所示。

选取或输入刀具类型、刀具号、刀具直径、刀补号、加工余量、进给速度、主轴转速、退刀安全高度、粗(精)切削次数及余量、刀具半径长度补偿状况、进退刀线延伸长度等加工所需的全部工艺切削参数。

软件系统根据这些零件几何模型数据和切削加工工艺数据,经过分析、计算、处理,生成刀具运动轨迹数据,即刀位文件(cut location file,CLF),并动态显示刀具运动轨迹。刀位文件与采用哪一种特定的数控机床无关,是一个中性文件,因此通常称产生刀具轨迹的过程为前置处理。

3. 后置处理

后置处理的目的是生成针对某一特定数控系统的数控加工程序。由于各种机床使用的数控系统各不相同,例如有FANUC、SIEMENS、AB、GE等系统,每一种数控系统所规定的代码

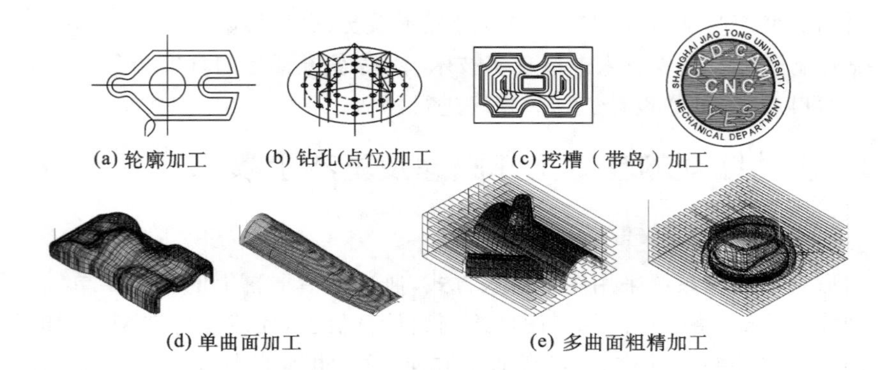

(a) 轮廓加工　(b) 钻孔(点位)加工　(c) 挖槽（带岛）加工

(d) 单曲面加工　(e) 多曲面粗精加工

图 2-50　几种加工编程类型

及格式不尽相同,因此,自动编程软件系统通常提供多种专用的或通用的后置处理文件,这些后置处理文件的作用是将已生成的刀位文件转变成合适的数控加工程序。早期的后置处理文件是不开放的,使用者无法修改。目前绝大多数优秀的 CAD/CAM 软件都能提供开放式的通用后置处理文件。使用者可以根据自己的需要打开文件,按照希望输出的数控加工程序格式,修改文件中相关的内容。这种通用后置处理文件只要稍加修改,就能满足多种数控系统的要求。

4. 模拟仿真

系统在生成了刀位文件后模拟显示刀具的运动轨迹是非常必要的,利用系统的这一功能可以直观地检查编程过程中可能的错误。自动编程系统提供了一些模拟方法,通常有线框模拟和实体模拟两种形式。

线框模拟时可以完成以下操作:①设置以步进方式一步步模拟或自动连续模拟,对于步进方式设定按步进增量值方式运动或按端点方式运动;②进行在运动中每一步保留刀具显示的静态模拟或不保留刀具显示的动态模拟功能;③刀具旋转;④模拟控制器刀补;⑤模拟旋转轴;⑥换刀时刷新刀具轨迹;⑦刀具轨迹涂色;⑧刀具和夹具显示等。

实体模拟时可以完成以下操作:①设置模拟实体加工过程或仅显示最终加工零件实体;②定义零件毛坯;③设置视角;④设置光源;⑤设置步长;⑥显示加工被除去的体积;⑦显示加工时间;⑧暂停模拟设置;⑨透视设置等。

2.6.2.2　基于 CAD/CAM 的数控自动编程的基本步骤

目前,基于 CAD/CAM 的数控自动编程的基本步骤如图 2-51 所示。

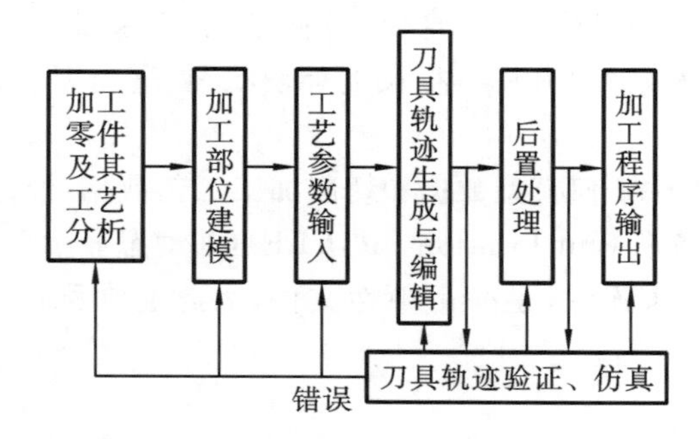

图 2-51　基于 CAD/CAM 数控自动编程的基本步骤

步骤1:加工零件及其工艺分析。

加工零件及其工艺分析是数控编程的基础。所以,和手工编程、APT语言编程一样,在基于CAD/CAM的数控编程中也要先进行这项工作。在目前计算机辅助工艺过程设计(CAPP)技术尚不完善的情况下,该项工作还需人工完成。随着CAPP技术及计算机集成制造技术的发展与完善,这项工作必然为计算机所代替。加工零件及其工艺分析的主要任务有:

(1) 零件几何尺寸、公差及精度要求的核准;

(2) 确定加工方法、工夹量具及刀具;

(3) 确定编程原点及编程坐标系;

(4) 确定走刀路线及工艺参数。

步骤2:加工部位建模。

加工部位建模是利用CAD/CAM集成数控编程软件的图形绘制、编辑修改、曲线曲面及实体造型等功能将零件被加工部位的几何形状准确绘制出来,同时在计算机内部以一定的数据结构存储所创建的模型。加工部位建模实质上是人将零件加工部位的相关信息提供给计算机的一种手段,它是自动编程系统进行自动编程的依据和基础。随着建模技术及机械集成技术的发展,将来的数控编程软件将可以直接从CAD模块获得相关信息,而无须再对加工部位进行建模。

步骤3:工艺参数输入。

利用编程系统的相关菜单与对话框等,将与工艺有关的参数输入系统。常见的工艺参数有:

(1) 刀具类型、尺寸与材料;

(2) 切削用量,如主轴转速、进给速度、切削深度及加工余量;

(3) 毛坯信息,如尺寸、材料等;

(4) 其他信息,如安全平面、线性逼近误差、刀具轨迹间的残留高度、进退刀方式、走刀方式、冷却方式等。

当然,对于某一加工方式,可能只要求给出其中的部分工艺参数。随着CAPP技术的发展,这些工艺参数可以直接由CAPP系统给出,此时工艺参数输入的过程就可以省略。

步骤4:刀具轨迹生成与编辑。

完成上述操作后,编程系统将根据这些参数进行分析判断,自动完成有关基点、节点的计算,并对这些数据进行编排,形成刀位数据,存入指定的刀位文件。

刀具轨迹生成后,对于具备刀具轨迹显示及交互编辑功能的系统,还可以将刀具轨迹显示出来,如果有不太合适的地方,可以在人工交互方式下对刀具轨迹进行适当的编辑与修改。

步骤5:刀位轨迹验证、仿真。

对于生成的刀位轨迹数据,还可以利用系统的验证与仿真模块检查其正确性与合理性。所谓刀具轨迹验证,是指用计算机图形显示器把加工过程中的零件模型、刀具轨迹、刀具外形一起显示出来,以模拟零件的加工过程,检查刀具轨迹是否正确,加工过程是否发生过切,所选择的刀具、走刀路线、进退刀方式是否合理,刀具与约束面是否发生干涉与碰撞。而仿真是指采用真实感图形显示技术,把加工过程中的零件模型、机床模型、夹具模型及刀具模型动态显示在计算机屏幕上,模拟零件的实际加工过程。仿真过程的真实感较强,基本上具有试切加工的验证效果。

步骤 6:后置处理。

与 APT 语言自动编程一样,基于 CAD/CAM 的数控自动编程也需要进行后置处理,以便将刀位数据文件转换为数控系统所能接受的数控加工程序。

步骤 7:加工程序输出。

对于经后置处理而生成的数控加工程序,可以利用打印机打印出清单,供人工阅读。对于有标准通信接口的机床控制系统,还可以将其与编程计算机直接联机,由计算机将加工程序直接传输给机床控制系统。

2.6.3　国内外典型 CAM 软件简介

2.6.3.1　Pro/Engineer 软件

Pro/Engineer 软件是美国 PTC 公司于 1988 年推出的产品,它是一种最典型的基于参数化(parametric)实体造型的软件,可在工作站和微机中工作,运行于 Unix 或 Windows 操作环境。Pro/Engineer 包含从产品的概念设计、详细设计、工程图创建、工程分析、模具制作到数控加工的产品开发过程。

1. Pro/Engineer 的 CAD 功能

Pro/Engineer 的 CAD 模块(见图 2-52)具有简单零件设计、装配设计、文档设计(绘图)和复杂曲面的造型等功能,以及从产品模型生成模具模型的功能,可直接从 Pro/Engineer 实体模型生成全关联的工程视图(包括尺寸标注、公差、注释等)。此外,该 CAD 模块还提供了三坐标测量机的软件接口(可将扫描数据拟合成曲面,以完成曲面光顺和修改)、图形标准数据库交换接口(包括 IGES、SET、VDA、CGM、SLA 等文件接口)、Pro/Engineer 与 CATIA 软件的图形直接交换接口。

2. Pro/Engineer 的 CAM 功能

Pro/Engineer 的 CAM 模块(见图 2-53)提供了车加工、二至五轴铣加工、电火花线切割、激光切割等功能。加工模块能自动识别工件毛坯和成品的特征。当对特征进行修改时,系统能自动修改刀具轨迹,如图 2-53 所示。

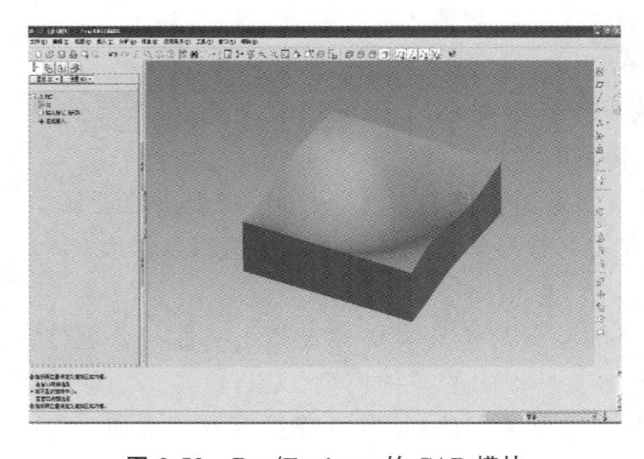

图 2-52　Pro/Engineer 的 CAD 模块

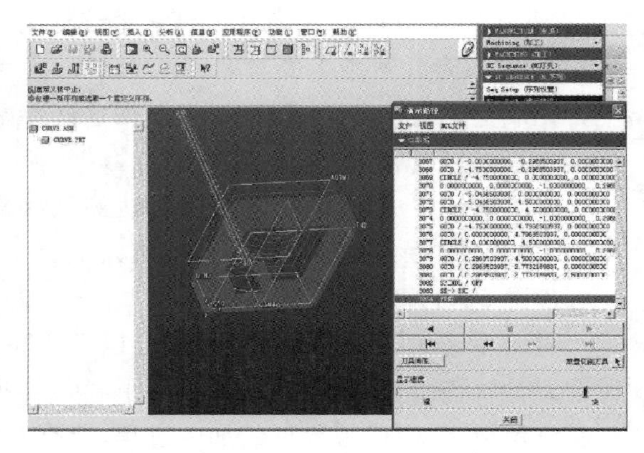

图 2-53　Pro/Engineer 的 CAM 模块

2.6.3.2　UG 软件

UG 软件是美国 Unigraphics Solutions 公司的 CAD/CAM/CAE 产品。其 Parasolid 内核

提供了强大的实体建模功能和无缝数据转换功能。UGⅡ为用户提供了灵活的复合建模功能，可完成实体建模、曲面建模、线框建模和基于特征的参数建模。UGⅡ覆盖制造全过程，融合了工业界丰富的产品加工经验，为用户提供了一个功能强大的、实用的、柔性的 CAM 软件系统。UG 可以在工作站和微机中工作，运行于 UNIX 或 Windows 操作环境。

1. UG 的 CAD 功能

UG 的 CAD 模块(见图 2-54)提供了实体建模、自由曲面建模等造型手段，并提供了装配建模、标准件库建模等环境。利用 UG 的 CAD 功能可建立和编辑各种标准的设计特征(例如孔、槽、型腔、凸台、倒角和倒圆等)，能由实体模型生成完全相关的二维工程图。UG 的 CAD 模块提供了 IGES、STEP 等标准图形接口，以及大量的直接转接器，能实现与 CATIA、CADDS、I-DEAS、AutoCAD 等 CAD/CAM 系统的直接高效的数据转换。此外，UG 的 CAD 模块还具有有限元分析、机构分析功能，能对二维、三维机构进行复杂的运动学分析和设计仿真，如图 2-54 所示。

2. UG 的 CAM 功能

UG 的 CAM 模块(见图 2-55)能实现二至四轴联动车加工，可用于粗车、精车，具有车沟槽、车螺纹和中心钻孔等功能；能实现二至五轴甚至更多轴联动的铣加工、型芯和型腔铣削(可用于粗切单个或多个型腔，沿任意形状切去大量毛坯材料以及可加工出型芯，这对加工模具和冷冲模特别有用)。它还具有固定轴铣削功能、清根切割功能、可变轴铣削功能、顺序铣削功能、切削仿真(VERICUT)功能、EDM 线切割功能、机床仿真功能(包含整个加工环境——机床、刀具、夹具和工件，对数控加工程序进行仿真，检查相互间的碰撞和干涉情况)等。此外，UG 的 CAM 模块还提供了非均匀 B 样条轨迹生成器，可利用 NC 处理器直接生成基于 NURBS 的刀具轨迹数据。直接由 UG 的实体模型产生新的刀具轨迹，可使加工程序减少 50%～70%，特别适合用于高速加工。

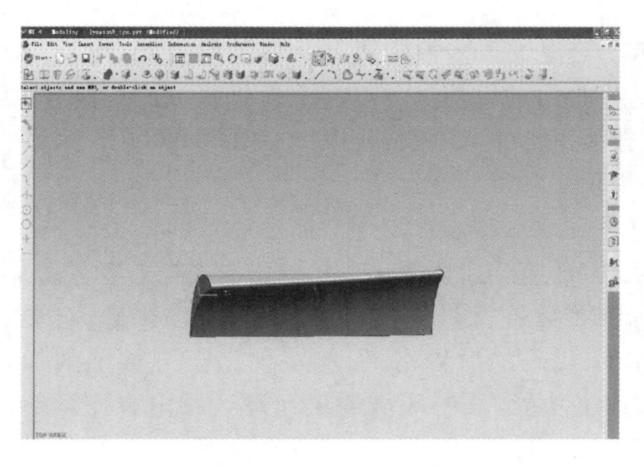

图 2-54　UG CAD 模块

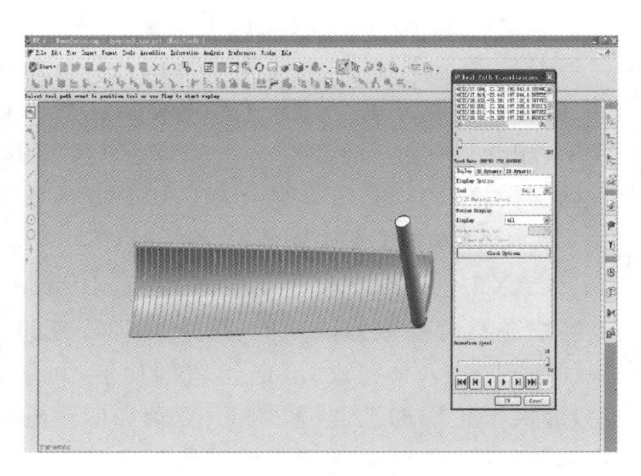

图 2-55　UG CAM 模块

除上述模块以外，UG 还提供了注塑分析、钣金设计、排样和制造、管路、快速成形转换等模块。

2.6.3.3　MasterCAM 软件

MasterCAM 是美国 CNC 公司开发的一套适用于机械设计与制造、运行在 PC 平台上的三维 CAD/CAM 交互式图形集成系统。它可以完成产品的设计和各种类型数控机床，包括数控铣床(三至五轴)、车床(可带 *C* 轴)、线切割机(四轴)、激光切割机、加工中心等所用加工程序的自动编制。

产品零件的造型可以由系统本身的 CAD 模块来完成。也可通过三坐标测量机测得的数据建模，系统提供的 DXF、IGES、CADL、VDA、STL、PARASLD 等标准图形接口，可实现与其他 CAD 系统的双向图形传输，也可通过专用 DWG 图形接口与 AutoCAD 系统进行图形传输。系统具有很强的加工能力，可实现多曲面连续加工、毛坯粗加工、刀具干涉检查与消除、实体加工模拟、DNC 连续加工以及开放式的后置处理功能，如图 2-56 所示。

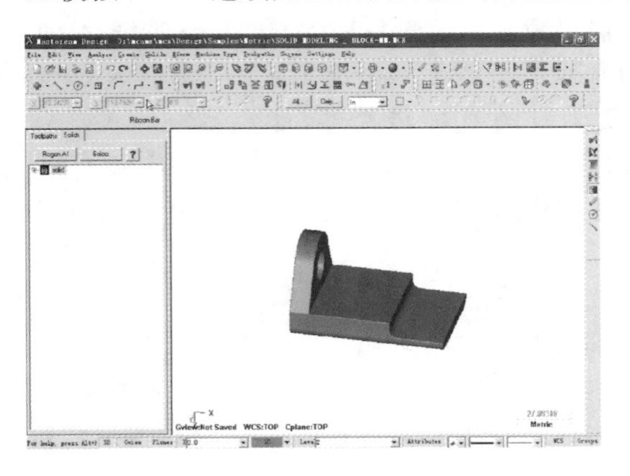

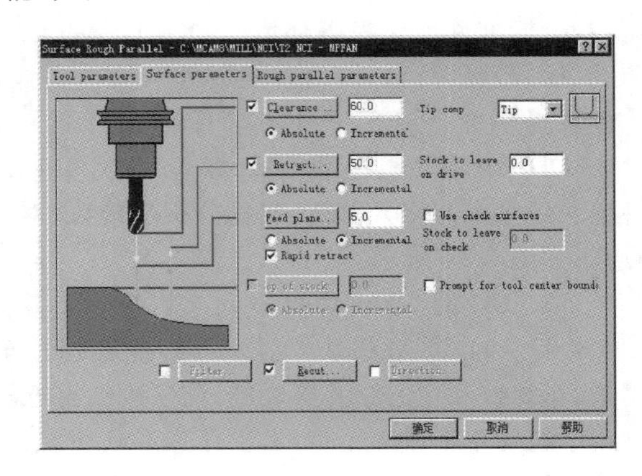

图 2-56　MasterCAM 界面

2.6.3.4　“CAXA 制造工程师”软件

“CAXA 制造工程师”软件是由北京北航海尔软件有限公司开发的全中文 CAD/CAM 软件。

1. CAXA 的 CAD 功能

CAXA 的 CAD 模块提供了线框造型、曲面造型方法来生成三维图形，它采用 NURBS 非均匀 B 样条造型技术，能更精确地描述零件形体。它提供了多种构建复杂曲面的方法(包括扫描、放样、拉伸、导动、等距、边界网格方法等)，以及曲面的编辑方法(如任意裁剪、过渡、拉伸、变形、相交、拼接等)，可生成令人产生真实感的图形。此外，该模块还具有 DXF 和 IGES 图形数据交换接口。图 2-57 所示为 CAXA 的 CAD 模块。

2. CAXA 的 CAM 功能

CAXA 的 CAM 模块支持车加工，具有轮廓粗车、精切、切槽、钻中心孔、车螺纹等功能。该模块还具有参数修改功能，用户可对轨迹的各种参数进行修改，以生成新的加工轨迹；它支持线切割加工，具有快、慢走丝切割功能，可输出 G 代码的后置格式；能实现二至五轴铣削加工，提供了轮廓加工、区域加工、三轴和四至五轴加工功能，其中区域加工允许区域内有任意形状和数量的岛，可分别指定区域边界和岛的拔模斜度，自动进行分层加工；它针对叶轮、叶片类零件提供了四至五轴加工功能，可以利用刀具侧刃和端刃加工整体叶轮和大型叶片；它支持带有锥度的刀具进行加工，可任意控制刀轴方向；它还支持钻孔加工。CAXA 的 CAM 模块还提供了丰富的工艺控制参数，多种加工方式(粗加工、参数线加工、限制线加工、复杂曲线加工、曲面区域加工、曲面轮廓加工)，刀具干涉检查、真实感仿真功能模拟加工、数控代码反读、后置处理功能，如图 2-58 所示。

2.6.3.5　典型系统应用举例

UG 是集 CAD、CAM、CAE 于一体的三维参数化设计软件，在汽车、交通、航空航天、日用

图 2-57　CAXA CAD 模块

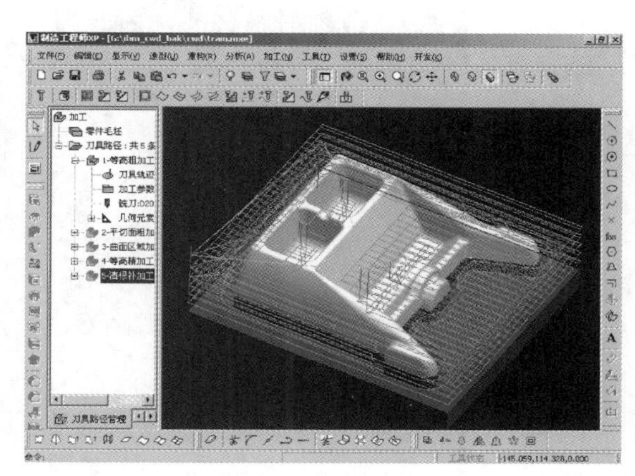

图 2-58　CAXA CAM 模块

消费品、通用机械及电子工业等工程设计领域得到了大规模的应用。UG 软件是由多个模块组成的，主要包括 CAD、CAM、CAE、注塑模、钣金件、Web、管路应用、质量工程应用、逆向工程等应用模块，其中每个功能模块都以 Gateway 环境为基础，它们之间既有联系又相互独立。这里通过一个实例，介绍应用 UG NX4.0 系统进行数控加工编程的方法，并以此加深读者对基于 CAD/CAM 的数控自动编程的基本步骤的了解。

例 2-17　待加工零件为一汽轮机叶片，如图 2-59 所示，要求进行叶片半精加工。

步骤 1：几何造型。

(1) 启动 UG 系统。进入 CAD 模块，由于实际生产中大多给出的是叶片的截面点的测量数据，首先利用 UG 中的样条曲线(Spline)功能将数据点拟合成曲线，如图 2-60 所示。

(2) 利用 UG 中的蒙面功能(插入→网格曲线(Mesh Surfaces)→通过曲线组(Through curves))生成实体模型，如图 2-61 所示。

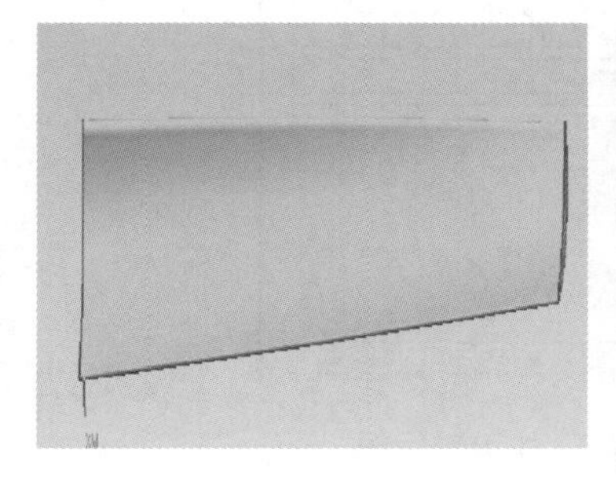

图 2-59　叶片实体模型

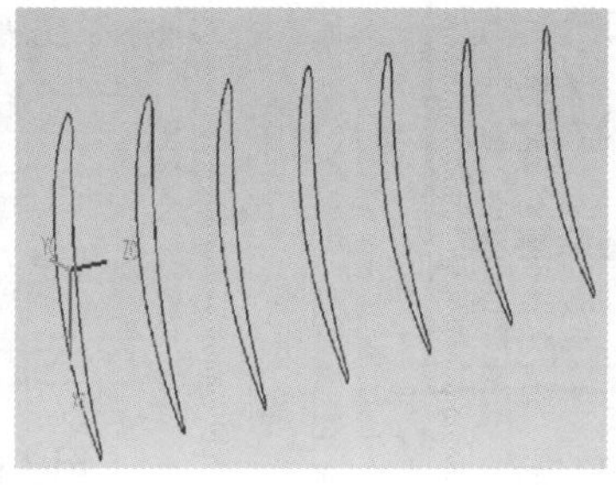

图 2-60　零件截面线

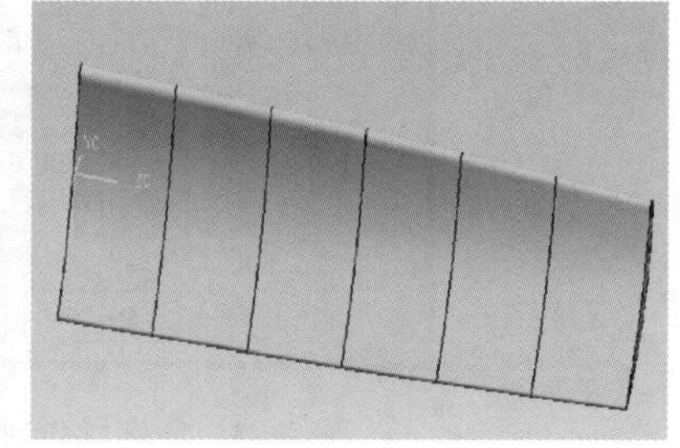

图 2-61　零件蒙面图

步骤 2：生成刀具轨迹。

(1) 启动 UG 的 CAM 功能模块，进入 CAM 加工环境(见图 2-62)，选择 cam_general、mill_multi-axis。

(2) 创建加工刀具(Create Tool)，这里设置刀具为球头刀，$D=10$ mm，$R=5$ mm，如图 2-63 所示。

(3) 创建加工操作(Create Operation)。打开图 2-64 所示的创建加工操作对话框，设置使用几何(Use Geometry)为 WORKPIECE，使用刀具(Use Tool)选择上一步创建的 Mill_1 刀

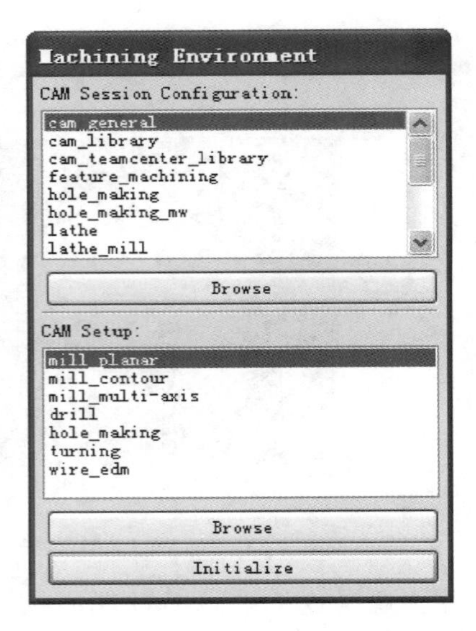

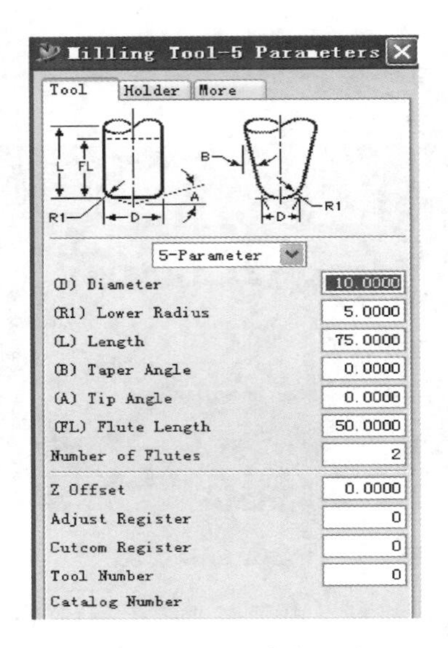

图 2-62 UG CAM 加工环境

图 2-63 刀具参数设定

具,使用方法(Use Method)选择 Mill_SEMI_FINISH。单击“OK”按钮,打开加工对话框,如图 2-65 所示。

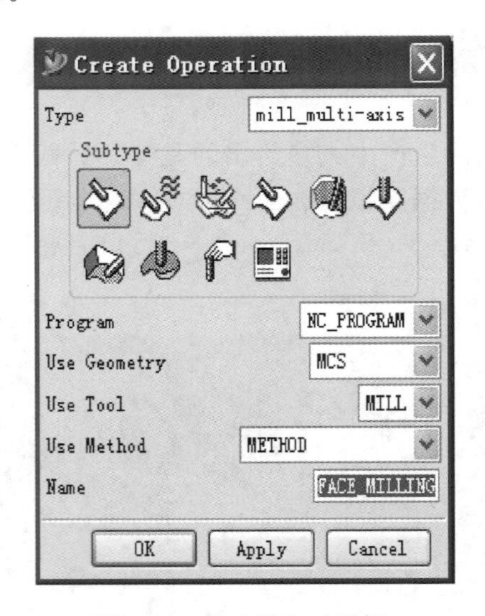

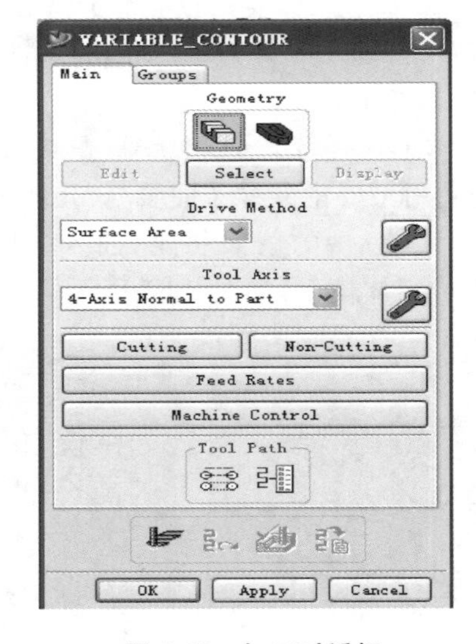

图 2-64 创建操作对话框

图 2-65 加工对话框

(4) 首先单击选择(Select)按钮(见图 2-65),进入加工零件选择对话框。选择加工体为面(Faces),选择零件面,如图 2-66 所示。

(5) 在加工对话框(见图 2-65)中,选择驱动方式(Drive Method)为曲面(Surface Area),选择编辑参数(Edit Parameters)按钮,进入导动面选择对话框。选择加工零件面为导动面,如图 2-67所示。在打开的加工策略选择对话框中单击切削方向(Cut Direction)按钮(见图 2-68),在零件上选择某一方向作为切削方向;选择左边向上的箭头为切削方向(见图 2-69)。

(6) 在加工策略选择对话框(见图 2-68)中,选择加工方式(Pattern)为螺旋进刀(Helical),设置内外公差为 0.5 mm,残留高度(Scallop Height)设置为 0.05 mm,如图 2-70 所示。

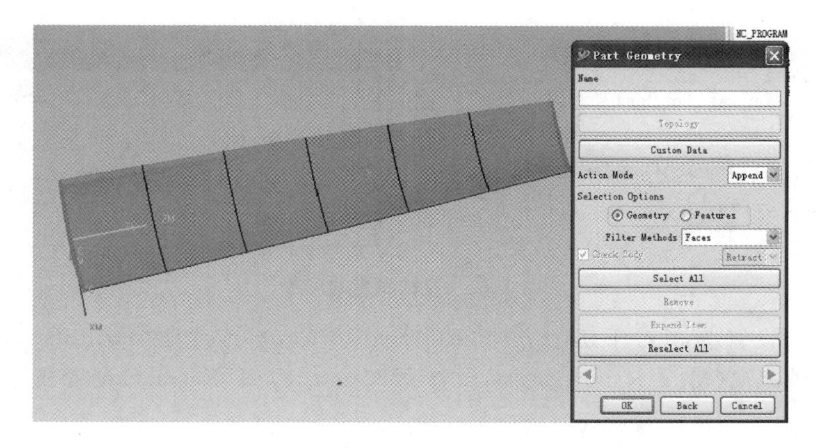

图 2-66　加工零件选择对话框

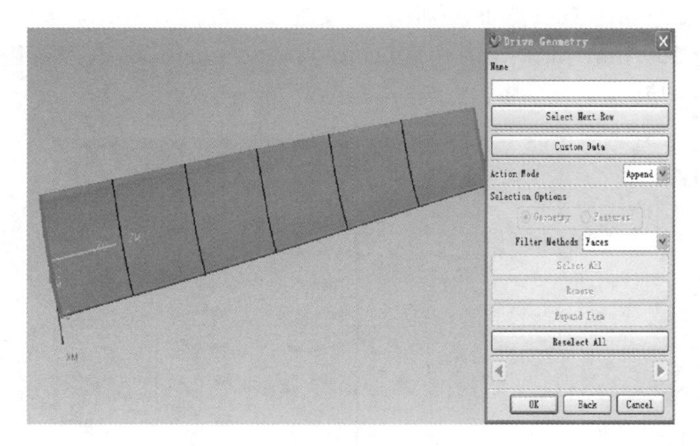

图 2-67　导动面选择对话框

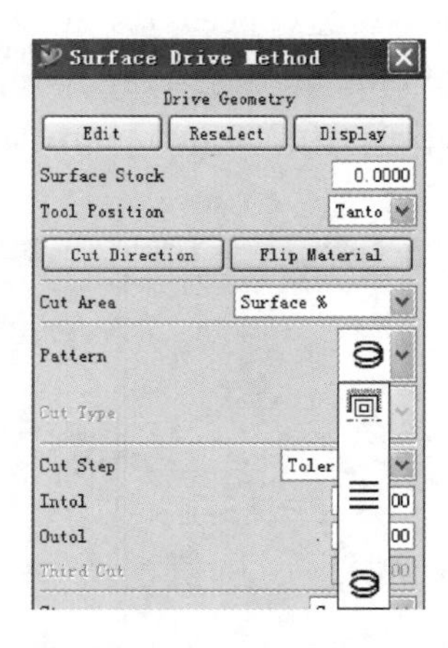

图 2-68　加工策略选择对话框

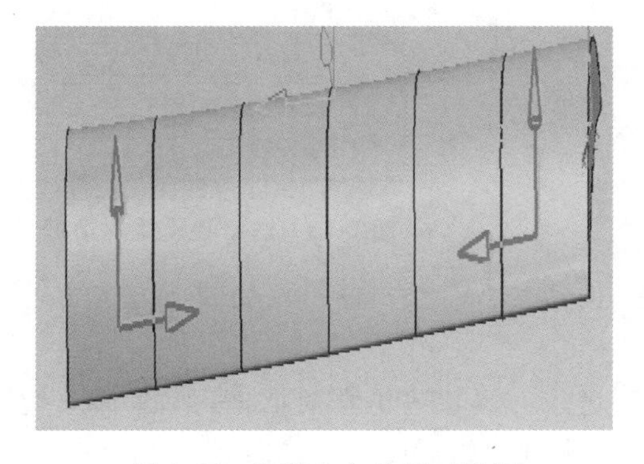

图 2-69　切削方向选择对话框

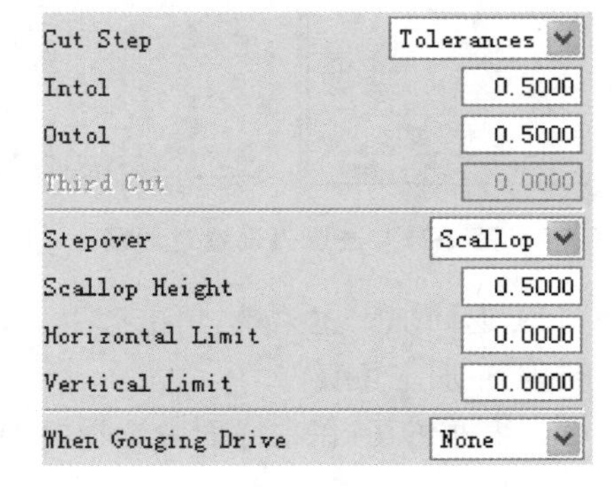

图 2-70　加工参数设置对话框

(7) 在加工对话框中选择刀轴方向(Tool Axis)为四轴垂直于零件表面(4-Axis Normal to Part)的方向,在弹出对话框中设置 I=0,J=0,K=1,选择投影矢量(Projection Vector)为沿着导动面(Toward Drive),如图 2-71 所示。

(8) 在加工对话框中选择非切削(non_cutting)按钮,进入进退刀设置对话框。单击进刀(Engage)按钮,采用圆弧进刀方式(Arc:Parallel tool axis),设置圆弧半径(Radius)为 10 mm,

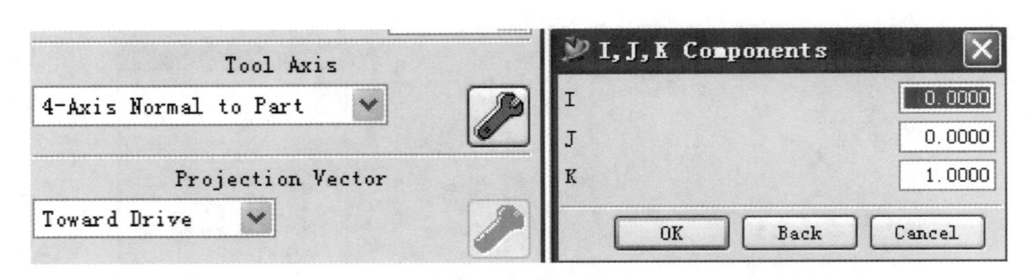

图 2-71 刀轴设置对话框

方向(Direction)设置为相对于切削方向(Relative to Cut),维度角(Latitude Angle)设置为−45°,最大斜坡距离(Max. Ramp Angle)设置为 20 mm,退刀(Retract)设置和进刀设置一样,如图 2-72 所示。

(9) 在加工对话框中单击选择进给量(Feed rates)按钮,在主轴转速(Speeds)选项卡中设置主轴转速(Speeds)为 2000 r/min,在进给参数(Feeds)选项卡中设置接近速度(Approach)为 1000 mm/min,进刀速度(Engage)为 200 mm/min,切削速度(Cut)为 500 mm/min,退刀速度(Retract)为 200 mm/min,如图 2-73 所示。

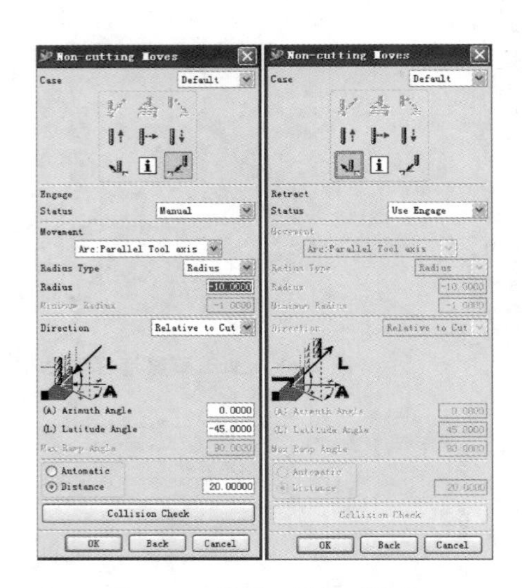

图 2-72 进退刀设置对话框

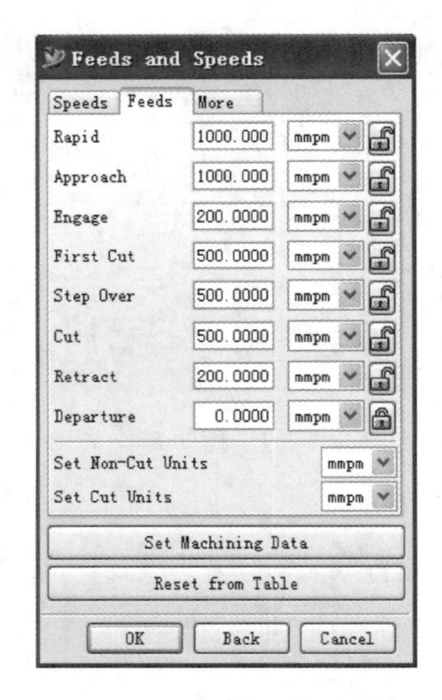

图 2-73 进给量设置对话框

(10) 返回加工主菜单,单击产生刀轨(Generate)按钮,生成刀具轨迹,如图 2-74 所示。

步骤 3:加工仿真。

(1) 线框仿真:在主界面中选择(Verify)按钮,进入刀具轨迹仿真对话框,如图 2-75 所示;选择重播(Replay)模式,选择播放,如图 2-76 所示。本例中的播放效果如图 2-77 所示。

(2) 实体仿真:打开几何设置(MILL_GEOM)对话框,选择毛坯(Blank)设置,选择偏置零件(Offset from part),设置偏置距离(Offset)为 2 mm,如图 2-78 所示。

打开图 2-75 所示的刀具轨迹仿真对话框,选择二维动态模式(2D Dynamic)播放,实际效果如图 2-79 所示。

步骤 3:后置处理。

(1) 选择 UG 后处理构造器(Post Bulider),单击新建文件按钮,新建 4-Axis 文件,选择后

图 2-74　刀具轨迹生成图

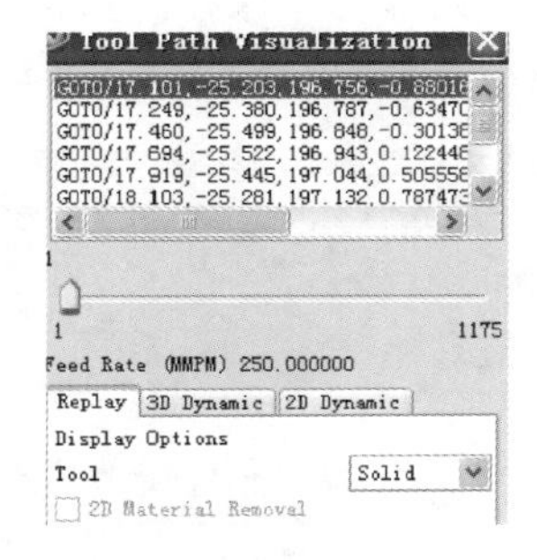

图 2-75　刀具轨迹仿真对话框

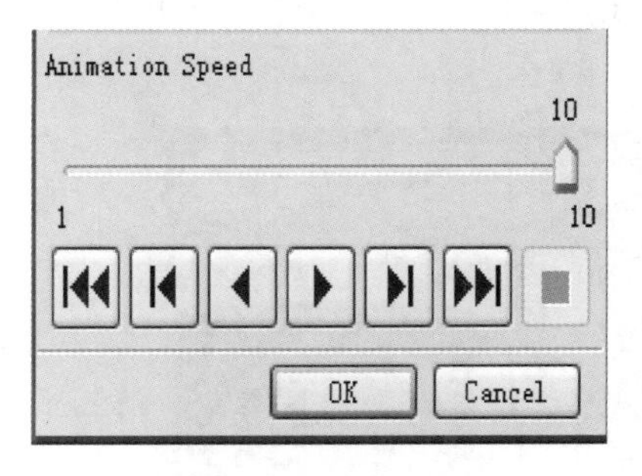

图 2-76　播放设置

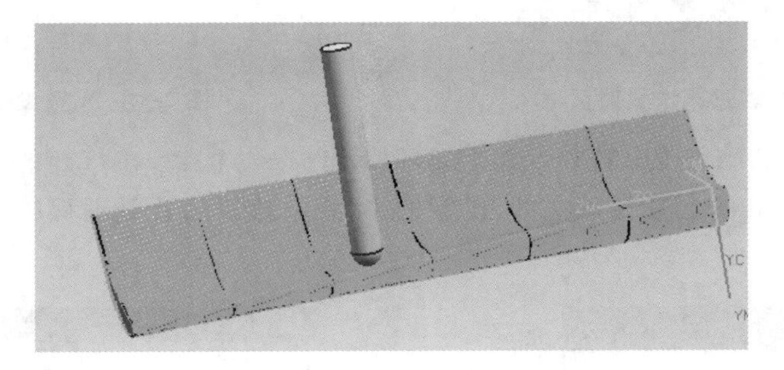

图 2-77　线框仿真效果图

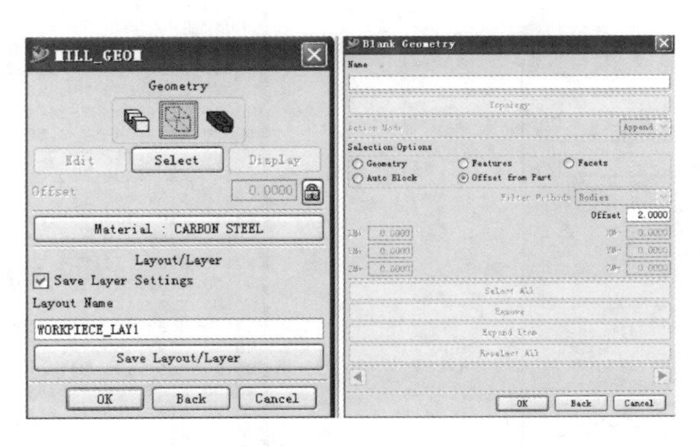

图 2-78　实体仿真的几何设置与毛坯设置

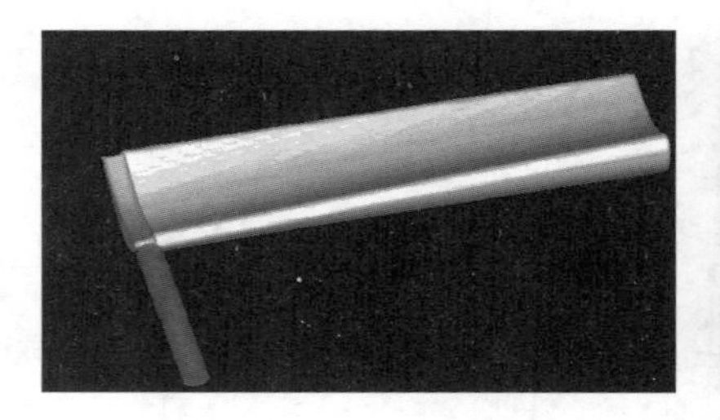

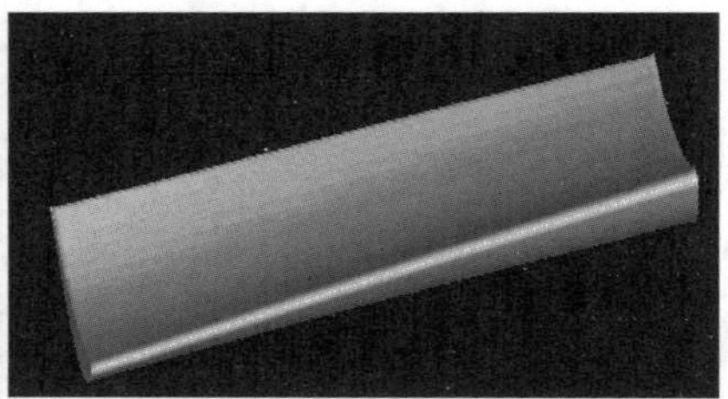

图 2-79　实体仿真过程与仿真结果

输出处理单位(Post Output Unit)为毫米(Millimeters),加工机床(Machine Tool)为磨床(Mill),机床类型选择四轴回转工作台(4-Axis with Rotary table)型,如图 2-80 所示。

(2) 由于加工的机床为 A 轴回转工作台,设置第四轴工作台:工作台旋转平面(Plane of Rotation)选择 YZ ,"Word Leader"项选择 A,将新建的后置处理程序保存到加工模板中,如图 2-81 所示。

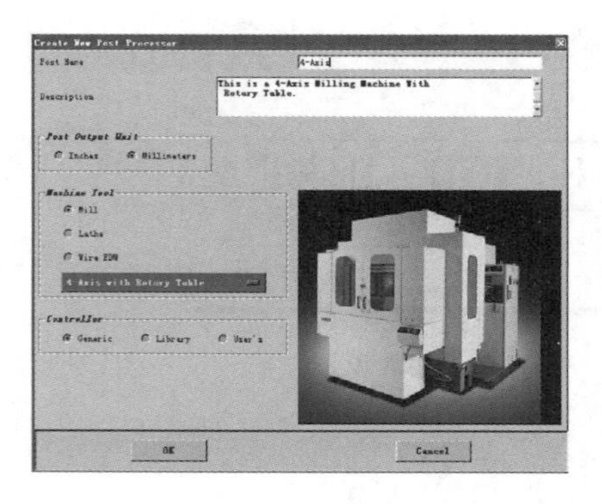

图 2-80　后置处理机床设置对话框

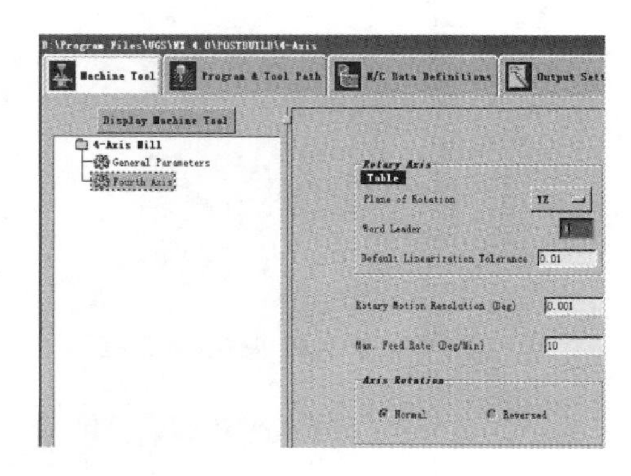

图 2-81　A 轴设置对话框

(3) 进入 UG CAM 模块,单击后置处理(Postprocess)按钮,在打开的后置处理对话框(见图 2-82)中选择新建立的后置处理文件,设置输出目录,执行后置处理程序,生成的 G 代码文件如图2-83所示。

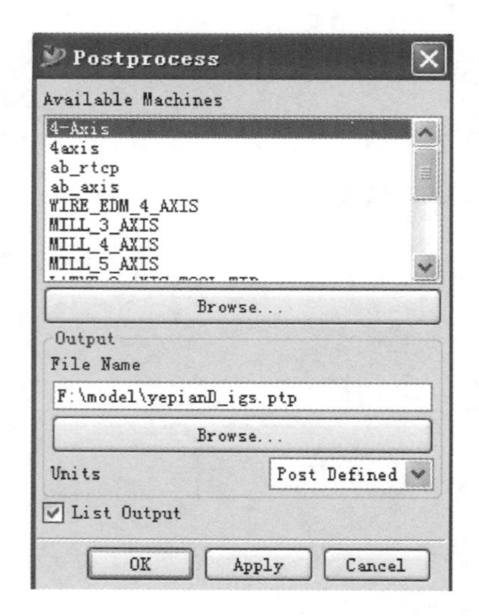

图 2-82　后置处理对话框

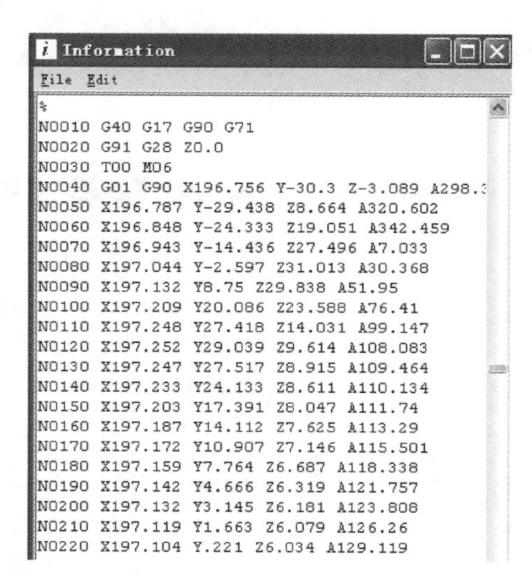

图 2-83　G 代码文件

习　　题

1. 名词解释：机床坐标系、工件坐标系、基点、刀位点、绝对坐标、增量坐标。

2. 何谓刀具半径补偿？刀具半径补偿的动作分为哪三个阶段？

3. 在数控机床坐标系中，Z 轴、X 轴是如何定义的？如何根据 X、Z 轴的正向判定 Y 的正向？

4. 某五轴机床如图 2-84 所示，在三个直线运动轴方向（图中箭头方向）上指出坐标轴名称及其正方向（根据刀具和工件的运动形式），并写出每个直线轴及其正方向的判断依据。

图 2-84　五轴机床

5. 为什么说“数控加工程序”的编制是数控机床使用中的重要一环？

6. 在程序编制时，如何确定对刀点的位置？

7. 什么是数控加工的工艺路线？确定工艺路线时，要考虑哪些问题？

8. 什么是准备功能指令？什么是辅助功能指令？分别举例说明其作用。

9. 试用图解表示 G41、G42、G43、G44 的含义。

10. 程序段格式有哪几种？

11. 试述最小设定单位的意义和应用。

12. 圆弧插补编程中的 I、J、K 有哪几种表示方法？

13. 数控机床的加工特点是什么？何谓刀具长度补偿？试说明刀具长度补偿的适用范围。

14. 试说明数控编程的内容和步骤。

计算机数控装置

3.1 计算机数控装置概述

3.1.1 计算机数控装置的定义及其在数控系统中的作用

1. 计算机数控装置的定义

计算机数控装置(简称 CNC 装置)是由实现数控系统相关功能的软、硬件模块组成的有机体,其主要作用是根据输入的零件程序和操作指令,控制相应的执行部件(如伺服单元、驱动装置和 PLC 等)运动或动作,加工出符合零件图样要求的零件。

CNC 装置的硬件主要由计算机系统及其与其他部分相联系的接口模块(包括位置控制接口、PLC 接口、通信接口、扩展功能模块接口等)组成,是 CNC 装置的物质基础;CNC 装置的软件是 CNC 的系统程序(亦称控制程序),用于在硬件的支持下,实现部分或全部数控功能,是 CNC 装置的灵魂。

2. 计算机数控装置在数控系统中的作用

CNC 装置是计算机数控系统的核心,它与计算机数控系统的其他组成部分(I/O 设备、进给伺服驱动系统、主轴驱动系统、PLC、操作面板、机床 I/O 电路等)共同实现数控系统的全部功能。

具体而言,CNC 装置首先接收四路输入信息:一路是来自 I/O 设备(包括通信)的零件加工程序;一路是来自操作面板的操作指令;一路是来自机床侧的 I/O 信号;一路是来自测量装置的反馈信息。然后对这些输入信息进行相应的处理(如运动轨迹处理、PLC 处理等),最终输出控制命令到相应的执行部件(伺服单元、驱动装置和 I/O 设备等),完成零件加工程序或操作者命令所要求的工作。

所有这些工作都是在 CNC 装置系统程序的协调配合和合理组织下有条不紊地进行的。因此,从自动控制的角度看,CNC 装置是以数控机床多执行部件为控制对象,并使其协调运动和动作的自动控制系统,是一种配有专用操作系统的专用计算机控制系统。

3.1.2 CNC 装置的主要功能

CNC 装置的功能是指满足用户操作和机床控制要求的方法和手段。CNC 装置在系统硬件、软件支持下可实现很多功能,主要包括基本功能和选择功能,其中基本功能是数控系统必备的功能,选择功能是用户可根据实际要求选择的功能,如表 3-1 所示。

表 3-1　CNC 装置的功能及其说明

功　能		功能说明
基本功能	控制功能	指控制运动轴以及联动控制运动轴的功能
	准备功能	指规定机床动作方式的功能，如基本移动、程序暂停、平面选择、坐标设定、刀补、参考点返回、固定循环、公英制转换等功能
	插补功能	指能实现各种插补加工，如直线插补、圆弧插补和二次曲线与曲面插补等加工的功能
	进给功能	指对进给速度的控制功能，包括切削进给速度、同步进给速度、快速移动速度等的控制与调节
	刀具管理功能	指对刀具几何尺寸(半径或长度)和刀具寿命的管理功能
	主轴功能	指对主轴速度的调节与控制功能，以及对主轴准停进行控制的功能
	辅助功能	指规定主轴的启/停和转向、冷却液的接通和断开、刀库的启/停、刀具的更换、工件的夹紧或松开等辅助操作的功能
	补偿功能	指对刀具半径和长度以及机械传动链误差等的补偿功能
	用户界面功能	指通过显示器提供给用户操作提示和状态显示界面的功能
	监测和诊断功能	指对故障进行诊断和定位的功能
选择功能	图形仿真功能	指通过显示器模拟显示实际加工过程的零件图形和动态刀具轨迹等的功能
	通信功能	指通过通信接口与上位机或其他制造系统通信联网的功能
	编程功能	指提供的程序编辑、示教编程、蓝图编程、对话式编程等辅助编程功能

1. 基本功能

CNC 装置的基本功能包括数控加工程序解释、几何数据处理、进给轴控制和开关量控制等相关功能，具体如下。

(1) 控制功能：控制功能指 CNC 装置控制运动轴以及联动控制运动轴的功能，其中运动轴包括移动轴和回转轴。一般数控车床至少需要两轴控制、两轴联动，在具有多刀架的车床上则需要两个以上控制轴，而数控镗床、铣床、加工中心等需要实现三轴或三轴以上的联动控制。控制轴数越多，特别是联动控制的轴数越多，CNC 装置越复杂，同时功能也越强，加工程序编制也越困难。

(2) 准备功能：也称 G 功能，用来指定机床动作的方式，包括基本移动、程序暂停、平面选择、坐标设定、刀补、参考点返回、固定循环等。G 功能从一个侧面反映了 CNC 功能的强弱。

(3) 插补功能：CNC 装置实现零件轮廓(平面或空间)加工的轨迹运算功能。一般 CNC 装置必须具有直线和圆弧插补功能，高档 CNC 装置还具有抛物线、椭圆、正弦线、螺旋线以及样条曲线插补甚至曲面直接插补等功能，插补坐标系也从直角坐标系扩展到极坐标系、圆柱坐标系。

(4) 进给功能：CNC 装置对进给速度的控制功能。一般用 F 代码直接指定切削进给速度(单位为 mm/min)或同步进给速度(单位为 mm/r，可实现切削速度和进给速度的同步，用于螺纹加工)。加工过程中可通过进给倍率修调功能实时修调编程进给速度，即通过控制面板上的倍率波段开关，在 0～200％之间对 F 指令预先设定的进给速度进行实时调整，不用修改程序就可以改变机床的进给速度。

(5) 刀具管理功能:CNC 装置对刀具几何尺寸和刀具寿命的管理功能。刀具几何尺寸是指刀具的半径和长度,供刀补用;刀具寿命是指时间寿命,当某刀具的时间寿命到期时,CNC 系统将提示用户更换刀具。另外,CNC 装置都具有 T 功能,即刀具号管理功能,用于标识刀库中的刀具和自动选择加工刀具。

(6) 主轴功能:CNC 装置对主轴转速、位置等的控制功能,具体包括主轴转速控制及转速倍率(主轴修调率)控制、恒线速度控制、主轴定向控制、C 轴控制等。

(7) 辅助功能:也称 M 功能,用于控制数控机床中诸如主轴的启/停、转向,冷却液的接通和断开,刀库的启/停等各种开关量的功能,在数控机床中通常由 PLC 来实现。

(8) 补偿功能:包括刀具半径和长度补偿、反向间隙补偿和螺距误差补偿、智能补偿等功能。刀具半径和长度补偿功能用于按零件轮廓编制的程序控制刀具中心的轨迹,以及在刀具磨损或更换时(刀具半径变化时),对刀具的半径或长度做相应的补偿;反向间隙补偿和螺距误差补偿功能用于加工过程,补偿机械传动链中存在的反向间隙(齿隙)和螺距误差(由滚珠丝杠的螺距不均等引起),以降低加工误差;智能补偿是指采用人工智能、专家系统等方法,对外界干扰产生的随机误差,如热变形引起的误差等实施补偿。

(9) 用户界面功能:包括系统菜单操作、零件程序编辑,以及系统和机床的参数、状态、故障的查询或修改等界面功能,是 CNC 装置提供给用户调试和使用机床的辅助手段。用户可利用该功能对数控机床进行应用性构造,如进行运动轴、主轴、手轮、测量系统、调节环参数、插补方式、速度和加速度等的配置,以及机床运动软极限开关的设置、多个主轴准停位置的定义等,相关信息均以参数形式输入 CNC 装置,使其控制具有可编程性。

(10) 监测和诊断功能:为保证加工过程的正确进行,避免机床、工件和刀具的损坏,现代 CNC 装置通常都具有或多或少的监测和诊断功能,这种功能可以直接配置在 CNC 装置中,也可作为附加的、可执行的功能模块配置在 CNC 装置之外。监测和诊断功能模块可以对 CNC 自身硬软件进行检查和处理,也可以对机床动态运行过程中刀具的磨损和破损情况、工件尺寸、表面质量以及润滑状态等进行检查和处理。具有此功能的 CNC 装置可以在故障出现后,迅速查明故障的类型及部位,以便及时排除故障,减少故障停机时间和防止故障的进一步发展。

2. 选择功能

除上述核心功能外,在 CNC 装置中通常还集成了许多附加的可选功能,以适应不同机床制造厂和数控机床用户的特殊要求。常见的附加功能如下。

(1) 加工图形仿真:在不启动机床的情况下,在显示器上进行各种加工过程的图形模拟,特别是对难以观察的内部加工及被冷却液等挡住部分的观察。编程者可利用此功能检查和优化零件程序。一方面可检查加工过程中是否会出现碰撞及刀具干涉,并检查工件的轮廓和尺寸是否正确;另一方面可识别不必要的加工运动(如空切削),将其去掉或改为快速运动,对加工轨迹进行优化,减少加工时间。

(2) 通信功能:CNC 装置与外界进行信息和数据交换的功能。通常 CNC 装置都具有 RS232/485 接口,可与上级计算机进行通信,传送零件加工程序;有的还备有 DNC 接口,以实现直接数控;高档 CNC 装置还具有各种现场总线或网络通信接口,可与 MAP(manufacturing automation protocol,制造自动化协议)接口相连,能适应柔性制造系统、计算机集成制造系统、智能制造系统等大型制造系统的要求。

(3) 编程功能:CNC 装置提供了各种数控编程工具,其中主要是面向车间的编程(workshop oriented programming,WOP)系统。WOP 系统利用图形进行编程,操作简单,编程人员不需使用抽象的语言，只要以图形交互方式进行零件描述，利用 WOP 系统推荐的工艺数据，根据生产经验进行选择和优化修正，自动生成数控加工程序。

(4) 其他功能：除了上述各功能外，在数控系统中还有一些其他的功能，如企业和机床数据统计功能、单元管理功能、数控加工程序管理功能等。

总之，CNC 装置的功能多种多样，而且随着微电子技术、计算机技术的快速发展，CNC 装置的功能越来越丰富，各种新功能也不断涌现，基本功能和可选功能的界限也越来越模糊，当前 CNC 装置中的可选功能在不久的将来或许就会成为一种必备的功能。CNC 装置中刀具轨迹的样条拟合及插补功能，基于云计算、大数据、AI(深度学习、增强学习、迁移学习)的数控系统智能化相关功能等，都是数控技术发展的重要方向。

3.2　数控加工的基本控制原理

数控机床的编程人员在编制好零件程序后，就可以将程序输入(输入方式包括 MDI 输入、由输入装置输入和通信输入)CNC 装置，存储在数控装置的零件程序存储区内。加工时，操作者可用菜单命令将需要的零件程序调至加工缓冲区，CNC 装置在采集到来自机床控制面板的"循环启动"指令后，即对加工缓冲区内的零件程序进行自动处理(如运动轨迹处理、机床 I/O 处理等)，输出控制命令到相应的执行部件(伺服单元、驱动装置和 PLC 等)，加工出符合图样要求的零件。数控加工的控制过程可以用图 3-1 表示。

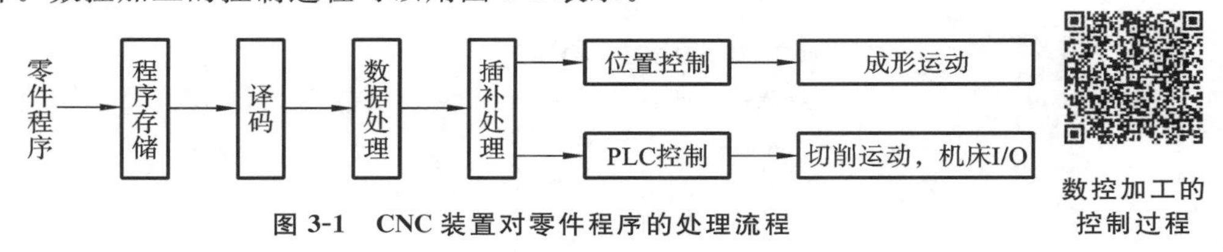

图 3-1　CNC 装置对零件程序的处理流程

数控加工的第一步是由 CNC 装置进行插补预处理工作，主要包括译码、刀补处理及速度规划。

(1) 译码：将输入的零件程序数据段翻译成 CNC 控制所需的信息。

(2) 刀补处理：将编程轮廓轨迹转化为刀具中心轨迹，从而大幅减轻编程人员的工作量。

(3) 速度规划：主要解决加工运动的加减速问题。

在完成插补预处理后，接下来就是插补处理：一方面，将经过刀补处理的零件轮廓按程序指定的进给速度，实时分割为各个进给轴在每个插补周期内的位移，并将插补结果作为输入送给位置控制程序处理；另一方面，由插补预处理结果中分离得出辅助功能、主轴功能、刀具功能要求等，并送 PLC 控制程序处理。

位置控制程序：用于控制各进给轴按规定的轨迹和速度运行，即实现成形运动。

PLC 控制程序：用于实现机床切削运动和机床 I/O 控制。

3.2.1　零件程序的译码

零件程序是数控加工的原始依据，含有待加工零件的轮廓信息、工艺信息和辅助信息。但是这些人为规定的代码所表达的信息 CNC 装置是无法识别的，必须由译码程序来完成翻译和解释工作。

所谓译码(亦称解释)，就是将以文本格式表达的零件程序，以程序段为单位转换成刀补处理程序所要求的数据结构,该数据结构用来描述一个程序段译码后的数据信息,主要包括坐标值(X、Y、Z坐标值等)、进给速度(F)、主轴转速(S),以及准备功能(G)、辅助功能(M)、刀具功能(T)、刀补功能(DH)、子程序和循环调用处理数据或标志等的存放顺序及格式。在CNC装置中,存放此数据结构的存储区称为译码缓冲区。

1. 译码缓冲区

译码缓冲区一般以字节为单位进行组织,每个地址字可以占用若干个字节或若干位,其格式由系统程序员规定。坐标值地址字的最低有效位与CNC装置的控制精度直接相关,同时,其字节数要满足行程范围的要求。

下面是以C语言实现简单三坐标铣床CNC装置的译码缓冲区的示例。

```
struct decode_buf              //译码缓冲区
{char buf_state;               //缓冲区状态,0表示缓冲区空,1表示缓冲区准备好
int prog_num;                  //零件程序号
int   block_num;               //程序段号
int   cmd;                     //控制命令,包括直线、圆弧、延时命令等,其值可为:
                               //ICMD_DWELL:延时
                               //ICMD_HOME:零
                               //ICMD_CW:顺时针圆弧
                               //ICMD_CCW:逆时针圆弧
                               //ICMD_LINE:直线
                               //ICMD_RAPID:快移
int   plane;                   //圆弧平面或刀补平面,0表示OXY平面,1表示OYZ平面,2表示OXZ
                                 平面
int   S;                       //S代码,主轴速度值(单位r/min)
int   t;                       //T代码,刀具号
long   f;                      //F代码,进给速度(单位为mm/min)
unsigned out_enable;           //输出允许屏蔽字,虚拟轴对应位为0
                               //坐标系变换参数
double x_offset;               //工件坐标系X方向偏置值
double y_offset;               //工件坐标系Y方向偏置值
double z_offset;               //工件坐标系Z方向偏置值
                               //刀具参数
long c_radius;                 //刀具半径补偿号D对应的刀具半径
long c_length;                 //刀具长度补偿号H对应的刀具长度
                               //G代码
char g_code0;                  //7   6   5   4   3   2   1   0
                               //                            *        G00
                               //                        *            G01
                               //                    *                G02
                               //                *                    G03
                               //            *                        G33
                               //        *                            G41
                               //    *                                G42
                               //*                              G20/G21
```

```
char g_code1;          //7   6   5   4   3   2   1   0
                       //                            *        G17
                       //                        *            G18
                       //                    *                G19
                       //                *
                       //            *                        G43
                       //        *                            G44
                       //    *                            G94/G95
                       //*                                G90/G91
                       //M 代码
char m_code;           //7   6   5   4   3   2   1   0
                       //                            *    M30
                       //                        *        M07
                       //                    *            M09
                       //                *                M04
                       //            *                    M03
                       //        *                        M02
                       //    *                            M01
                       //*                                M00
                       //坐标参数
double x_prog;         //X 轴编程坐标位置值
double y_prog;         //Y 轴编程坐标位置值
double z_prog;         //Z 轴编程坐标位置值
double i,j,r;          //圆心及半径
double x_mid_g28;      //X 轴 G28 中间点
double y_mid_g28;      //Y 轴 G28 中间点
double z_mid_g28;      //Z 轴 G28 中间点
long delay_time;       //延时时间(单位为 ms)
};
```

为便于后文描述,该缓冲区中没有使用数组,尽管数组可简化缓冲区结构(如 x_offset、y_offset、z_offset 可简化为 offset[3])。

在数控系统中,一般应设置多个这样的译码缓冲区,其主要原因有三:

(1) 目前广泛使用的 C 刀具半径补偿算法是根据相邻两个程序段的转接情况进行处理的(3.2.2 节将详细介绍其基本原理),为使后续刀具半径补偿能正常进行,需要两个运动程序段的信息,因此应至少设置三个译码缓冲区(一个运动程序段的起点和终点是跨越两个译码缓冲区的)。

(2) 设置多个译码缓冲区是避免程序段间停顿、提高系统性能的有效手段,例如:FANUC 高档数控装置 30i-Modal A 最大可预读 1000 个程序段,能实时预测轨迹形状和进行速度平滑修正;德国 HEIDENHAIN 的 iTNC530 数控装置具有 1024 段程序预读功能,能预测方向的变化并随之调整运动速度。

(3) 译码任务在 CNC 系统中属实时性较低的任务,为充分利用 CNC 系统的空闲时间也需设置多个译码缓冲区。

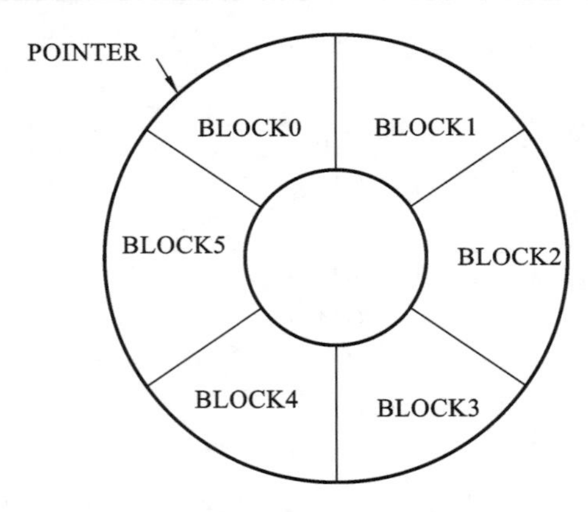

图 3-2　译码缓冲区及其指针管理

多个译码缓冲区在 CNC 系统中是一种先进先出的环形队列,即最后一个缓冲区的下一个为第一缓冲区。缓冲区的管理通过设置指针来实现,如图 3-2 所示(图中以设置六个译码缓冲区 BLOCK0～BLOCK5 为例说明),缓冲区的多少要结合 CNC 装置的功能及 CPU 的处理能力来考虑。

在每个译码缓冲区中均设置一个 buf_state 标志来区分空闲缓冲区(buf_state=0)、译码完成缓冲区(buf_state=1),以及其他中间状态缓冲区。

2. 译码处理准则

与编程准则相一致,对一个程序段进行译码处理时也要遵循一些处理准则,主要有如下四条。

1) 刀具上一段运动的终点是下一段运动的起点

刀具运动只能是连续运动,不会发生跳跃,在编程时本段的运动起点就是上一段的运动终点,故每个程序段只有运动终点的信息,而没有运动起点的信息。根据这一准则,译码时就可以完整地知道一条曲线的全部信息。

零件程序第一段的起点是刀具当前的位置,即对刀点,所以在零件加工时,按"循环启动"按钮前要进行准确的对刀。

2) 译码按零件编程轮廓进行

CNC 装置将刀具作为一个动点加以控制,但刀具具有几何形状,还存在安装位置的问题,故要选择一个控制点,让 CNC 装置控制这一点运动。

立式铣床中:在主平面(即 OXY 平面)上一般以刀具中心为控制点,因此需要进行刀具半径补偿;在 Z 方向上一般以刀具最前端为控制点,使用标准刀具时无须进行刀具长度补偿,如果使用非标准刀具或控制点选择在刀具锥柄端,则需要进行刀具长度补偿。车床一般选择安装刀具的刀架中心为控制点,因而始终需要进行刀具半径补偿和刀具长度补偿。

刀具半径补偿和刀具长度补偿将在刀补处理程序中完成,而译码是按零件编程轮廓进行的,只是它必须为刀补处理程序准备好半径和长度补偿值。

3) 译码以机床坐标系为基准

数控机床都有固有的机床坐标系,机床的控制,如译码、刀补处理、插补、位置控制等都是以机床坐标系为基准的。

4) 模态代码具有继承性

模态代码一旦指定,如果后续程序段中没有出现同组代码(G 代码)或同类代码(M 代码),或者没有改变指令值(S、F、D、X、Y、Z 代码),则该代码一直有效,其对应的译码信息一直保持不变,亦即下一程序段是在继承上一程序段模态信息的前提下进行译码的。

同组模态代码如果没有指定任何一个,则以缺省值作为指定值。

3. 译码处理流程

译码程序在把译码信息存储到译码缓冲区的同时,要对读入的程序段进行词法分析和语法分析，发现错误应报警并停止译码过程，以免在加工中造成工件报废。

一个程序段的译码过程如图 3-3 所示。

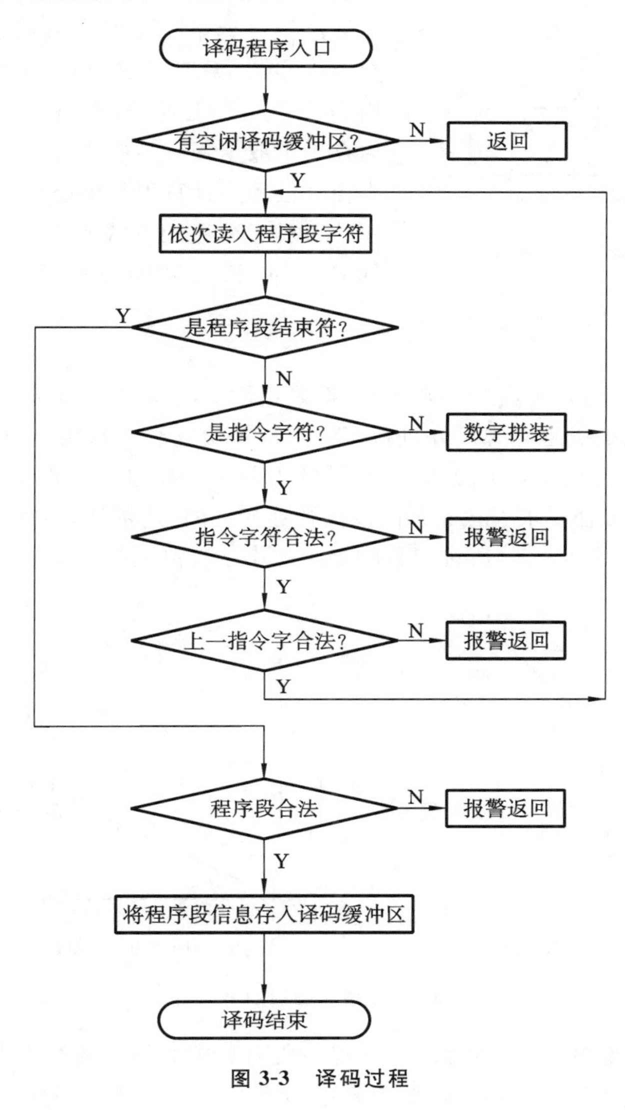

图 3-3　译码过程

3.2.2　刀具半径补偿原理

1. 刀具半径补偿的基本概念

数控机床在加工过程中的控制点是刀具中心，而零件程序通常是按零件轮廓编制的，在这种情况下，数控系统在加工前必须将零件轮廓变换成刀具中心轨迹，这样才能用于插补。这种将零件轮廓变换成刀具中心轨迹的过程，称为刀具半径补偿。

数控系统允许编程人员直接按刀具中心轨迹编程，此时则无须进行刀具半径补偿。

刀具半径补偿如图 3-4 所示，当用半径为 R 的刀具加工工件时，刀具中心轨迹应是与编程轨迹 A 偏移距离 R 的 B。刀具中心偏移量称为刀具半径补偿量，因此刀具半径补偿的任务就是得到加上补偿量后的刀具中心轨迹。

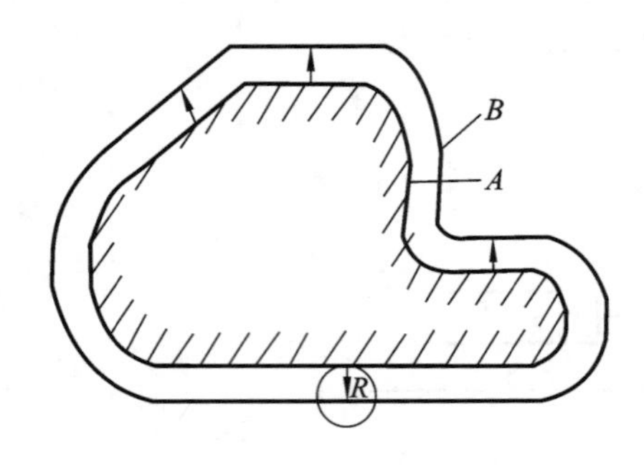

图 3-4　刀具半径补偿示意图

刀具半径补偿的具体工作由数控装置中的刀具半径补偿程序完成，编程人员只需在程序中指明在何处进行刀具半径补偿，并指明类型（左刀补 G41、右刀补 G42、无刀补 G40）。在程序中，G41、G42 后用 D 指令指示刀补号，译码程序根据刀补号从刀补内存表中取出相应刀补半径值存入c_radius，供刀具半径补偿程序计算刀具中心轨迹使用。

刀具半径补偿方式有 B 功能刀具半径补偿（简称 B 刀补）和 C 功能刀具半径补偿（简称 C 刀补）两种。

1）B 刀补

早期的数控系统在确定刀具中心轨迹时，都采用读一段、算一段再走一段的 B 刀补控制方法，它仅根据本程序段的编程轮廓尺寸进行刀具半径补偿。对于直线，刀补后的刀具中心轨迹为平行于轮廓直线的直线段；对于圆弧，刀补后的刀具中心轨迹为轮廓圆弧的同心圆弧段，如图 3-5 所示。因此，B 刀补要求编程轮廓间以圆弧连接，并且连接处轮廓线必须相切；而对于内轮廓的加工，为了避免刀具干涉，所选刀具的半径应小于过渡圆弧的半径。

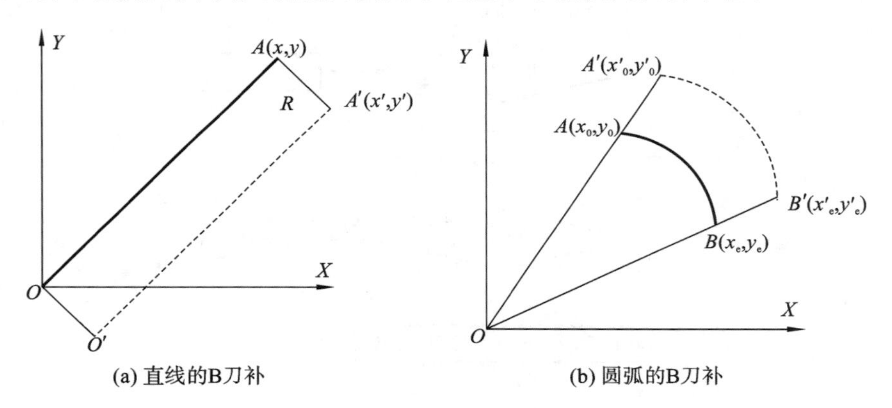

图 3-5　直线和圆弧的 B 刀补

由于 B 刀补编程轮廓为圆角过渡，前一程序段刀具中心轨迹的终点即为后一程序段刀具中心轨迹的起点，因此无须计算段与段间刀具中心轨迹的交点，故在进行刀具半径补偿时仅需知道本程序段的轮廓尺寸。

B 刀补是仅根据本程序段的编程轮廓尺寸进行刀具半径补偿的，无法预计由于刀具半径所造成的下一段加工轨迹对本段加工轨迹的影响，不能自动解决程序段间的过渡问题，需要编程人员在相邻程序段转接处插入恰当的过渡圆弧。这样的处理存在着致命的弱点：一是编程复杂；二是工件尖角处工艺性不好。

随着计算机技术的发展，数控系统计算相邻程序段刀具中心轨迹交点已不成问题，因此现代数控系统已不再采用 B 刀补，而采用 C 刀补。

2）C 刀补

进行 C 刀补时，在计算本程序段刀具中心轨迹的过程中，除了读入本程序段编程轮廓轨迹外，还要提前读入下一程序段编程轮廓轨迹（这也是前述需要设置多个译码缓冲区的原因），然后根据它们之间转接的具体情况，计算出正确的本段刀具中心轨迹。

利用C刀补功能，系统可自动处理两个程序段间刀具轨迹的转接问题，编程人员完全可以按工件轮廓编程而不必插入转接圆弧，因而C刀补功能在现代数控系统中得到了广泛的应用。

本节将以C刀补为例介绍刀具半径补偿的原理和实现方法。

2. C刀补轨迹过渡方式和转接类型

1）段间过渡方式

数控系统一般只具有直线插补和圆弧插补两种插补功能，因而编程轨迹程序段间的过渡有如下四种情况：

(1) 直线接直线；

(2) 直线接圆弧；

(3) 圆弧接直线；

(4) 圆弧接圆弧。

2）段间转接类型

为了讨论段间转接方式，有必要先说明矢量夹角的含义。矢量夹角 α 是指两段编程轨迹在交点处非加工侧的夹角(如果是圆弧轨迹，则以圆弧在转接点处的切线来确定)，如图3-6所示。

图3-6 矢量夹角的定义

根据两个要进行刀补的编程轨迹在转接处非加工侧所形成角度 α 的不同，有三种刀补转接方式。

(1) 缩短型转接：适用于 $\pi \leqslant \alpha < 2\pi$ 时，相对于编程轨迹，刀补轨迹缩短了。

(2) 伸长型转接：适用于 $\frac{\pi}{2} \leqslant \alpha < \pi$ 时，相对于编程轨迹，刀补轨迹伸长了。

(3) 插入型转接：适用于 $0 \leqslant \alpha < \frac{\pi}{2}$ 时，相对于编程轨迹，刀补轨迹中插入了新的轨迹段。

对于插入型转接方式，可以插入一个圆弧段转接过渡，插入圆弧的半径为刀具半径；也可以插入1～3个直线段转接过渡。前一种方式使转接路径最短，但尖角加工的工艺性比较差，而后一种方式能保证尖角加工的工艺性。

3. C刀补的执行过程

C刀补的执行过程一般可分为三步：刀补建立、刀补进行、刀补撤销。

1）刀补建立

数控系统用G41/G42指令建立刀补，在刀补建立程序段，动作指令只能用G00或G01，不能用G02或G03。刀补建立可分为以下两种情况：

(1) 当本段(刀补建立段)与下段的编程轨迹以非缩短型转接方式(指插入型和伸长型转接方式)过渡时，刀具中心将移至本段程序终点的刀具矢量半径顶点，如图3-7中的 A 点。

(2) 当本段(刀补建立段)与下段的编程轨迹以缩短型方式转接过渡时，刀具中心将移至下段程序起点的刀具矢量半径顶点，如图 3-8 中的 A 点。

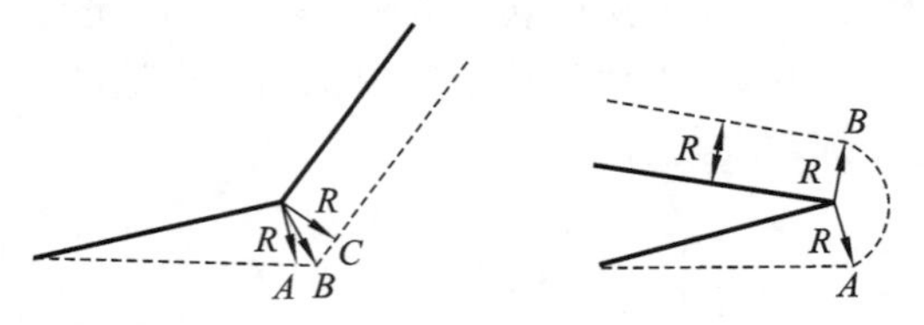

图 3-7　非缩短型刀补建立

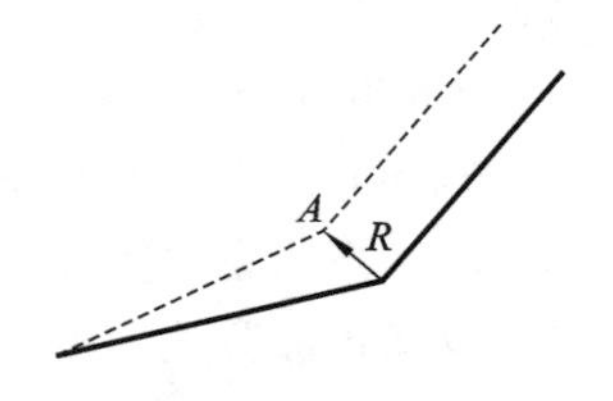

图 3-8　缩短型刀补建立

刀补建立过程中不能进行零件加工。

2）刀补进行

在刀补进行状态下，指令 G01、G00、G02、G03 都可使用，系统根据读入的两段相邻编程轨迹，判断转接处工件内侧所形成的角度，自动按照刀补计算方法确定刀具中心的轨迹。

在刀补进行状态下，刀具中心轨迹与编程轨迹始终偏离一个刀具半径的距离。

3）刀补撤销

刀补撤销阶段也只能用指令 G01 或 G00，不能用指令 G02 或 G03。

刀补撤销是刀补建立的逆过程，刀具中心的移动同样也分两种情况：

(1) 上段与本段(刀补撤销段)编程轨迹以非缩短型方式转接过渡时，刀具中心将自本段起点处刀具半径矢量的顶点(图 3-9 中的 B 点)移至编程轨迹终点。

(2) 上段与本段(刀补撤销段)编程轨迹以缩短型方式转接过渡时，刀具中心将先移到上段编程轨迹终点处刀具半径矢量顶点，如图 3-10 中的 B 点，再移至本段编程轨迹终点。

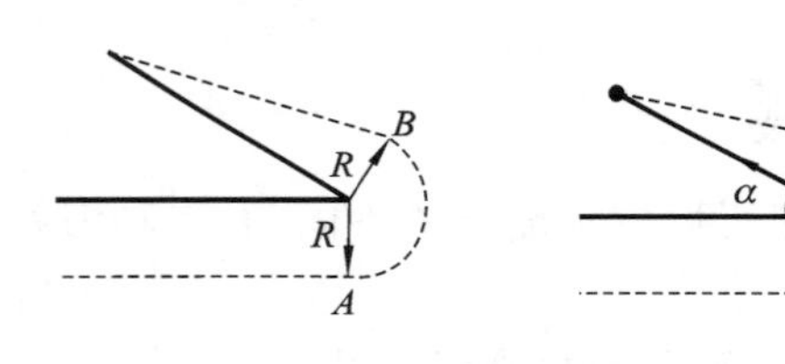

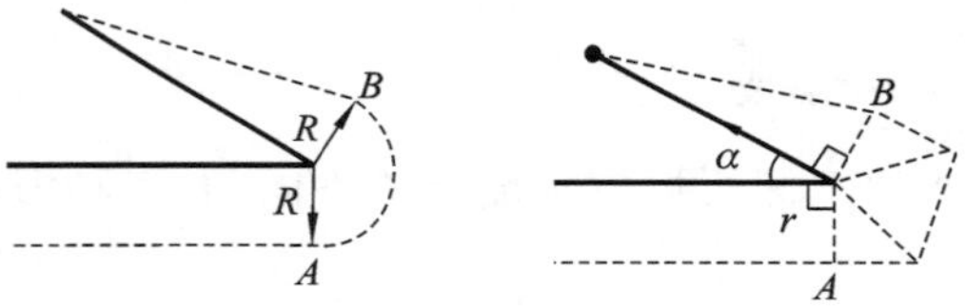

图 3-9　非缩短型刀补撤销

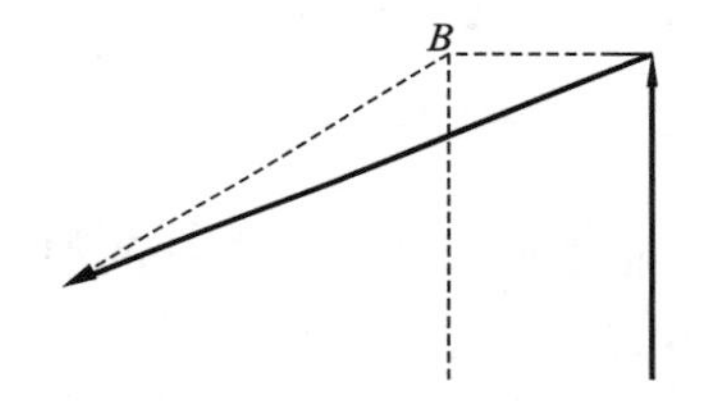

图 3-10　缩短型刀补撤销

同样，在刀补撤销过程中不能进行零件加工。

综上，刀补执行过程中，刀补轨迹确定方法见表 3-2 和表 3-3。

表 3-2　刀具半径补偿的建立和撤销

矢量夹角	刀补建立(G42)		刀补撤销(G42)		过渡方式
	直线-直线	直线-圆弧	直线-直线	圆弧-直线	
$\alpha \geqslant 180°$	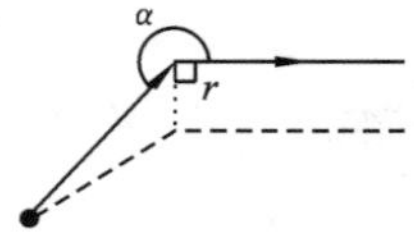	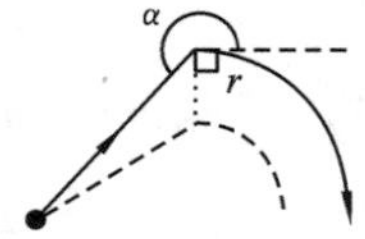	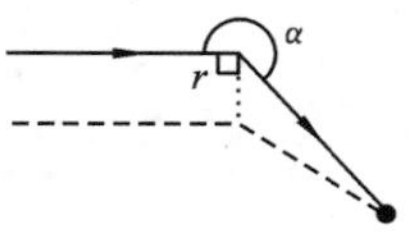	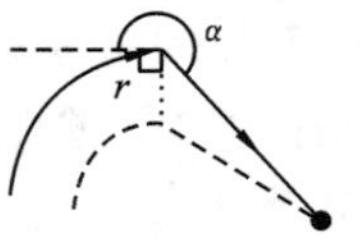	缩短
$90° \leqslant \alpha < 180°$	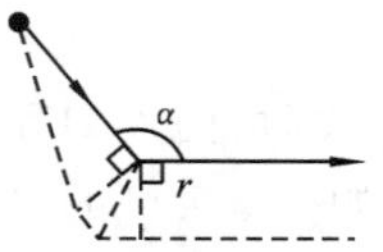	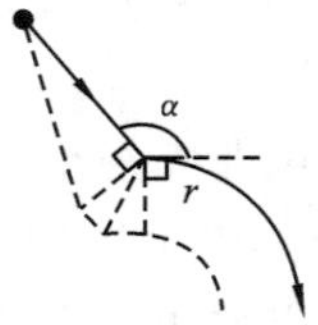	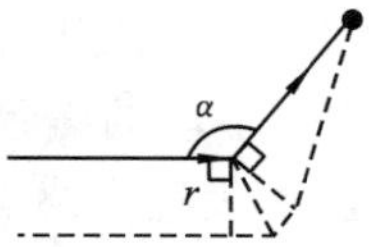	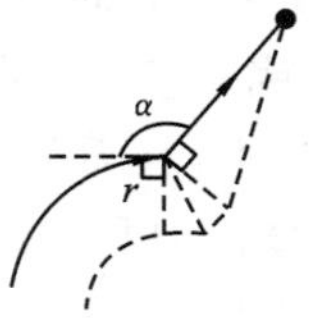	伸长

续表

矢量夹角	刀补建立(G42)		刀补撤销(G42)		过渡方式
	直线-直线	直线-圆弧	直线-直线	圆弧-直线	
$\alpha<90°$	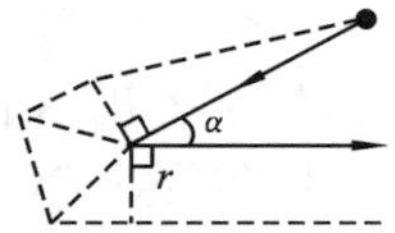	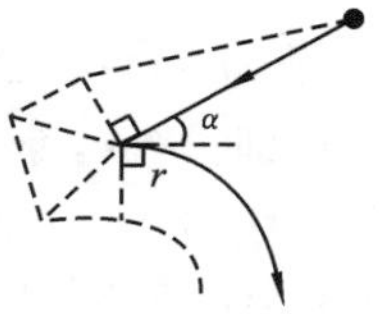	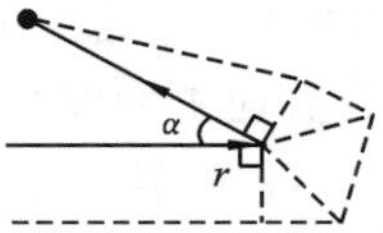	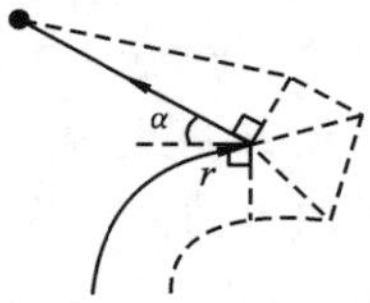	插入

表 3-3　刀具半径补偿的进行过程

矢量夹角	刀补进行(G42)				过渡方式
	直线-直线	直线-圆弧	圆弧-直线	圆弧-圆弧	
$\alpha\geqslant180°$	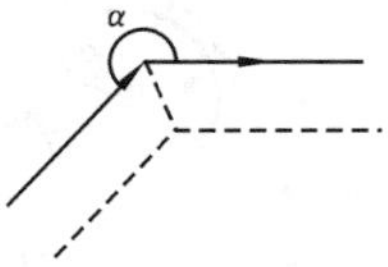	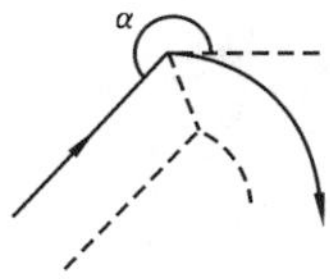	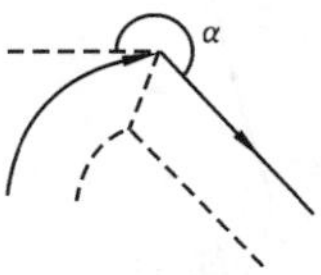	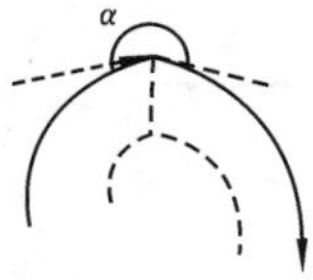	缩短
$90°\leqslant\alpha<180°$	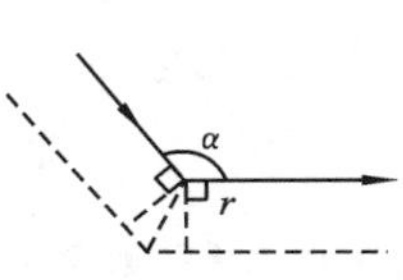	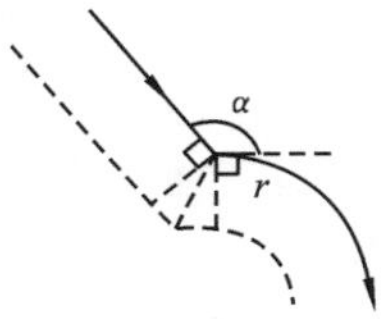	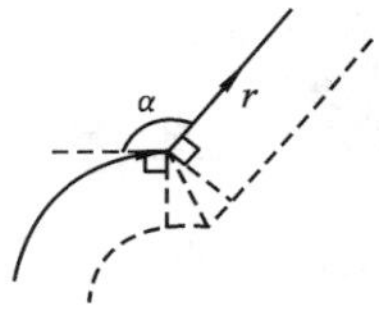	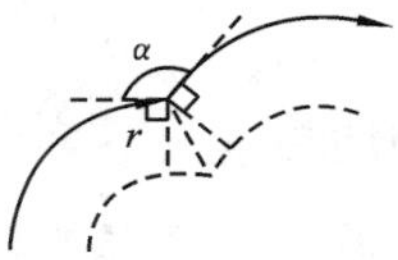	伸长
$\alpha<90°$	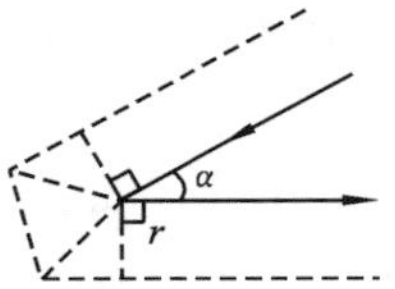	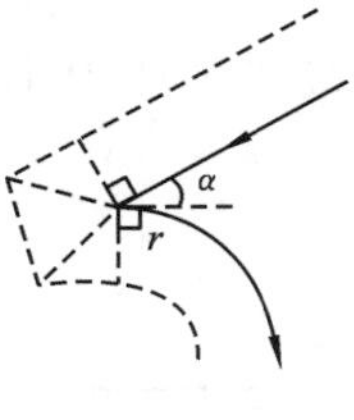	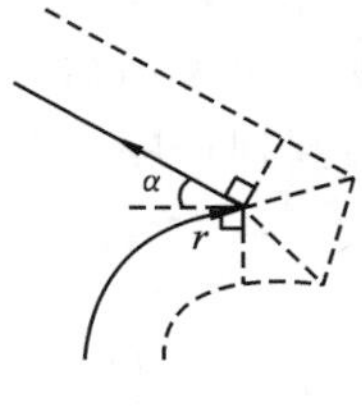	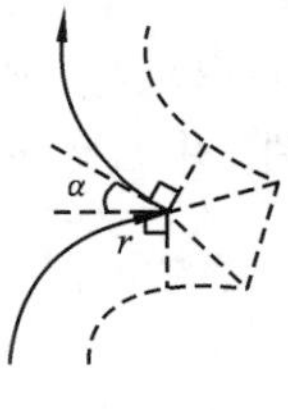	插入

4. 加工过程中的过切判别

C 刀补功能除了能根据相邻两段编程轨迹的转接情况，实现刀具中心轨迹的自动计算外，还有一个显著的优点，即能避免过切现象。若编程人员因某种原因编制了肯定要产生过切的加工程序段，系统在运行过程中能提前发出报警信号，避免过切事故的发生。

1) 直线加工时的过切判别

图 3-11 所示为直线加工时的过切现象，被加工的轮廓是由直线段组成的，若刀具半径选用过大，就将产生过切，从而导致工件报废。图中编程轨迹为 $ABCD$，对应的刀具中心轨迹为 $A'B'C'D'$，显然，当刀具中心从 A' 点移到 B' 点以及从 B' 点移到 C' 点时，必将产生如图 3-11 所示的过切现象。

在直线加工时，可以通过编程矢量与对应的刀补修正矢量的标量积的正负进行判别。在图 3-11 中，$\overrightarrow{BC}$为编程矢量，$\overrightarrow{B'C'}$为对应的刀补修正矢量，α 为它们之间的夹角。则有标量积：

$$BC \cdot B'C' = |\overrightarrow{BC}| |\overrightarrow{B'C'}| \cos\alpha$$

显然，当 $BC \cdot B'C' < 0$（即 $90° < \alpha \leqslant 180°$）时，刀具就要背离编程轨迹移动，从而造成过切削。在图 3-11 中，$\alpha = 180°$，所以加工时必定会产生过切。

2）圆弧加工时的过切判别

在内轮廓圆弧加工（见图 3-12，圆弧加工的命令为“G41　G03”或“G42　G02”）时，若选用的刀具半径 R 过大，超过了所需加工的圆弧半径 r，即 $R > r$，那么就会产生过切。由此可知，只有当圆弧加工的命令为“G41　G03”或“G42　G02”组合时，才会产生过切现象；若命令为“G41　G02”或“G42　G03”，即进行外轮廓切削时，就不会产生过切现象。分析这两种情况，可得到刀具半径大于所加工圆弧半径时的过切判别流程，如图 3-13 所示。

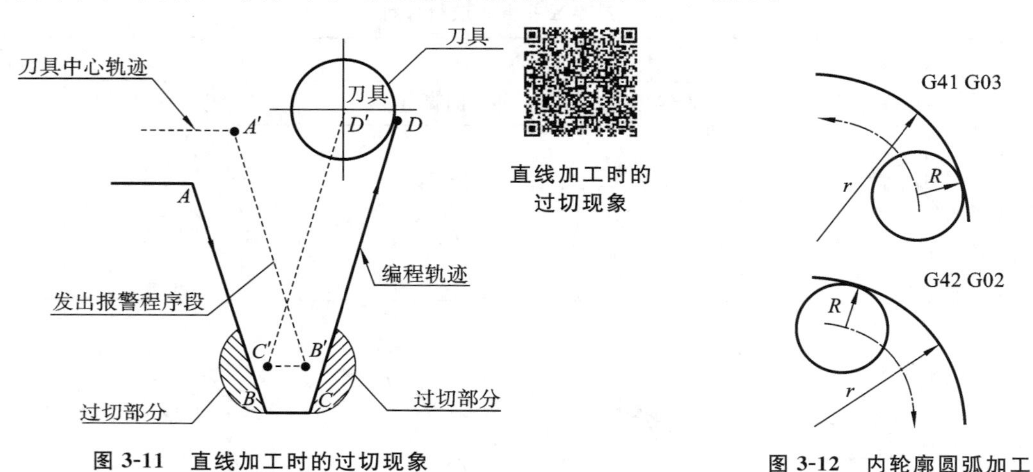

图 3-11　直线加工时的过切现象　　　　**图 3-12　内轮廓圆弧加工**

图 3-14 给出了圆弧加工时产生过切的一个实例。

在实际加工中，可能还有各种各样的过切情况，限于篇幅，此处不一一列举。但是通过上面的分析可知，过切现象都发生在采用缩短型转接方式时，因而可以根据这一原则来判断发生过切的条件，并据此设计过切判别程序。

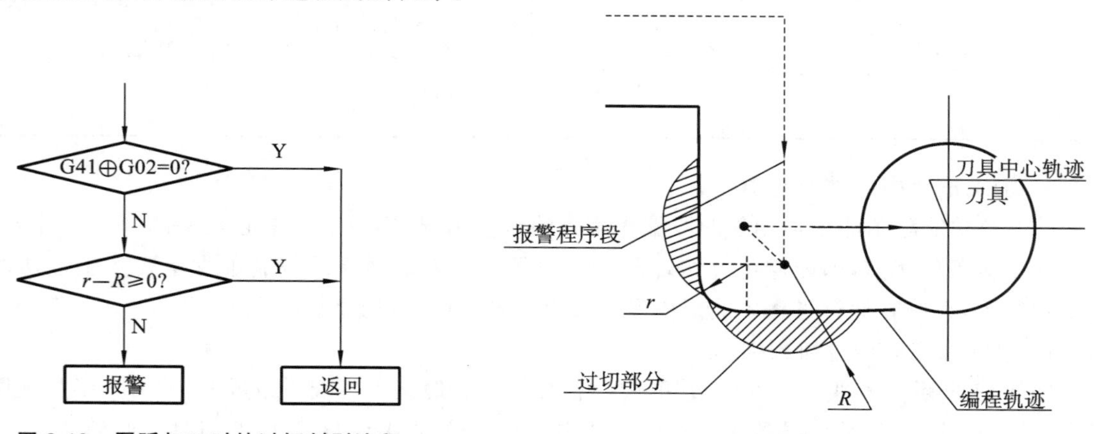

图 3-13　圆弧加工时的过切判别流程　　　　**图 3-14　圆弧加工时的过切实例**

5. 刀具半径补偿实例

下面以一个实例来说明刀具半径补偿过程，如图 3-15 所示。数控系统完成从 O 点到 E 点编程轨迹的刀具半径补偿过程如下。

（1）读入 OA，判断出是刀补建立，继续读下一段。

（2）读入 AB，因 $\angle OAB<90°$，故此处采用的是插入型（非缩短型）转接方式：

①过 A 点作 OA 的垂线，在垂线上取 $Aa=R$；

②过 a 点作 OA 的平行线，在平行线上取 $ab=R$；

③过 A 点作 AB 的垂线，在垂线上取 $Aa'=R$；

④过 a' 点作 AB 的平行线，在平行线上取 $a'c=R$；

⑤连接 bc；

⑥分别计算出 a、b、c 的坐标值，并输出直线段 oa、ab、bc，供插补程序运行。

刀具半径补偿

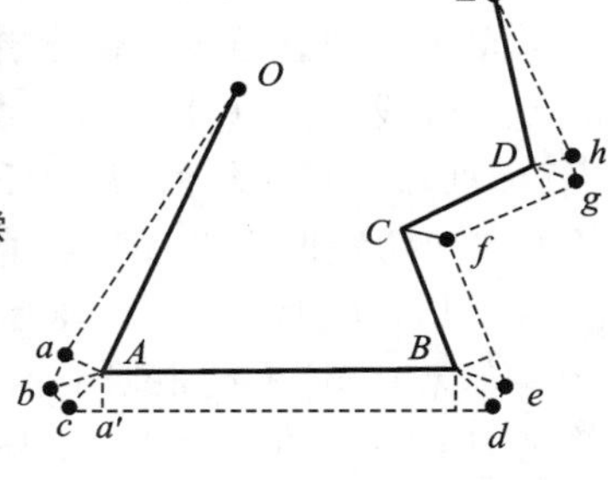

图 3-15　刀具半径补偿实例

（3）读入 BC，因 $\angle ABC<90°$，故此处采用的是插入型转接方式，按与步骤（2）相同的方法分别计算出 d、e 点的坐标值，并输出直线段 cd、de。

（4）读入 CD，因 $\angle BCD>180°$，故此处采用的是缩短型转接方式，计算出距离 BC 为 R 的等距线 ef 和距离 CD 为 R 的等距线 fg 的交点 f 的坐标值。由于是内轮廓加工，须进行过切判别，若过切则报警，并停止输出，否则输出直线段 ef。

（5）读入 DE（假定是撤销刀补程序段），因 $90°<\angle CDE<180°$，故此处采用的是缩短型转接方式：

①过 D 点作 DE 的垂线，在垂线上取 $Dh=R$；

②过 h 点作 DE 的平行线，与 fg 相交于 g 点；

③连接 hE；

④分别计算出 g、h 点的坐标值，并输出直线段 fg、gh、hE。

（6）刀具半径补偿处理结束。

3.2.3　刀具长度补偿

根据加工情况，有时不仅需要进行刀具半径补偿，还需要进行刀具长度补偿。

1. 铣刀长度补偿

铣刀的长度补偿与控制点有关。对于以一把标准刀具的刀头作为控制点的零长度刀具，一般无须进行长度补偿。如果加工时用到长度不一样的非标准刀具，则要进行刀具长度补偿，长度补偿值等于所用刀具与标准刀具的长度差。当把刀具长度的测量基准面与刀具轴线的交点作为控制点时，铣刀长度补偿始终存在，不论用哪一把刀具，都要进行刀具的绝对长度补偿才能加工出正确的零件表面。此外，铣刀使用一段时间后由于磨损长度变短，也需要进行长度补偿。

刀具长度补偿是对垂直于主平面的坐标轴实施的，例如 G17 编程时，主平面为 OXY 平面，则刀具长度补偿对 Z 轴实施。刀具长度补偿用 G43、G44 指令指定偏置方向，其中 G43 为正向偏置指令，G44 为负向偏置指令。G43、G44 后用 H 指令指示偏置号，译码程序根据偏置号从偏置存储器中取出相应的偏置量存入译码缓冲区 c_length，供刀具长度补偿程序使用。

刀具长度补偿时，则从译码缓冲区 c_length 读取偏置量并进行补偿处理，指令为 G43 时用加号，为 G44 时用减号，并将补偿后的坐标值送给后续插补程序。

取消刀具长度补偿用指令 G49 或 H00。

2. 车刀长度补偿

车床的控制情况与铣床有所不同，铣床的控制点可以是刀具中心或者刀具的测量基准面与刀具轴线的交点，因而不一定必须进行刀具长度补偿。而车床的控制点是刀架转台的中心点(标准点)，对于任何刀具，不管是按刀具中心轨迹编程还是按理想刀具头(刀尖圆弧外侧 X、Z 方向两切线的交点)编程，编程点和标准点之间都存在 X、Z 方向补偿量，即刀具的几何补偿量，如图 3-16 所示。所以车床始终需要进行刀具长度(几何)补偿。

车床 CNC 系统根据编程尺寸需要先进行刀尖半径补偿，再进行刀长补偿，把理论轨迹折算为刀架中心的实际轨迹。图 3-16 中，x_L 表示 X 方向刀补量，z_L 表示 Z 方向刀补量，(x_r,z_r) 为刀架中心，即机床控制点，(x_c,z_c) 为刀尖中心。

车床刀具可以多方向安装，且刀具的刀尖也有多种形式。为使数控系统准确知道刀具的安装情况，定义了车刀的位置码。位置码是 0～9 中的一个数，表示理论刀尖参考点 P 与刀尖圆弧中心 C 的位置关系。理论刀尖参考点是刀尖圆弧外侧的 X 向和 Z 向两条切线的交点。图 3-17 所示是车床位置码的定义，表 3-4 所示为车床位置码的意义。

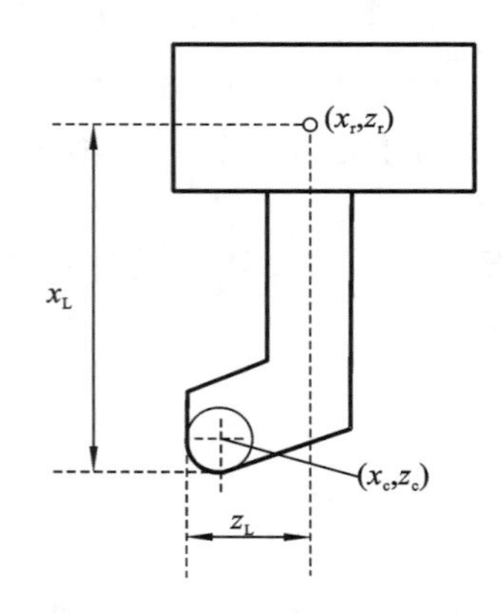

图 3-16　车床的刀具长度(几何)补偿

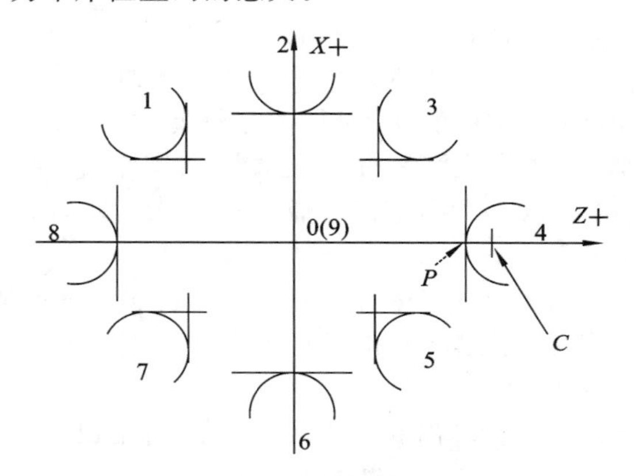

图 3-17　车床位置码的定义

表 3-4　车床位置码的意义

位　置　码	意义(P 相对于 C)
0 和 9	两点重合
1	$X-$　$Z+$
2	$X-$
3	$X-$　$Z-$
4	$Z-$
5	$X+$　$Z-$
6	$X+$
7	$X+$　$Z+$
8	$Z+$

3.2.4　加减速控制

为了保证机床在启停或速度突变时不产生冲击、失步、超程或振荡，数控系统必须对送到伺服电机的进给速度指令进行控制。在机床启动及进给速度大幅度上升时，控制加在伺服电机上的进给速度指令值逐渐增大；而当机床停止或进给速度大幅度下降时，控制加在伺服电机上的进给速度指令值逐渐减小。

加减速演示

在CNC装置中，加减速控制多用软件实现。这种用软件实现的加减速控制可以放在插补前进行，称为插补前加减速控制；也可以放在插补后进行，称为插补后加减速控制。

3.2.4.1　插补后加减速控制

根据使用情况的不同，插补后加减速控制可选择指数加减速控制、梯形加减速控制或其他加减速控制方法。

1. 指数加减速控制

指数加减速控制可使进给速度按指数规律增大或减小，如图3-18所示。

加速时
$$v(t)=v_c(1-e^{-t/\tau}) \tag{3-1}$$
匀速时
$$v(t)=v_c \tag{3-2}$$
减速时
$$v(t)=v_c e^{-t/\tau} \tag{3-3}$$

以上各式中：τ为时间常数；v_c为稳定速度。

图3-19所示为指数加减速控制原理图，图中T为采样周期，加减速控制算法程序在每个采样周期内运行一次。误差寄存器的作用是对每个采样周期的输入速度v_c与输出速度v之差(v_c-v)进行累加，累加结果一方面储存于误差寄存器供下次使用，一方面与$1/\tau$相乘，乘积作为当前采样周期加减速控制的输出速度v。同时v又反馈到输入端，准备下一次采样周期。

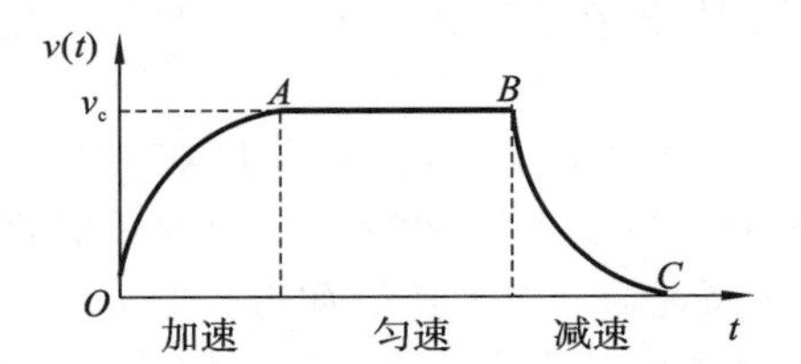

图3-18　指数加减速控制下的速度-时间关系

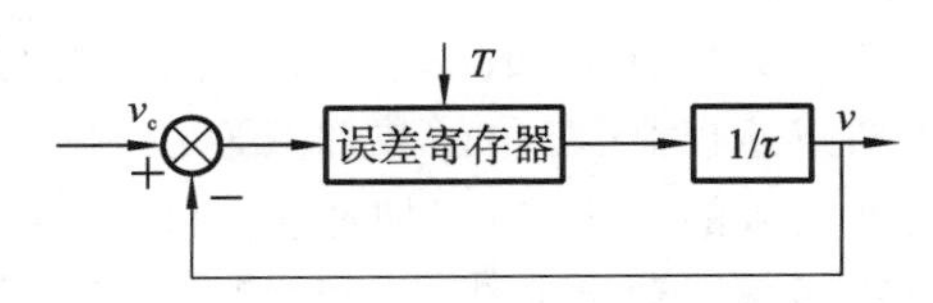

图3-19　指数加减速控制原理

2. 梯形加减速控制

采用梯形加减速控制算法的机床在速度突变时，速度沿一定斜率的直线增大或减小。如图3-20所示，速度变化曲线是$OABC$。

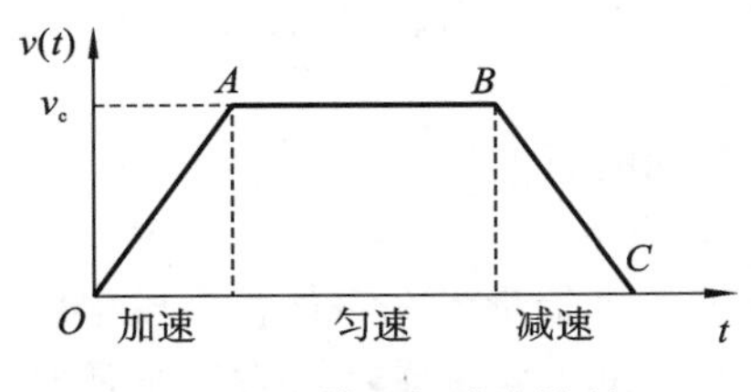

图3-20　梯形加减速控制

梯形加减速控制分为五个过程。

1）加速过程

若输入速度v_c与输出速度v_{i-1}之差大于或等于一个常值K_L，即$v_c-v_{i-1}\geqslant K_L$，则使输出速度增大K_L，即

$$v_i=v_{i-1}+K_L \tag{3-4}$$

式中：K_L为加、减速阶段的速度阶跃因子，显然，在加速过程中，输出速度沿斜率为K_L/T的直线增大，T为采样周期。

2）加速过渡过程

若输入速度大于输出速度v_{i-1}，但二者的差值小于K_L，即$0<v_c-v_{i-1}<K_L$，改变输出速度，使其等于输入速度，即

$$v_i = v_c$$

3) 匀速过程

在这个过程中,输出速度维持不变,系统进入稳定状态,即

$$v_i = v_{i-1}$$

4) 减速过程

若输入速度 v_c 与输出速度 v_{i-1} 的差值大于或等于 K_L,且 $v_c < v_{i-1}$,即 $v_{i-1} - v_c \geqslant K_L$,改变输出速度,使其减小 K_L,即

$$v_i = v_{i-1} - K_L \tag{3-5}$$

在减速过程中,输出速度沿斜率为 $-K_L/T$ 的直线减小。

5) 减速过渡过程

若输入速度 v_c 小于输出速度 v_{i-1},但二者的差值不足 K_L,即 $0 < v_{i-1} - v_c < K_L$,改变输出速度,使其等于输入速度,即

$$v_i = v_c$$

对于插补后加减速控制,在插补输出为 0 时开始减速,无须预测减速点,因而算法简单。但是由于要对各坐标轴分别进行控制,在加、减速过程中很难保证各坐标轴之间的联动关系,各坐标轴的实际合成轨迹可能偏离理论轨迹,轨迹精度受到影响,这种影响只有在系统处于匀速状态时才不存在。要想获得不影响轨迹精度的插补输出,最好采用插补前加减速控制。

3.2.4.2 插补前加减速控制

插补前加减速控制是对合成速度——编程速度 F(mm/min)进行控制,当机床在启动、停止或切削过程中发生速度突变时,合成进给速度按一定规律逐步上升或下降,系统自动完成加减速控制。

常用的插补前加减速控制方法有梯形加减速控制、指数加减速控制、S 形加减速控制、多项式加减速控制、三角函数加减速控制等。由于采用梯形加减速控制和指数加减速控制规律时速度函数的一阶导数(加速度 a)存在突变,数控机床在高速运动时会产生冲击。而三次以上多项式加减速速度曲线的一阶导数(加速度 a)和二阶导数(捷度 J,即加加速度)均连续,特别是三角函数加减速速度曲线,其任意阶次导数都连续,是理想的柔性加工速度曲线的选择。但这两类曲线的计算较为复杂,而且由于完全兼顾运动的平稳性,速度响应较慢,因此这两类曲线并不满足一些速度响应要求较高的场合。

S 形加减速速度曲线是一类介于柔性加工的多项式加减速速度曲线与注重速度响应的梯形加减速速度曲线之间的理想速度曲线,具有速度响应快、工作效率高、运动冲击小等特点,可以最大限度地满足数控系统速度与精度的控制目标。

下面主要介绍插补前梯形加减速控制和 S 形加减速控制的原理。

1. 稳定速度和瞬时速度

稳定速度指系统处于稳定进给状态时每个插补周期 T 的进给量。在零件程序段中用 F 指令指定的进给速度(mm/min)或由参数设定的快进速度(mm/min),需要转换为每个插补周期的进给量。稳定速度的计算公式为

$$f_s = \frac{TKF}{60} \tag{3-6}$$

式中:f_s 为稳定速度;T 为插补周期;K 为速度系数,包括快速倍率、切削进给倍率等。

此外,稳定速度计算完要进行速度限制检查,若 f_s 大于由参数设定的最大速度,以最大速度取代稳定速度。

瞬时速度指系统在每个插补周期内的进给量。系统处在稳定状态时，瞬时速度 $f_i=f_s$，当系统处于加速(或减速)时，$f_i<f_s$(或 $f_i>f_s$)。

2．梯形加减速控制

加速度 a 分为快速进给加速度和切削进给加速度两种。快速进给时 a 可以大一些；切削进给时 a 应该小一些，以保证加工精度。加速度必须作为机床的参数预先设置好。系统每插补一次都要计算稳定速度、瞬时速度并进行加减速处理。

1）加速处理

当计算出的稳定速度 f'_s 大于原来的稳定速度 f_s 时，则进行加速处理，每加速一次，瞬时速度为 $f_{i+1}=f_i+aT$，新的瞬时速度参加插补运算，对各坐标轴进行分配，直至加速到 f'_s 为止。

2）减速处理

当计算出的稳定速度 f'_s 小于原来的稳定速度 f_s 时，则进行减速处理。系统每插补一次，都先进行终点判别，计算出当前位置与终点的瞬时距离 s_i 并检查是否已到达减速区域($s_i<s$ 则未到达，s 表示减速段长度)，若已到达，则开始减速，每减速一次，瞬时速度为 $f_{i+1}=f_i-aT$，新的瞬时速度参加插补运算，对各坐标轴进行分配，直至减速到新的稳定速度 f'_s。

当新、旧稳定速度分别为 f'_s 和 f_s 时，可得：

$$s=\frac{f_s^2-f_s'^2}{2a} \tag{3-7}$$

若需要提前一段距离开始减速，可将提前量 Δs 作为参数设置好，由下式计算 s：

$$s=\frac{f_s^2-f_s'^2}{2a}+\Delta s \tag{3-8}$$

插补前梯形加减速处理原理框图如图3-21所示。

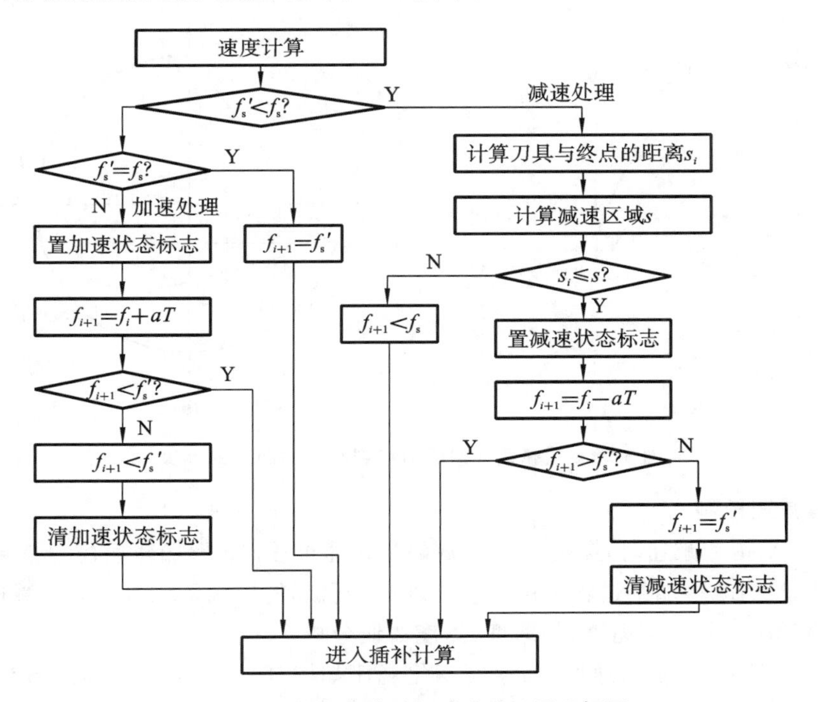

图3-21　插补前梯形加减速处理原理框图

3) 插补瞬时点到终点的距离的计算

(1) 直线插补时 s_i 的计算　如图 3-22 所示,设刀具沿 OP_e 做直线运动,P_e 为程序段终点,$A(x_i,x_i)$ 为某一瞬时点,X 为长轴,在 X 方向上刀具到终点的距离为 $|x_e-x_i|$。因为长轴与刀具移动方向的夹角是定值,且 $\cos\alpha$ 的值已计算好,故瞬时点 A 与终点 P_e 之间的距离 s_i 为

$$s_i=|x_e-x_i|\frac{1}{\cos\alpha}\tag{3-9}$$

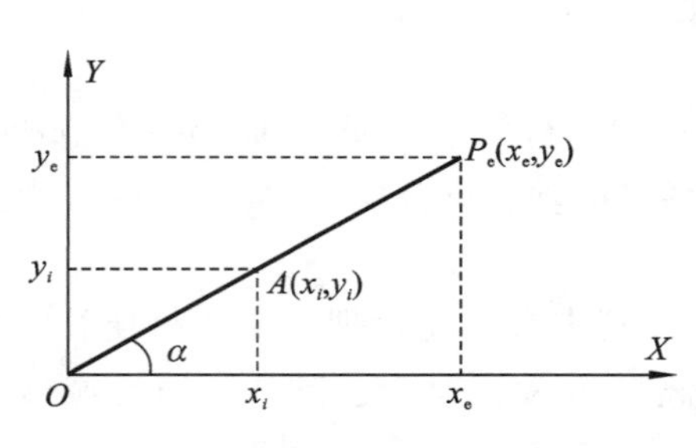

图 3-22　直线插补时瞬时点到终点的距离的计算

(2) 圆弧插补时 s_i 的计算　当圆弧对应的圆心角小于 π 时,瞬时点到圆弧终点的直线距离越来越小,如图 3-23(a)所示,$A(x_i,y_i)$为顺时针圆弧插补时某一瞬时点,$P_e(x_e,y_e)$为圆弧终点,$|AM|=|x_e-x_i|$为 A 点与终点在 X 方向上的距离,$|MP_e|=|y_e-y_i|$为 A 点与终点在 Y 方向上的距离,则 A 点与终点的距离为

$$s_i=|AP_e|=\sqrt{(x_e-x_i)^2+(y_e-y_i)^2}\tag{3-10}$$

圆弧对应的圆心角大于 π 时,设 P_0 为圆弧起点,B 为圆弧上一点且$\widehat{BP_e}$为半圆,A 点为插补瞬时点,如图 3-23(b)所示。显然,A 点与圆弧终点的距离 s_i 的变化规律为:从 P_0 开始,插补到 B 点时,s_i 越来越大,无须计算 s_i;直到 $s_i=2R$,插补越过 B 点,s_i 越来越小,此时与图3-23(a)的情况相同,需判定插补点是否到达减速区域。

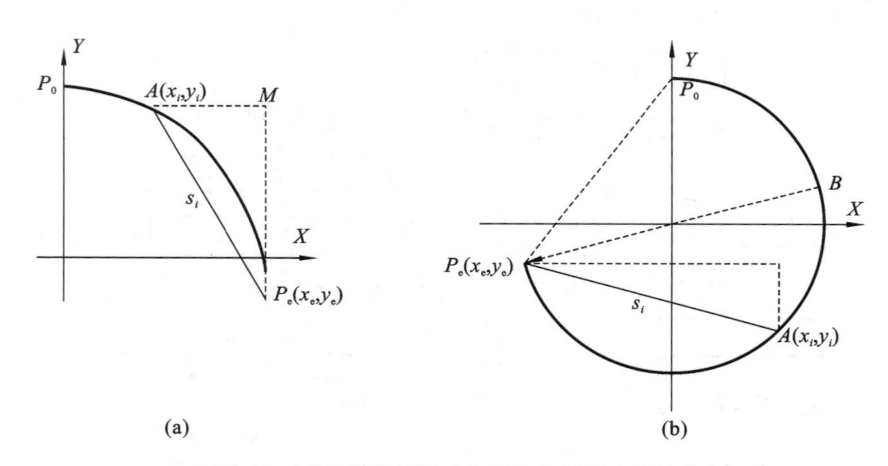

图 3-23　圆弧插补时瞬时点到终点的距离的计算

3. S 形加减速控制

S 形加减速是指加减速时,捷度 J 为常数的加减速过程。S 形加减速控制是通过控制捷度来避免加速度突变,减小加工过程中由于加速度突变引起的机械系统振动的加减速控制方法。

1) S 形加减速控制下的速度、加速度、捷度曲线分析

S 形加减速控制下的进给速度、加速度变化规律如图 3-24 所示。标准的 S 形加减速控制速度曲线模型由加加速段、匀加速段、减加速段、匀速段、加减速段、匀减速段、减减速段共七段组成。S 形加减速控制下加速度相对捷度的变化规律,相当于梯形加减速控制下速度相对加

速度的变化规律，可以理解为 S 形加减速控制程序中“嵌套”了两个梯形加减速控制程序。

可以看到，S 形加减速控制速度曲线实际上是一个分段二次多项式函数曲线。采用标准 S 形加减速控制速度曲线模型时，由于分段情况较多，计算量较大，在实际计算时，常常采用简化 S 形加减速控制速度曲线模型。简化 S 形加减速控制速度曲线模型由加加速段、减加速段、匀速段、加减速段、减减速段共五段组成，如图 3-25 所示。简化 S 形加减速控制速度曲线具有计算简洁、速度响应快、工作效率高等优点。

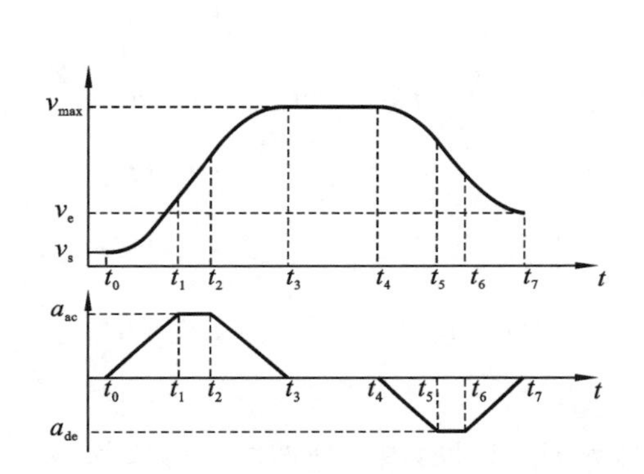

图 3-24　标准 S 形加减速控制速度与加速度曲线模型

图 3-25　简化 S 形加减速控制模型

由简化 S 形加减速控制速度曲线得捷度、加速度、速度和位移的表达式如下。

（1）捷度：

$$J(t)=\begin{cases} J & t\in[0,t_1] \\ -J & t\in(t_1,t_2] \\ 0 & t\in(t_2,t_3] \\ -J & t\in(t_3,t_4] \\ J & t\in(t_4,t_5] \end{cases} \tag{3-11}$$

式中：J 是 S 形加减速控制速度曲线模型中的捷度。

（2）加速度：

$$a(t)=\begin{cases} Jt & t\in[0,t_1] \\ a(t_1)-J(t-t_1) & t\in(t_1,t_2] \\ 0 & t\in(t_2,t_3] \\ -J(t-t_3) & t\in(t_3,t_4] \\ a(t_4)+J(t-t_4) & t\in(t_4,t_5] \end{cases} \tag{3-12}$$

（3）速度：

$$v(t)=\begin{cases}\dfrac{1}{2}Jt^2+v_s & t\in[0,t_1]\\ -\dfrac{1}{2}J(t-t_1)^2+a(t_1)(t-t_1)+v(t_1) & t\in(t_1,t_2]\\ v(t_2) & t\in(t_2,t_3]\\ -\dfrac{1}{2}J(t-t_3)^2+v(t_3) & t\in(t_3,t_4]\\ a(t_4)(t-t_4)+\dfrac{1}{2}J(t-t_4)^2+v(t_4) & t\in(t_4,t_5]\end{cases} \tag{3-13}$$

式中:v_s 是S形加减速控制速度曲线模型中的起点速度。

(4) 位移:

$$s(t)=\begin{cases}\dfrac{1}{6}Jt^3+v_st & t\in[0,t_1]\\ -\dfrac{1}{6}J(t-t_1)^3+\dfrac{1}{2}a(t_1)(t-t_1)^2+v(t_1)(t-t_1)+s(t_1) & t\in(t_1,t_2]\\ v(t_2)(t-t_2)+s(t_2) & t\in(t_2,t_3]\\ -\dfrac{1}{6}J(t-t_3)^3+v(t_3)(t-t_3)+s(t_3) & t\in(t_3,t_4]\\ \dfrac{1}{2}a(t_4)(t-t_4)^2+\dfrac{1}{6}J(t-t_3)^3+v(t_3)(t-t_3)+s(t_4) & t\in(t_4,t_5]\end{cases} \tag{3-14}$$

2) 简化S形加减速控制曲线特性分析

数控系统实际应用中,需要进行速度规划来计算加工速度,因而在曲线上每段的起点和终点速度往往并不相等。当采用简化S形加减速控制速度曲线模型时,根据每段线的长度、起点、终点与最大速度的大小关系,可将S形加减速控制速度曲线细分为如表3-5所示的七种。

表3-5　速度曲线类型细分表

S形加减速控制速度曲线类型			说　　明
$L\geqslant s_{ac}+s_{de}$ 有匀速段	$v_m>v_s$ $v_m>v_e$	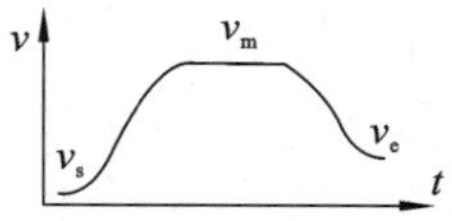 v, v_m, v_s, v_e, t	完整的S形加减速控制曲线模型(加速-匀速-减速等模型)
	$v_m>v_s$ $v_m=v_e$	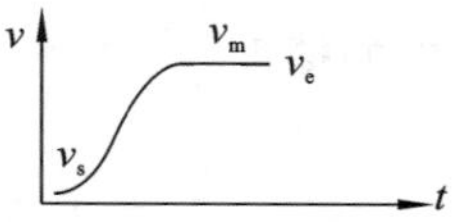 v, v_m, v_e, v_s, t	加速-匀速模型
	$v_m=v_s$ $v_m=v_e$	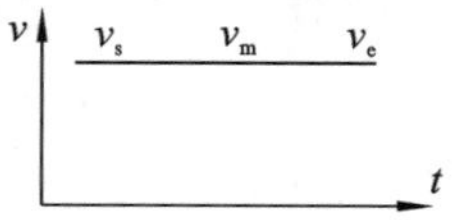 v, v_s, v_m, v_e, t	匀速模型
	$v_m=v_s$ $v_m>v_e$	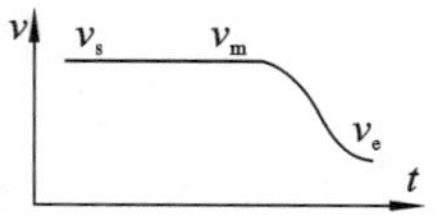 v, v_s, v_m, v_e, t	匀速-减速模型

续表

S形加减速控制速度曲线类型			说　明
	$v_{mr}>v_s$ $v_{mr}\leqslant v_e$		加速模型
$L<s_{ac}+s_{de}$ 无匀速段	$v_{mr}\leqslant v_s$ $v_{mr}>v_e$		减速模型
	$v_{mr}>v_s$ $v_{mr}>v_e$		具有不完整的加速和减速段的模型

表3-5中，L是速度曲线的长度，v_s、v_e、v_m、v_{mr}分别是起点速度、终点速度、系统的设定最大速度(进给速度)和计算最大速度，s_{ac}、s_{de}分别为加速距离和减速距离，其计算公式如下：

$$s_{ac}=(v_m+v_s)\sqrt{\frac{v_m-v_s}{J}} \tag{3-15}$$

$$s_{de}=(v_m+v_e)\sqrt{\frac{v_m-v_e}{J}} \tag{3-16}$$

(1) 当$L\geqslant s_{ac}+s_{de}$时，S形加减速控制速度曲线存在匀速段。此时的S形加减速控制速度曲线可再一步细分为加速-匀速-减速段、加速-匀速段、匀速段、匀速-减速段。

(2) 当$L<s_{ac}+s_{de}$时，此时加速段长度不够使刀具加速到最大速度，或者足够使速度达到最大值却不够使速度从最大速度减小到终点速度，于是需要重新计算最大速度。计算最大速度v_{mr}的值可由下式解出：

$$L=(v_{mr}+v_s)\sqrt{\frac{v_{mr}+v_s}{J}}+(v_{mr}+v_e)\sqrt{\frac{v_{mr}+v_e}{J}} \tag{3-17}$$

3.2.5　插补原理

3.2.5.1　插补概述

1. 插补的概念

零件程序经过插补预处理(译码、刀补、速度规划)后，紧接着就是插补。插补预处理为插补准备好了刀具中心速度、轨迹形状信息以及描述该轨迹形状所需的相关参数，如：直线的起点、终点坐标和进给速度；圆弧的起点、终点、圆心坐标，进给速度，以及顺时针圆弧或逆时针圆弧插补指令(G02/G03)。

插补的任务就是根据给定轮廓轨迹的曲线方程和进给速度，用一种简单快速的算法在轮廓的起点和终点之间，插入轮廓轨迹各中间点，以实现精确的轨迹控制，如图3-26所示。

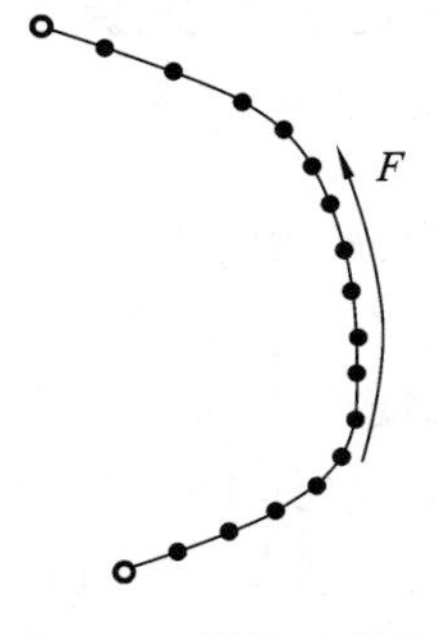

图3-26　插补示意图

插补计算各中间点坐标的具体计算方法称为插补算法。对于轮廓控制系统,插补功能是最重要的功能。轮廓控制系统正是因为有了插补功能,才能加工出各种形状复杂的零件,可以说插补功能是轮廓控制系统的本质特征。因此,插补算法的优劣,将直接影响 CNC 系统的性能指标。在 NC 系统中,插补是由一个称为插补器的硬接线数字电路装置完成的,而在 CNC 系统中,插补器的硬件功能全部或部分地由计算机的系统软件来实现。直线和圆弧是构成工件轮廓的基本线条,因此 CNC 系统一般都具有直线插补和圆弧插补功能。一些高档的 CNC 系统还具有螺旋线插补、正弦线插补、渐开线插补、样条插补、极坐标插补、圆柱坐标插补、指数插补、圆球面螺纹插补等插补功能。

2. 评价插补算法的指标

根据轮廓控制对插补算法的要求,评价插补算法的指标主要有以下几个:

1) 实时性指标

由于在机床控制中,插补程序必须在有限时间内实时算出各进给坐标轴的位置或速度控制信息,而且插补运算时间(实时计算一个插补点的时间)的长短将直接影响机床的进给速度和精度,因此插补运算是 CNC 系统中实时性很强的任务,应使插补运算时间尽可能的短,这就要求插补算法尽可能简单、省时。

2) 稳定性指标

插补运算实质上是一种迭代运算,即由之前算出的已知插补点信息计算后续的插补点坐标,所以插补算法存在一个稳定性问题。根据数值分析理论,插补算法稳定的充分必要条件是在插补运算过程中,其舍入误差(插补结果圆整处理产生的误差)和近似误差(由于采用近似计算而产生的误差)不随迭代次数的增加而增加,即没有累积效应。

为了确保轮廓精度,插补算法首先应该是稳定的,否则可能由于近似误差和舍入误差的累积而使插补误差不断增大,导致插补轨迹严重偏离给定轨迹,难以加工出合格的零件。

3) 精度指标

插补精度是指插补轮廓与编程轮廓的符合程度,可用插补误差来评价。插补误差包括逼近误差(指用直线段逼近曲线时产生的误差)、近似误差和舍入误差,三者的综合效应(轨迹误差)应不大于系统的最小指令位移或脉冲当量值。其中,逼近误差和近似误差与插补算法密切相关。因此,应尽量采用逼近误差和近似误差较小的插补算法。

4) 合成速度的均匀性指标

合成速度的均匀性是指插补输出的各轴的合成进给速度与编程进给速度的符合程度,可用速度不均匀性系数来评价:

$$\lambda = \left| \frac{F - F_c}{F} \right| \tag{3-18}$$

式中:F 为编程给定的进给速度;F_c 为实际合成进给速度。

在加工过程中,给定进给速度 F 往往是根据被加工零件的材质、加工工艺以及生产率等因素确定的。而实际合成进给速度 F_c 则是由 F 经过一系列变换得到的,在变换过程中必然会产生误差(其中插补运算是造成误差的主要原因)。若该误差过大,势必影响零件加工质量,尤其是表面质量,严重时还会使机床在加工过程中产生过大的噪声,甚至发生振动,从而导致机床和刀具的使用寿命降低。

一个实用的插补算法应该保证速度不均匀性系数尽可能小,一般要求 $\lambda_{max} \leqslant 1\%$。

3. 插补算法分类

目前常用的插补算法大致分为两大类。

1) 脉冲增量插补

脉冲增量插补也称行程标量插补，其基本思想是用折线来逼近曲线（包括直线）。常见的脉冲增量插补算法有逐点比较法、数字积分法、最小偏差法、目标点跟踪法、单步追踪法等。这类插补算法的特点是：

(1) 每次插补输出的都是单个行程增量，并将单个行程增量以一个个脉冲的形式输出给步进电机。

(2) 插补输出进给速度严重受限于插补运算速度，因而进给速度指标难以提高。当然，可以用增大脉冲当量的方法提高进给速度，但这样会牺牲精度。

(3) 算法简单，通常仅有加法和移位运算，可用软件来完成，也较容易用硬件来实现。

此类算法的速度指标和精度指标都难以进一步提高，不能满足高速高精加工要求，主要用在早期中低精度和中低速度、以步进电机为驱动元件的经济型数控系统中。现在的先进数控系统已较少采用这类算法。

2) 数字增量插补

数字增量插补也称数据采样插补或时间标量插补，其基本思想是用直线段（包括内接弦线、内外均差弦线、切线等）来逼近曲线（包括直线）。常见的数字增量插补算法有二阶递归插补法、数字积分法（DDA）、直接函数法、双 DDA 插补法、角度逼近插补法等。这类插补算法的特点是：

(1) 每次插补输出的是根据进给速度计算的各坐标轴在一个插补周期 T 内的位移增量（该增量为数字量，而不是脉冲）。

(2) 插补运算速度与进给速度无严格关系。插补程序的时间负荷已不再是限制轨迹速度的主要因素，轨迹速度上限取决于圆弧径向误差以及伺服驱动系统的特性，因而采用这类插补算法可以达到更高的进给速度。

(3) 数字增量插补的实现算法较脉冲增量插补复杂，它对计算机的运算速度有一定的要求，不过现在的计算机均能满足其要求。

这类插补算法主要用于以交、直流伺服电机为执行部件的闭环、半闭环数控系统，也可用于以步进电机为伺服驱动装置的开环数控系统。目前广泛使用的 CNC 系统大多都采用了这类插补方法。

有时曲线的数字增量插补分两步完成：第一步为粗插补，在给定起点和终点的曲线之间插入若干个点，即用若干条微小直线段来逼近给定曲线，每一微小直线段的长度取决于径向精度，可相等，也可不等，且与给定进给速度 F 无关；第二步为精插补，在粗插补得出的每一条微小直线段基础上再做“数据点的密化”工作，算出每个插补周期内各坐标轴位置增量值（与给定进给速度 F 和插补周期 T 有关），这一步相当于直线的数字增量插补。

由华中科技大学独创的曲面直接插补（SDI）算法拓宽了插补的内涵。SDI 算法思想是在 CNC 系统内实现曲面加工中连续刀具轨迹的直接插补，正如 CNC 系统具有圆弧功能后可直接进行圆弧加工一样，SDI 算法也使工程曲面加工成为 CNC 系统的内部功能而能直接引用。SDI 算法除简化加工信息外，更为重要的是可使 CNC 系统具有高速高精加工能力。

3.2.5.2　逐点比较法脉冲增量插补

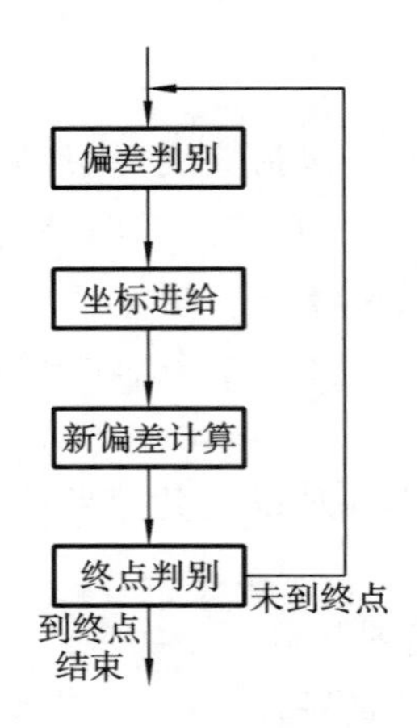

图 3-27　逐点比较法插补的工作流程

脉冲增量插补虽然现在较少使用,但掌握其插补原理与方法有助于理解数控系统控制思想和发展历程,因此本节以常用的逐点比较法为例来详细介绍脉冲增量插补算法。

逐点比较法又称区域判断法或醉步法,其基本原理是:每走一步都要将加工瞬时点与规定的插补轨迹相比较,判断偏差,并根据偏差决定下一步的走向。

逐点比较法的特点有运算直观、插补误差小于一个脉冲当量、输出脉冲均匀(即输出速度变化小)等,因此,在两坐标联动的数控机床中获得了广泛应用。逐点比较法插补的工作流程如图 3-27 所示。

在逐点比较法中,每进给一步都需要四个节拍:

(1) 偏差判别。

(2) 坐标进给:根据偏差情况,决定进给方向。

(3) 新偏差计算:计算新偏差值,作为下一次偏差判别的依据。

(4) 终点判断:判断是否到终点,若到终点则停止插补,若未到终点则继续插补。

逐点比较法能很方便地实现平面直线、曲线的插补运算。

1. 逐点比较法直线插补

1) 逐点比较法直线插补原理

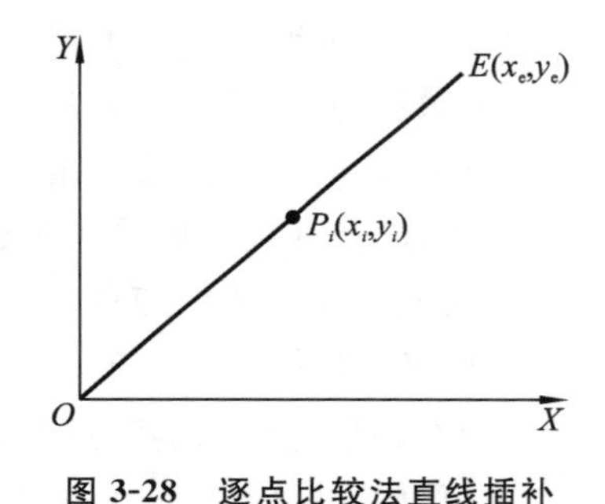

图 3-28　逐点比较法直线插补

如图 3-28 所示,第 1 象限直线 OE 的起点为坐标原点 O,终点为 $E(x_e,y_e)$,插补动点为 $P_i(x_i,y_i)$,则直线 OE 的方程为

$$\frac{y_i}{x_i}=\frac{y_e}{x_e}$$

即

$$x_e y_i - y_e x_i = 0 \tag{3-19}$$

若动点 $P_i(x_i,y_i)$在直线 OE 上方,则有

$$\frac{y_i}{x_i}>\frac{y_e}{x_e}$$

即

$$x_e y_i - y_e x_i > 0 \tag{3-20}$$

若动点 $P_i(x_i,y_i)$在直线 OE 下方,则有:

$$\frac{y_i}{x_i}<\frac{y_e}{x_e}$$

即

$$x_e y_i - y_e x_i < 0 \tag{3-21}$$

由此可以取偏差判别函数 F_i 为

$$F_i = x_e y_i - y_e x_i \tag{3-22}$$

于是逐点比较法直线插补的四个节拍可细化如下。

(1) 偏差判别 由 F_i 的数值判别动点 P_i 与直线的相对位置：

①当 $F_i=0$ 时，动点 $P_i(x_i,y_i)$ 正好在直线上；

②当 $F_i>0$ 时，动点 $P_i(x_i,y_i)$ 在直线上方；

③当 $F_i<0$ 时，动点 $P_i(x_i,y_i)$ 在直线下方。

(2) 坐标进给 从图 3-28 可知，对于起点在原点 O、终点为 $E(x_e,y_e)$ 的第 1 象限直线，为减少偏差：

①当动点 $P_i(x_i,y_i)$ 在直线上方($F_i>0$)时，应沿 $+X$ 方向进给一步；

②当动点 $P_i(x_i,y_i)$ 在直线下方($F_i<0$)时，应沿 $+Y$ 方向进给一步；

③当动点 $P_i(x_i,y_i)$ 在直线上($F_i=0$)时，既可沿 $+X$ 方向进给一步，也可沿 $+Y$ 方向进给一步。

通常将 $F_i=0$ 与 $F_i>0$ 归于一类处理，即 $F_i\geqslant 0$ 时沿 $+X$ 方向进给一步。

(3) 新偏差计算 每进给一步，都要计算新偏差值，由 $F_i = x_e y_i - y_e x_i$ 可知

$$F_{i+1} = x_e y_{i+1} - y_e x_{i+1} \tag{3-23}$$

则在计算新偏差函数 F_{i+1} 时，要进行乘法和减法运算。若用硬件实现插补，会增加硬件电路复杂程度；若用软件实现插补，会增加软件计算时间。为简化运算，通常采用迭代法(递推法)，即由前一步已知偏差值 F_i 递推出后一步新偏差值。

当 $F_i\geqslant 0$ 时，沿 $+X$ 方向进给一步后，新动点为 $P_{i+1}(x_{i+1},y_{i+1})$，其中 $x_{i+1}=x_i+1$，$y_{i+1}=y_i$，则新偏差值为

$$\begin{aligned} F_{i+1} &= x_e y_{i+1} - y_e x_{i+1} \\ &= x_e y_i - y_e(x_i + 1) \\ &= x_e y_i - y_e x_i - y_e \\ &= F_i - y_e \end{aligned}$$

即

$$F_{i+1} = F_i - y_e \tag{3-24}$$

当 $F_i<0$ 时，沿 $+Y$ 方向进给一步后，新动点为 $P_{i+1}(x_{i+1},y_{i+1})$，其中 $x_{i+1}=x_i$，$y_{i+1}=y_i+1$，则新偏差值为

$$\begin{aligned} F_{i+1} &= x_e y_{i+1} - y_e x_{i+1} \\ &= x_e(y_i + 1) - y_e x_i \\ &= x_e y_i - y_e x_i + x_e \\ &= F_i + x_e \end{aligned}$$

即

$$F_{i+1} = F_i + x_e \tag{3-25}$$

由此可知，新加工点的偏差 F_{i+1} 完全可以用前加工点的偏差 F_i 递推出来，在偏差 F_{i+1} 的计算过程中只有加法和减法运算，没有乘法运算，计算简单。

其他象限直线的插补偏差递推公式可同理推导。在插补计算中可以使坐标值带有符号，此时四个象限的直线插补偏差计算递推公式见表 3-6。也可以使运算中的坐标值不带符号，用坐标绝对值进行计算，此时偏差计算递推公式见表 3-7。

表 3-6 坐标值带符号的直线插补公式

象 限	$F_i \geq 0$		$F_i < 0$	
	坐标进给	偏差计算	坐标进给	偏差计算
1	$+\Delta x$	$F_{i+1}=F_i-y_e$	$+\Delta y$	$F_{i+1}=F_i+x_e$
2	$-\Delta x$		$+\Delta y$	
3	$-\Delta x$		$-\Delta y$	
4	$+\Delta x$		$-\Delta y$	

表 3-7 坐标值为绝对值的直线插补公式

象 限	$F_i \geq 0$		$F_i < 0$	
	坐标进给	偏差计算	坐标进给	偏差计算
1	$+\Delta x$	$F_{i+1}=F_i-y_e$	$+\Delta y$	$F_{i+1}=F_i+x_e$
2	$-\Delta x$	$F_{i+1}=F_i-y_e$	$+\Delta y$	$F_{i+1}=F_i-x_e$
3	$-\Delta x$	$F_{i+1}=F_i+y_e$	$+\Delta y$	$F_{i+1}=F_i-x_e$
4	$+\Delta x$	$F_{i+1}=F_i+y_e$	$-\Delta y$	$F_{i+1}=F_i+x_e$

(4) 终点判别　终点判别的方法有如下三种。

①总步长法:设置一个终点判别计数器 Σ,在其中存入沿 X 和 Y 方向要走的总步数,总步数 $\Sigma=|x_e-x_0|+|y_e-y_0|$,当沿 X 或 Y 方向进给一步时,Σ 减 1,减到 $\Sigma=0$ 时停止插补。

②投影法:设置一个终点判别计数器 Σ,在其中存入 $|x_e-x_0|$、$|y_e-y_0|$ 中的较大者,当沿 X 或 Y 方向($|x_e-x_0|$ 较大则沿 X 方向,$|y_e-y_0|$ 较大则沿 Y 方向)进给一步时,总步数 Σ 减 1,减到 $\Sigma=0$ 时停止插补。

③终点坐标法:设置 Σ_x、Σ_y 两个计数器,开始加工前,在 Σ_x、Σ_y 中分别存入 $|x_e-x_0|$、$|y_e-y_0|$。沿 X 或 Y 方向进给一步时,相应的计数器值减 1,减至 Σ_x、Σ_y 都为零时停止插补。

2) 逐点比较法直线插补举例

设要加工第 1 象限直线 OE,起点坐标为 $O(0,0)$,终点坐标为 $E(6,4)$,试用逐点比较法进行插补运算,并画出插补运动轨迹。

用第一种方法进行终点判别,则 $\Sigma=6+4=10$,其插补运算过程见表 3-8。由运算过程可以画出加工轨迹,如图 3-29 所示。

表 3-8 逐点比较法直线插补运算过程

序号	偏 差 差 别	进 给 方 向	新偏差计算	终 点 判 别
1	$F_0=0$	$+X$	$F_1=F_0-y_e=-4$	$\Sigma=10-1=9$
2	$F_1=-4<0$	$+Y$	$F_2=F_1+x_e=+2$	$\Sigma=9-1=8$
3	$F_2=+2>0$	$+X$	$F_3=F_2-y_e=-2$	$\Sigma=8-1=7$
4	$F_3=-2<0$	$+Y$	$F_4=F_3+x_e=+4$	$\Sigma=7-1=6$
5	$F_4=+4>0$	$+X$	$F_5=F_4-y_e=0$	$\Sigma=6-1=5$
6	$F_5=0$	$+X$	$F_6=F_5-y_e=-4$	$\Sigma=5-1=4$
7	$F_6=-4<0$	$+Y$	$F_7=F_6+x_e=+2$	$\Sigma=4-1=3$

续表

序号	偏差差别	进给方向	新偏差计算	终点判别
8	$F_7 = +2 > 0$	$+X$	$F_8 = F_7 - y_e = -2$	$\Sigma = 3-1 = 2$
9	$F_8 = -2 < 0$	$+Y$	$F_9 = F_8 + x_e = +4$	$\Sigma = 2-1 = 1$
10	$F_9 = +4 > 0$	$+X$	$F_{10} = F_9 - y_e = 0$	$\Sigma = 1-1 = 9$

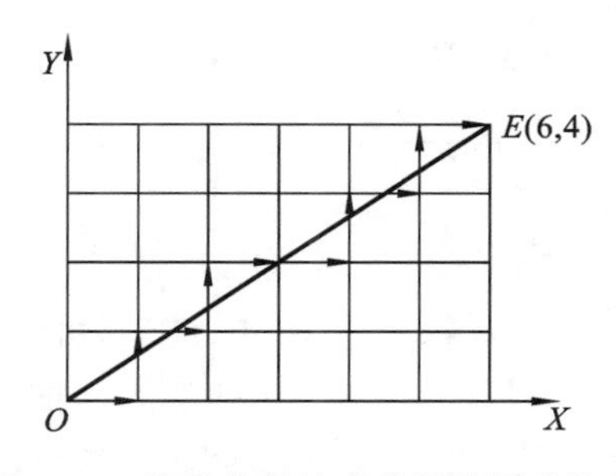

图 3-29　逐点比较法直线插补运动轨迹

逐点比较法直线插补

2. 逐点比较法圆弧插补

1）逐点比较法圆弧插补原理

如图 3-30 所示，设$\overset{\frown}{SE}$为所要插补的第 1 象限逆时针圆弧，圆心为坐标原点，圆弧起点为 $S(x_0, y_0)$，终点为 $E(x_e, y_e)$，圆弧半径为 R，插补动点为 $P_i(x_i, y_i)$。

若点 P_i 在圆弧上，则有

$$(x_i^2 + y_i^2) - R^2 = 0$$

由此可以选择偏差函数 F_i 为

$$F_i = (x_i^2 + y_i^2) - R^2 \tag{3-26}$$

则逐点比较法圆弧插补的步骤如下。

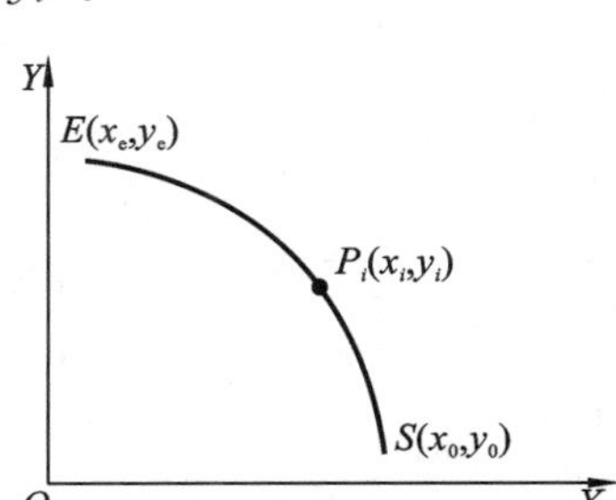

图 3-30　逐点比较法圆弧插补

（1）偏差判别　由 F_i 的数值可以判别动点 P_i 与圆弧的相对位置：

①当 $F_i>0$ 时，动点在圆弧外；

②当 $F_i=0$ 时，动点在圆弧上；

③当 $F_i<0$ 时，动点在圆弧内。

（2）坐标进给　从图 3-30 可知，对于起点为 $S(x_0, y_0)$、终点为 $E(x_e, y_e)$、半径为 R 的第 1 象限逆时针圆弧，为减少偏差：

①当动点 $P_i(x_i, y_i)$ 在圆弧外（$F_i>0$）时，应沿 $-X$ 方向进给一步；

②当动点 $P_i(x_i, y_i)$ 在圆弧内（$F_i<0$）时，应沿 $+Y$ 方向进给一步；

③当动点 $P_i(x_i, y_i)$ 在圆弧上（$F_i=0$）时，既可沿 $-X$ 方向进给一步，也可沿 $+Y$ 方向进给一步。

通常将 $F_i=0$ 和 $F_i>0$ 合在一起考虑，即当 $F_i \geqslant 0$ 时，沿 $-X$ 方向进给一步。

（3）新偏差计算　每走一步，都要计算新偏差值，为了简化插补计算，通常建立圆弧插补的递推公式。

当 $F_i \geqslant 0$ 时，沿 $-X$ 方向进给一步，新插补点为 $P_{i+1}(x_{i+1}, y_{i+1})$，其中 $x_{i+1}=x_i-1$，$y_{i+1}=y_i$，则新偏差值为

$$F_{i+1} = x_{i+1}^2 + y_{i+1}^2 - R^2 = (x_i - 1)^2 + y_i^2 - R^2$$
$$= x_i^2 - 2x_i + 1 + y_i^2 - R^2 = F_i - 2x_i + 1$$

即
$$F_{i+1} = F_i - 2x_i + 1 \tag{3-27}$$

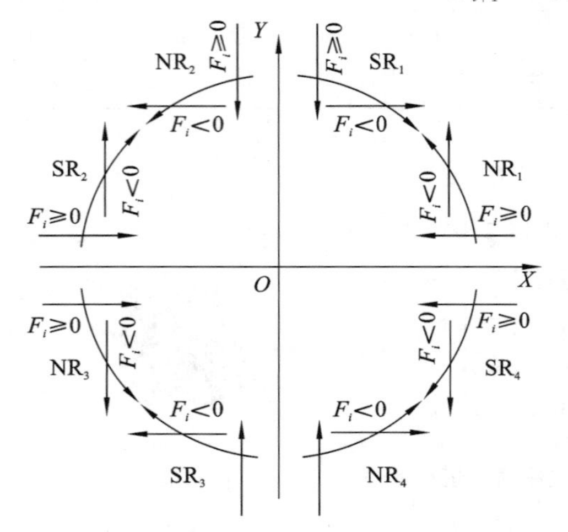

图 3-31　四象限顺、逆时针圆弧插补坐标进给方向

当 $F_i < 0$ 时，沿 $+Y$ 方向进给一步，新插补点为 $P_{i+1}(x_{i+1}, y_{i+1})$，其中 $x_{i+1} = x_i, y_{i+1} = y_i + 1$，则新偏差值为

$$F_{i+1} = x_{i+1}^2 + y_{i+1}^2 - R^2$$
$$= x_i^2 + (y_i + 1)^2 - R^2$$
$$= F_i + 2y_i + 1$$

即
$$F_{i+1} = F_i + 2y_i + 1 \tag{3-28}$$

同理，可以推导出其他象限顺、逆时针圆弧插补的递推公式。图 3-31 给出了各种情况的坐标进给方向，表 3-9 列出了各种情况下圆弧插补的偏差计算的递推公式(所有坐标值均为绝对值)。

表 3-9　逐点比较法圆弧插补偏差计算公式表

圆弧种类	$F_i \geqslant 0$		$F_i < 0$	
	进给方向	计算公式	进给方向	计算公式
SR_1	$-Y$	$\begin{cases} x_{i+1} = x_i \\ y_{i+1} = y_i - 1 \end{cases}$ $F_{i+1} = F_i - 2y_i + 1$	$+X$	$\begin{cases} x_{i+1} = x_i + 1 \\ y_{i+1} = y_i \end{cases}$ $F_{i+1} = F_i + 2x_i + 1$
SR_3	$+Y$		$-X$	
NR_2	$-Y$		$-X$	
NR_4	$+Y$		$+X$	
NR_1	$-X$	$\begin{cases} x_{i+1} = x_i - 1 \\ y_{i+1} = y_i \end{cases}$ $F_{i+1} = F_i - 2x_i + 1$	$+Y$	$\begin{cases} x_{i+1} = x_i \\ y_{i+1} = y_i + 1 \end{cases}$ $F_{i+1} = F_i + 2y_i + 1$
NR_3	$+X$		$-Y$	
SR_2	$+X$		$+Y$	
SR_4	$-X$		$-Y$	

注：SR 表示顺时针圆弧，NR 表示逆时针圆弧，SR、NR 的下标表示象限。

(4) 终点判别　逐点比较法圆弧插补的终点判别方法与直线插补的相同。

2) 逐点比较法圆弧插补运算举例

设要加工如图 3-32 所示第 1 象限逆时针圆弧 AB，起点为 $A(4,0)$，终点为 $B(0,4)$，要求写出逐点比较法插补运算过程，并且画出插补运动轨迹。

逐点比较法圆弧插补

以 x、y 两个方向应走的总步数作为 Σ 值，即 $\Sigma = 8$。起点在圆弧上，则 $F_0 = 0$。其插补运算过程如表 3-10 所示，插补动点运动轨迹如图 3-32 所示。

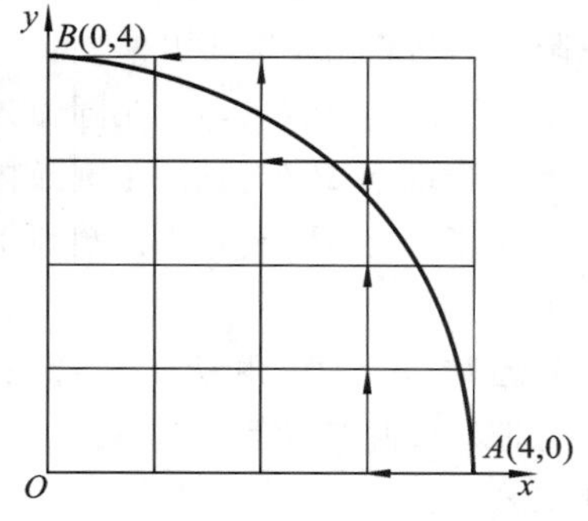

图 3-32　逐点比较法圆弧插补运动轨迹

表 3-10 圆弧插补运算过程

序号	偏差判别	进给方向	计算	终点判别
1	$F_0=0$	$-X$	$F_1=F_0-2x_0+1=-7$， $x_1=4-1=3, y_1=0$	$\Sigma=8-1=7$
2	$F_1=-7<0$	$+Y$	$F_2=F_1+2y_1+1=-6$， $x_2=x_1=3, y_2=y_1+1=1$	$\Sigma=7-1=6$
3	$F_2=-6<0$	$+Y$	$F_3=F_2+2y_2+1=-3$， $x_3=x_2=3, y_3=y_2+1=2$	$\Sigma=6-1=5$
4	$F_3=-3<0$	$+Y$	$F_4=F_3+2y_3+1=+2$， $x_4=x_3=3, y_4=y_3+1=3$	$\Sigma=5-1=4$
5	$F_4=+2>0$	$-X$	$F_5=F_4-2x_4+1=-3$， $x_5=x_4-1=2, y_5=y_4=3$	$\Sigma=4-1=3$
6	$F_5=-3<0$	$+Y$	$F_6=F_5+2y_5+1=+4$， $x_6=x_5=2, y_6=y_5+1=4$	$\Sigma=3-1=2$
7	$F_6=+4>0$	$-X$	$F_7=F_6-2x_6+1=+1$， $x_7=x_6-1=1, y_7=y_6=4$	$\Sigma=2-1=1$
8	$F_7=+1>0$	$-X$	$F_8=F_7-2x_7+1=0$， $x_8=x_7-1=0, y_8=y_7=4$	$\Sigma=1-1=0$

3）逐点比较法圆弧插补的跨象限问题

圆弧插补的进给方向和偏差计算与圆弧所在的象限和顺、逆时针方向有关。一个圆弧有时可能分布在几个象限上，如图 3-33 所示圆弧 AC 分布在第 1、2 两个象限内。对于这种圆弧的加工有两种处理方法：一种是将圆弧按所在象限分段，然后按各象限中的圆弧插补方法分段编制零件加工程序；另一种方法是按整段圆弧编制加工程序，系统自动进行跨象限处理。

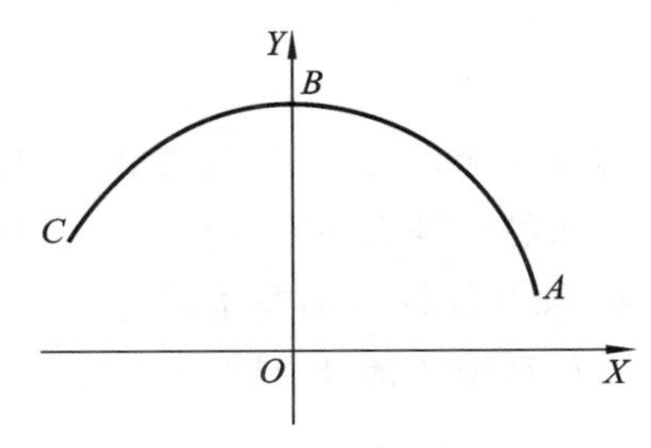

图 3-33 跨象限圆弧

要使圆弧自动跨象限，必须解决以下两个问题：一是何时变换象限；二是变换象限后的走向如何。跨象限的点必定在坐标轴上，亦即一个坐标值为 0 的点。当圆弧由第 1 象限变换到第 2 象限或由第 3 象限变换到第 4 象限时，必有 $x=0$；由第 2 象限变换到第 3 象限或由第 4 象限变换到第 1 象限时，必有 $y=0$。顺时针圆弧变换象限的转换次序为 $SR_1 \to SR_4 \to SR_3 \to SR_2 \to SR_1 \to \cdots\cdots$ 逆时针圆弧转换的次序为 $NR_1 \to NR_2 \to NR_3 \to NR_4 \to NR_1 \to \cdots\cdots$

3.2.5.3 直接函数法数字增量插补

数字增量插补在现代 CNC 系统中得到了广泛应用。采用这类插补算法时，插补周期是一个很重要的参数。下面首先讨论插补周期的选取原则，然后以直接函数法（直接利用曲线的函数表达式进行插补）为例具体介绍直线、圆弧等的插补算法。

1. 插补周期的选择

1) 插补周期与精度、速度的关系

直线插补用小直线段逼近直线,不会产生逼近误差。

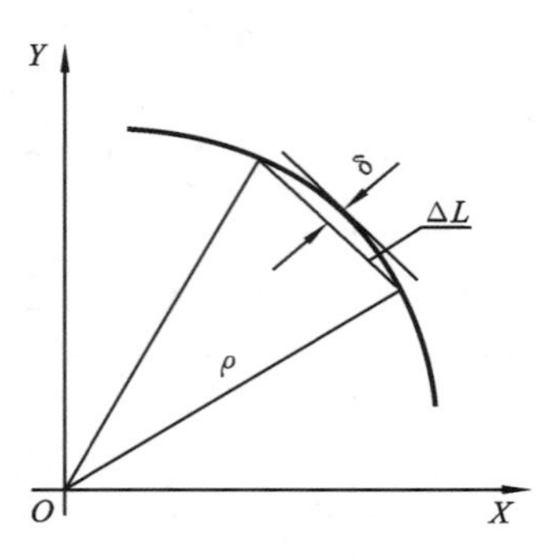

图 3-34 曲线插补逼近误差

曲线插补(如圆弧插补)时,无论是用内接弦线、内外均差弦线,还是用切线来逼近曲线,都会产生逼近误差,如图 3-34 所示。

图中用内接弦线逼近曲线产生的逼近误差 δ 与插补周期 T、进给速度 F 以及该曲线在逼近点处的曲率半径 ρ 的关系为

$$\left(\frac{\Delta l}{2}\right)^2 = \rho^2 - (\rho - \delta)^2 = 2\rho\delta - \delta^2 \approx 2\rho\delta$$

得 $$(\Delta l)^2 = 8\rho\delta$$

令 $$\Delta l = FT$$

则有 $$\delta = \frac{(FT)^2}{8\rho} \tag{3-29}$$

由式(3-29)知,插补周期 T 与进给速度 F、逼近误差 δ 以及曲率半径 ρ 有关:

①当 F、ρ 一定时,T 越小,δ 也就越小;

②当 δ、ρ 一定时,T 越小,所允许的进给速度 F 就越大。

从这个意义上讲,T 越小越好,但是 T 的选择还受到插补运算时间、位置控制周期的限制,因此也不能取得太小。在实际 CNC 系统中,T 是固定的,F、ρ 都是用户编程给定的,因而 δ 有可能超差,这是不允许的。为保证加工精度(即控制 δ 在允许的范围内),CNC 系统必须对进给速度 F 进行限制,即

$$F \leqslant \frac{\sqrt{8\rho\delta}}{T}$$

为减小逼近误差,提高最大进给速度,可用内外均差割线代替弦线进行插补计算。这样插补计算出的插补点不在曲线上,而是落在曲线的外侧。

2) 插补周期与插补运算时间的关系

一旦系统的插补算法设计完毕,该系统插补运算的最长时间 Δt 就确定了。显然,要求:

$$\Delta t < T$$

这是因为除进行插补运算外,CPU 还要执行诸如位置控制、显示等其他任务。

3) 插补周期与位置控制周期的关系

由于插补运算的输出是位置控制器的输入,为了使整个 CNC 系统易于实现协调控制,一般插补周期要么与位置控制周期(T_p)相等,要么是位置控制周期的整数倍,即 $T=nT_p$(n 为正整数)。

直线插补

2. 直线插补

如图 3-35 所示,设有一条直线 OP_e,起点为坐标原点 $O(0,0)$,终点为 $P_e(x_e, y_e)$,合成进给速度为 F(mm/min),插补周期为 T(ms),则在 T 内的合成进给量为 $\Delta L = FT/60$(μm)。若 $T=1$ ms,则 $\Delta L = F/60$。

设 $P_i(x_i,y_i)$ 为某一插补动点，$P_{i+1}(x_{i+1},y_{i+1})$ 为下一插补点，则

$$\begin{cases}\Delta x_i = \Delta L\cos\alpha \\ x_{i+1} = x_i + \Delta x_i \\ y_{i+1} = x_{i+1}\tan\alpha \\ \Delta y_i = y_{i+1} - y_i\end{cases} \tag{3-30}$$

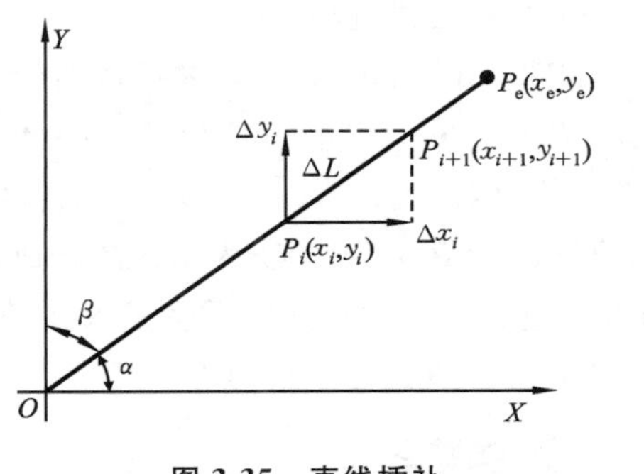

图 3-35　直线插补

式中：$\tan\alpha = y_e/x_e$，$\cos\alpha = x_e/(x_e^2 + y_e^2)^{1/2}$。

上述算法是先计算 Δx_i 后计算 Δy_i，同样还可以先计算 Δy_i 后计算 Δx_i，即

$$\begin{cases}\Delta y_i = \Delta L\cos\beta \\ y_{i+1} = y_i + \Delta y_i \\ x_{i+1} = y_{i+1}\tan\beta \\ \Delta x_i = x_{i+1} - x_i\end{cases} \tag{3-31}$$

式中：$\tan\beta = x_e/y_e$，$\cos\beta = y_e/(x_e^2 + y_e^2)^{1/2}$。

由于插补的最后一步往往不是刚好等于一个轮廓步长，所以可直接用直线段终点 P_e 的坐标(x_e,y_e)作为最后一个插补点的坐标，从而保证插补精度。

至于上述两种算法究竟哪种较优，可进行如下分析。

由式(3-30)和式(3-31)可得

$$\Delta y_i = (x_i + \Delta x_i)\tan\alpha - y_i \tag{3-32}$$

$$\Delta x_i = (y_i + \Delta y_i)\tan\beta - x_i \tag{3-33}$$

对式(3-32)分别求微分并取绝对值，可得

$$|\mathrm{d}(\Delta y_i)| = |\tan\alpha||\mathrm{d}(\Delta x_i)| = |y_e/x_e||\mathrm{d}(\Delta x_i)|$$

$$|\mathrm{d}(\Delta x_i)| = |\tan\beta||\mathrm{d}(\Delta y_i)| = |x_e/y_e||\mathrm{d}(\Delta y_i)|$$

由此可得，当 $|x_e|>|y_e|$ 时：由式(3-30)，有 $|\mathrm{d}(\Delta y_i)|<|\mathrm{d}(\Delta x_i)|$，该算法对误差有收敛作用；由式(3-31)，有 $|\mathrm{d}(\Delta x_i)|<|\mathrm{d}(\Delta y_i)|$，该算法对误差有放大作用。因此，可得出如下结论：

当 $|x_e|>|y_e|$ 时，应采用式(3-30)所示的第一种算法；当 $|x_e|<|y_e|$ 时，应采用式(3-31)所示的第二种算法。

该结论的实质就是：在插补计算时，总是先计算大的坐标增量，后计算小的坐标增量。若再考虑不同的象限，则插补计算公式将有八组。为了程序设计的方便，可引入引导坐标的概念，即在采样周期内，将进给增量值较大的坐标定义为引导坐标 G，进给增量值较小的坐标定义为非引导坐标 N，此时可将八组插补计算公式归结为一组，即

$$\begin{cases}\Delta G_i = \Delta L\cos\alpha \\ G_{i+1} = G_i + \Delta G_i \\ N_{i+1} = G_{i+1}\tan\alpha \\ \Delta N_i = N_{i+1} - N_i\end{cases}$$

式中：$\tan\alpha = N_e/G_e$，$\cos\alpha = G_e/(G_e^2 + N_e^2)^{1/2}$。

在程序设计时，可将上述公式设计成子程序，并在其输入、输出部分进行引导坐标与实际坐标的相互转换，这样可大大简化程序的设计。

3. 圆弧插补

1) 插补公式推导

如图 3-36 所示,以第 1 象限顺时针圆弧(G02)插补为例来推导插补计算公式。图中 O 为圆心,$P_0(x_0,y_0)$为起点,$P_e(x_e,y_e)$为终点,R 为圆弧半径,合成进给速度为 F,$P_i(x_i,y_i)$为圆上第 i 个插补点,$P_{i+1}(x_{i+1},y_{i+1})$为经过一个插补周期后的下一插补点,OP_i 与 Y 轴的夹角为 φ_i,直线段 $P_iP_{i+1}(=\Delta l)$ 为本次的合成进给量(轮廓步长),θ 为对应的步距角,δ 为本次插补的逼近误差。圆弧插补的实质就是求在一个插补周期内,各轴的位移增量 Δx_i、Δy_i,即由 $P_i(x_i,y_i)$点求出 $P_{i+1}(x_{i+1},y_{i+1})$点。

圆弧插补

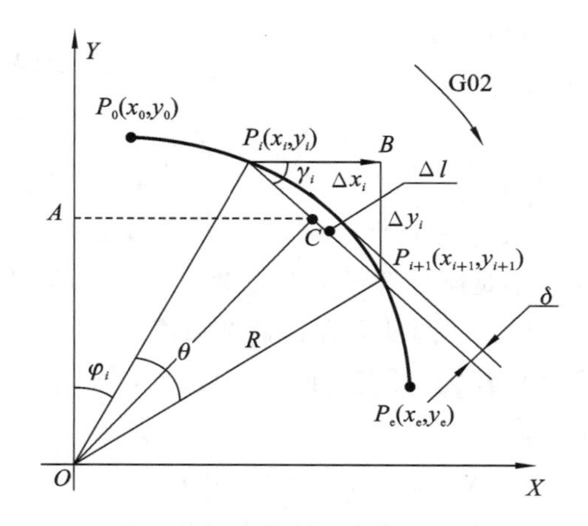

图 3-36 直接函数法圆弧插补

取 P_iP_{i+1}的中点 C,过点 C 作 X 轴的平行线 CA 交 Y 轴于 A 点,过 P_i 作 X 轴的平行线 P_iB,过 P_{i+1}作 Y 轴的平行线 $P_{i+1}B$,P_iB 与 $P_{i+1}B$ 相交于 B 点,由图中的几何关系可知:

$$\Delta P_iP_{i+1}B \backsim \Delta OCA$$

设$\angle BP_iP_{i+1}=\gamma_i$,则有:

$$\gamma_i = \varphi_i + \theta$$

$$\cos\gamma_i = \cos(\varphi_i + \theta) = \frac{y_A}{R-\delta} = \frac{y_i + \Delta y_i/2}{R-\delta} \tag{3-34}$$

由于 Δy_i(此处为负值)、δ 都为未知数,故对式(3-34)进行下列近似:

①由于 Δl 很小,可用 Δy_{i-1} 近似代替 Δy_i;

②由于 $R\gg\delta$,可用 R 近似代替 $R-\delta$;

因此有:

$$\cos\gamma_i \approx (y_i + \Delta y_{i-1}/2)/R \tag{3-35}$$

式(3-35)中,Δy_{i-1}是在上一次插补运算中自动生成的。由于插补开始时没有 Δy_0,需要用其他方法计算 Δx_0 和 Δy_0。可用 DDA 法直接求取,计算式为

$$\begin{cases} \Delta x_0 = \dfrac{\Delta l \cdot y_0}{R} \\ \Delta y_0 = -\dfrac{\Delta l \cdot x_0}{R} \end{cases}$$

有了 Δx_0 和 Δy_0,就可用下列递推公式求取 Δx_i、Δy_i:

$$\begin{cases}\Delta x_i = \Delta l\cos\gamma_i = \dfrac{\Delta l(y_i + \Delta y_{i-1}/2)}{R} \\ \Delta y_i = \sqrt{R^2 - (x_i + \Delta x_i)^2} - y_i\end{cases} \tag{3-36}$$

于是由 $P_i(x_i, y_i)$ 点求出 $P_{i+1}(x_{i+1}, y_{i+1})$ 点的实时插补公式为

$$\begin{cases}\Delta x_i = \dfrac{\Delta l(y_i + \Delta y_{i-1}/2)}{R} \\ x_{i+1} = x_i + \Delta x_i \\ y_{i+1} = \sqrt{R^2 - x_{i+1}^2}\end{cases} \tag{3-37}$$

同样，如果先求 Δy_i，还可以推导出下面的实时插补公式：

$$\begin{cases}\Delta y_i = -\dfrac{\Delta l(x_i + \Delta x_{i-1}/2)}{R} \\ y_{i+1} = y_i + \Delta y_i \\ x_{i+1} = \sqrt{R^2 - y_{i+1}^2}\end{cases} \tag{3-38}$$

2）插补精度分析

在实时插补公式(3-37)和公式(3-38)的推导中，由于 $\cos\gamma_i$ 值采用了近似计算，将导致所求的插补点存在误差，但由于在算法中直接使用圆的方程进行插补计算，即采用了

$$y_{i+1} = \sqrt{R^2 - x_{i+1}^2} \quad 或 \quad x_{i+1} = \sqrt{R^2 - y_{i+1}^2}$$

则总可保证所求出的插补点(x_{i+1}, y_{i+1})在圆上，因此近似计算对算法的稳定性和轨迹精度没有影响，只是对逼近误差和进给速度的均匀性有影响。

从图 3-37 可以看出：

①当 $\gamma_i' < \gamma_i$ 时，在插补周期内的实际合成进给量为 $\Delta l'$，且有 $\Delta l' > \Delta l$。

②当 $\gamma_i'' > \gamma_i$ 时，在插补周期内的实际合成进给量为 $\Delta l''$，且有 $\Delta l'' < \Delta l$。

由此可知，$\cos\gamma_i$ 的误差将直接导致实际合成进给量 Δl 的波动，而 Δl 忽大忽小则表现为进给速度不均匀。但是由这种误差导致的进给速度的波动是很小的，可以证明其不均匀性系数最大为 0.35%，即 $\lambda \leqslant 0.35\%$。这种速度波动在机加工中是允许的。

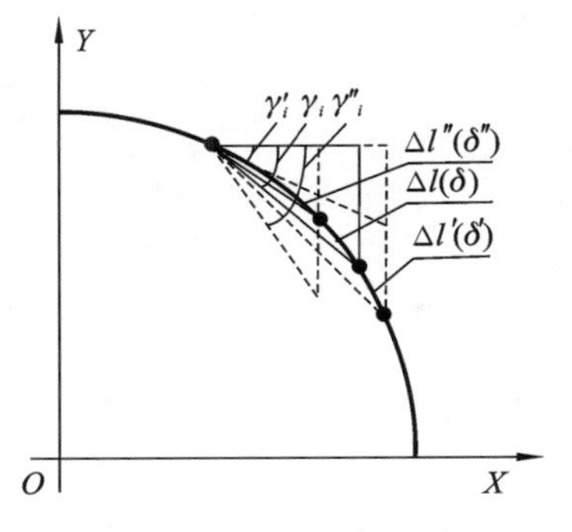

图 3-37　近似计算对逼近误差和进给速度的影响

3）算法稳定性分析及插补公式的选用

在公式(3-37)和公式(3-38)中，由第一个坐标轴位移增量求得第二个轴位移增量的算法可表示为

$$\begin{cases}\Delta y_i = \sqrt{R^2 - (x_i + \Delta x_i)^2} - y_i \\ \Delta x_i = \sqrt{R^2 - (y_i + \Delta y_i)^2} - x_i\end{cases} \tag{3-39}$$

分别对式(3-39)两边求微分得

$$|\,\mathrm{d}\Delta y_i\,| = \left|\frac{x_i + \Delta x_i}{\sqrt{R^2 - (x_i + \Delta x_i)^2}}\right| |\,\mathrm{d}\Delta x_i\,| = \left|\frac{x_{i+1}}{y_{i+1}}\right| |\,\mathrm{d}\Delta x_i\,| \tag{3-40}$$

$$|\mathrm{d}\Delta x_i| = \left|\frac{y_i + \Delta y_i}{\sqrt{R^2 - (y_i + \Delta y_i)^2}}\right| |\mathrm{d}\Delta y_i| = \left|\frac{y_{i+1}}{x_{i+1}}\right| |\mathrm{d}\Delta y_i| \tag{3-41}$$

由此可知：

①当$|x_{i+1}|<|y_{i+1}|$时，式(3-40)对误差有收敛作用($|\mathrm{d}\Delta y_i|<|\mathrm{d}\Delta x_i|$)，式(3-41)对误差有放大作用($|\mathrm{d}\Delta x_i|>|\mathrm{d}\Delta y_i|$)；

②当$|x_{i+1}|>|y_{i+1}|$时，式(3-40)对误差有放大作用($|\mathrm{d}\Delta y_i|>|\mathrm{d}\Delta x_i|$)，式(3-41)对误差有收敛作用($|\mathrm{d}\Delta x_i|<|\mathrm{d}\Delta y_i|$)。

因此：

①当$|x_i|\leqslant|y_i|$时，应采用式(3-37)；

②当$|x_i|>|y_i|$时，应采用式(3-38)。

即在插补计算时总是先计算大的坐标增量，后计算小的坐标增量。

4）插补实时性分析

由式(3-37)及式(3-38)可知，由于在插补预处理中可完成Δl、Δx_0和Δy_0的计算，在用式(3-37)及式(3-38)进行实时插补处理时，每次只有三次乘除法和一次开方运算，因此插补算法的实时性能满足数控系统的要求。

5）插补算法的归一化处理

若再考虑不同的象限和不同的插补方向(G02/G03)，则该算法的圆弧插补计算公式将有十六组。为了程序设计的方便，这里与直线插补时定义引导坐标轴的方法一样引入引导坐标后，将十六组插补计算公式归结为两组。

A组：

$$\begin{cases}\Delta G_i = \dfrac{\Delta L(N_i - \Delta N_{i-1}/2)}{R} \\ \Delta G_{i+1} = G_i + \Delta G_i \\ N_{i+1} = (R^2 - G_{i+1}^2)^{1/2} \\ \Delta N_i = N_i - N_{i+1}\end{cases}$$

B组：

$$\begin{cases}\Delta G_i = \dfrac{\Delta L(N_i + \Delta N_{i-1}/2)}{R} \\ \Delta G_{i+1} = G_i - \Delta G_i \\ N_{i+1} = (R^2 - G_{i+1}^2)^{1/2} \\ \Delta N_i = N_{i+1} - N_i\end{cases}$$

顺时针圆弧插补(G02)和逆时针圆弧插补(G03)在各象限采用的公式如图3-38所示。

4. 螺旋线插补

图3-39所示为要插补的螺旋线(假设投影圆弧所在的平面为OXY平面)，螺旋线起点为$P_0(x_0,y_0,z_0)$，终点为$P_e(x_e,y_e,z_e)$，半径为R，进给速度为F。螺旋线插补的要求是：刀具X和Y坐标分别按圆弧变化到终点X、Y坐标的同时，Z坐标同步地按直线变化到终点的Z坐标。

设刀具现行位置为$P_i(x_i,y_i,z_i)$，经过一个插补周期T后刀具到达$P_{i+1}(x_{i+1},y_{i+1},z_{i+1})$，

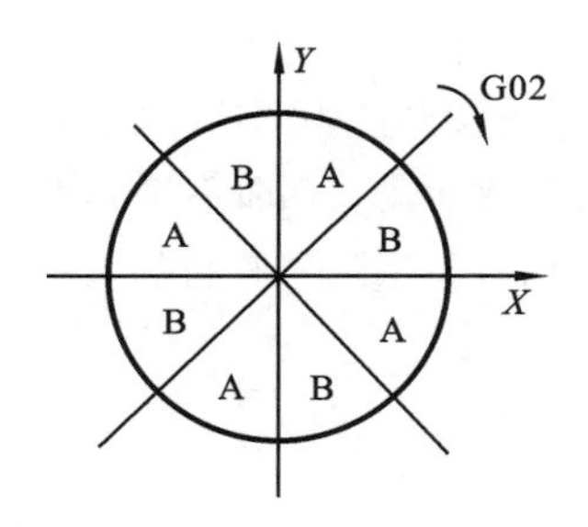

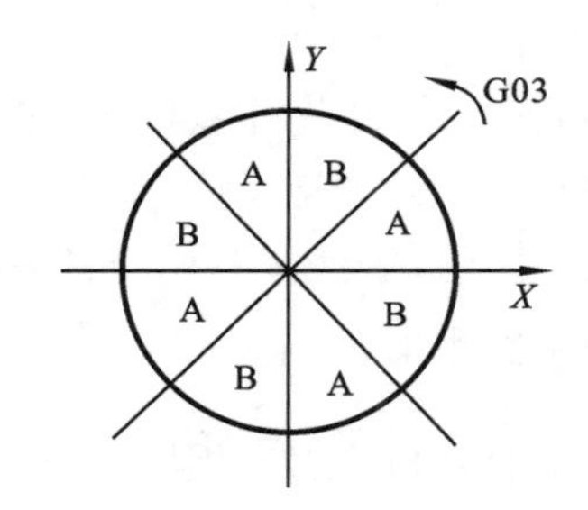

图 3-38　圆弧插补公式选用示意图

由于螺旋线在 OXY 平面上的投影为一段圆弧，P_i 和 P_{i+1} 在 OXY 平面上的投影为$P'_i(x_i, y_i)$和 $P'_{i+1}(x_{i+1}, y_{i+1})$，经过插补计算可以先对圆弧进行插补，求得 x_{i+1}、y_{i+1}，再根据比例关系求得相应的 Z 轴增量。

图 3-40 是该螺旋线的展开图，其中 L 是投影圆弧的弧长，对应的圆心角是 α，则进给速度 F 在 OXY 平面上的投影为

$$F_{XY} = \frac{R\alpha}{\sqrt{(R\alpha)^2 + (Z_e - Z_0)^2}}$$

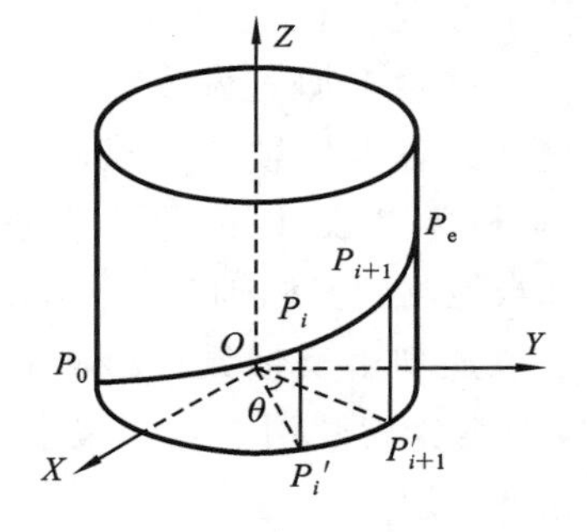

图 3-39　螺旋线插补

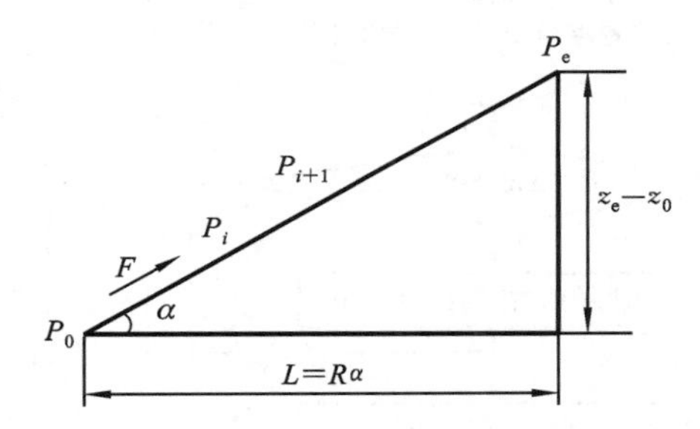

图 3-40　螺旋线的展开图

用这个速度插补投影圆弧，则由 P'_i到 P'_{i+1}的圆弧段对应的步距角为

$$\theta = \frac{F_{XY}T}{R}$$

根据螺旋线插补的要求，插补完圆心角为 α 的圆弧，在 Z 方向上的同步进给增量为 $z_e - z_0$，那么步距角与对应的 Z 方向增量 Δz_{i+1}之间有如下关系：

$$\frac{\Delta z_{i+1}}{\theta} = \frac{z_e - z_0}{\alpha}$$

即

$$\Delta z_{i+1} = \frac{(z_e - z_0)\theta}{\alpha}$$

所以螺旋线的实时插补算法是在任意一种圆弧插补算法的基础上，结合下式计算第三轴(Z 轴)的坐标：

$$z_{i+1} = z_i + \frac{(z_e - z_0)\theta}{\alpha} \tag{3-42}$$

5. 正弦线插补

假设投影圆弧所在的平面为 OXY 平面，由螺旋线的参数方程不难理解，如果按螺旋线插补计算的结果控制 X、Z 轴运动（Y 轴不动）或控制 Y、Z 轴运动（X 轴不动），将加工出正弦线。因此正弦线插补是在螺旋线插补结果的基础上，通过控制圆弧所在平面的其中一轴不动（即不输出插补结果）来实现的。

3.2.6 误差补偿原理

数控机床在加工时，指令的输入、译码、计算以及电机的运动控制都是由数控装置控制完成的，没有人为误差。但是在机械传动机构中存在一些机械误差，相较于从传动机构制造的角度消除误差，由数控装置进行误差补偿具有灵活、方便、易实现和经济性好等优点。本节介绍机械传动机构中齿隙补偿和螺距误差补偿的原理和方法。

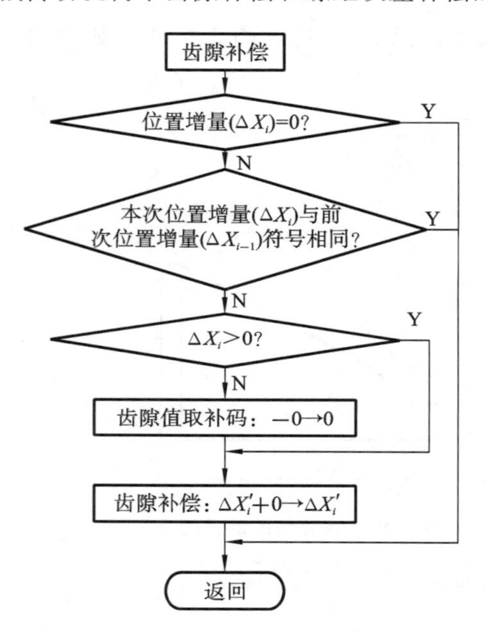

图 3-41　齿隙补偿原理框图

1. 齿隙补偿

齿隙补偿又称反向间隙补偿。在机械传动链改变传动方向时，由于齿隙的存在，伺服电机会发生空运转，而工作台无实际移动，此现象即失动。CNC 系统是在位置控制程序计算反馈位置增量 $\Delta X_i'$ 的过程中加入齿隙补偿来求实际反馈位置增量的。各坐标轴的齿隙值被预先测定好，作为基本机床参数，以伺服分辨率为单位常驻内存。每当检测到坐标轴改变方向时，即自动将齿隙补偿值加到由反馈元件检测到的反馈位置增量中，以避免齿隙引起的失动。图 3-41 为齿隙补偿原理框图。

2. 螺距误差补偿

现代数控机床一般都是采用伺服电机直接带动滚珠丝杠来实现轨迹控制的，避免了多级齿轮传动带来的累积误差，改善了传动系统动态特性。但滚珠丝杠螺距势必存在制造误差，加上热、摩擦及扭转等因素的影响，控制装置由反馈量计算确定的位置与实际位置存在差别。螺距误差补偿的目的就在于修正这种差别，使由反馈量计算确定的位置与工作台的实际位置严格一致，从而最大限度地提高定位精度。螺距误差补偿可分为等间距螺距误差补偿和存储型螺距误差补偿两种。

1) 等间距螺距误差补偿

等间距指的是补偿点间的距离是相等的。等间距螺距误差补偿选取机床参考点作为补偿的基准点，机床参考点由反馈系统提供的相应基准脉冲来选择，具有很高的准确度。在实现软件补偿之前，必须测得各补偿点的反馈增量修正(incremental feed correction，IFC)值 δ_i，以伺服分辨率为单位存入 IFC 表。有

$$\delta_i = \frac{\text{数控指令命令值} - \text{实际位置值}}{\text{伺服分辨率}}$$

一个完整的 IFC 表要一次装入，一般不宜在单个补偿点的基础上进行修改。在数控机床寿命期间，当 IFC 表的完整性遭到破坏时，可定期刷新 IFC 表。

等间距螺距误差补偿的软件实现过程如下。

（1）计算工作台到补偿基准点（参考点）的距离：

$$D_i = X'_i - X_{REF}$$

式中：D_i 为本采样周期计算的 X 轴到补偿基准点的距离；X'_i 为在本采样周期内计算的 X 轴绝对坐标；X_{REF} 为 X 轴补偿基准点（机床参考点）绝对坐标。

（2）确定当前位置所对应的补偿点序号 N_i，有

$$N_i = \left[\frac{D_i}{\text{校正间隔}} \right]$$

式中：[　]表示取整数部分；校正间隔在确定 IFC 值时确定，且恒为正数，因此 N_i 可正可负。

（3）判断当前位置是否需要补偿。

若 $N_i = N_{i-1}$，不需补偿，否则需要补偿。

（4）查 IFC 表，确定补偿点 N_i 上的补偿值。

当坐标轴运动方向与补偿方向一致时，补偿值取 δ_i，否则取 $-\delta_i$。

（5）修正位置反馈增量，有

$$\Delta X'_i = \Delta X_i + \delta_i$$

等间距螺距误差补偿点数及补偿点间距是一定的，通过给补偿点编号，能很方便地用软件实现。其缺点是缺少柔性，难以获得满足实际需要的补偿精度。

2）存储型螺距误差补偿

由于机床各坐标轴长度不同，同一坐标轴的磨损区间也不一样，一般坐标轴的中间区域精度丧失快，两端磨损较少。等间距螺距误差补偿方法暴露了这种缺陷，坐标轴两端的补偿点冗余，而中间部分补偿点又不够。因此，在总补偿点数不变的情况下，各轴分配的补偿点数及每轴上补偿点的位置完全由用户自定义就很有必要，它使得补偿点的使用效率得到提高。这样就得到了存储型螺距误差补偿方法。

存储型螺距误差补偿是以牺牲内存空间为代价来换取补偿的柔性的。在误差补偿计算中，除了要存储补偿点的补偿值外，还需存放存储补偿点的坐标信息。位置控制程序在计算出坐标现时位置后，判断是否越过一个补偿点来决定是否进行补偿。

3.2.7　数控机床的 PLC

1. PLC 与 CNC 装置的关系

PLC 是 CNC 系统的重要组成部分。在位置控制器实现成形运动的同时，PLC 完成与逻辑运算有关的一些顺序动作的 I/O 控制。

一方面，PLC 接收插补预处理分离出的辅助功能 M、主轴功能 S、刀具功能 T 等相关的顺序动作信息，进行译码并将这些顺序动作信息转换成对应的控制信号，控制辅助装置完成机床相应的开关动作，如工件的装夹、刀具的更换、冷却液泵的启停等。

另一方面，PLC 接收操作面板（按钮站）和机床侧的 I/O 信号，一部分信号直接控制机床的动作，另一部分信号送往 CNC 装置，经其处理后，输出指令控制 CNC 系统的工作状态和机床

的动作。

PLC 和 CNC 装置协调配合,共同完成数控机床的控制。CNC 装置、PLC、机床之间的关系如图 3-42 所示。

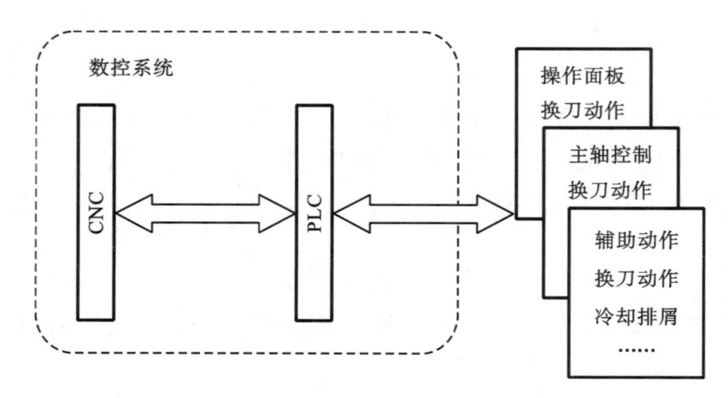

图 3-42　CNC 装置、PLC、机床之间的关系

PLC、CNC 装置和机床之间主要的 I/O 信号如下:

1) PLC 输入 CNC 装置的信号

主要有机床各坐标基准点信号,M、S、T 指令的应答信号等。

2) PLC 输出机床的信号

主要是控制机床执行件的执行信号,如电磁铁、接触器、继电器的动作信号,以及表征机床各运动部件状态的信号及故障指示信号。

3) 机床输入 PLC 的信号

主要有机床操作面板上各开关、按钮等输出的信号,其中包括机床的启动与停止信号,机械变速选择信号,主轴正/反转与停止信号,冷却液泵的启停信号,各坐标轴的点动和刀架、夹盘的夹紧与松开信号,坐标轴限位开关等保护装置发出的主轴伺服保护状态监视信号以及伺服系统运行准备信号等。

2. 数控系统 PLC 的分类

根据 PLC 与 CNC 之间的位置关系,数控系统的 PLC 可分为内装型(built in type)PLC 和独立型(stand alone type)PLC 两类。

1) 内装型 PLC

内装型 PLC 是 CNC 装置的一部分,它与 CNC 装置中 CPU 的信息交换是在 CNC 内部通过公共 RAM(随机存取存储器)区进行的。因此,内装型 PLC 与 CNC 装置之间没有连线,二者的信息交换量大,安装调试方便,且结构紧凑,可靠性好。

这种类型的 PLC 一般不能独立工作,它是 CNC 装置的一个功能模块,扩展了 CNC 装置的功能,两者是不能分离的。在系统的具体结构上,内装型 PLC 可以和 CNC 装置共用 CPU(如 SIEMENS 的 SINUMERIK 810、820 系列系统),也可单独使用一个 CPU(如 FANUC 的 0 系统和 15 系统以及美国 A-B 公司的 8400、8600 等)。硬件电路可与 CNC 装置其他电路制作在一块印制电路板上,也可单独制成一块附加板。内装型 PLC 一般不单独配置 I/O 接口电路,而是使用 CNC 装置本身的 I/O 接口实现与机床侧之间的信号传送,如图 3-43 所示。

由于 CNC 功能和 PLC 功能在设计时就一同考虑了,因而这种类型的系统在硬件和软件

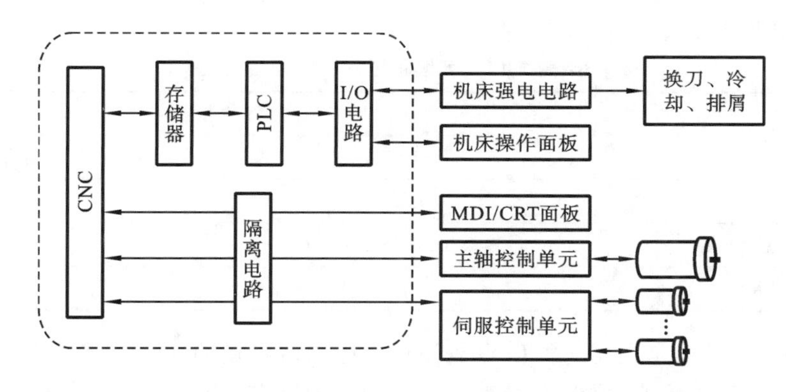

图 3-43　具有内装型 PLC 的 CNC 装置与机床侧的连接

整体结构上合理、实用，性能价格比高，适用于类型变化不大的数控机床。由于 PLC 和 CNC 之间没有多余的连线，且 PLC 上的信息能通过 CNC 显示器显示，因此 PLC 的编程更为方便，而且故障诊断功能和系统的可靠性也有提高。

2）独立型 PLC

独立型 PLC 独立于 CNC 装置之外，不是 CNC 装置的组成部分。独立型 PLC 具有完备的硬件（包括 CPU、EPROM（可擦可编程只读存储器）、RAM、I/O 接口以及与编程器等外部设备通信的接口、电源）和软件功能，是一个完整的计算机系统，能够独立完成规定的控制任务。

由于这种类型 PLC 的生产厂家较多，品类丰富，用户有较大的选择余地，而且其 I/O 点数可通过增减 I/O 模块灵活配置，功能的扩展也较方便。相较于内装型 PLC，独立型 PLC 功能更强，但一般要配置单独的编程设备。

独立型 PLC 与 CNC 装置之间的信息交换可采用 I/O 对接方式，也可采用通信方式来实现。I/O 对接方式就是通过连线将 CNC 的 I/O 点与 PLC 的 I/O 点连接起来，适应于 CNC 装置与各种 PLC 的信息交换，但由于每一点的信息传递需要一根信号线，所以在这种方式下连线多、信息交换量小。通信方式可克服 I/O 对接方式的缺点，但 CNC 装置与 PLC 必须采用同一通信协议。

独立型 PLC 与 CNC 装置之间是通过 I/O 接口连接的，如图 3-44 所示。

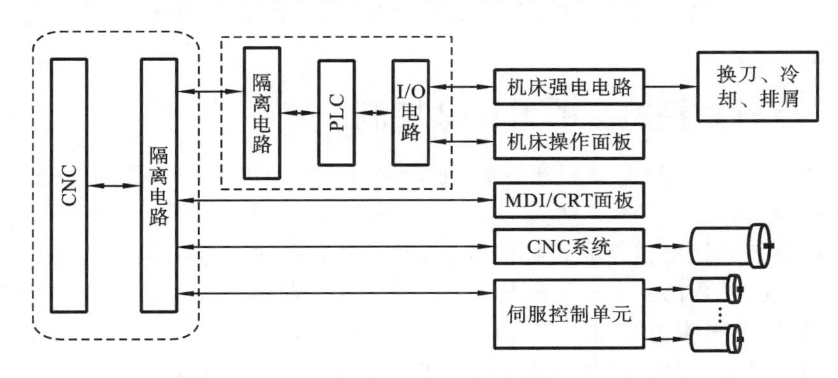

图 3-44　独立型 PLC 与 CNC 装置及机床侧的连接

国内已引进的独立型 PLC 有 SIEMENS 公司的 SIMATIC S5、S7 系列产品、A-B 公司的 PLC 系列产品、FANUC 公司的 PMC-J 系列产品等。

可编程控制器按规模可分为小型、中型、大型的三类,如表 3-11 所示。

表 3-11　可编程控制器的规模

PLC 规模	评价指标	
	I/O 点数	程序存储器容量
小型	<128	<1 KB
中型	128～512	1～4 KB
大型	>512	>4 KB

在实际应用中,一般是根据对 I/O 点数和程序存储器容量的需求来选择 PLC 的。例如数控铣床、数控车床、加工中心、机器人等单机数控设备,所需的 I/O 点个数一般在 128 以内,少数复杂数控设备需要 128 个以上的 I/O 点,而大型数控设备、FMC、CIMS 等则需要采用中、大型 PLC。

3. PLC 的工作原理

PLC 的工作原理如图 3-45 所示。

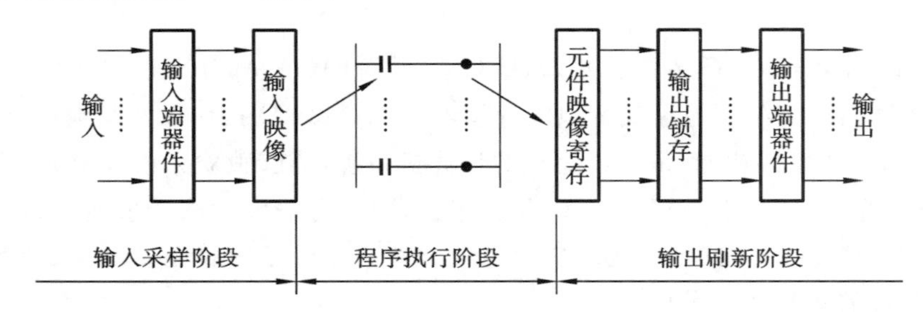

图 3-45　PLC 的工作原理

PLC 的 CPU 在接收插补程序送来的和从零件程序译码信息中分离出来的与 M、S、T 等功能相关的顺序动作信息的同时,还不断采集输入点的状态信息(包括来自机床各行程开关、传感器、按钮、继电器等的开关量信号),并依据上述两路输入信息进行 PLC 用户程序的逻辑解算、更新相应的输出状态(即按预先规定的逻辑顺序对主轴的启停与换向、刀具的更换、工件的夹紧与松开,以及液压、冷却、润滑系统的运行等进行控制),完成一次 I/O 控制。然后 CPU 对自身硬件进行快速自检,并对监视扫描定时器进行复位,在自检、复位完成后,重新开始扫描运行,周而复始。

3.2.8　五轴数控机床的 RTCP 控制

在五轴数控加工中,进行刀具姿态控制(即刀尖点轨迹及刀具与工件间的姿态)时,由于旋转轴的加入和机床结构的差异,产生了刀尖点的附加运动,导致刀尖点轨迹发生改变,如图 3-46所示。因此数控系统要自动修正控制点,以保证刀尖点按指令指定的轨迹运动,这就是常说的五轴 RTCP(rotated tool center point,旋转刀具中心点)功能,也称刀尖点跟随功能。

业内也有将此功能称为 TCPM、TCPC 或者 RPCP 功能的,这些功能定义都与 RTCP 类似。从严格意义上来说,RTCP 主要是用在双摆头结构上,是应用摆头旋转中心点来进行补偿,而 RPCP 主要是应用在双转台结构上,补偿的是由于工件旋转所造成的直线轴坐标的变化。其实这些功能殊途同归,都是为了保持刀具中心点,以及刀具与工件表面的实际接触点不变。

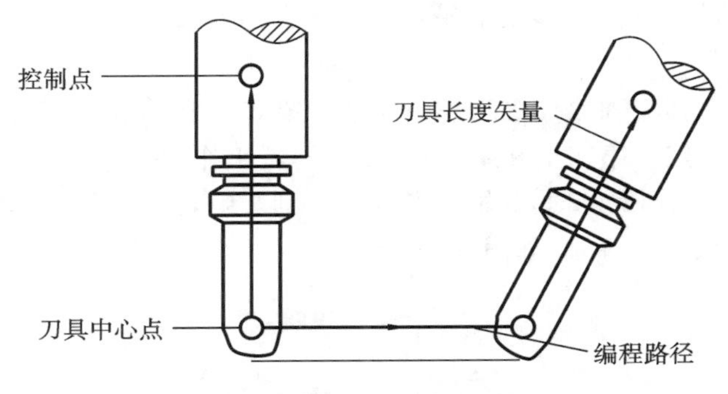

图 3-46　刀具中心点编程

拥有 RTCP 技术的数控机床才是真正的五轴数控机床，所以是否具有 RTCP 功能，是区别真假五轴数控机床的主要依据。如图 3-47 所示：不使用 RTCP 功能时，刀具围绕着旋转轴中心旋转，刀尖点将移出固定点；使用 RTCP 功能时，刀尖将停留在固定点，旋转轴运动时，系统会自动进行直线轴的补偿。

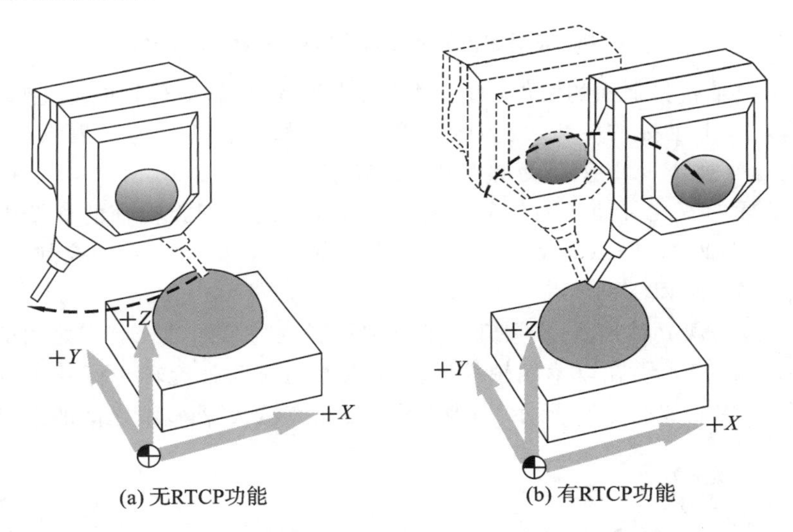

图 3-47　有 RTCP 功能和无 RTCP 功能比较

具备 RTCP 功能的五轴数控机床采用了 RTCP 算法，能根据主轴的摆长及旋转台的机械坐标进行自动换算，通过实时刀具长度补偿确保刀尖点沿着指定的路径移动。在编制程序时，可直接在工件坐标系下规划刀具和工件之间的相对运动轨迹（即刀尖点坐标和矢量），不需要考虑五轴数控机床运动链结构和刀具长度，实现了与机床运动无关的独立编程，这样编程既简单高效，又能提高加工精度。

不具备 RTCP 功能的五轴数控机床必须依靠 CAM 编程和后处理，事先规划好刀具路径，将机床第四轴、第五轴中心位置输入后置处理模块，生成的程序为机床控制点（包含 X、Y、Z 轴上必要的补偿），实际加工中刀尖点的运动轨迹趋近于编程路径，这样精度得不到保证。另外，同样一个零件，如果机床或者刀具换了，就必须重新通过后置处理生成程序，实际应用极为不便。

并且不具备 RTCP 功能的五轴数控机床在装夹工件时需要保证工件在其工作台回转中心位置，对操作者来说，这意味着需要大量的装夹找正时间，且精度得不到保证，即使是做分度加工也麻烦很多。而具备 RTCP 功能的五轴数控机床只需要设置一个坐标系，并进行一次对刀，就可以完成加工。

下面将以双转台高档五轴数控机床为例详细介绍 RTCP 功能。

在五轴数控机床中定义第四轴和第五轴：在双回转工作台结构中，由于第五轴(C 轴)安装在第四轴(A 轴)上，当 A 轴旋转时，C 轴姿态也会受到影响，而 C 轴的转动不会影响 A 轴的姿态。C 轴为绕 A 轴的回转坐标轴，如图 3-48 所示。

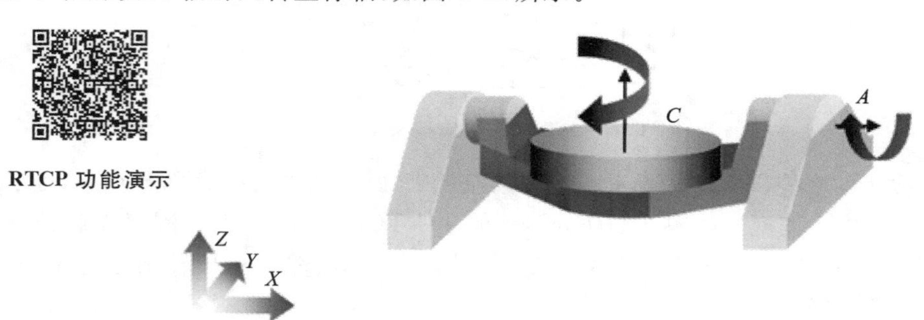

图 3-48　双转台五轴数控机床的第四轴和第五轴

对于摆放在 C 轴转台上面的工件，如果对刀尖点编程，回转坐标轴的变化势必会导致刀尖点在直线轴 X、Y、Z 上坐标的变化，使刀尖点产生一个相对位移。为了消除这一段位移的影响，就要对其进行补偿，RTCP 就是为此而开发的功能。

由于旋转坐标的变化导致了直线轴坐标的偏移，因此分析旋转轴的旋转中心尤为重要。对于双转台机床，C 轴的控制点通常在机床工作台面的回转中心，而 A 轴控制点通常选择其轴线的中点，如图 3-49 所示。

数控系统为了实现五轴控制，需要知道第五轴控制点与第四轴控制点之间的关系，即初始状态(机床 A、C 轴原点)下，在以第四轴控制点为原点的第四轴旋转坐标系中，第五轴控制点的位置向量[U,V,W]，如图 3-50 所示。同时还需要知道 A、C 轴轴线之间的距离。

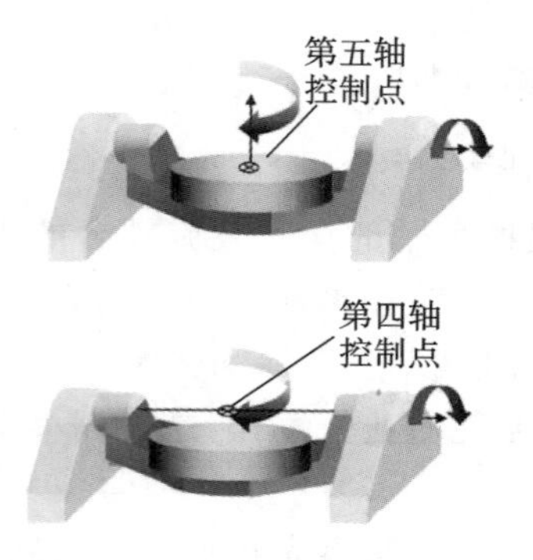

图 3-49　双转台机床第四轴和第五轴控制点

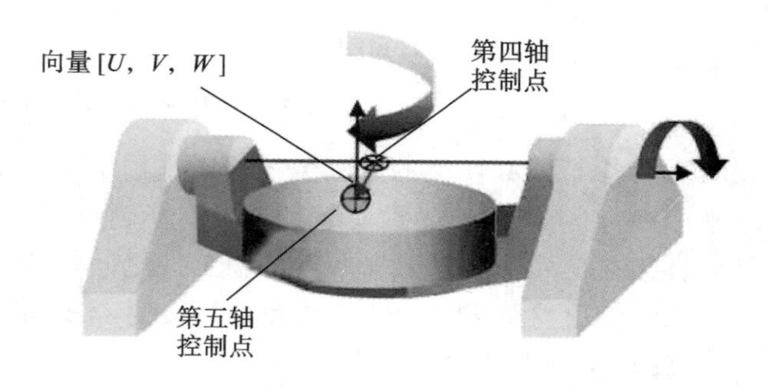

图 3-50　双转台机床第五轴控制点位置向量

数控系统为使刀尖点始终处在编程位置上，需要进行复杂的坐标变换，将刀尖点的位姿转换为机床各轴的平移和转动。例如，在图 3-50(b)中，在使用 RTCP 功能的情况下，数控系统只改变刀具方向，刀尖位置仍保持不变，X、Y、Z 轴上必要的补偿运动已被自动计算进去。

3.3　CNC 装置的硬件和软件结构

3.3.1　CNC 装置的功能实现方式

CNC 装置由硬件和软件两大部分组成，两部分协调配合，共同实现数控装置的全部功能，包括零件程序的译码、刀补处理、运动规划、插补和位置控制、PLC 控制等功能，以及人机界面(HMI)功能，实现零件加工。

在信息处理方面，软件和硬件在逻辑上是等价的，有些由硬件(或软件)完成的工作原则上也能由软件(或硬件)完成。但是硬件处理和软件处理有不同的特点：硬件处理速度快，但成本高、线路复杂、故障率高，且适应性差，难以实现复杂的控制功能；软件灵活，适应性强，但处理速度相对较慢。

因此在 CNC 装置中，如何合理划分软、硬件的功能，即哪些功能由硬件来实现，哪些功能由软件实现，是 CNC 装置结构设计的重要任务。软硬件的分工准则通常由性能价格比决定。图 3-51 是几种典型的 CNC 装置软硬件分工方案。

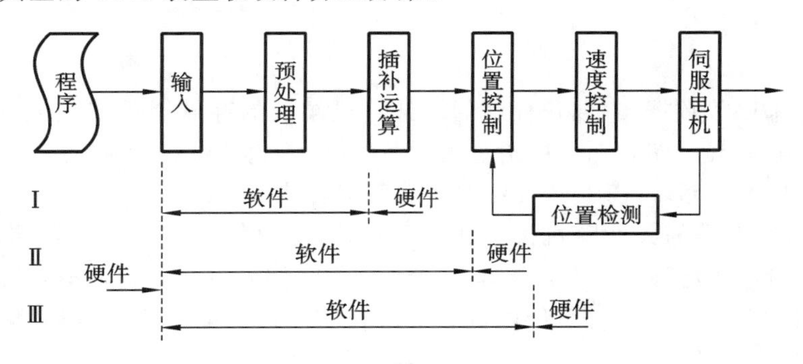

图 3-51　CNC 装置三种典型的软硬件分工方案

早期的 NC 系统中，大部分信息处理功能由硬件完成，如图 3-51 中(Ⅰ)所示。随着微机运算处理能力的不断增强，由软件完成的工作逐渐增多，硬件承担的工作越来越少。现在的 CNC 装置常用图 3-51 中的方案Ⅱ、Ⅲ。

3.3.2　CNC 装置的硬件组成

无论 CNC 装置的体系结构如何，概括起来其硬件总是包括如下几个组成部分。

1. 计算机部分

计算机是 CNC 装置的核心，主要包括微处理器(CPU)和总线、存储器、外围逻辑电路等。这部分硬件的主要任务是对数据进行算术和逻辑运算，存储系统程序、零件程序及运算的中间变量，以及管理定时与中断信号等。

1) 微处理器(CPU)

CPU 的主要工作是信息处理，完成包括控制和管理两方面的任务。

控制任务是指对输入 CNC 装置的种种数据、信息(包括零件加工程序、各种 I/O 信息等)进行相应的算术和逻辑运算，包括译码、刀补、运动规划、插补、位置控制和 PLC 控制等相关运算，并根据运算结果，通过各种接口向外围设备发出控制命令、传送数据，使用户的指令得以执行。

管理任务主要包括系统资源管理和任务的调度、零件程序管理、人机界面管理、显示及诊断等任务，以保证 CNC 装置内各功能模块协调运作。

CNC 装置中的 CPU 已从最初的 8 位逐步发展到 16 位、32 位及 64 位，性能不断提高。选用时根据实时控制、指令系统、数据宽度、寻址能力、运算速度、存储容量、升档可能性、软件配置等方面考虑，并兼顾经济性。

2）总线

总线由一组传送数字信息的物理导线组成，是 CPU 与外围电路连接的信息公共传输线，即 CNC 装置内进行数据或信息交换的通道，通过它可以把各种数据和命令传送到目的地。总线包括控制总线、地址总线和数据总线。

(1) 数据总线是数据交换的通道，其上传输的是要交换的数据，通常 CPU 位数指的就是数据总线的根数，数据传送方向由地址总线和控制总线决定。

(2) 地址总线传送的是数据存放地址，用来确定数据总线上数据的来源地或目的地。地址总线是单向总线。

(3) 控制总线是一组传送管理或控制信号的总线，用来确定数据总线上的信息流时间序列。控制总线是单向总线。

3）存储器

存储器是用来存放数据、参数和程序的。计算机领域的存储器件有三类：磁存储器件，如软/硬磁盘（读/写）；光存储器件，如光盘（只读）；电子（半导体）存储器件，如只读存储器(ROM)、可编程只读存储器(PROM)、可擦可编程只读存储器(EPROM)等只读存储元件，随机存取存储器(RAM)等易失性随机读写存储元件，带电可擦可编程只读存储器(E^2PROM)、闪存(FLASH)、带后备电池的 RAM 等非易失性读写存储元件。磁存储器件和光存储器件一般用作外存储器，其特点是容量大，价格低。电子存储器件一般用作内存储器，其价格高于前两类。

在 CNC 装置中，外存储器和内存储器一般都选用电子存储器件。这是因为 CNC 装置有可能受到电磁干扰，电子存储器件抗电磁干扰能力相对强一些。

系统程序存放在只读存储器(ROM 或 EPROM)中，通过专用的写入器由生产厂家写入程序，即使断电程序也不会丢失，程序只能被 CPU 读出，不能写入，必要时可擦除后重写；运算的中间变量、需显示的数据、运行中的标志信息等存放在 RAM 中，它能随机读写，断电后信息就消失；加工的零件程序、机床参数、刀具参数等存放在有后备电池的 RAM 或 FLASH 中，能被随机读出，还可根据操作需要写入或修改，断电后信息仍保留。

在基于 PC 的 CNC 装置中，常把上述各类电子存储器件组成电子盘，按磁盘的管理方式进行管理，并将其作为一个插卡插在计算机的系统总线上。

4）外围逻辑电路

外围逻辑电路包括定时逻辑电路、中断控制逻辑电路等，负责产生和管理定时或随机中断信号，如采样定时中断、键盘中断、阅读机中断信号等。定时逻辑电路一般由可编程定时/计数器（如 intel 8253 等）实现；中断控制逻辑电路一般由可编程中断控制器（如 intel 8259A 等）实现。

2. 电源部分

电源部分的任务是给 CNC 装置提供一定功率的逻辑电压、模拟电压及开关量控制电压，并提供不间断电源(UPS)功能,典型的电源电压有±5 V、±12 V、±15 V、±24 V。电源要能够抗较强的浪涌电压和尖峰电压的干扰,电源抗电磁干扰和工业生产过程中所产生的干扰的能力,在很大程度上决定了CNC装置的抗干扰能力。

3. 接口部分

1) 外设接口

外设接口的主要功能是把零件程序和机床参数通过外设输入CNC装置或从CNC装置输出。早期的外设有纸带阅读机、穿孔机、电传机、磁带机、磁盘驱动器等,相应的CNC装置就应有纸带阅读机接口、穿孔机接口等。现代CNC装置提供了完备的数据通信接口,除了具有RS-232C、RS-422接口和DNC接口等多种通信接口外,还有网络通信接口用于与其他CNC系统或上级计算机直接通信。

2) 面板和显示接口

面板和显示接口是连接CNC装置与操作装置的接口,主要用于控制MDI键盘、机床控制面板、数码显示器、CRT显示器、手持单元等。操作者的手动数据输入、各种方式的操作、CNC装置的结果和信息显示都要通过这部分接口实现,通过它们在人和CNC装置之间建立联系,即实现人机交互。

3) 伺服输出和位置反馈接口

这部分接口的功能是实现CNC装置与伺服驱动系统及测量装置的连接,完成位置控制。位置控制的性能取决于这部分硬件。

(1) 位置反馈接口　只有闭环、半闭环数控系统才需要位置反馈接口。位置反馈接口一般由鉴向、倍频电路和计数电路等组成,用于采集测量装置输出的位置反馈信号。CPU定时从计数电路中取计数值,经运算处理后得到实际位置值。

(2) 伺服输出接口　伺服输出接口的功能是把CPU运算所产生的控制策略经转换后输出给伺服驱动系统。根据CNC系统所使用伺服单元的不同,CNC装置的伺服输出接口可以分为:

①适用于步进电机驱动单元的伺服输出接口;

②适用于模拟交流伺服单元和直流伺服单元的伺服输出接口;

③适用于数字式交流伺服单元的伺服输出接口。

4) 主轴控制接口

主轴控制接口主要用于实现对主轴转速的控制,此时的接口一般为D/A转换器接口。此外,CNC装置还要控制主轴的定向。主轴定向控制可采用编码器或磁性传感器来实现。C轴控制也是现代CNC装置的功能之一,它除了控制通常的主轴转速之外,还以一定的分辨率进行定位和轮廓控制,此时的接口与伺服输出接口相同。

5) 机床I/O接口

机床I/O接口是指CNC装置与机床侧开关信号和代码信号之间的连接电路。

机床侧开关信号和代码信号包括机床控制面板开关、按钮、指示灯的信号,以及机床行程限位开关信号、刀库控制信号等。当数控系统不带PLC时,这些信号直接通过机床I/O接口在CNC装置与机床之间传送;当数控系统带有PLC时,这些信号除极少数高速信号外,均通过PLC在CNC装置与机床之间传送。

6) 内装型PLC

内装型PLC是CNC装置的一个功能模块,是CNC装置功能的扩展,用于替代传统的机床强电继电器逻辑,利用逻辑运算功能实现各种开关量的控制。它与 CNC 的信息交换是在 CNC 内部进行的。

3.2.7 节已对内装型 PLC 进行了详细介绍,此处不赘述。

7) 数控专用 I/O 接口

在专用数控系统或通用数控系统中,数控专用 I/O 接口用于实现用户特定功能要求。

要增加特定功能,必须在 CNC 装置中增加相应的接口板。如线切割/电加工数控系统中所使用的高频电源接口模板、数控仿形系统中专用的数据采集板、通用数控系统中所使用的各种测量接口模板,以及刀具监控系统中的信号采集器等。对于封闭体系结构 CNC 装置,用户若有特殊的功能要求必须向 CNC 系统厂提出,进行产品定制;而对于开放体系结构 CNC 装置,用户可根据自己的需求自行研制专用 I/O 接口,以增减 CNC 系统的功能。

3.3.3 CNC 装置的硬件体系结构

CNC 装置的硬件体系结构依据不同的分类标准有不同的分类方法:

①按电路板的结构特点可分为大板式结构和模块化结构两类;

②按内部微处理器(CPU)数量可分为单微处理器结构和多微处理器结构两类;

③按所使用的计算机类型可分为基于专用计算机(简称专机)的结构和基于通用个人计算机(PC)的结构;

④按与伺服驱动单元的通信方式可分为集中式(并行)结构和分布式(串行)结构两类。

研究 CNC 装置体系结构的目的,在于使系统设计师掌握牢固的系统设计理论和方法,依据现有的物质基础,建立自己的开发平台,进行系列机的系统设计。

3.3.3.1 大板式结构 CNC 装置和模块化结构 CNC 装置

1. 大板式结构 CNC 装置

大板式结构 CNC 装置的特点是:CNC 装置内都有一块大板,称为主板。主板上一般包含计算机主板、各轴伺服输出和位置反馈接口、主轴控制接口、外设接口、面板接口和显示器接口等。集成度较高的系统甚至把所有的电路都安装在一块板上,其他相关子板(完成一定功能的电路板),如 ROM 板、RAM 板和 PLC 板都插在主板上面,美国 A-B 公司的 8601 系统就是大板式结构的典型实例。

大板式结构 CNC 装置结构紧凑、体积小、可靠性高、价格低,有很高的性能价格比。但受制于硬件功能不易变动、柔性低等致命缺点,这种结构一度有被模块化结构取代之势。

随着大规模现场可编程器件在 CNC 装置中应用的增多,大板式结构焕发出了新的生命力。如华中数控世纪星 HNC-21/22/18/19/210 系列将所有接口电路都集成在“世纪星”主板上,其核心器件是 ACTEL 公司的两片 FPGA(field-programmable gate array,现场可编程门阵列)芯片。利用 FPGA 芯片的灵活性,可在不改变硬件电路的情况下,通过改变 FPGA 芯片的固件及将两个 FPGA 芯片灵活搭配,构造出适应各类伺服单元的系列 CNC 装置,从而最大限度地降低成本,提高性能。

2. 模块化结构 CNC 装置

模块化结构 CNC 装置是为了克服大板式结构 CNC 装置柔性低的缺点而开发的。它采用柔性较高的总线模块化开放系统结构,将 CNC 装置的各组成部分,如 CPU、存储器、电源、I/O 装置接口、伺服输出和位置反馈接口、面板接口和显示接口、内装 PLC 等分别做成插件板(称为硬件模块),相应的软件也采用模块化结构编制,并固化在硬件模块中。硬软件模块共同形成一个特定的功能单元,称为功能模块。功能模块间有明确定义的接口,成为工厂标准或工业标准接口,彼此间可进行信息交换。根据各模块间连接的定义,形成了所谓的总线。如FANUC公司自己定义的32位多主总线FANUC BUS(应用于FANUC 15系列)。

模块化结构CNC装置的主要优点有:基于标准总线设计,设计简单,试制周期短,调整维护方便,集成省时(能以积木形式方便地集成用户要求的新CNC装置),可靠性高(如果某个模块坏了,其他模块可照常工作,有可能进行部分CNC功能的操作),有良好的适应性和扩展性。

模块化结构的典型应用有FANUC公司的15系统、A-B公司的8600 CNC、FAGOR的8050 CNC、GE-FAGOR的MTC1、华中数控的HNC-I等。

3.3.3.2　单微处理器CNC装置和多微处理器CNC装置

1. 单微处理器CNC装置

在单微处理器CNC装置中,CPU通过总线与存储器和各种接口相连接,构成CNC装置的硬件,采取集中控制、分时处理的方式完成存储、插补运算、I/O控制、CRT显示等多种任务。有的CNC装置虽然有两个以上的微处理器(如浮点协处理器以及管理键盘的CPU),但其中只有一个微处理器能控制总线,其他的CPU只是附属的专用智能部件,不能控制总线,不能访问主存储器,所以可被归类为单微处理器CNC装置。当然,由于这类CNC装置本身具有多个微处理器,虽然其只有一个CPU处于主导地位,其他CPU处于从属地位,也可将其结构称为主从式多微处理器结构。

单微处理器CNC装置有SIEMENS公司的SINUMERIK 810/820系列、A-B公司的8400系列,以及华中数控的HNC-I及HNC-21/22/18/19/210系列等。

单微处理器CNC装置的功能曾受到CPU字长、数据宽度、寻址能力和处理速度等因素的限制。为提高这种CNC装置的处理能力,人们采用了许多办法,如采用高性能的CPU、增加浮点协处理器、由硬件分担精插补任务、采用带CPU的PLC和CRT智能部件等,但这些方法只能在某些方面和局部提高CNC的性能。为了从根本上提高CNC的性能,有些厂家着手研发了多微处理器CNC装置。

2. 多微处理器CNC装置

多微处理器CNC装置把机床数字控制这个总任务划分为多个子任务(也称子功能模块)。在硬件方面一般采用模块化结构,以多个CPU配以相应的接口形成多个子系统,每个子系统分别承担不同的子任务,各子系统间协调动作,共同完成整个数控任务。子系统之间可采用紧耦合,它们有集中的操作系统,共享资源;也可采用松耦合,以多重操作系统有效地实现并行处理。

多微处理器CNC装置的优点是:能实现真正意义上的并行处理,处理速度快,可以实现较复杂的系统功能。

多微处理器CNC装置区别于单微处理器CNC装置的最显著特点表现在通信方面,其各项任务都是依靠组成系统的各CPU之间的相互通信配合完成的。多微处理器CNC装置的典型结构有共享总线结构和共享存储器结构两类。

(1) 共享总线结构　共享总线结构把组成CNC装置的各个功能模块划分为带有CPU的主模块和不带CPU的从模块两大类。所有主、从模块都插在配有总线插座的机柜内,共享严格定义的标准系统总线。系统总线的作用是把各个模块有效地连接在一起,按照要求交换各种数据和控制信息,构成一个完整的系统,实现各种预定的功能。

共享总线结构的缺点:总线是系统的“瓶颈”,一旦系统总线出现故障,将影响整个系统。由于使用总线要经仲裁,会引起竞争,使信息传输率降低。

(2) 共享存储器结构　这种结构采用多个端口来实现各主模块之间的互连和通信,但由于多端口存储器设计较复杂,而且两个以上的主模块可能争用存储器,会造成传输信息的阻塞,所以一般采用双端口存储器(双端口 RAM)。

3.3.3.3 基于专机的 CNC 装置和基于 PC 的 CNC 装置

1. 基于专机的 CNC 装置

专机数控所用计算机是数控系统厂家为其 CNC 系统专门设计的,可最大限度地保护知识产权。20 世纪 90 年代中期前的数控系统一般都采用这种结构。由于体系封闭的专用系统具有不同的软/硬件模块、编程语言、人机界面、实时操作系统、非标准化接口和对外通信协议等,不仅软件的设计、维护、升级换代极为困难,车间物流层的集成相当困难,用户使用也不方便。

为解决封闭体系结构专机数控存在的问题,西方各工业强国相继提出要设计新一代开放式体系结构数控系统,使数控技术向规范化、标准化方向发展。如美国 1987 年提出 NGC(the next generation work-station/machine controller,下一代工作站/机床控制器)计划、日本和欧洲在 90 年代初提出 OSEC(open system environment for controller,控制器开放环境)及 OSACA(open system architecture for control within automation systems,自动化系统中的开放式控制系统体系结构)计划。

鉴于 NGC、OSACA 计划庞大而复杂,以及计算机功能已发展到相互兼容、统一操作系统、为用户提供开发平台等阶段,20 世纪 90 年代初,Ampro 公司的策略发展部行政副总裁 Rick Lehrbaum 提出要“利用 PC 机体系结构,设计新一代的嵌入式应用”,Software Development System 公司的 James S. Challenger 提出“Windows 和嵌入式计算机技术融合”理念,主张利用现有 PC 机软硬件规范设计新一代数控装置。

2. 基于 PC 的 CNC 装置

采用基于 PC 的开放式体系结构和软硬件规范,设计新一代开放式 CNC 装置(简称 PC-NC)是 CNC 装置走向开放的重要一步,也是到目前为止的最佳选择。

1) 开放式体系结构 CNC 装置的特征

开放式体系结构 CNC 装置的本质特征是开放性,开放性是指 CNC 装置的开发可以在统一的平台上实现,面向机床厂家和最终用户,通过改变、增加或剪裁功能模块,形成系列化,并可将用户要求的特殊应用集成到控制系统中,实现不同品种、不同档次的开放式数控装置。其具体特征如下。

(1) 互操作性:通过统一的、标准的数据交换协议支持功能模块的互操作性。

(2) 可移植性:标准的应用程序接口(API)保证功能模块可在符合规范的不同运行平台之间移植。

(3) 可伸缩性:根据需要可重构数控装置,增加、减少或者修改功能模块,改变应用系统的功能,从而提高或者降低应用系统的性能。

(4) 互换性:符合规范的功能模块可实现互换或参与不同系统的集成,系统生产厂、机床厂及最终用户都可以很容易地把一些符合规范的专用功能和其他有个性的模块加入其中,以形成特色产品。

开放式体系结构 CNC 装置所需要的基本功能模块由体系结构规范定义；不同功能模块之间交换信息的协议由通信规范定义；系统启动时动态地集成不同功能模块的模式由配置规范确定。

2）开放式体系结构 CNC 装置的优点

开放式体系结构 CNC 装置的主要优点有：

（1）向未来技术开放。软硬件接口遵循公认的标准协议，只需少量重新设计和调整，新一代通用软硬件资源就可能被现有系统所采纳、吸收和兼容，系统开发费用降低而系统性能与可靠性将不断改善，系统具有长生命周期。

（2）应用软件与底层系统软硬件支撑无关，便于不同软件设计人员针对不同的运行环境，为统一的被控对象并行开发应用软件。

（3）采用标准化进线、联网通信接口和协议，能够进行快速集成。

（4）采用标准化的人机界面、标准化的编程语言，方便用户使用，降低了与操作效率直接有关的劳动消耗。

（5）向用户特殊要求开放。提供可供选择的软硬件产品以满足特殊应用要求，用户能方便地融入自身的技术诀窍，创造出自己的名牌产品。

（6）可减少产品品种，便于批量生产、提高可靠性和降低成本，增强市场供应能力和竞争能力。

3）基于 PC 的开放式体系结构

基于 PC 的 CNC 装置的优点有：可充分利用 PC 机的软硬件资源，减轻设计任务；可充分利用计算机工业所提供的先进技术，方便地实现产品的更新换代；人机界面友好，便于操作；开放式体系结构便于在工厂环境内集成；由于有更多的硬件供选择，原始设备制造商（OEM）或最终用户在硬件配置上将不必受由 CNC 系统制造厂家的约束，CNC 系统的成本可以灵活调控。

（1）基于 PC 的 CNC 装置硬件结构　PC 机固有的硬件 CPU，BIOS（基本输入/输出系统），协处理器，存储器，软硬盘驱动器，串/并行端口，中断、定时、显示控制器及键盘控制器，网络接口等，都是 CNC 装置必不可少的组成部分，可以直接应用于 CNC 装置。

为完成 CNC 装置的运动控制和 PLC 功能，还需开发驱动接口和 I/O 接口卡。驱动接口用于连接各类伺服单元，实现机床位置控制（伺服输出、位置反馈），包括数字式、模拟式、脉冲式接口以及合适的现场总线接口。I/O 接口用于实现 PLC 输入与输出，实现机床的 M、S、T 功能等，包括开关量 I/O、模拟式 I/O 和脉冲式 I/O 接口及合适的现场总线 I/O 接口。

接口卡可以不带处理器，此时的数控方式称为 PC 直接数控，或 PC 单机数控；也可以带一个或多个处理器（通常是 DSP 或 RISC（精简指令集计算机）类型），单独考虑实时运动的需要，此时的数控方式称为 PC 嵌入式数控，或 PC 多机数控。

为了提高系统的可靠性，可向系统引入与计算机有关的硬件作为任选件，例如：UPS，保护计算机不受主电源掉电或主电源波动的危害；电子盘（插在 PC 槽中模仿机械硬盘的卡，由 RAM、EPROM 或 FLASH 等存储器芯片组成）或者加固硬盘，作为固态器件，其具有可靠性高和访问速度快的特性。

将这些接口卡插入采用计算机相关总线标准的扩展插槽，即可组成一个完整的数控装置，如图 3-52 所示。系统硬件中，PC/IPC 机基本配件、存储模块、网络接口等为外购成品，驱动接口卡和 I/O 接口卡根据需要可以外购,也可以自行研制。

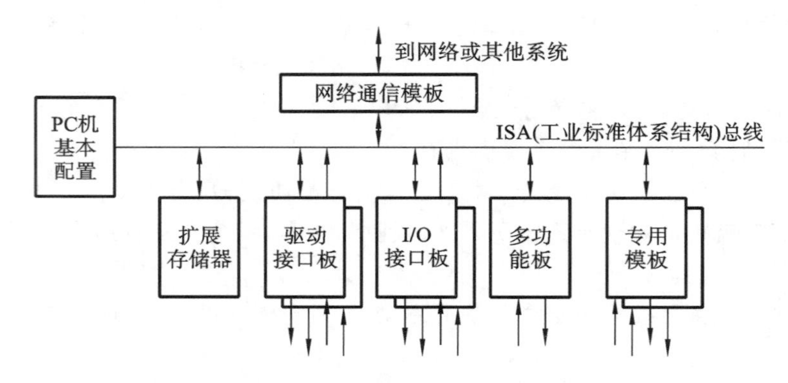

图 3-52 基于 PC 的 CNC 装置硬件结构

(2) 基于 PC 的单机 CNC 装置实现 基于 PC 的单机 CNC 装置的全部数控功能均由 PC 机完成,并通过装在 PC 扩展槽中的驱动接口卡对伺服驱动系统进行控制,在 PC 机中采用实时操作系统或对操作系统进行实时功能扩展。

典型产品有美国 MDSI 公司的 OpenCNC、德国 Power Automation 公司的 PA8000 NT、我国华中数控的 HNC-I 及 HNC-21/22/18/19/210 系列等。

图 3-53 是华中数控基于 PC 的世纪星 HNC-21/22/18/19/210 系列 CNC 装置的硬件结构。世纪星系列 CNC 装置主板采用双 FPGA 设计,两个 FPGA 芯片通过 PC104 总线由工业 PC 机控制。一个 FPGA 负责控制开关量接口电路,MCP(多芯片封装)、MDI 键盘接口电路,主轴接口电路,以及串口伺服驱动接口电路;另一个 FPGA 负责控制脉冲量伺服驱动或步进电机驱动接口电路,以及模拟量伺服驱动接口电路。通过改变 FPGA 芯片的固件,可构造出具有不同外部驱动接口的世纪星系列 CNC 装置。

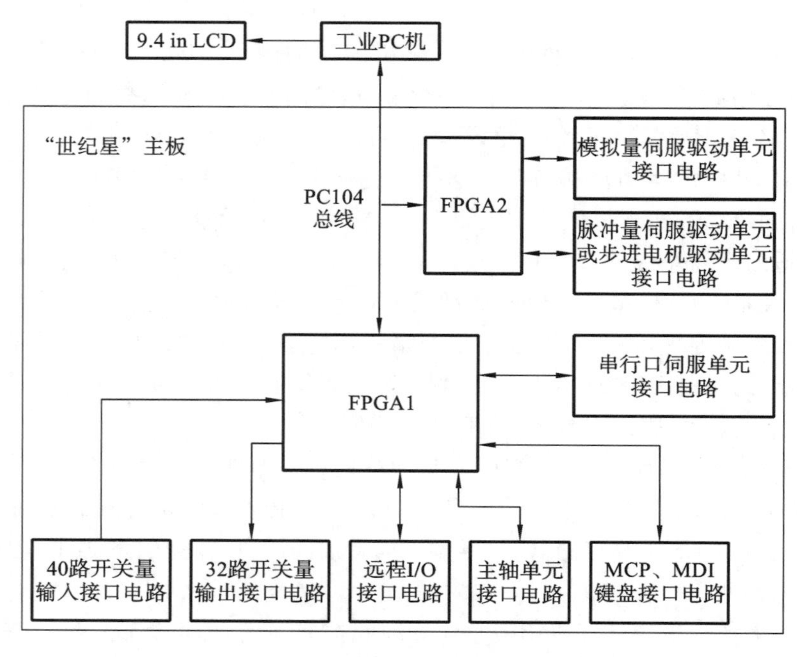

图 3-53 世纪星 HNC-21/22/18/19/210 系列数控装置的硬件结构

图 3-54 所示是基于现场总线接口卡的 CNC 装置，驱动接口和 I/O 接口均采用现场总线接口卡，这种形式代表着当前数控系统体系结构发展的方向，它是在现场总线、数字驱动技术和网络技术的基础上发展起来的，适用于中高档数控系统，特别适合集成系统，如 FMC/FMS 和 Intranet 等。

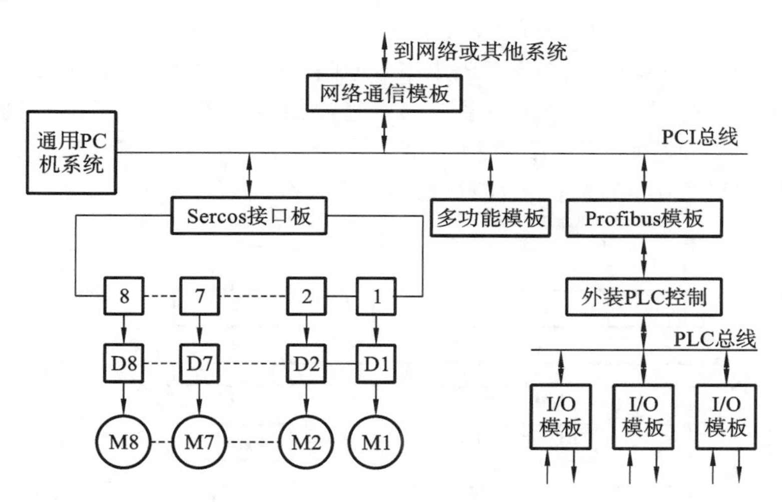

图 3-54　基于现场总线接口卡的 CNC 装置

(3) 基于 PC 的多机 CNC 装置实现　基于 PC 的多机 CNC 装置有三种。

①PC 嵌入 NC 的多机 CNC 装置　这类 CNC 装置将 PC 嵌入专用 CNC 装置(在有些情况下也可以是开放的 CNC 装置)，使得专用 CNC 装置可以享用 PC 的部分资源。PC 机主要用于大容量存储、通信、图形显示等后台操作，数字控制的大部分任务(前台任务)主要由专用 CNC 装置完成。数控软件一般是专有的，PC 和专用 CNC 装置一般通过串行线直接相连，如山崎马扎克公司 1998 年推出的 64 位 Mazatrol Fusion 640 CNC 装置。图 3-55 所示是典型的前/后台结构的 PC 嵌入 NC 的多机 CNC 装置构成。

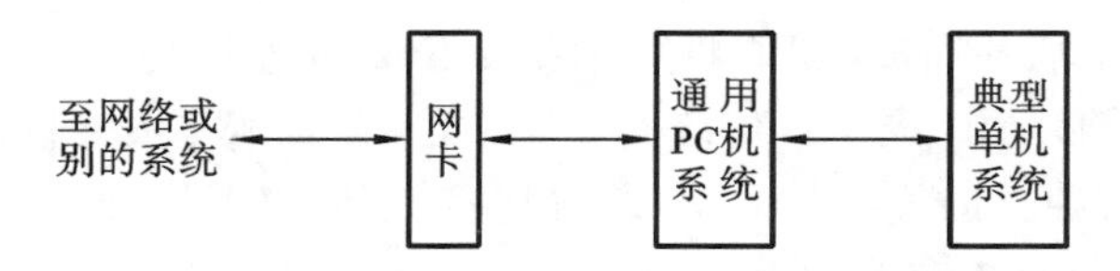

图 3-55　前/后台结构的 PC 嵌入 NC 的多机 CNC 装置构成

②NC 嵌入 PC 的多机 CNC 装置　这类 CNC 装置将专用 NC 控制模板嵌入 PC，PC 与 NC 控制模板用专用总线连接。数控软件通常可区分为系统软件和应用软件，NC 控制模板直接完成加工过程中实时性要求高的任务，其他任务则由运行于 PC 通用操作系统下的软件完成。与第一类结构相比，这种系统可以随加工要求灵活配置 NC 卡的功能，如 FANUC 150/160/180/210 系列的 CNC 装置，以及 SIEMENS 公司的 SINUMERIK 840D CNC 装置。

③基于运动控制器的 CNC 装置　实时性要求较高的运动控制(包括轴控制和机床逻辑控制)任务由独立的运动控制器(运动控制板、智能接口板等)完成，运动控制器通常由以 PC 插件形式的硬件或通过网络连接的嵌入式系统实现。非实时性的数控应用软件(如人机界面、通信和管理诊断软件等)和实时性要求较低的数控应用软件(解释器)以 PC 为计算平台，是主流操作系统之上的标准应用软件，且支持用户定制。

这种类型 CNC 装置的优点是能充分保证系统性能,软件的通用性强,且编程处理灵活。典型产品有美国 Delta Tau 公司用可编程多轴运动控制卡(PMAC)构造的 MAC-NC 开放式 CNC 装置、日本山崎马扎克公司用三菱电机公司的 MELDASMAGIC64 PLC 构造的 Mazatrol40 CNC 装置等。

图 3-56 所示为基于 PMAC 的开放式数控系统结构,该数控系统由 IPC、PMAC 多轴运动控制器、扩展 I/O 板和双端口存储器(DPRAM)构成。IPC 上的 CPU 与 PMAC 的 CPU 构成主从式双微处理器结构,其中 IPC 实现系统的管理功能,PMAC 实现运动控制和 PLC 控制。PMAC 与主机之间的通信可采用两种方式:总线通信方式和 DPRAM 数据通信方式。DPRAM 主要用来与 PMAC 进行快速的数据通信和命令通信。

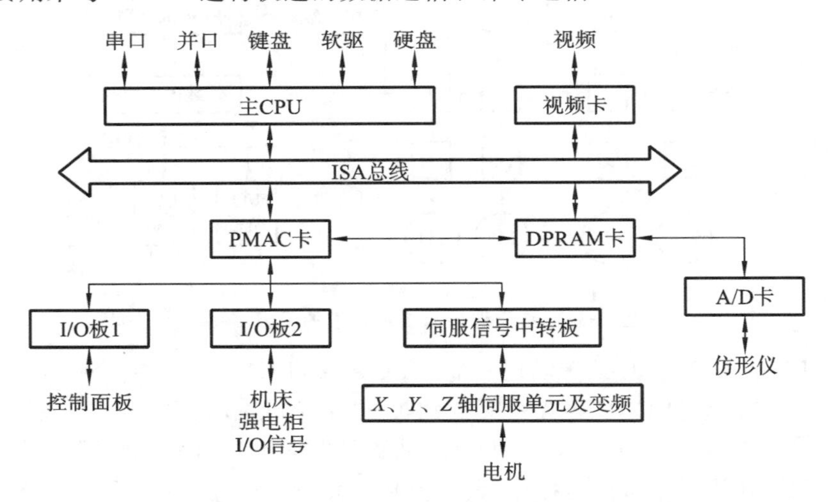

图 3-56　基于 PMAC 的开放式数控系统结构

3.3.3.4　集中式(并行)CNC 装置和分布式(串行)CNC 装置

1. CNC 装置与伺服单元的连接和并行通信

CNC 装置每过一个插补周期,就要将各轴指令位置或速度传输到各轴伺服单元,由伺服驱动系统完成位置或速度 PID 控制。传统 CNC 装置和各伺服单元之间多采用并行通信方式,每个伺服单元各有一根独立的线缆与 CNC 装置连接,采用模拟信号或脉冲串信号形式实现位置或速度指令的传输,如图 3-57 所示。

若指令采用模拟信号(由周期指令给定速度,在 CNC 装置中实现位置环),则存在精度差、易受干扰等问题;若指令采用脉冲串,如图 3-58 所示,在给定位置增量的同时附带了速度信息,因此脉冲串指令一度得到了广泛的应用。

但脉冲串信号传输位置增量的方式能达到的速度受线缆能传送的脉冲的最高频率的限制,一般线缆能可靠传送的脉冲频率为 500 kHz,当分辨率为 1 μm/脉冲时,能达到的速度只有 30 m/min,远不能满足现代数控机床高速高精的需求。

概括而言,模拟信号和脉冲串信号传输方式存在以下不足:

(1) 可靠性难以保障。信号易受干扰;每个伺服单元都要采用独立的线缆,多轴 CNC 装置线缆接口多,CNC 装置和电气柜之间接线多,可靠性低。

(2) 难以实现高速高精。现代数控机床要求直线位移轴的最小指令单位小到纳米级甚至 0.1 nm,同时快移速度达到 100 m/min 以上,脉冲串信号传输方式不能满足该要求。

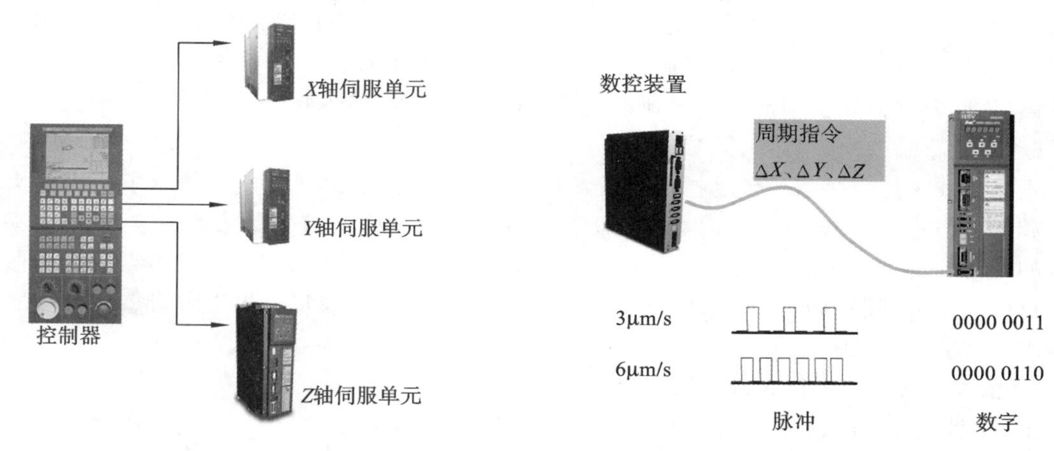

图 3-57　CNC 装置和伺服单元的并行连接　　**图 3-58　脉冲串式传输位置增量示意图**

(3) 扩展性差。龙门五轴机床、车铣复合机床以及其他多轴多通道设备，伺服控制的物理轴少则有 5 个，多则有 10 个。每增加一个物理轴，相应的伺服单元都要一个独立的线缆与 CNC 装置相连，CNC 装置就需要在硬件上扩展一个轴的控制接口，难以实现。

2. 基于现场总线的数控系统设备连接与串行通信原理

采用现场总线实现 CNC 装置与伺服单元的连接和数据交换可以解决上述问题。以达到高速高精要求所需的指令传输为例，当机床轴以 120 m/min 的速度运行，插补周期为 1 ms，最小指令单位为 0.1 nm 时，若用脉冲串信号传输指令，则一个周期的指令增量为 2.0×10^{7} 个脉冲，脉冲串的频率将高达 20 000 MHz。若用现场总线，采用数字信号传输指令，则只需要每过一个插补周期，发送数字 20 000 000 到伺服单元即可。

某基于现场总线的数控系统的设备连接情况如图 3-59 所示。

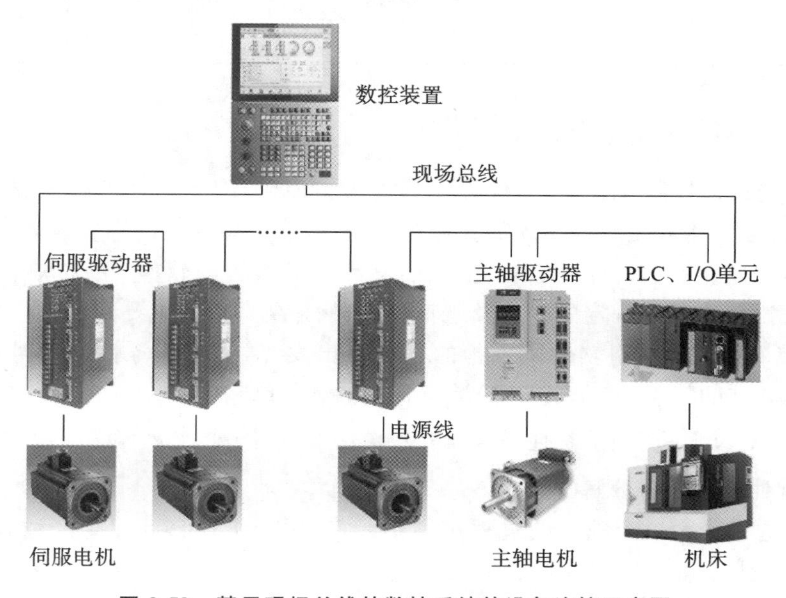

图 3-59　基于现场总线的数控系统的设备连接示意图

采用现场总线时 CNC 装置和伺服单元之间一般采用串行方式连接，CNC 装置是总线的主站,伺服单元是从站。通信过程为:每一个通信周期,CNC装置将产生的指令打包成数据帧,沿串行线路,依次传输到各轴伺服单元的从站模块;伺服单元从站模块将传给自己的指令数据读出,同时将需要反馈的数据写到数据帧中特定的位置,实现状态数据(如编码器位置)的反馈。

现场总线采用数字信号传输指令与反馈信息,不仅解决了达到高速高精要求所需的大数指令和反馈信息的传输问题,同时数字通信的可靠性远高于模拟信号和脉冲串信号,而且采用现有的主流现场总线协议,一个主站支持的从站数可以多达127个,即一个数控系统的控制器主站可以连接的伺服单元、I/O单元可以达到127个,完全可以满足数控系统设备的互连和通信需求。

3. 国内外实时工业以太网总线对比

由于现场总线可以解决集中式(并行)CNC装置存在的问题,当今主流的数控系统都采用现场总线实现设备间的连接和通信。表3-12是国内外四种典型的基于以太网的现场总线标准在主要性能指标上的对比。

表3-12 典型的基于以太网的现场总线标准对比

比较项	EtherCAT	Profinet IRT	SERCOS Ⅲ	NCUC2.0
最小周期	31.25 μs	250 μs	31.25 μs	31.25 μs
从站处理时间	300~350 ns	2~3 μs	300~350 ns	280~320 ns
最大从站节点数	127	—	—	255
拓扑结构	星、树、线、环 (灵活拓扑)	星、树、线 (受配置限制)	线、环 (受限)	星、树、线、环 (灵活拓扑)
同步方法	分布式时钟	IEEE1588+ 时间槽调度	主节点+ 循环周期	分布式时钟& 帧同步
同步抖动	≪1 μs	<1 μs	<1 μs	≪1 μs

3.3.4 CNC装置的软件结构

CNC装置的许多控制任务,如零件程序的输入与译码、刀具半径的补偿、插补运算、位置控制以及精度补偿等都是由软件实现的。从逻辑上讲,这些任务之间存在着耦合关系;从时间上讲,这些任务之间存在着时序配合问题。在设计CNC装置的软件(系统软件)时,如何组织和协调这些任务,使之满足一定的时序及逻辑关系,就是要考虑的主要问题。

本节将以CNC装置控制软件所承担的任务为出发点,从多任务性和实时性的角度分析CNC装置控制软件的特点,并介绍CNC装置常用的软件结构。

3.3.4.1 CNC软件的多任务分解及多任务并行处理性质

1. CNC软件的多任务分解

CNC装置通常作为一个独立的过程控制单元,作用于工业自动化生产过程,因此其系统软件有管理和控制两大任务。

管理任务主要是指系统的人机界面和数据管理,包括零件程序的输入/输出、程序编辑、程序运行、参数设置、显示、诊断、通信等人机界面的操作,以及机床参数、刀具参数、坐标系偏置信息、零件程序等各种数据文件的管理,这类任务的实时性要求相对较低。而控制任务包括译码、刀补、运动规划、插补运算、位置控制、PLC控制等,主要属于CNC装置的基本功能范畴,是强实时性任务。图3-60是CNC装置的多任务分解图。

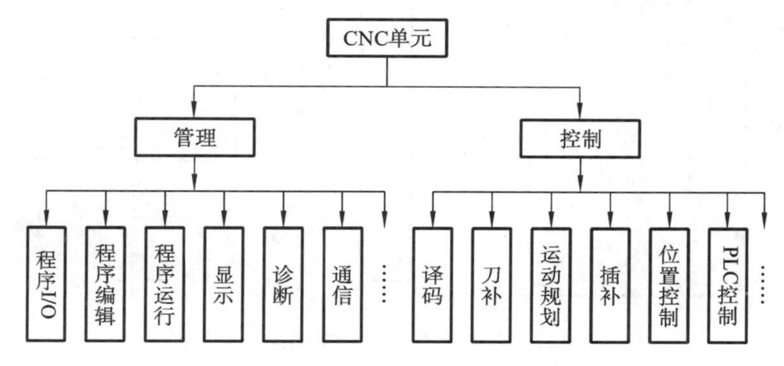

图3-60　CNC装置的多任务分解

2. CNC软件的多任务并行处理性质

完成数控加工不能简单地顺序执行上述各任务,而必须同时进行多个任务的处理,即并行处理。并行处理是指软件系统在同一时刻或同一时间间隔内完成两个或两个以上任务的处理方法。例如,为使操作人员能及时了解CNC装置的工作状态,软件中的显示模块(管理任务)必须与控制任务同时执行,这是控制任务与管理的并行;对于管理任务也是如此,当用户将程序输入CNC装置时,CRT上要实时显示输入的内容;对于控制任务更是如此,为了保证加工的连续性,即刀具在程序段转换间不停刀,译码、刀补、运动规划、插补运算以及位置控制必须同时不间断执行。图3-61是CNC装置多任务并行处理关系图,其中双箭头表示两者间有并行处理关系。

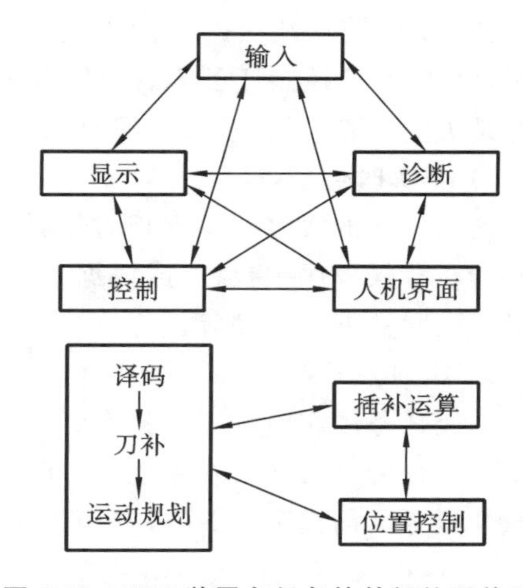

图3-61　CNC装置多任务的并行处理关系

3.3.4.2　CNC软件任务的实时性及实时任务的层次结构

1. CNC软件任务的实时性

任务实时性是指任务的执行有严格时间要求,即必须在规定时间内完成或响应任务,否则将导致系统产生错误的结果甚至崩溃。CNC装置软件的任务就是典型的实时性任务,譬如插补、位置控制等都必须在规定时间内完成。

2. 实时任务的层次结构及调用属性

根据任务对实时性要求的高低,CNC装置软件实时任务可分为强实时性任务、实时性任务和弱实时性任务,如图3-62所示。

1) 强实时性任务

这类任务的实时性要求相对较高,包括实时突发性任务和实时周期性任务。

(1) 实时突发性任务:此类任务的发生具有随机性和突发性,主要包括机床I/O中断(如紧急停止、到达限位位置、到达机床参考点等事件引起的中断)、硬件故障中断(如板卡出错、存储器出错、定时器出错等导致的中断)、软件故障中断(如溢出、除零错误等导致的中断)、操作面板以及键盘输入中断等(也可把除了紧急停止之外的键盘和操作面板输入中断作为实时周

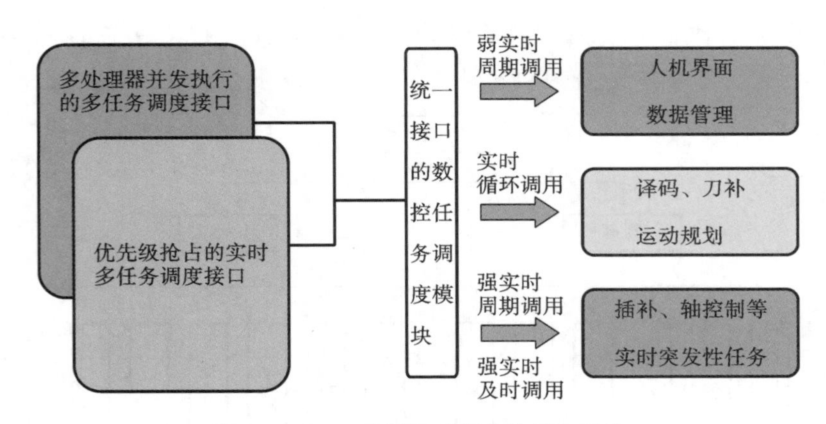

图 3-62　CNC 装置实时任务的层次结构

期性任务来执行，甚至用查询的方法来处理键盘和操作面板输入中断）。

(2) 实时周期性任务：此类任务是精确地按一定时间间隔发生的，主要包括插补运算、位置控制，以及 PLC 控制任务等。为保证加工精度和加工过程的连续性，确保这类任务处理的实时性是关键。除系统故障外，实时周期性任务不允许被其他任何任务中断。

2）弱实时性任务

这类任务的实时性要求相对较弱，只需保证在某段时间内执行即可，在系统设计时，或将其安排在背景程序中执行，或根据重要性将其设置在较低级别的中断中。这类任务主要包括人机界面和数据的管理等。

3）实时性任务

这类任务的实时性介于强实时性任务和弱实时性任务之间，包括译码、刀补、运动规划等插补前的预处理工作。在系统设计时，一般将其设计为循环调用的条件任务，即在保证完成强实时性任务的前提下，CNC 装置可见缝插针地利用 CPU 的空闲时间去处理这类任务。

3.3.4.3　CNC 系统软件多任务的调度方法

CNC 系统软件的多任务并行处理特点及实时性要求，决定了 CNC 系统是一个专用的实时多任务操作系统，为此需要设计任务调度模块来实现上述多任务的调度，以保证 CNC 装置内各功能模块的协调运作。

通常多任务系统的任务调度方法有：循环调度法，包括简单循环调度法、时间片轮换调度法；优先调度法，包括抢占式优先调度法、非抢占式优先调度法，其中抢占式优先调度法是实时性最强的一种调度方法，采用这种调度方法，CPU 正在执行某任务时，若另一优先级更高的任务请求执行，CPU 将立即中断正在执行的任务转而响应优先级高任务的请求。

1. 强实时任务的中断处理和抢占式优先调度机制

CNC 装置对强实时性任务一般采用实时中断的方式处理，故采用抢占式优先调度法对强实时性任务进行调度，即根据实时性强弱为任务分配优先级别，高优先级的任务优先得到响应，且 CPU 接到高优先级任务的执行请求时可以中断低优先级任务，使高优先级任务得到抢占执行。

抢占式优先调度机制是由硬件和软件共同实现的，硬件主要提供支持中断功能的芯片和电路，如中断管理芯片（8259 或功能相同的芯片）、定时器计数器（8253、8254）等。软件主要完成对硬件芯片的初始化、任务优先级的定义、任务切换处理（断点的保护与恢复、中断向量的保存与恢复等)等。

2. 弱实时性任务的时间片轮换循环调度

对于弱实时性任务,CNC装置一般采用时间片轮换调度法进行循环调度:在一定的时间长度(通常称为时间片)内,根据各任务实时性强弱,规定它们占用CPU的时间,使它们按规定顺序分时共享系统资源。时间片的选择应合理,过大的时间片将使系统的实时性受损,过小的时间片将使任务切换太频繁,从而会增加系统的消耗。

因此,在采用时间片轮换调度法时,首先要解决CPU资源的分配问题:其一是任务的优先级分配问题,即要确定各任务占用CPU的优先次序;其二是时间片的分配问题,即要确定各任务允许占用CPU的时间长度极限。

对于弱实时性任务,也有CNC装置是采用非抢占式优先调度法来实现调度的。

3. 时间片轮换循环调度加抢占式优先调度

在CNC装置中,通常采用时间片轮换循环调度和抢占式优先调度相结合的方法来实现任务调度。图3-63是一个典型的单处理器CNC装置任务调度时间分配图。

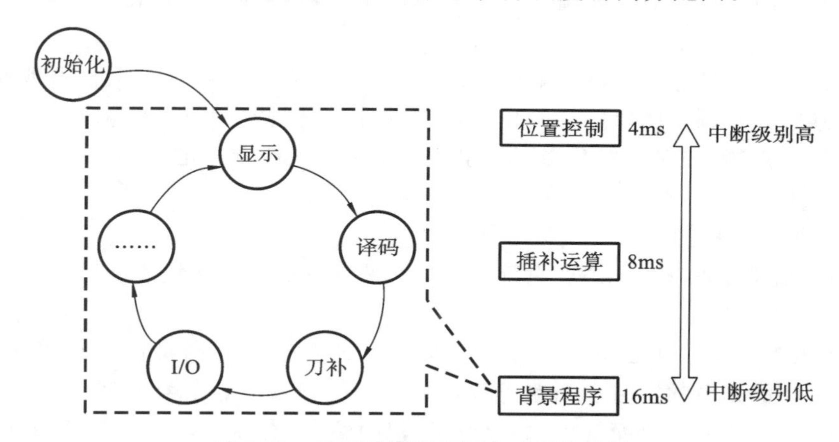

图3-63　CNC装置任务调度时间分配图

系统在完成初始化后自动进入由各任务构成的时间分配环中,在环中轮流处理各任务,只要当前任务允许占用CPU的时间达到极限值,不论当前任务是否执行完,当前任务都将暂时释放CPU,将CPU让给另一正在等待执行的任务,直到再次轮到该任务占用CPU时,该任务才重新占用CPU,CPU自动从断点处开始继续执行该任务。而一些实时性很强的任务则安排在环外,分别放在不同的优先级上,可随时中断环内各任务的执行。各任务在运行中占用CPU时间的情况如图3-64所示。

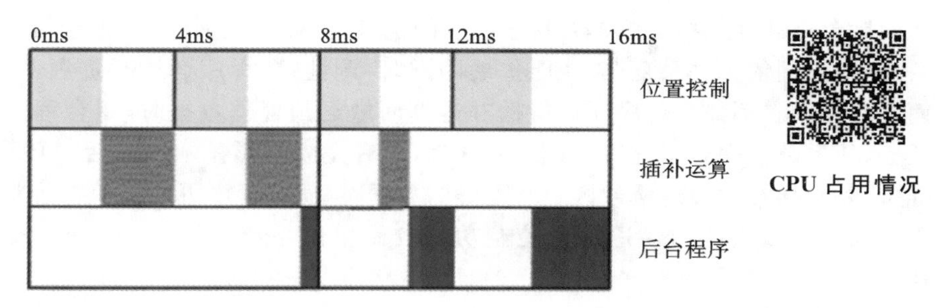

图3-64　各任务在运行中占用CPU时间的情况

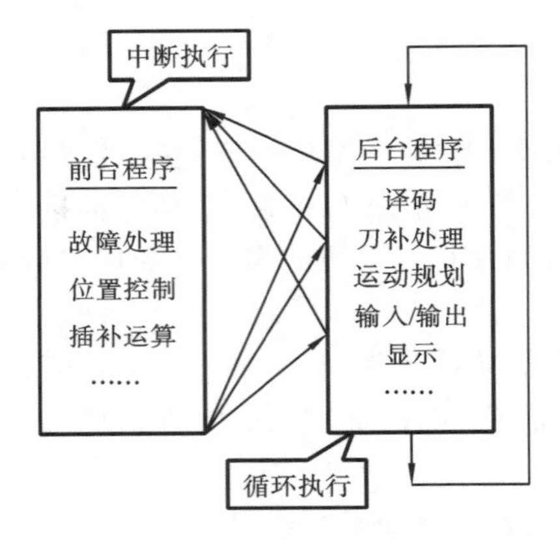

图 3-65 前后台型软件结构

由图 3-65 可以看出：

①在任何一个时刻只有一个任务占用 CPU；

②从一个时间片（如 8 ms 或 16 ms）来看，CPU 并行地执行了多个任务。

因此，时间片轮换循环调度实现的并行处理只具有宏观上的意义，从微观上来看，各个任务还是顺序执行的。要实现微观上的并行处理，只能采用多处理器结构。

3.3.4.4 CNC 装置的软件结构

CNC 装置的软件结构是指系统软件的组织管理模式，涉及系统任务的划分方式、任务调度机制、任务间的信息交换机制以及系统集成方法等。软件结构要解决的主要问题是如何组织和协调各个任务的执行，使之满足一定的时序配合要求和逻辑关系，以控制 CNC 装置按给定的要求有条不紊地运行。

软件结构与 CNC 装置中软硬件的分工以及软件本身的工作性质相关。一般而言，软件结构首先要受到硬件的限制，但软件结构也有其独立性，对同样的硬件结构，可以配置不同的软件结构。不同结构的软件对系统任务的安排方式不同，管理方式也不同。目前，CNC 装置的软件结构有如下几种。

1. 前后台型软件结构

采用前后台型软件结构的 CNC 系统软件分为两部分——前台程序和后台程序，如图 3-65 所示。

前台程序主要完成插补运算、位置控制、机床 I/O 控制、软硬件故障处理等实时性很强的任务，它们由不同优先级的实时中断服务程序处理；后台程序（或称背景程序）则完成显示、零件程序的输入/输出及人机界面管理（参数设置、程序编辑、文件管理等）、插补预处理（译码、刀补处理、运动规划）等实时性弱的任务，它们被安排在一个循环往复执行的程序环内。

在后台程序运行的过程中，前台实时中断程序不断插入，后台程序按一定的协议通过信息交换缓冲区向前台程序发送数据，同时前台程序向后台程序提供数据及系统运行状态。前后台程序相互配合，共同完成零件加工任务。

前后台型软件结构中实时中断程序与后台程序的关系如图 3-65 所示。前后台型软件结构的任务调度机制是优先抢占调度和顺序调度，其中前台程序的调度采用的是抢占式优先方法，后台程序的调度采用的是顺序调度方法。

前后台型软件结构虽然具有易于实现的优点，但存在致命缺点：由于后台程序是循环执行的，程序模块间依赖关系复杂，功能扩展困难，协调性差，程序运行时资源不能得到合理协调，因而实时性差。例如当程序在执行插补运算而缺乏预处理数据时，后台程序正在执行图形显示任务，使插补程序处于等待（空插补）状态，只有完成图形显示任务后，CPU 才有时间进行插补准备，等到插补预处理缓冲区中有写好的数据时，插补程序可能已等待了整整一个后台程序循环周期。所以该结构仅适用于控制功能较简单的系统。早期的 CNC 系统大都采用这种结构。

2. 中断型软件结构

在中断型软件结构中，除了初始化程序之外，整个系统软件的各种任务模块按轻重缓急分别安排在不同级别的中断服务程序中。整个软件就是一个大的中断系统，由中断管理系统（由硬件和软件组成）对各级中断服务程序实施调度管理。

中断型软件结构如图 3-66 所示。

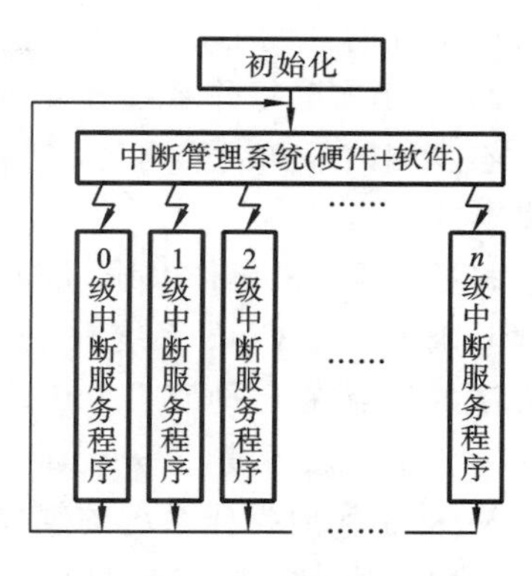

图 3-66　中断型软件结构

中断型软件结构的任务调度机制是抢占式优先调度，各级中断服务程序之间的信息交换通过缓冲区来进行。由于系统的中断级别较多（最多可达 8 级），可将强实时性任务安排在优先级较高的中断服务程序中，因此这类系统的实时性好，但模块间的关系复杂，耦合度大，不利于对系统的维护和扩充。20 世纪 80 年代至 90 年代初的 CNC 系统大多采用的是这种结构。

3. 基于实时操作系统的软件结构

实时操作系统（real time operating system，RTOS）是操作系统的一个重要分支，它除了具有通用操作系统的功能外，还具有任务管理、多种实时任务调度（如抢占式优先调度、时间片轮换调度等）、任务间的通信（如通过邮箱、消息队列、信号灯等通信）等功能。由此可知，CNC 系统软件完全可以在实时操作系统的基础上进行开发。

1）基于实时操作系统的软件结构优点

（1）弱化功能模块间的耦合关系。CNC 系统软件各功能模块之间在逻辑上存在耦合关系，在时间上存在时序配合关系。为了协调和组织它们，前述软件结构中需采用许多全局变量标志和判断、分支结构，致使各模块间的关系复杂。

基于实时操作系统的软件结构中，设计者只需考虑模块自身功能的实现，然后将各模块按规则与实时操作系统连接，而模块间的调用、信息交换等功能都由实时操作系统来实现，从而弱化了模块间的耦合关系。基于实时操作系统的软件结构如图 3-67 所示。

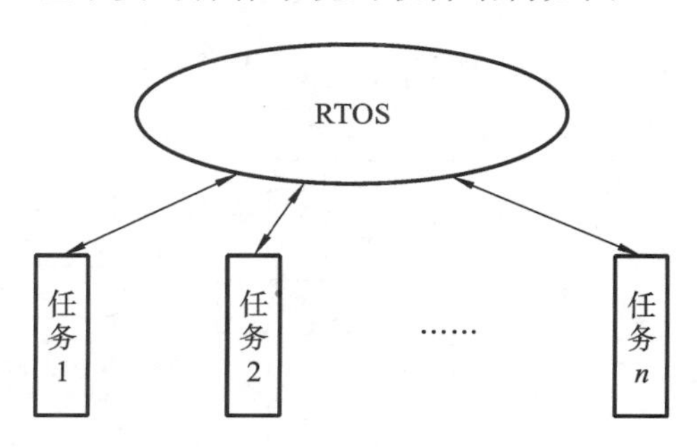

图 3-67　基于实时操作系统的软件结构

（2）系统的开放性和可维护性好。从本质上讲，前后台型软件结构和中断型软件结构采用的均是单一流程加中断控制的机制，一旦开发完毕，系统将是完全封闭的（对系统的开发者也是如此），对系统进行功能扩充和修改将很困难。若采用基于实时操作系统的软件结构，要对系统功能进行扩充或修改，只需将编写好的任务模块（模块程序加上任务控制块（TCB））与实时操作系统相连接（按要求进行编译）即可，故采用基于实时操作系统的软件的 CNC 装置具有良好的开放性和可维护性。

（3）减少系统开发的工作量。在 CNC 装置软件开发中，系统内核（实现任务管理、调度、通信）的设计开发往往很复杂而且工作量也相当大。基于现有实时操作系统开发系统内核，可大大减少系统的开发工作量和开发周期。

2) 基于实时操作系统开发 CNC 系统软件的方法

不少国内外知名 CNC 系统厂家采用了在商品化的实时操作系统下开发的 CNC 系统软件开发方式。

将通用 PC 机操作系统(DOS、LINUX、Windows)加实时内核扩展成实时操作系统,然后在此基础上开发 CNC 系统软件。目前国内有些 CNC 系统的生产厂家就是采用的这种方法。该方法的优点在于 DOS、LINUX、Windows 是得到普遍应用的操作系统,开发工具相对较全面,扩充、扩展较容易,特别是前两种操作系统软件还是免费的。

3) 基于实时操作系统的软件结构实例

下面以华中数控装置 HNC-21/22/18/19/210 为例介绍基于实时操作系统的 CNC 系统软件结构的具体实现。该数控装置以 DOS 操作系统+实时扩展模块(RTM)构造软件支持环境,实现了一个开放式的 CNC 装置软件平台,提供了方便的二次开发环境。

(1) 软件结构　该数控装置的软件结构如图 3-68 所示。图中虚线以下的部分为底层软件,为软件平台,其中 RTM(RTM 通过修改 DOS 系统的 INT08 中断功能实现)为实时多任务管理模块,负责 CNC 装置的任务管理和调度。NCBIOS 模块为 CNC 装置的基本 I/O 系统,管理 CNC 装置所有的外部控制对象,实现设备驱动程序管理、位置控制、PLC 控制、插补计算和内部监控等功能。虚线以上的部分为过程层(应用层)软件,包括编辑程序、参数设置、译码、PLC 管理、MDI、故障显示等与用户操作有关的功能模块。不同数控装置的功能区别表现在这一层,或者说功能的增减均在这一层进行,各功能模块都可通过 NCBIOS 模块与底层进行信息交换,从而使该层的功能模块与系统的硬件无关。

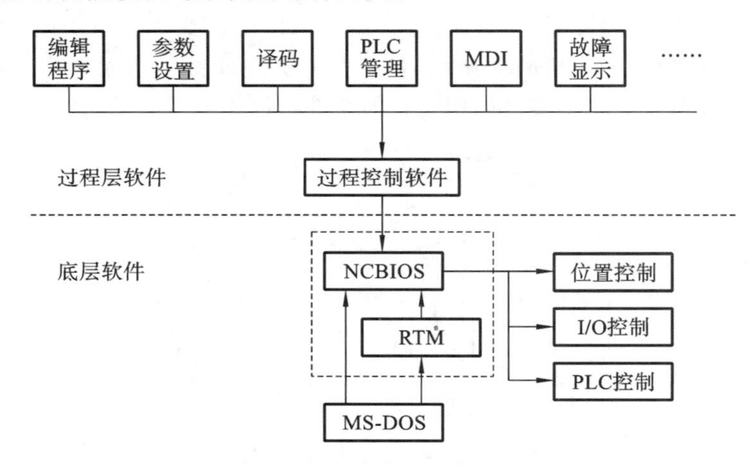

图 3-68　华中世纪星数控装置的软件结构

(2) 实时多任务调度　根据 CNC 装置的特点,可将 CNC 装置的任务划分为八个,按优先级从高到低排列如下(括号内标有时间的为定时任务,该时间为定时时间):

①位置控制任务(4 ms);

②插补计算任务(8 ms);

③数据采集任务(12 ms);

④PLC 任务(16 ms);

⑤刀补运算任务(条件启动任务,有空闲刀补缓冲区时启动);

⑥译码任务(条件启动任务,有空闲译码缓冲区时启动);

⑦动态显示任务(96 ms);

⑧人机界面管理(菜单管理,一次性死循环任务)。

采用抢占式优先调度加时间片轮换调度的方法,调度核心由时钟中断服务程序和任务调度程序组成,如图 3-69 所示。根据任务的状态,调度核心对任务实行管理,即决定当前哪个任务获得 CPU 使用权,系统中各任务只有通过调度核心才能运行或终止。

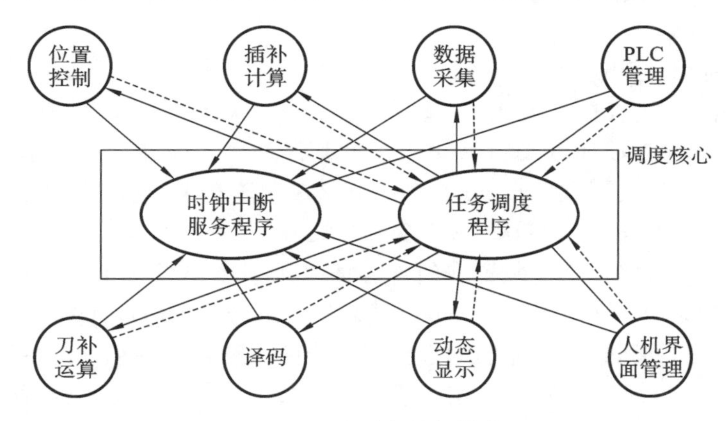

图 3-69　实时多任务调度

图 3-69 描述了各任务与调度核心的关系,图中的实线表示从调度核心进入任务,或任务在一个时间片内未运行完返回调度核心,虚线表示任务在时间片内运行完毕返回调度核心。

(3) 设备驱动程序的管理　对于不同的控制对象,如加工中心、铣床、车床、磨床等,或控制对象相同而采用不同的伺服驱动系统时,CNC 装置的硬件配置可能不同,而采用不同的硬件模块必须选用相应的驱动程序驱动,即若更换模块则必须更换驱动程序。

在配置系统时,所有用到的板卡都要在 NCBIOS 模块的 NCBIOS.CFG 文件(类似于 DOS 的 Config 文件)中说明,说明格式为 DEVICE=板卡驱动程序名(扩展名一般为.DRV,如世纪星主板驱动程序为 HNC-21.DRV)。NCBIOS 根据 NCBIOS.CFG 的预先设置,调入对应板卡的驱动程序,建立相应的接口管道。

3.4　国内外常见 CNC 装置简介

CNC 装置种类繁多,目前在我国较为流行的主要有:日本的 FANUC 系列、德国 SIEMENS 公司的 SINUMERIK 系列、德国的 HEIDENHAIN 系列、日本的 MITSUBISHI(三菱)、西班牙的 FAGOR、意大利的 FIDIA、美国的 HAAS 等 CNC 装置,以及国产的华中数控系列产品、广州数控(全名为广州数控设备有限公司)系列产品等。

3.4.1　FANUC 系列 CNC 装置

1. 主要特点

FANUC 系列 CNC 装置市场占有率远超其他 CNC 装置,其最大特点是产品丰富,涵盖高、中、低档各种机床和生产机械,具有质量高、性能高、功能全等优点,主要体现在以下几个方面。

(1) 系统设计大量采用模块化结构,易于拆装,可靠性高,便于维修、更换。

(2) 具有很强的抵抗恶劣环境影响的能力,并有完善的保护措施,系统采用较好的保护电路,适应较为宽泛的工作条件。

(3) 具有齐全的基本功能和选项功能,且基本功能能满足一般机床的使用要求。

(4) 提供丰富的PLC信号和PLC功能指令,便于用户PLC编程。

(5) 提供RS232C串行传输接口,具有高速、可靠的DNC功能。

(6) 提供丰富的维修报警和诊断功能,便于日常维护和故障排除。

2. 常用系列

1) 高性价比的0i系列

拥有整体软件功能包,具有高速、高精加工能力,并具有网络功能。FANUC 0i-MB/MA用于加工中心和铣床,四轴四联动;FANUC 0i-TB/TA用于车床,四轴两联动;FANUC 0i-mate MA用于铣床,三轴三联动;FANUC 0i-mateTA用于车床,两轴两联动。

2) 高度模块化的FANUC 16i/18i/21i系列

如图3-70所示,该系列CNC装置在硬件方面采用了模块式多主总线(FANUC BUS)结构,为多处理器控制系统。主CPU为68020,同时还有一个子CPU,可配置备有7、9、11或13个槽的控制单元母板,并可以根据需要通过搭建功能模块组合成由小到大各种规模的系统,控制轴数为2～15,同时还有PMC轴控制功能、RS422接口以及远距离缓冲功能。其中:FANUC 16i-MB的插补、位置检测和伺服控制以纳米为单位;FANUC 16i最大可控轴数为8,六轴联动;FANUC 18i最大可控轴数为6,四轴联动;FANUC 21i最大可控轴数为4,四轴联动。

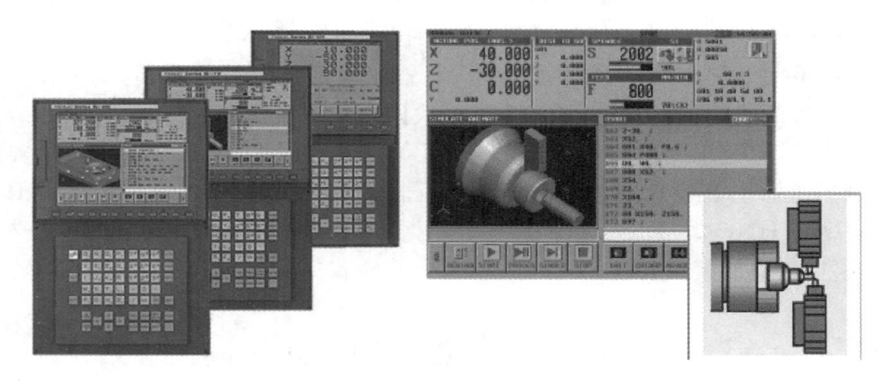

图3-70 FANUC 16i/18i/21i系列CNC装置操作面板及人机界面

3) 具有网络功能的30i/31i/32i/35i系列

超小型、超薄型控制单元与LCD集成于一体,具有网络功能,能进行超高速串行数据通信。其硬件结构采用CNC内嵌PC形式,由NC卡完成高实时性要求的数控运算和PLC控制功能,PC完成操作界面、编程、数据管理、网络等实时性要求相对较低的功能。CNC单元与伺服放大器之间的信号传输采用FANUC串行伺服总线FSSB,I/O接口采用FANUC I/O link或Profibus接口。

3.4.2 SIEMENS公司的SINUMERIK系列CNC装置

1. 主要特点及常用系列

SINUMERIK系列装置采用模块化结构设计,经济性好,在一种标准硬件上配置多种软件，具有多种工艺类型，满足各种机床的需要，其主要特点有：

①具有高度模块化及规范化结构，将 CNC 和驱动控制功能集成在一块板上。

②一般采用多微处理器结构，各微处理器既相互分工，又互为支持。

③具有较为完善的软件支持，支持多种操作系统的内核程序、多种数控功能的内核程序以及 PLC，支持多种数据通信接口程序等。

其他特点基本与 FANUC CNC 装置类似。

SIEMENS CNC 装置在我国常用的系列有：802 系列、810 系列和 SINUMERIK 840 系列。

2. 典型 SIEMENS CNC 装置的软硬件结构

以我国数控机床企业大量使用的 SINUMERIK 840D 为例。SINUMERIK 840D 是全数字化 CNC 装置，采用了三个 CPU：人机通信 CPU(MMC-CPU)、数字控制 CPU(NC-CPU)和可编程逻辑控制器 CPU(PLC-CPU)。在物理结构上，NC-CPU 和 PLC-CPU 合为一体，合成在数控单元(numerical control unit，NCU)中，但二者在逻辑功能上相互独立，如图 3-71 所示。

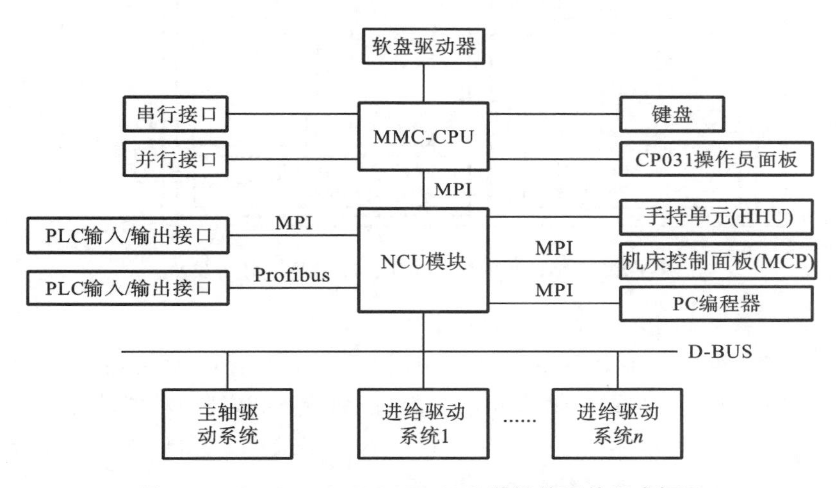

图 3-71　SINUMERIK 840D CNC 装置的硬件组成框图

NCU 是 840D CNC 装置的控制中心和信息处理中心，CNC 装置的直线插补、圆弧插补等轨迹运算和控制功能、PLC 系统的算术运算和逻辑运算功能都是通过 NCU 实现的。

MMC-CPU 主要用于完成机床与外界及与 PLC-CPU、NC-CPU 之间的通信，内带硬盘，用于存储系统程序、参数等。此外，SINUMERIK 840D 还为用户提供了一个功能友好的操作面板，可实现数据及图形显示、人机界面管理，以及编辑、修改程序和参数等功能操作。SINUMERIK 840D CNC 装置的软件结构如图 3-72 所示。

SINUMERIK 840D 软件系统包括四大类：MMC 软件系统、NC 软件系统、PLC 软件系统、通信及驱动接口软件系统。

1) MMC 软件系统

MMC102/103 以上的系统均带有硬盘，内装有基本 I/O 系统(BIOS)、DR-DOS 内核操作系统、Windows 操作系统，以及串口、并口、鼠标和键盘接口等的驱动程序，支撑系统与外界 MMC-CPU、PLC-CPU、NC-CPU 的通信及任务协调。

2) NC 软件系统

NC 软件系统包括：

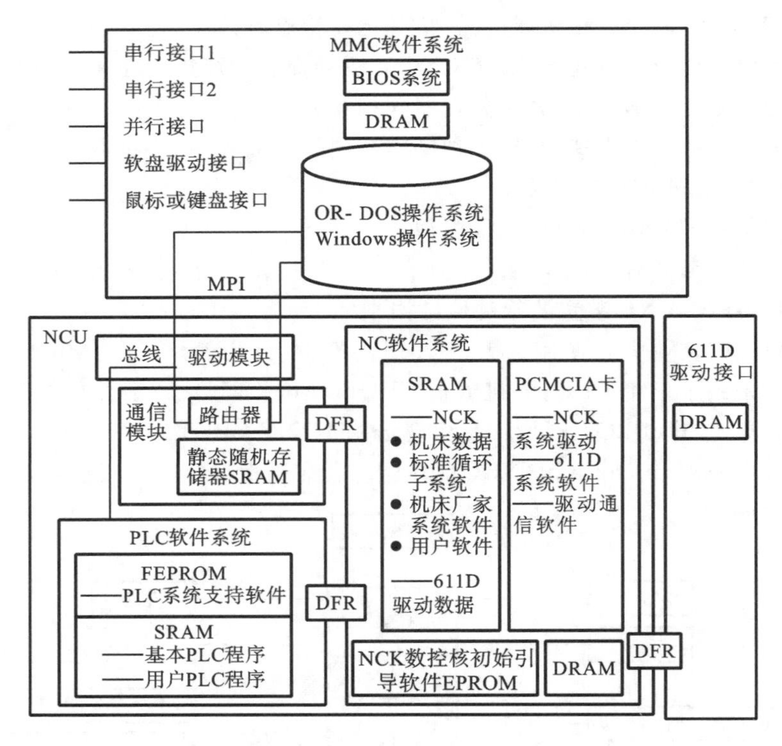

图 3-72　SINUMERIK 840D CNC 装置的软件结构

(1) NCK 数控核初始引导软件:该软件固化在 EPROM 中。

(2) NCK 数控核数字控制软件系统:包括机床数据和标准循环子系统,是 SIEMENS 公司为提高系统的使用效能而开发的一些常用的车削、铣削、钻削和镗削功能软件。

(3) SINUMERIK 611D 驱动数据,它是指 SINUMERIK 840D 数控装置所配套使用的 SIMODRIVE 611D 数字式驱动系统的相关参数。

(4) PCMCIA 卡软件系统:在 NCU 上设置有一个 PCMCIA 插槽,用于安装 PCMCIA 个人计算机存储卡,卡内预装有 NCK 驱动软件和驱动通信软件等。

3) PLC 软件系统

PLC 软件系统包括 PLC 系统支持软件和 PLC 程序。

4) 通信及驱动接口软件

用于实现 PLC-CPU、NC-CPU 和 MMC-CPU 三者间的通信,通信采用 MPI(多点接口)通信协议或 Profibus 现场总线。

3.4.3　HEIDENHAIN CNC 装置

1. 主要特点及常用系列

HEIDENHAIN CNC 装置主要面向高档机床,在我国使用较多的是用于加工中心的各类系统,如图 3-73 所示。其主要特点如下:

(1) 控制单元通过数字接口进行连接,其各类数字化接口采用自行设计和定义的标准,如 HSCI(HEIDENHAIN serial controller interface,海德汉串行控制器接口)快速以太网实时协议,具有较高的数据传输速率和可靠性。编码器通过纯数字接口 EnDat2.2 相连接,整个系统

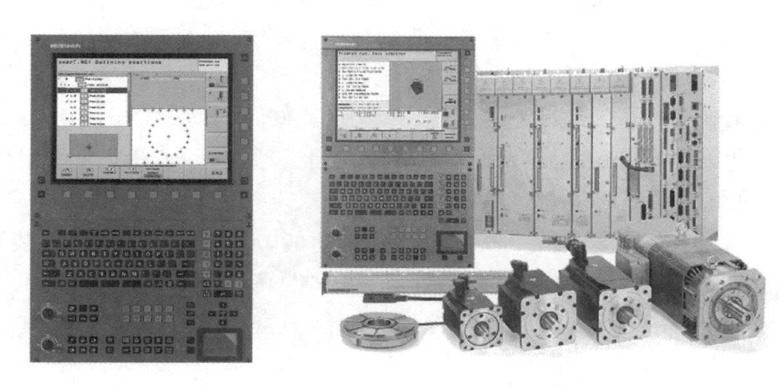

图 3-73　HEIDENHAIN CNC 装置人机界面和驱动装置

实现了信号无噪声处理，具备完善的诊断功能和较好的适用性。

(2) 数字化的电机控制可获得更高的速度。如当插补轴数达到 5 时，HEIDENHAIN TNC620 CNC 装置通过数字化控制的主轴速度可达 60000 r/min。

(3) 集成了位置控制单元和速度控制单元，并可根据需求集成电流控制器。

在我国常用的 HEIDENHAIN CNC 装置有 iTNC 530、TNC 620 和 MANUALplus 620 等。

2. 典型 HEIDENHAIN CNC 装置的软硬件结构

下面以 iTNC 530 为例简单介绍 HEIDENHAIN CNC 装置。该 CNC 装置包含主机单元和控制单元两个部分。主机单元采用 intel 处理器以及 AGP(加速图形接口)显示卡，并带有各类数据通信接口(如 Ethernet、RS232、RS422、USB 接口)，是典型的基于 PC 的系统。控制单元采用 DSP，可完成位置反馈和速度反馈的采集以及位置环、速度环和电流环的调控，实现位置环、速度环和电流环的数字化控制，如图 3-74 所示。

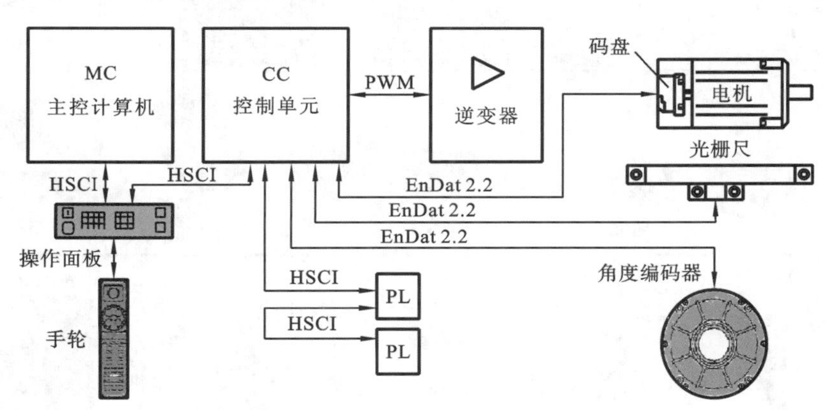

图 3-74　全数字控制接口的数控装置

3.4.4　华中数控 HNC 系列 CNC 装置

1. 主要特点

华中数控 HNC 系列 CNC 装置主要包括 HNC-Ⅰ、HNC-2000、HNC-18/19、HNC-21/22、HNC-210、HNC-32、HNC-8 和新一代智能数控系统 HNC-9 等。HNC-8 系列 CNC 装置是目前市场上的主要产品。HNC-8 系列 CNC 装置的主要特点有：

(1) 采用开放式、全数字、总线式体系结构,支持多种现场总线(如 NCUC、ETHERCAT 总线)。

(2) 支持多主结构,采用分布式处理方法,系统性能好、可扩展性好。

(3) 采用模块化设计,系统的裁剪和互联非常方便。通过裁剪和组合可衍生不同级别、档次的产品,能够满足低、中、高不同档次实际应用的需求。

(4) 支持深度二次开发,便于添加各种先进控制功能,形成各类专用数控装置。

(5) 采用全密封、无风扇、无电池设计,系统的可靠性高。

(6) 核心控制软件支持跨平台移植,数控控制功能丰富可靠。

2. HNC-8 系列 CNC 装置介绍

HNC-8 系列 CNC 装置为新一代基于多处理器的总线型高档数控装置,多处理器上分别执行人机界面管理、数控核心软件运行及 PLC 管理任务,充分满足运动控制和高速 PLC 控制的强实时性要求,人机界面操作安全友好。采用新型总线技术,突破了传统伺服系统在高速高精条件下数据传输的瓶颈,在极高精度和分辨率的情况下可获得更高的速度,极大提高了系统的性能。HNC-8 系列 CNC 装置功能丰富,性能先进:最多支持八通道信号传输,每通道最多支持八轴联动;插补周期可设置,最小可达 0.2 ms;可同时建立 48 个工件坐标系,刀具管理功能达 1000 个以上;系统内嵌 PLC 模块,支持梯形图编程;具有区域保护功能,实现了 2/3 维区域保护;支持加工仿真以及加工过程三维实体显示;具有热变形误差补偿及挠度补偿等功能。HNC-8 系列 CNC 装置如图 3-75 所示。

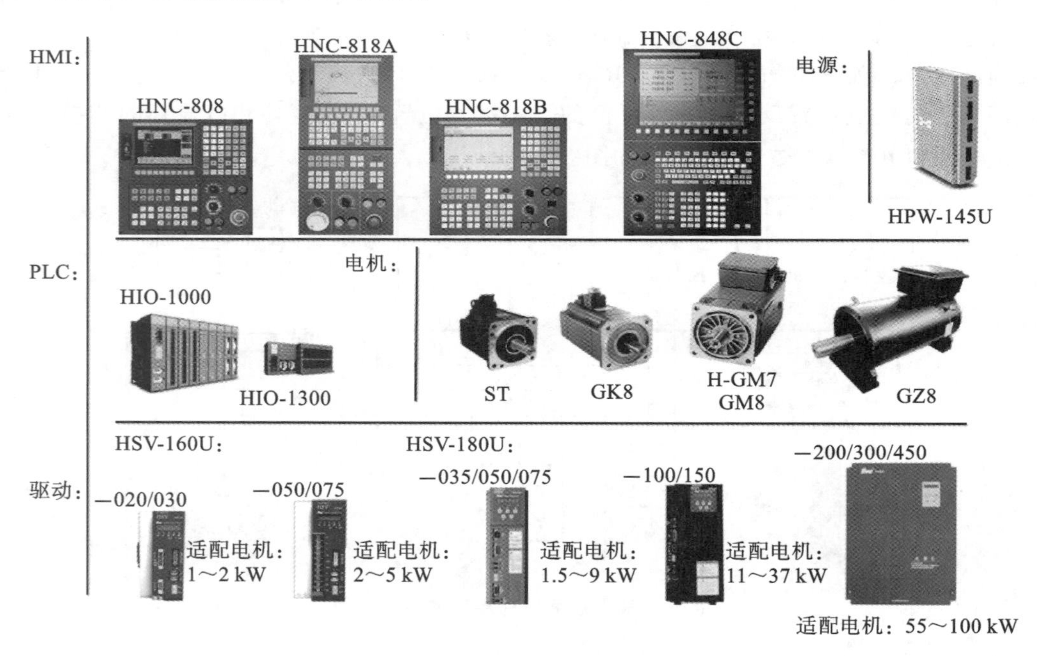

图 3-75 HNC-8 系列 CNC 装置

HNC-8 系列 CNC 装置硬件架构采取上下位机的模式,如图 3-76 所示。上位机通过广域网与本地服务器相连,通过 VGA(视频图形阵列)或 USB 接口与触摸屏显示模块相连,通过 USB 接口和人脸识别模块相连;下位机通过 PCIe 接口和 WiFi 蓝牙模块相连,通过 USB 接口和键盘模块相连,通过 NCUC 总线和主轴驱动模块、伺服驱动模块、智能控制模块、I/O 模块相连。该系统支持多种拓扑结构，方便实现硬件的任意扩充，可满足硬件开放性要求。

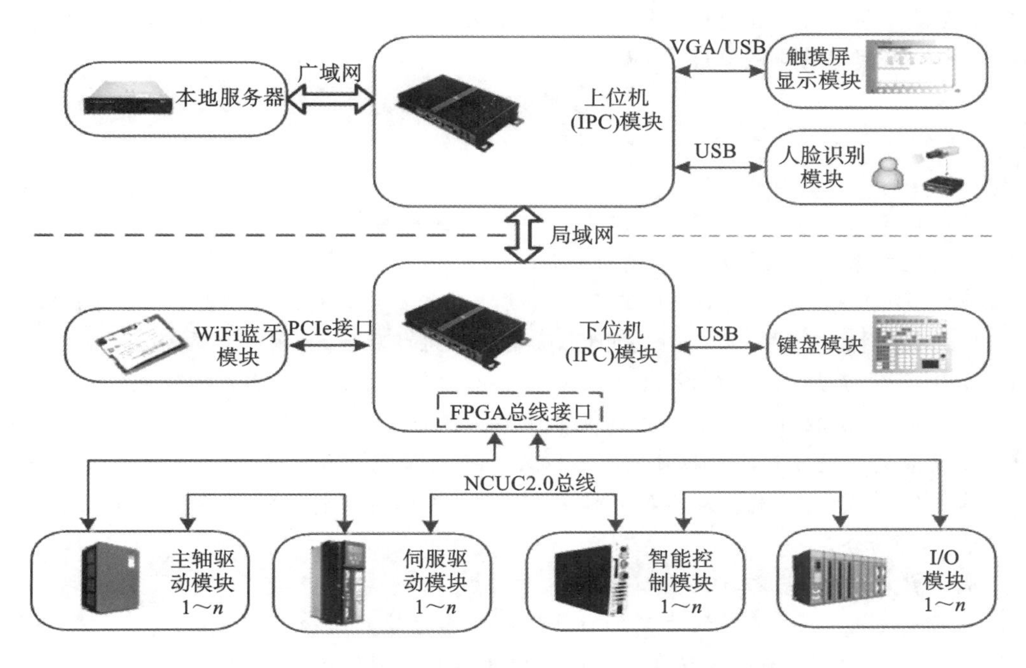

图 3-76 HNC-8 系列 CNC 装置硬件架构

HNC-8 系列 CNC 装置软件平台架构如图 3-77 所示，该软件平台是基于 Linux 开发的开放式体系结构数控装置软件平台，具有强大的网络通信功能，在实现 CNC 装置多轴多通道控

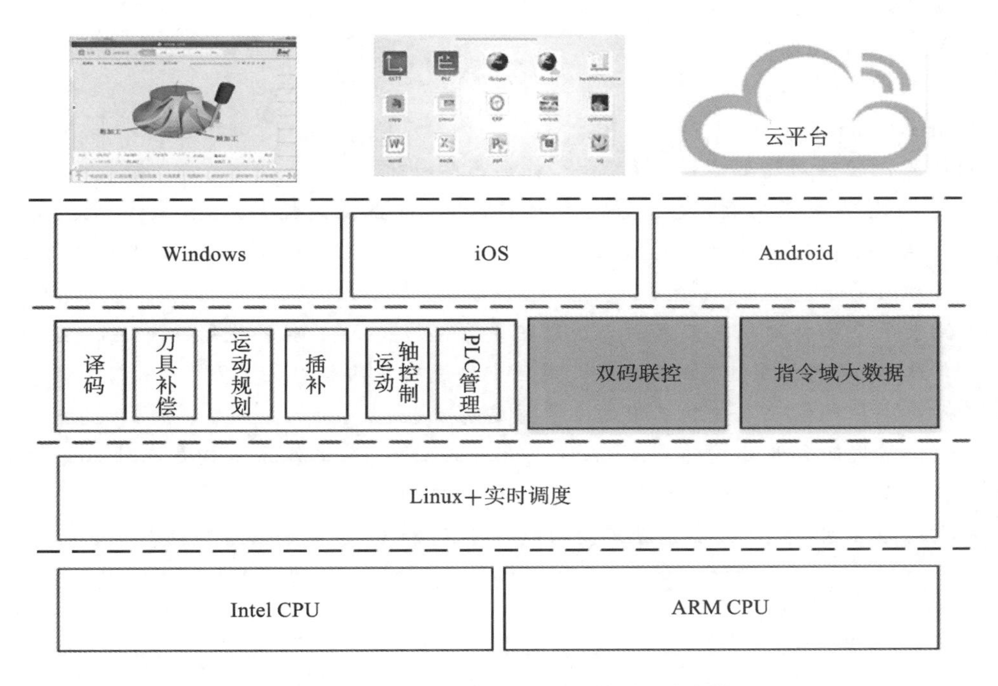

图 3-77 HNC-8 系列 CNC 装置软件平台架构

制、五轴加工等核心功能的基础上，扩展了指令域大数据分析、双码联控等智能化功能，成为智能化数控装置软件平台。通过该软件平台的应用编程接口，可以在 Windows、iOS、Android 等不同系统上开发相应的应用软件。

习　　题

1. 名词解释：插补、刀具半径补偿、主从结构、多主结构。

2. 简述数控系统在数控机床控制中的作用。

3. 为完成 CNC 基本任务，CNC 装置应有哪些功能？要实现这些功能，其控制器结构应具备哪些必要的条件或环境？用框图说明 CNC 装置的组成原理，并解释各部分的作用。

4. 目前 CNC 系统软件的结构模式有几种？说明每一种的特点和应用范围。

5. 在 CNC 系统软件设计中如何解决多任务并行处理问题？

6. 数控系统要进行哪些数据处理？最终输出哪些控制信号？

7. 单微处理器 CNC 装置和多微处理器 CNC 装置各有何特点？试述多微处理器 CNC 装置的特点、应用场合。

8. 试描述 CNC 的基本数学模型。

9. 多微处理器 CNC 装置的共享总线结构和共享存储器结构有何区别？

10. 试用框图表达 CNC 装置在工作过程中的信息处理情况。

11. 数控系统各级中断一般包括哪些主要功能？

12. 直线起点为坐标原点 $O(0,0)$，终点的坐标分别为 $A(10,10)$、$B(5,10)$、$C(9,4)$。试用逐点比较法对直线 OA、OB、OC 进行插补，并画出插补轨迹。

13. 顺时针圆弧的起点和终点的坐标如下：

(1) $A(0,5)$，$B(5,0)$；

(2) $C(0,10)$，$D(8,6)$；

(3) $E(6,8)$，$F(10,0)$。

试用逐点比较法对这些圆弧进行插补，并画出插补轨迹。

14. 某 CNC 系统采用数字增量法进行插补计算，该系统的插补周期 $t=1$ ms。若在该系统上加上一条直线（OXY 平面），其起点坐标为(0,0)，终点坐标为(150,200)，单位为 mm，进给速度为 500 mm/min。

(1) 试求每个插补周期内刀具的合成进给量 $f(\Delta l)$ 和 X、Y 轴的进给分量 Δx_i、Δy_i。

(2) 匀速（不考虑加减速）加工这条直线至少要进行几次插补计算？

15. 刀具半径补偿在零件加工中的主要用途有哪些？

16. 何谓常规的和开放式的 CNC 系统？开放式 CNC 系统体系结构是在什么背景下提出的？目前出现的 CNC 系统体系结构主要有哪几种？

17. CNC 系统中的 PLC 要完成哪些功能？CNC 和 PLC 是如何连接的？

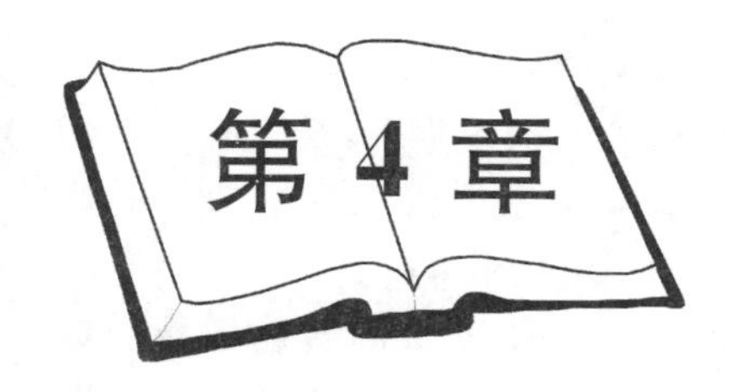

进给伺服驱动系统

4.1　进给伺服驱动系统概述

进给伺服驱动系统是以机床运动部件的位置和速度为控制量，实现被控制量跟踪指令信号任意变化的自动控制系统。它是数控装置和机床机械传动部件的连接环节，是数控机床的重要组成部分。

进给伺服驱动系统接收数控装置发来的指令信号，指令信号经变换和调节后，再经电压、功率放大由执行元件（伺服电机）转变为角位移或直线位移，从而实现数控机床各运动部件的进给运动。

进给伺服驱动系统在实现运动变换与传递过程中，既要满足调速系统的性能要求，保证其有足够宽的调速范围、足够高的稳速精度和快且平稳的启、制动性能，又应具备足够快的跟踪响应速度、足够高的位置跟踪精度和位置定位精度。因此，进给伺服驱动系统一般由控制调节器、功率驱动装置、检测反馈装置和伺服电机四部分组成，其结构组成如图 4-1 所示。

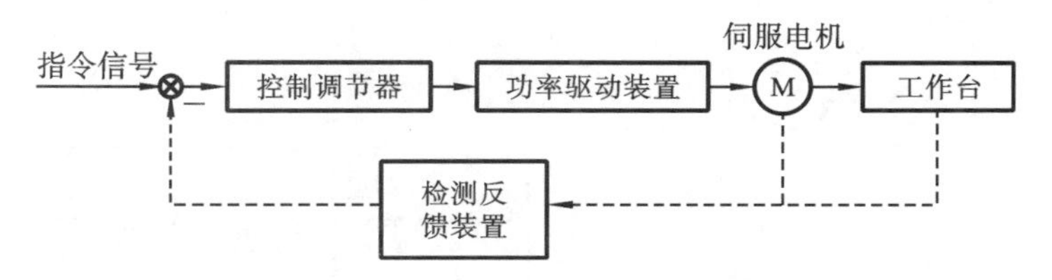

图 4-1　进给伺服驱动系统组成

闭环进给伺服驱动系统的控制调节器根据数控装置的指令量和检测反馈装置检测的实际量的差值来进行位置调节和控制；功率驱动装置则根据控制量调节和控制伺服电机输出的转矩和速度，从而驱动运动部件按指令要求完成进给运动。

4.1.1　数控机床对进给伺服驱动系统的要求

进给伺服驱动系统既要实现各运动部件间的协调运动控制，又要满足数控加工的高性能指标要求。数控机床的最高运动速度、跟踪精度、定位精度、加工表面质量、生产率及工作可靠性等一系列重要指标的高低均主要取决于进给伺服驱动系统的性能的优劣。数控机床对进给伺服驱动系统主要有以下几个方面的要求。

（1）精度要高。进给伺服驱动系统的精度包括位移精度和定位精度。位移精度是指数控机床工作台运动的实际位移跟踪数控装置指定的位移的精确程度。当前，数控机床进给伺服驱动系统的位移精度一般在亚微米级。定位精度体现了伺服驱动系统输出量复现输入量的精确程度。数控加工对定位精度要求很高,一般要求定位精度在亚微米级,甚至更高。

(2) 响应速度要快。响应速度是指伺服系统跟踪数控装置指令的快慢程度,是反映进给伺服驱动系统动态品质的重要指标。在加工过程中,要求进给伺服驱动系统跟踪指令信号的速度要快,过渡时间要短,而且无超调,这样跟随误差才小(一般应在几十毫秒以内)。

(3) 调速范围要宽。调速范围是指伺服电机在额定负载时所能提供的最高转速和最低转速之比。为保证在任何切削条件下都能获得最佳的切削速度,要求进给伺服驱动系统必须提供较宽的调速范围,一般调速范围应达到 1∶10000 以上。

(4) 工作稳定性要好。工作稳定性是指伺服驱动系统在突变指令信号或外界干扰的作用下,能够快速达到新平衡状态或恢复原有平衡状态的能力。工作稳定性越好,机床运动平稳性越高,工件的加工质量就越好。

(5) 低速转矩要大。在切削加工中,粗加工一般要求低进给速度、大切削量,为此,要求进给伺服驱动系统在低速进给时能输出足够大的转矩,提供良好的切削能力。

4.1.2　进给伺服驱动系统的分类

进给伺服驱动系统一般有以下两种分类方法:按有无位置检测反馈装置可分为开环、半闭环和全闭环进给伺服驱动系统;按驱动电机的类型可分为步进电机、直流电机、交流电机和交流直线电机进给伺服驱动系统。

1) 按有无位置检测反馈装置分

(1) 开环进给伺服驱动系统　如图 4-2 所示,开环进给伺服驱动系统中没有位置检测装置和反馈回路,其驱动装置主要是步进电机、功率步进电机和电液脉冲马达等。其特点是:结构简单,维护方便,成本较低,但加工精度不高。如果采取螺距误差补偿和传动间隙补偿等措施,其定位精度可稍有提高。

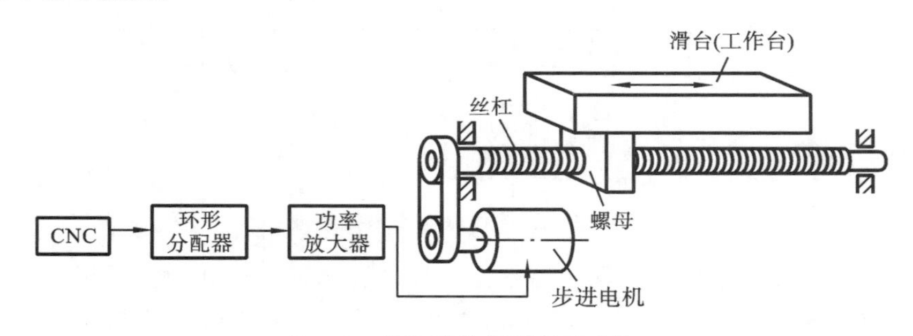

图 4-2　开环进给伺服驱动系统

(2) 半闭环进给伺服驱动系统　如图 4-3 所示,位置检测装置(脉冲编码器、旋转变压器等)装在丝杠或伺服电机的轴端部,测出丝杠或电机的角位移,再间接得出机床运动部件的直线位移,将该直线位移值经反馈回路送回控制调节器或驱动器与控制指令值相比较,并将二者的差值放大,以控制伺服电机带动工作台移动,直至工作台的实际位置跟随指令位置变化。系统对丝杠副的传动误差,需要在数控系统中采用间隙补偿和螺距误差补偿方法来减小。这种系统的特点是:精度比开环进给伺服驱动系统高,比闭环进给伺服驱动系统低,但系统结构简单,便于调整,检测装置成本低,系统稳定性好,广泛用于中小型数控机床。

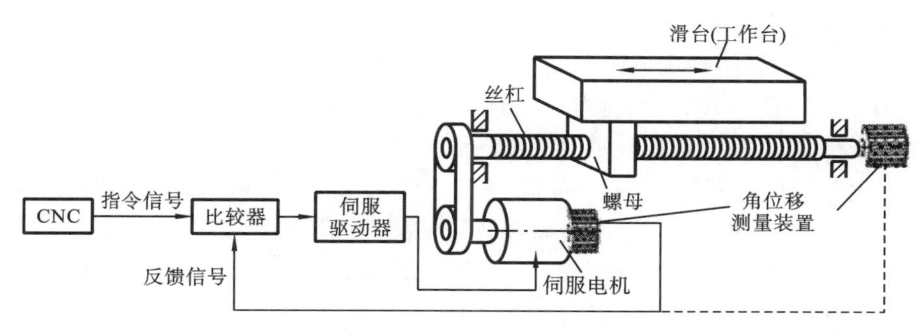

图 4-3　半闭环进给伺服驱动系统

(3) 全闭环进给伺服驱动系统　如图 4-4 所示，位置检测装置(如光栅尺等)装在工作台上，可直接测量出工作台的实际直线位移，将测量值经反馈回路送回控制调节器或驱动器与控制指令值相比较，并将二者的差值放大，以控制伺服电机带动工作台移动，直至工作台的实际位置跟随指令位置变化。该系统将所有传动部分都包含在控制环之内，可有效消除机械系统引起的误差。其特点是：精度高于半闭环进给伺服驱动系统，但结构较复杂，控制稳定性较难保证，成本高，调试和维修困难，适用于大型或比较精密的数控设备。

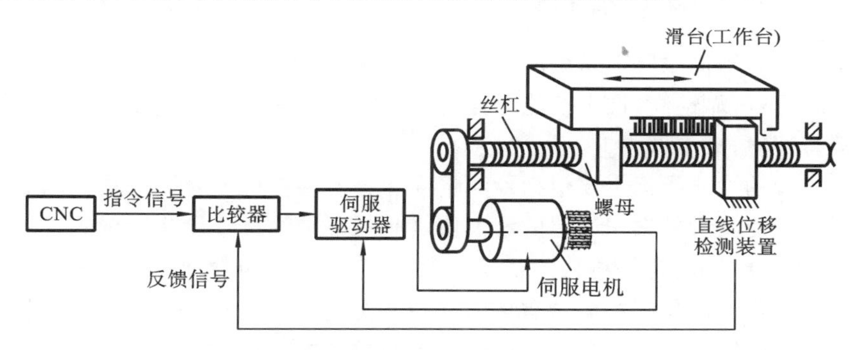

图 4-4　全闭环进给伺服驱动系统

2) 按驱动电机的结构分类

(1) 步进电机进给伺服驱动系统　步进电机将进给指令信号变换为具有一定方向、大小和速度的机械转角位移，并通过齿轮和丝杠副带动工作台移动。步进电机的各相绕组在通电状态时，电机具有自锁能力，理论上步距误差不会累积。但电机在大负载和速度较高的情况下容易失步，而且能耗大，速度低。同时，步进电机进给伺服驱动系统一般为开环系统，精度较差，故主要用于速度和精度要求不太高的小型数控机床。

(2) 直流电机进给伺服驱动系统　直流电机进给伺服驱动系统常采用小惯量直流伺服电机和大惯量(宽调速)直流伺服电机(或称为永磁直流伺服电机)。直流伺服电机具有良好的宽调速性能，输出转矩大，过载能力强。大惯量直流伺服电机的惯性与机床传动部件的惯性相当，构成闭环控制系统后易于调整和控制。同时，中小惯量直流伺服电机及其大功率脉宽调制驱动装置又比较适应数控机床的频繁启停、快速定位和切削条件的要求，因此，早期的数控机床多采用直流电机伺服驱动系统。但直流伺服电机由于具有电刷和机械换向器，结构与体积受限制，这阻碍了它向大容量、高速方向发展，因此已经完全退出了数控机床伺服驱动应用领域。

(3) 交流电机进给伺服驱动系统　交流电机伺服驱动系统常采用异步伺服电机(一般用于主轴驱动系统)和永磁同步伺服电机(一般用于进给伺服驱动系统)。相对于直流伺服电机,交流伺服电机具有结构简单、体积小、惯量小、响应速度快、效率高等特点。它更适应大容量、高速加工的要求。交流电机进给伺服驱动系统已成为数控机床进给伺服驱动系统的主流。

(4) 直线电机伺服驱动系统　这种伺服驱动系统采用直线电机直接驱动机床工作台运动,去掉了电机和工作台之间的一切中间传动环节,实现了所谓的"直接驱动"(或称"零传动"),克服了传统驱动方式中传动环节带来的缺点,显著提高了机床的动态灵敏度、加工精度和可靠性。直线电机主要应用于速度高、加工精度高的数控机床。

4.2　位置检测装置

位置检测装置是由检测元件(传感器)和信号处理装置组成,用于检测运动部件的位移(线位移和角位移),将其转变为电信号并反馈到位置控制调节器,以实现闭环或半闭环控制,使机床运动部件能跟随数控装置运动指令信号精确移动。

4.2.1　位置检测装置概述

闭环和半闭环进给伺服驱动系统的控制精度依赖于位置检测装置。数控机床对位置检测装置的主要要求有:可靠性高,抗干扰能力强;检测精度高,动态响应速度快;使用维护方便,适应数控机床运行环境;成本低。

位置检测装置的性能指标主要包括检测精度和分辨率。检测精度是指检测装置在一定长度或转角范围内所能测量的累积误差的最大值,例如,常用的位置检测装置的直线位移检测精度为$\pm(0.001\sim0.02)$mm,角位移检测精度为$\pm(0.2''\sim10'')$;分辨率是指检测装置所能测量的最小位移量,例如,常见的位置检测装置的直线位移分辨率为0.01～1 μm,最高精度系统分辨率可达0.001 μm,角位移分辨率可达$0.004''$。不同类型的数控机床对位置检测装置的精度和适应速度的要求不同。大型数控机床以满足速度要求为主,而中小型数控机床和高精度数控机床则以满足精度要求为主。

4.2.2　位置检测装置分类

数控机床的位置检测装置类型很多,按检测信号的类型可分为数字式和模拟式,按检测量的基准可分为增量式和绝对式。对于不同类型的数控机床,因其工作条件和检测要求不同,应采用不同的检测方式。

1. 增量式与绝对式

增量式检测装置只测量运动部件位移的增量,并用脉冲个数来表示单位位移量(即最小设定测量单位),每移动一个测量单位发出一个脉冲。其优点是检测装置比较简单,任何一个位置都可以作为测量起点。但在此系统中,移动距离是靠对脉冲数进行累计后读出的,一旦累计有误,此后的测量结果将都是错误的。另外在发生故障时(如断电)不能再找到事故前的正确位置,事故排除后,必须将工作台移至起点重新计数才能找到事故前的正确位置。增量式检测装置有脉冲编码器、旋转变压器、感应同步器、光栅、磁栅等。

绝对式检测装置测量运动部件在某一坐标系中的绝对位置坐标值。以绝对式编码器为例。绝对式编码器有单圈和多圈之分。

绝对式编码器即使在掉电的情况下，只要编码器轴转动了一个角度(在 360°范围内)，就可以得到一个以格雷码或二进制数表示的唯一的位移值。但单圈绝对式编码器在转过 360°后会又回到原点开始记录，不再满足编码唯一的原则；而多圈绝对式编码器可以记录超过 360°的位移值，并保持编码唯一。

2. 数字式与模拟式

数字式检测装置是将被测量单位量化以后以脉冲或数字信号的形式表示被测量的检测装置。其输出信号可直接反馈回数控装置以进行比较、处理。数字式检测装置有脉冲编码器、光栅等。

模拟式检测装置是将被测量用连续变化量(如电压的幅值变化量、相位变化量等)的形式表示的检测装置，在大量程内做精确的模拟式检测时，对技术有较高要求。因此，数控机床中模拟式检测主要用于小量程测量。模拟式检测装置有测速发电机、旋转变压器、感应同步器和磁尺等。

4.2.3　编码器

编码器是将测量的角位移以编码形式输出的位置检测装置，属于间接测量数字式检测装置。编码器根据其刻度方法及信号输出形式可分为增量式和绝对式，根据其检测原理可分为光电式、磁电式和感应式等。光电编码器在精度、分辨率、信号质量方面有突出的优点，广泛应用于高档数控机床。

增量式编码器

1. 增量式光电编码器

1）结构和工作原理

增量式光电编码器是利用光电转换原理将运动部件转角的增量值以脉冲的形式输出，通过对脉冲计数来计算转角值的。增量式光电编码器的结构如图 4-5(a)所示，它由光源 1、聚光镜 2、光电码盘 3、光电元件 4、光阑 5 以及信号处理电路组成。其中，光电码盘 3 是在一块玻璃圆盘上制成沿圆周等距的辐射状线纹(即循环码道和索引码道)而形成的。循环码道的相邻的一对透光和不透光的线纹构成一个节距，用于产生位置信号。索引码道上仅有一条线纹 6，用于产生参考点信号。光阑 5 上有三组线纹(即 A 和 $\overline{A}$、B 和 $\overline{B}$、Z 和 $\overline{Z}$)，A、B 两组线纹彼此错开 1/4 节距。当光电码盘 3 与轴同步旋转时，由于光电码盘 3 上的条纹与光阑 5 上的条纹出现重合和错位，光电元件 4 感受到变化的光能，产生近似正弦波电信号。当光阑 5 上的条纹 A 与光电码盘 3 上的条纹重合时，条纹 B 与另一条纹错位 1/4 周期，因此 A、B 两通道输出的波形相位也相差 1/4 周期，用于辨别旋转方向，如图 4-5(b)所示。同时，同组条纹会产生一组差分信号(A、$\overline{A}$)和(B、$\overline{B}$)，用于提高光电编码器的抗干扰能力。光电码盘输出的参考点信号为 Z 和 $\overline{Z}$ 两相相反的信号。数控系统可利用光电码盘的参考点信号实现回参考点控制，也可将其作为主轴的准停信号；数控车床车螺纹时，可将光电码盘的参考点信号作为车刀进刀和退刀的控制信号，从而保证车削螺纹不会乱扣。

图 4-6 所示为编码器的信号处理电路。增量式光电编码器输出的 A、$\overline{A}$、B、$\overline{B}$ 四路信号经差分后进入数控装置变换为 A 相和 B 相信号，这两相信号经整形和单稳后变成窄脉冲 A_1 和 B_1。编码器正向旋转时，A 脉冲比 B 脉冲超前，B 脉冲和 A_1 窄脉冲进入与非门 C，A 脉冲和 B_1 窄脉冲进入与非门 D，则 C 门和 D 门分别输出高电平 C 和负脉冲 D。这两相信号使能与非门

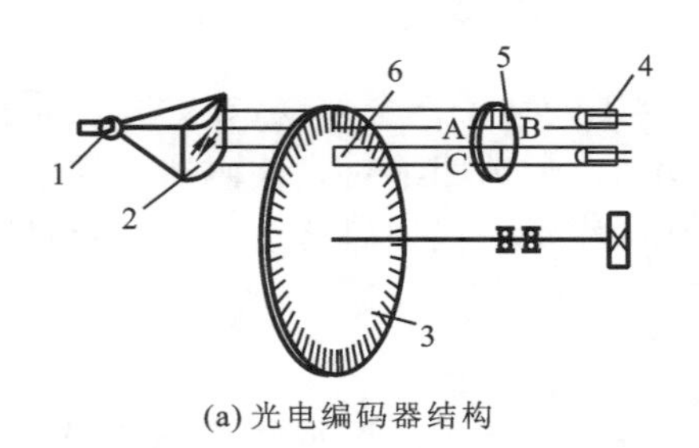

(a) 光电编码器结构

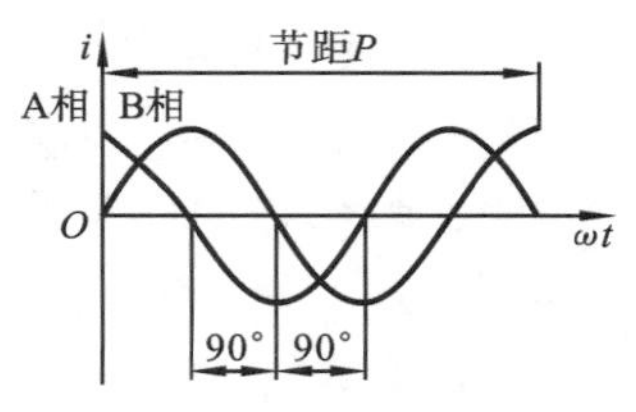

(b) A、B相电压信号相位关系

图 4-5　增量式光电编码器

1—光源；2—聚光镜；3—光电码盘；4—光电元件；5—光阑；6—线纹

1、2 组成的 R-S 触发器置 0(Q 端输出 0，代表正方向)，使与非门 3 输出正向计数脉冲。反向时，B 脉冲比 A 脉冲超前，B、A_1 和 A、B_1 信号同样进入 C、D 门，但由于其信号相位不同，使与非门 C、D 分别输出负脉冲和高电平，从而将 R-S 触发器置 1(Q 端输出 1，代表负方向)，与非门 3 输出反向计数脉冲。不论正向和反向，与非门 3 都是计数脉冲输出门，R-S 触发器的 Q 端输出方向控制信号。

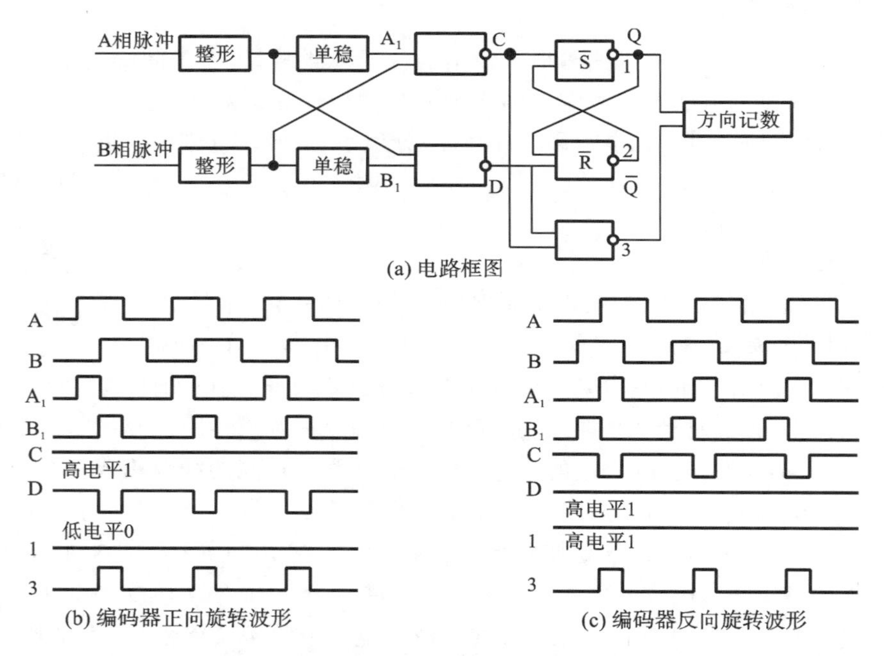

图 4-6　增量式光电编码器的信号转换与输出

2）增量式光电编码器的规格及分辨率

增量式光电编码器的测量精度与它所能分辨的最小分辨角 α 有关(α＝条纹数/360°)，因此，测量精度与光电码盘圆周上的条纹数有关。按每转发出脉冲数的多少来分，增量式光电编码器有多种型号。数控机床上最常用的增量式光电编码器的分辨率为 2500 p/r，最高转速可达 10000 r/min。增量式光电编码器的选用要结合数控机床丝杠的螺距确定。

在数控系统中，常对编码器输出信号进行细分处理，以提高分辨率。如：半闭环伺服系统配置 2500 p/r 的编码器驱动导程为 10 mm 的滚珠丝杠，编码器的分辨角 α＝0.144°，对丝杠的直线分辨率为 0.004 mm，若再进行四倍频处理，对工作台的直线分辨率可提高到0.001 mm。

在数控机床上增量式光电编码器决定运动部件当前位置的方法是由机床原点开始对步距或细分电路的计数信号进行计数。因此，对于使用增量式编码器的机床，开机时首先必须执行回参考点操作，建立机床坐标系原点。

2. 绝对式光电编码器

绝对式光电编码器利用光电转换原理直接测量出运动部件转角的绝对值，并以编码的形式表示，即每一个角度位置均与唯一的代码对应。采用这种测量方式，即使断电也能读出转动角位移。其优点是数控机床无须执行回参考点操作就能直接提供当前的位置值，没有累积误差，电源切除后位置信息不会丢失。

1) 结构和工作原理

绝对式编码器原理

绝对式光电编码器与增量式光电编码器的不同之处在于光电码盘上码道的结构和输出信号的类型不同。多码道绝对式编码器的码盘如图 4-7 所示。光电码盘上沿径向有若干条同心码道，每条码道由透光和不透光的扇形区相间组成，码道数就是二进制数码（或格雷码）的位数。在光电码盘的一侧是光源，另一侧对应每一码道有一光敏元件；当码盘处于不同位置时，对应透光区的光敏元件输出电信号“1”，反之输出电信号“0”，各电信号的组合形成二进制数码（或格雷码）。这种编码器的分辨率与编码的位数有关，码道越多，编码位数越多，其分辨率越高。主流的绝对式光电编码器可以有 21 条码道，甚至更多。

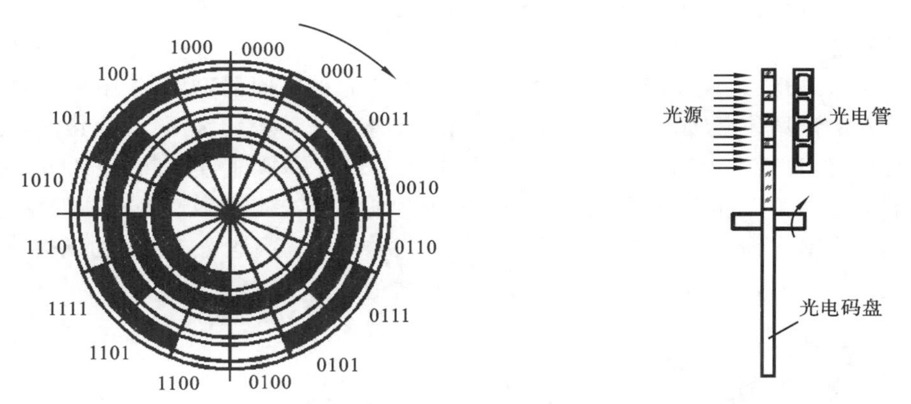

图 4-7　绝对式光电编码器的光电码盘

格雷码的特点是任何相邻的数码之间仅有一位二进制数变化，这样，即使制作和安装不十分准确，造成误差的最多也只是最低位的一位数。

由于单圈绝对式光电编码器的量程仅为一圈，当机械轴旋转角度超出这个量程范围时，就会以 360°为周期输出重复的位置编码。此时，就有必要使用多圈绝对式光电编码器。

多圈绝对式光电编码器在单圈绝对式光电编码器的基础上，增加了多圈圈数检测功能，其作用就是识别机械轴旋转的圈数。将这个圈数值与单圈角度位置组合在一起输出，就实现了多圈绝对值位置检测。

多圈圈数检测主要可采用电池加计数寄存器或机械齿轮旋转编码器等来实现。

电池加计数寄存器多圈圈数检测的原理是利用编码器内部的寄存器，记录和储存编码器旋转时圈数的累加或递减，电池的作用则是确保编码器在断电的时候不丢失圈数累计值记录，很多传统的日系编码器都采用了此项技术。这种圈数计数方法最大的好处是技术实现比较容易，硬件成本相对较低，缺点就是在编码器电池没电（或损坏）时会丢失圈数记录。

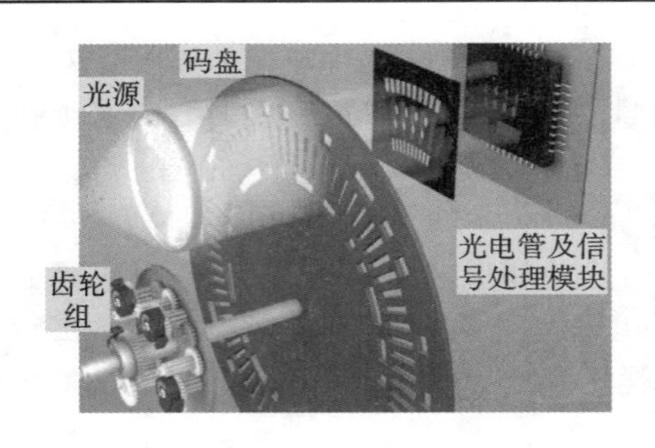

图 4-8　机械齿轮旋转编码器

机械齿轮旋转编码器内部则会有一个类似自来水表的齿轮传动结构，它是一串与主机械轴逐级啮合的减速齿轮组，每一级齿轮都与上一级齿轮和主机械轴之间有着整数倍的减速比关系。因此，通过识别每个齿轮的旋转角度位置，即可以实现对编码器主机械轴旋转圈数的检测，如图 4-8 所示。这种机械齿轮旋转编码器不需要电池，在圈数检测方面有着更高的可靠性，但结构复杂、成本高，德系产品多采用这种结构。

2）绝对式光电编码器的规格及分辨率

绝对式光电编码器的规格按照多圈位数和单圈位数而定，分辨率则由单圈位数确定。如规格为多圈 16 位、单圈 23 位的绝对式光电编码器，其分辨率为 $2^{23}=0.1545''$，单方向最大旋转圈数为 $2^{16}=65536$。

3. 磁性编码器

磁性编码器是一种新型的角度或者位移测量装置，其原理类似光电编码器，但采用的是磁场信号。同传统的光电式和光栅式编码器相比，磁性编码器具有抗振动、耐腐蚀、抗污染、抗干扰和宽温度特性，可应用于传统的光电编码器不能适应的领域。

磁性编码器主要由磁阻传感器、磁鼓和信号处理电路组成，如图 4-9 所示。将磁鼓刻录成等间距的小磁极，磁鼓旋转时产生磁场强度呈周期性分布的空间漏磁场，磁阻传感器通过磁阻效应将变化着的磁场信号转化为电阻阻值的变化，在外加电动势的作用下，变化的电阻值转化成电压的变化，经过后续电路的处理，可输出脉冲信号或者模拟信号，实现磁性编码器的编码功能。磁鼓的磁极数、磁阻传感器的数量及信号处理的方式决定了磁性编码器的分辨率，磁鼓磁极的均匀性和漏磁强度决定了输出信号的质量。图 4-10 所示是磁鼓表面的磁极分布。磁性编码器依其结构不同，可以是相对式也可以是绝对式的。

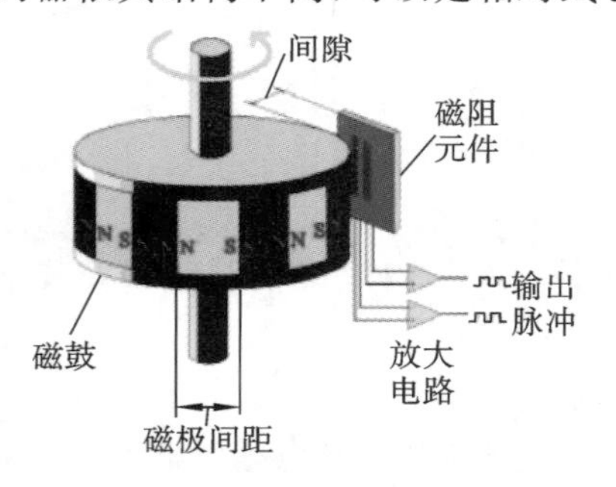

图 4-9　磁性编码器结构

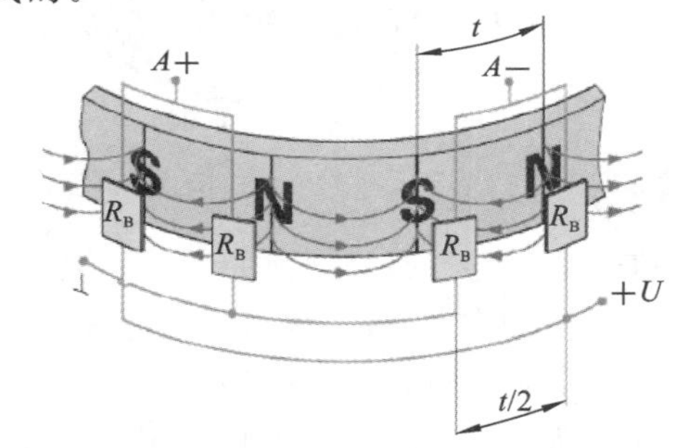

图 4-10　磁鼓表面磁极分布

4.2.4　光栅

光栅是一种多狭缝部件光电检测装置，光栅光谱的产生是多狭缝干涉和单狭缝衍射两者联合作用的结果。多缝干涉决定了光谱线出现的位置，单缝衍射决定了谱线的强度分布。光栅根据制造方法和光学原理的不同分为透射光栅和反射光栅，根据测量对象可分为直线光栅（测量直线位移）和圆光栅（测量角位移），根据刻度方法及信号输出形式可分为绝对式光栅和增量式光栅。

1．直线光栅结构

直线光栅主要由标尺光栅和光栅读数头两部分组成，如图 4-11 所示。光栅读数头中有光源、透镜、扫描光栅、光电池和信号处理电路等。标尺光栅固定不动，而光栅读数头（即指示光栅）安装在运动部件上，两者之间形成相对运动。

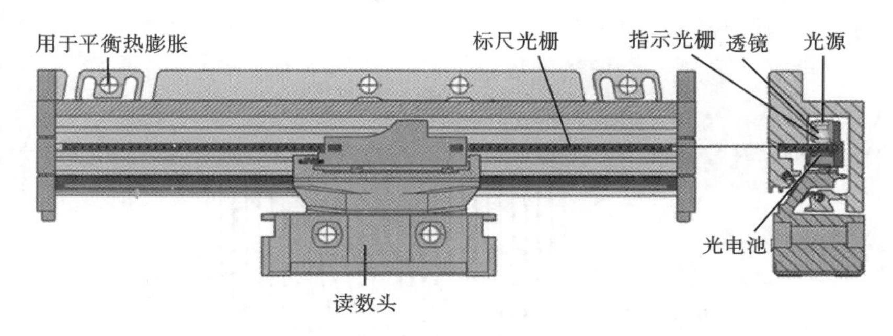

图 4-11　直线光栅

2．直线光栅分类

直线光栅根据光栅的用途和材质可分为玻璃透射光栅、金属反射光栅和莫尔条纹光栅。

1）玻璃透射光栅

玻璃透射光栅是在透明玻璃上刻制很多条相互平行、等距、等宽的光栅条纹而形成的，相邻线纹的间距 d 称为栅距，如图 4-12 所示。玻璃透射光栅的特点是：光源可以垂直入射，光敏元件可直接接收光信号，因此信号幅度大，读数头结构简单。而且，每毫米上的线纹数越多分辨率越高，一般光栅上的线纹数可以达到每毫米 200 条以上，再经过细分电路，分辨率可达到微米级到纳米级。

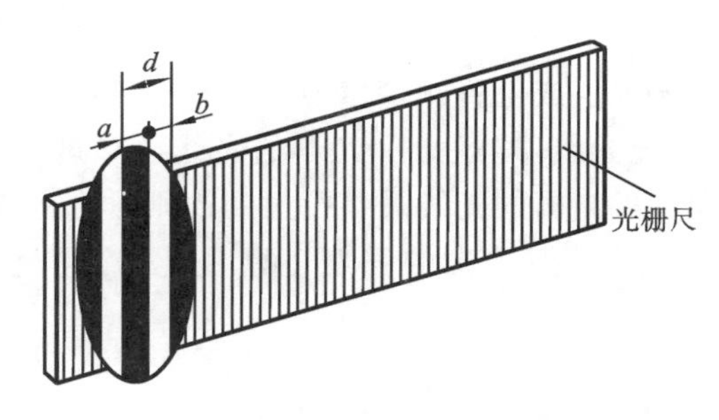

图 4-12　玻璃透射直线光栅

2）金属反射光栅

应用广泛的金属反射光栅是在金属坯上镀一层铝膜，然后用金刚石在铝膜上刻划出很密的平行刻槽而成的。目前金属反射光栅每毫米可刻槽 600 条或 1200 条，最密的达到每毫米 1800 条，再经过细分电路，分辨率可达纳米级。金属反射光栅的特点是：标尺光栅的线膨胀系数很容易做到与机床材料一致；标尺光栅的安装和调整比较方便；安装面积较小；易于接长或制成整根的钢带长光栅；不易碰碎。

3）莫尔条纹光栅

莫尔条纹光栅由标尺光栅和指示光栅组成。将栅距相同的标尺光栅与指示光栅互相平行地叠放并保持一定的间隙（0.1 mm），然后将指示光栅在自身平面内转过一个很小的角度 θ，那么两块光栅尺上的刻线将交叉。在光源的照射下，交叉点附近的小区域内黑线重叠，透明区域变大,挡光面积最小,挡光效应最弱,透光的累积使这个区域出现亮带。相反,距交叉点越远的区域,两光栅不透明黑线的重叠部分越少,黑线占据的空间增大,因而挡光面积增大,挡光效应增强,只有较少的光线透过光栅而使这个区域出现暗带。如图 4-13 所示,此明暗相间的条纹称为莫尔条纹,其光强度分布近似于正弦波形。如果将指示光栅沿标尺光栅长度方向平行移动,则可看到莫尔条纹也跟着移动,但移动方向与指示光栅移动方向垂直。当指示光栅移动一条刻线时,莫尔条纹也正好移过一个条纹宽度。

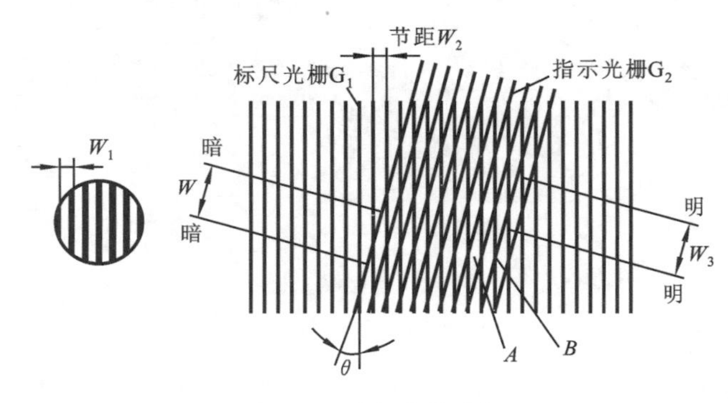

图 4-13　莫尔条纹光栅

3. 直线光栅原理

大多数直线光栅都采用光电扫描原理,读数头和光栅刻线不接触、无摩擦,稳定性极好,而且,光电扫描能够检测到非常细小的刻线,分辨率高。根据光栅栅距的大小,光电扫描有成像扫描和干涉扫描两种基本方式:栅距大于 20 μm 的直线光栅通常采用成像扫描方式;栅距小于 8 μm 的直线光栅因为栅距太小,光电扫描的衍射现象严重,因而采用干涉扫描方式。

1) 成像扫描

成像扫描时是采用透射光来生成位置测量信号的。如图 4-14 所示,当平行光穿过指示光栅时,光栅上的刻线会遮挡部分光线,透过指示光栅的光线再穿过标尺光栅,同样会有部分光线被遮挡。通过指示光栅和标尺光栅的光线最终投射到规则排列的光电池上。当指示光栅和标尺光栅相对运动时,光电池接收到的光的强度不断变化,产生近似呈正弦变化的周期电信号。

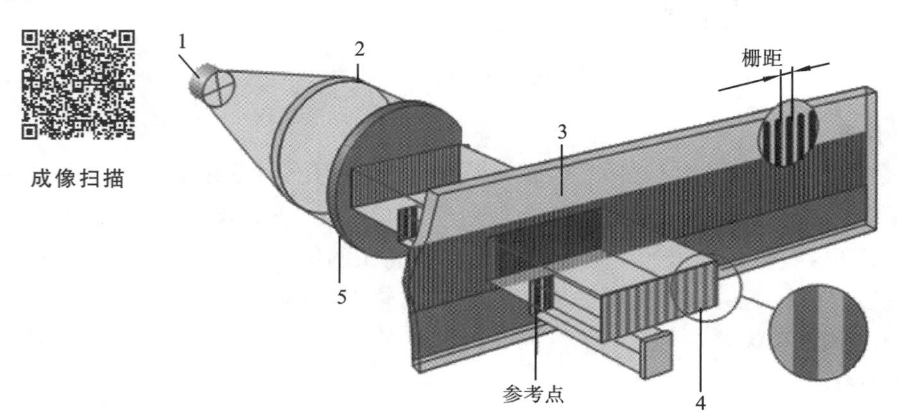

图 4-14　光栅单场成像扫描原理示意图

1—LED;2—聚光镜;3—标尺光栅;4—光电池;5—指示光栅

2）干涉扫描

干涉扫描时是利用精密光栅的衍射和干涉来形成位置测量信号的。如图 4-15 所示，当光照到指示光栅时，光被衍射为三束光强相近的光：－1，0 和＋1。在这三束光波中，通过标尺光栅反射最强的光束为＋1 和－1，这两束光在指示光栅的相位光栅处再次相遇，又一次被衍射和干涉。最终形成四束光以不同的角度离开指示光栅，照射到规则排列的光电池上。当指示光栅和标尺光栅相对运动时，光电池接收到的光强度不断变化，产生近似呈正弦规律变化的周期电信号。

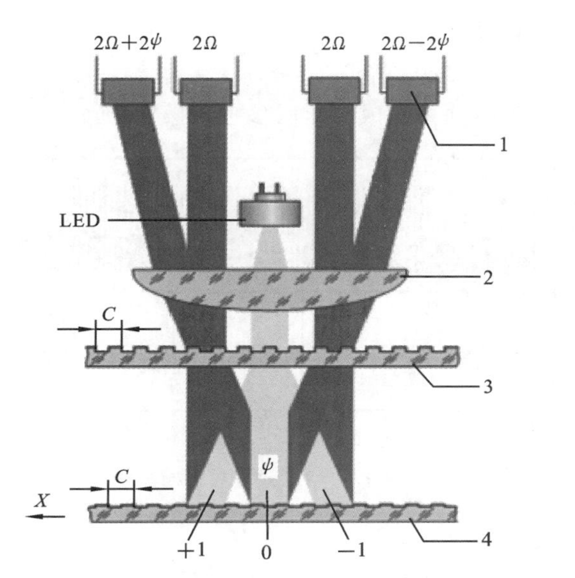

光栅干涉扫描

图 4-15　光栅干涉扫描原理示意图

1—光电池；2—聚光镜；3—指示光栅；4—标尺光栅

C—栅距；ψ—移过读数头时光波的相位变化；Ω—光栅尺在 X 方向运动的相位变化

4. 绝对式直线光栅

绝对式直线光栅利用光电转换原理直接将运动部件的位置值以编码的形式输出，即每一个确定位置均有唯一对应的代码输出。绝对式直线光栅有两条刻线轨道——增量轨和绝对轨，如图 4-16 所示。绝对轨用于确定运动部件位置值信息，对应运动部件每个位置有一个固定码输出，绝对轨条纹一般采用复杂的排列算法编码（如伪随机编码等），以提高数据容量和安全性。增量轨条纹为等距条纹，用于信号细分，以提供更高分辨率的信号。

图 4-16　绝对式直线光栅刻线

目前，绝对式直线光栅精度可达 ±2 μm，常用分辨率为 10 nm、5 nm，最高分辨率可达 1 nm，广泛应用于各类高档数控机床，特别是采用直驱电机的高速机床。

5. 增量式直线光栅

增量式直线光栅利用光电转换原理将运动部件位移的增量值以脉冲的形式输出,通过对脉冲计数而计算出位移值和位置值。在数控机床通电后,增量式直线光栅读数头需要先移动一定的距离,然后数控系统才能得到运动部件的位置值。增量式直线光栅有两条刻线轨道——增量轨和参考点轨,如图 4-17 所示。当增量式光栅读数头移过一定数量的参考点轨上的参考点时,数控系统完成回参考点操作,建立运动部件在机床上的位置基准,并根据增量轨条纹进行位移量的计算。通常参考点轨上只有一个参考点,读数头每次需要移过这个参考点,才能完成回参考点操作。但是在机床行程较大时,这样会耗费大量的时间。因此,可在参考点轨上按照“距离编码”方式排列多个符合一定数学关系的参考点。采用距离编码参考点后,光栅读数头只需移过两个参考点便可完成机床回参考点操作,通常不超过 20 mm。

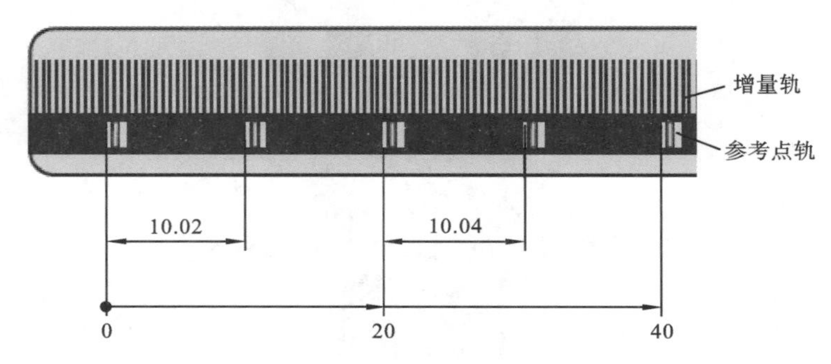

图 4-17　增量式直线光栅刻线

6. 圆光栅

刻划在玻璃盘上的光栅称为圆光栅,也称为光栅盘,用来测量角度或角位移。根据栅线刻划的方向,圆光栅可分为两种:径向光栅和切向光栅。径向光栅栅线的延长线全部通过同一圆心,如图 4-18(a)所示;切向光栅的全部刻线均与一个同心小圆相切,如图 4-18(b)所示,该小圆半径很小,只有零点几到几毫米。圆光栅的光学结构及信号处理方式与直线光栅相同,此处不再赘述。

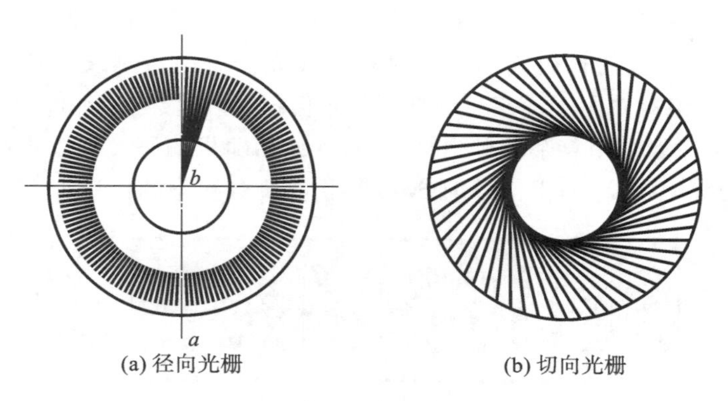

(a) 径向光栅　　(b) 切向光栅

图 4-18　径向光栅和切向光栅

4.2.5　旋转变压器

旋转变压器是利用变压器原理实现角位移测量的检测装置。它属于模拟式位置检测装置,具有输出信号幅值大、抗干扰能力强、结构简单、动作灵敏、性能可靠等特点,但其信号处理相对比较复杂。

1. 旋转变压器的类型与结构

旋转变压器

旋转变压器在结构上与两相异步电机相似，是一种小型交流电机，分为有刷式和无刷式两种。有刷旋转变压器的特点是结构简单、体积小，但因电刷与滑环是以机械滑动方式接触的，所以其可靠性差、寿命短。无刷旋转变压器无电刷和滑环，具有输出信号大、可靠性高、寿命长及不用维修等优点，因此得到了广泛应用。

无刷旋转变压器由分解器和变压器组成，其结构如图4-19所示(图中左边为分解器，右边为变压器)。变压器的作用是将分解器转子上的感应电动势传输出来，这样就省掉了电刷和滑环。变压器的一次绕组5与分解器转子8上的绕组相连，并绕在与分解器转子8固定在一起的线轴6上，与转子轴1同步运行。变压器的二次绕组7绕在变压器的定子4的线轴上，分解器的定子3外接励磁电压。这样，分解器转子8的感应电动势通过变压器的一次绕组5，再从二次绕组7上输出。这种结构避免了电刷与滑环之间的不良接触造成的影响，提高了旋转变压器的可靠性及使用寿命，但旋转变压器体积、质量、成本均有所增加。旋转变压器的励磁频率可为400 Hz、500 Hz、1000 Hz、2000 Hz、2400 Hz、3400 Hz，以及5000～10000 Hz等，频率越高，旋转变压器的转子尺寸越小，转动惯量越低，动态特性和测量精度越高。

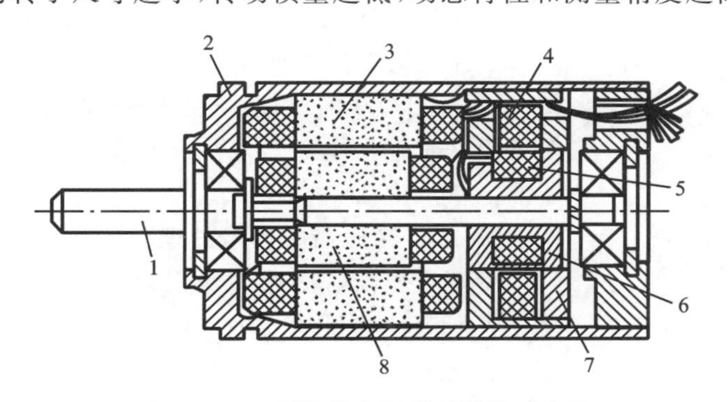

图4-19　无刷旋转变压器的结构示意图

1—转子轴；2—壳体；3—分解器定子；4—变压器定子；5—一次绕组；
6—转子线轴；7—二次绕组；8—分解器转子

旋转变压器根据变压器的磁极对数不同可分为单极式和多极式。单极式旋转变压器的定子与转子上仅一对磁极，多极式旋转变压器定子与转子上有多对磁极，与单极式相比增加了电气转角与机械转角的倍数，用于高精度绝对式检测系统。在数控机床上应用较多的是双极式旋转变压器。

2. 旋转变压器的工作原理

旋转变压器是根据电流互感原理工作的。通过变压器的结构设计与制造保证了定子(二次绕组)与转子(一次绕组)之间的磁通呈正弦规律分布，当定子绕组通入交流励磁电压时，转子绕组中产生感应电动势，其输出电压的大小取决于定子与转子两个绕组的轴线在空间的相对位置。两轴线平行时互感最大，转子绕组的感应电动势也最大；两轴线垂直时互感为零，转子绕组的感应电动势也为零。这样，当两轴线成一定角度时，转子绕组中产生的互感电动势按正弦规律变化，如图4-20所示。若变压器变压比为N，当定子绕组输入电压为

$$U_1 = U_m \sin\omega t \tag{4-1}$$

时,转子绕组感应电压为

$$U_2 = NU_m \sin\omega t \sin\theta \tag{4-2}$$

式中:U_m——一次绕组励磁电压的幅值;

θ——变压器转子偏转角。

当转子绕组轴线与定子绕组轴线平行时,转子绕组感应电压为

$$U_2 = NU_m \sin\omega t \tag{4-3}$$

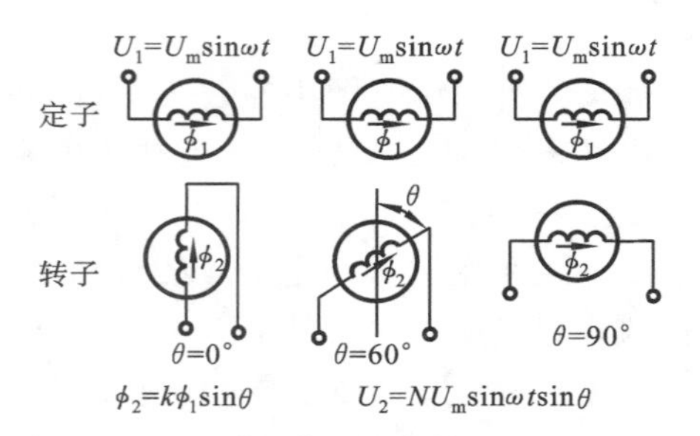

(a) 典型位置的感应电压

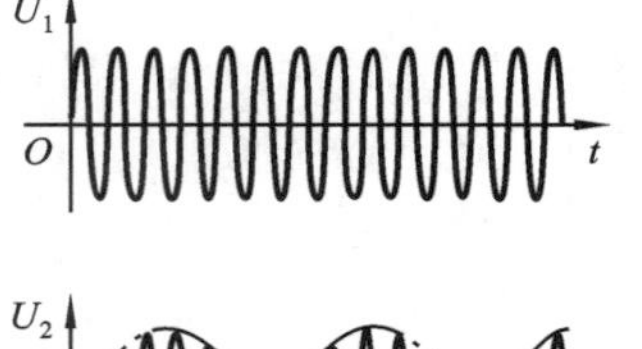

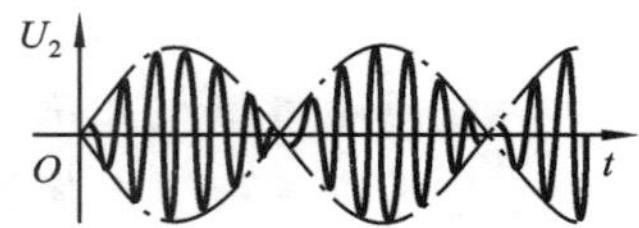

(b) 定子与转子感应电压的变化波形

图 4-20　旋转变压器的工作原理图

图 4-21　正余弦旋转变压器的结构示意图

常用的旋转变压器的定子和转子绕组中各有互相垂直的两个绕组,如图 4-21 所示。定子上的两个绕组分别为正弦绕组(励磁电压为 U_{1s})和余弦绕组(励磁电压为 U_{1c}),转子上的两个绕组一个输出电压 U_2,另一个接高阻抗,用来补偿转子对定子的电枢反应。

3. 旋转变压器的信号处理

旋转变压器可以通过输出电压的相位或输出电压的幅值来反映所测位移量的大小,因此其工作方法有鉴相型方式和鉴幅型方式两种。

1) 鉴相型方式

在旋转变压器的两个定子绕组两端分别接同幅、同频,但相位相差 $\pi/2$ 的交流励磁电压 U_{1s} 和 U_{1c},即

$$U_{1s} = U_m \sin\omega t \tag{4-4}$$

$$U_{1c} = U_m(\sin\omega t + \pi/2) = U_m \cos\omega t \tag{4-5}$$

当转子正转时,这两个励磁电压在转子绕组中产生的感应电动势叠加,得到转子的输出电压 U_2,有

$$U_2 = kU_m \sin\omega t \sin\theta + kU_m \cos\omega t \cos\theta = kU_m \cos(\omega t - \theta) \tag{4-6}$$

式中:k——电磁耦合系数,$k<1$;

θ——输出电压的相位角(即转子的偏转角)。

当转子反转时,输出电压 U_2,有

$$U_2 = kU_m \cos(\omega t + \theta) \tag{4-7}$$

由此可见,转子输出电压的相位角 $\omega t+\theta$ 和 θ 间有对应关系。检测出 $\omega t+\theta$,便能得到 θ 值(即被测轴角位移)。实际应用时,把定子余弦绕组励磁电压的相位 ωt 作为基准相位,与转子输出电压 U_2 的相位 $\omega t+\theta$ 相比较,从而确定 θ 的大小。

2）鉴幅型方式

在旋转变压器的两个定子绕组两端分别接同相、同频，但幅值分别按正弦和余弦变化的励磁电压 U_{1s} 和 U_{1c}，即

$$U_{1s}=U_{sm}\sin\omega t=U_m\sin\alpha\sin\omega t \tag{4-8}$$

$$U_{1c}=U_{cm}\sin\omega t=U_m\cos\alpha\sin\omega t \tag{4-9}$$

式中：α——励磁电压的相位角。

当转子正转时，这两个励磁电压在转子绕组中产生的感应电动势叠加，则转子的输出电压为

$$U_2=kU_m\sin\alpha\sin\omega t\sin\theta+kU_m\cos\alpha\sin\omega t\cos\theta=kU_m\cos(\alpha-\theta)\sin\omega t \tag{4-10}$$

当转子反转时，输出电压为

$$U_2=kU_m\cos(\alpha+\theta)\sin\omega t \tag{4-11}$$

由此可见，若励磁电压的相位角 α 已知，测出输出电压的幅值 $kU_m\cos(\alpha-\theta)=0$ 便能求出 θ 角（即被测轴的角位移）。实际测量时，不断修改定子励磁电压的幅值（等效于修改 α 角），使它跟踪 θ 的变化，使 $kU_m\cos(\alpha-\theta)=0$。当 $\alpha=\theta$ 时，转子的感应电压最大。通过计算定子励磁电压的幅值计算出相位角 α，从而得出 θ 的大小。

将旋转变压器与数控机床的进给丝杠连接，旋转变压器轴测量丝杠偏转的角位移 θ，θ 值的范围是 0°～360°。当 θ 值从 0°变化到 360°时，工作台移动一个导程的距离。旋转变压器是一个增量式检测装置，需加上绝对位置计数器，累计所走的位移值。另外，转子每转一周时，转子的输出电压将随旋转变压器的极数不同而不止一次地通过零点。在信号处理电路中必须有相敏检波器，以识别转换点和转动方向。

在实际使用时，可把一个极对数少的和一个极对数多的两种旋转变压器做在一个机壳内，构成精测和粗测双通道检测装置，用于高精度检测系统和同步系统。

4.2.6　位置检测装置的信号处理及传输

增量式和绝对式位置检测装置的信号处理方式不同。增量式位置检测装置的信号由光电器件输出，经差分放大后成为正交的正余弦信号，然后直接被整形为正交的脉冲信号或经电子细分后以高倍频脉冲信号的形式被输出；绝对式位置检测装置的信号为多路脉冲数字信号，经编码后采用串行总线的方式输出。

1. 脉冲信号的四倍频细分及辨向

如图 4-22 所示，增量式位置检测装置的四个硅光电池 P_1、P_2、P_3、P_4 安装后，使每个光电池的光栅条纹相错 1/4 栅距。这样，产生的四个正弦信号相位将相差 90°，再经过整形和逻辑处理可得到方向信息和四倍频脉冲信号。

四倍频鉴向电路的逻辑图和波形变换如图 4-22 所示。将相位相差 180°的两个正余弦信号 1、3 和 2、4 分别送入两个差分放大器，经放大整形后，得到两路相差 90°的方波信号 A 和 B。这两路方波信号一方面直接通过微分电路微分，得到两路尖脉冲 A′和 B′；另一方面经反向器，分别得到与信号 A 和 B 相差 180°的两路等宽脉冲 C 和 D；C 和 D 经细分电路微分后，得两路尖脉冲 C′和 D′。四路尖脉冲按相位关系经与门和 A、B、C、D 信号相与，再输出给或门，输出正反向控制信号，其中 A′B、AD′、C′D、B′C 分别通过 Y_1、Y_2、Y_3、Y_4 输出至或门 H_1，得正向脉冲，而 BC′、AB′、A′D、CD′通过 Y_5、Y_6、Y_7、Y_8 输出至或门 H_2，得反向脉冲。当正向运动时，H_1 有

脉冲信号输出，H_2 则保持低电平，而反向运动时，H_2 有脉冲信号输出，H_1 则保持低电平。

可见，四倍频鉴向电路不仅可以起到辨别方向的作用，还可以将光栅的分辨率提高 4 倍。

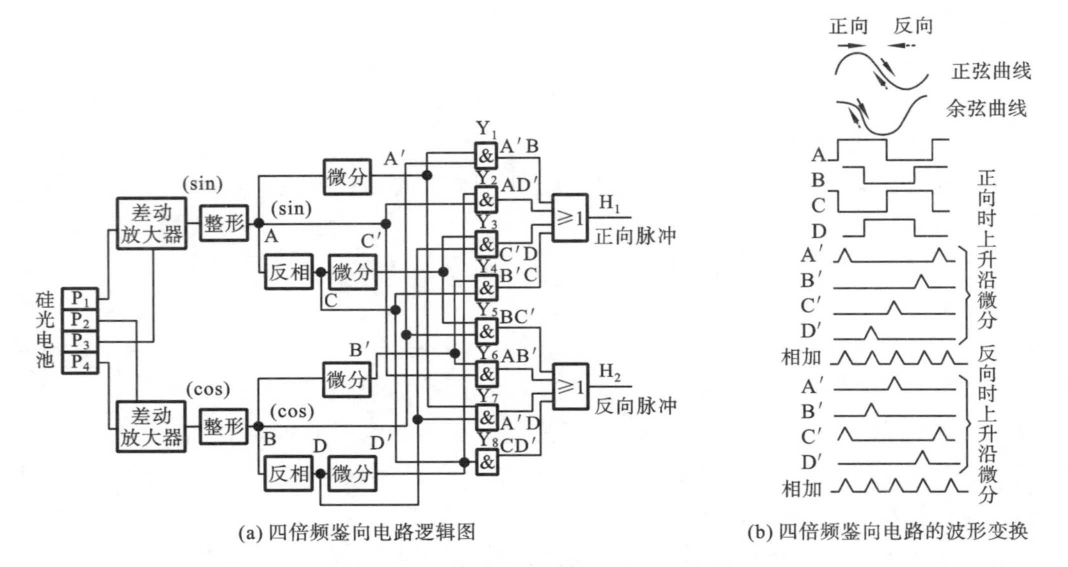

(a) 四倍频鉴向电路逻辑图　　(b) 四倍频鉴向电路的波形变换

图 4-22　增量式位置检测装置的四倍频鉴向电路

2. 模拟信号的电子细分

光栅仅利用四倍频鉴向电路通常还不能达到高精度控制系统的使用要求，必须采用莫尔条纹的细分来进一步提高光栅系统的分辨率。莫尔条纹的细分方法有光学细分法、机械细分法和电子细分法等几种，其中最常用的是电子细分法。电子细分法又可分为幅值细分法和鉴相细分法等。电子细分要求检测装置输出信号为两路频率和幅值相同、相位相差 90°的正弦波信号：

$$U_1 = U_m \sin\omega t, \quad U_2 = U_m \cos\omega t$$

这里只介绍两种幅值细分方法：串联移相电阻链细分和幅度切割细分。

1）串联移相电阻链细分

串联移相电阻链细分原理是：将两个相位不同的正弦波信号施加在电阻链两端，由于电压合成的移相作用，在电阻链的各电阻抽头上将得到幅值和相位各不相同的一系列信号，再用鉴零器对它进行鉴幅、整形，便可在莫尔条纹一周期内得到若干个脉冲信号而达到细分的目的。如图 4-23 所示是由电阻串联形成的电阻移相桥结构，它共有 16 个输出端，可实现 16 倍细分。

2）幅度切割细分

幅度切割细分原理是：将编码器输出的正弦波信号转换为同频同相的三角波信号，再与参考电压相比较，从而产生细分脉冲信号。

正弦波信号在波峰与波谷处的曲线斜率接近于 0，如果用正弦波信号与参考电压相比较，在波峰波谷处的灵敏度会降低，并且整个信号周期灵敏度是变化的。而三角波信号的上升沿和下降沿都具有固定的斜率，因此各分割点灵敏度一样。三角波信号可以表示为

$$u_{\triangle} \approx |\sin\theta| - |\cos\theta| \tag{4-12}$$

式中　$\sin\theta$、$\cos\theta$——编码器的信号电压。

三角波信号的产生原理如图 4-24 所示。

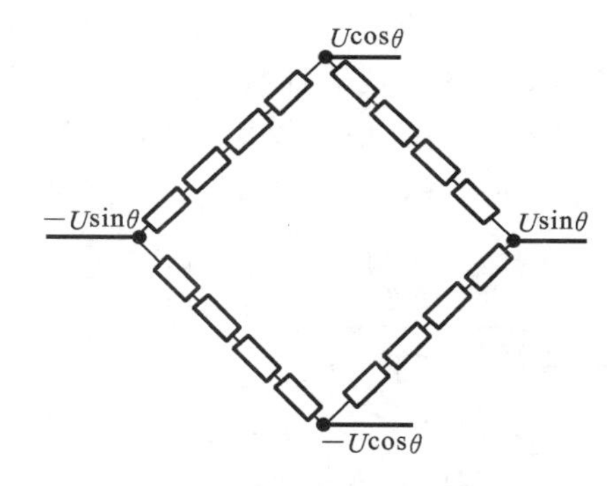

图 4-23　串联电阻移相桥结构

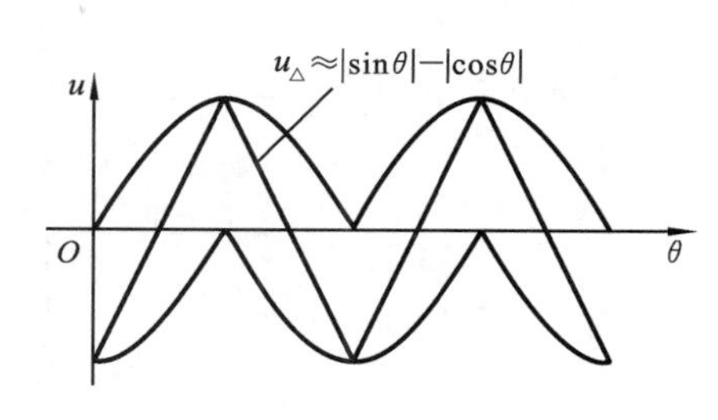

图 4-24　三角波信号的产生原理

用于比较的参考直流电压可表示为

$$u_c = |\sin\theta| + |\cos\theta| + |\sin(\theta+\pi/4)| + |\cos(\theta+\pi/4)| \tag{4-13}$$

参考直流电压产生原理如图 4-25 所示。用信号电压来获得参考直流电压的好处是，参考直流电压可以和三角波电压一起按同一比例随信号电压幅度变化，从而减小细分误差。

将参考电压细分成 N 级比较电压，用 N 级比较电压去切割三角波信号，得到细分后的脉冲信号。图 4-26 所示为八分频细分原理。

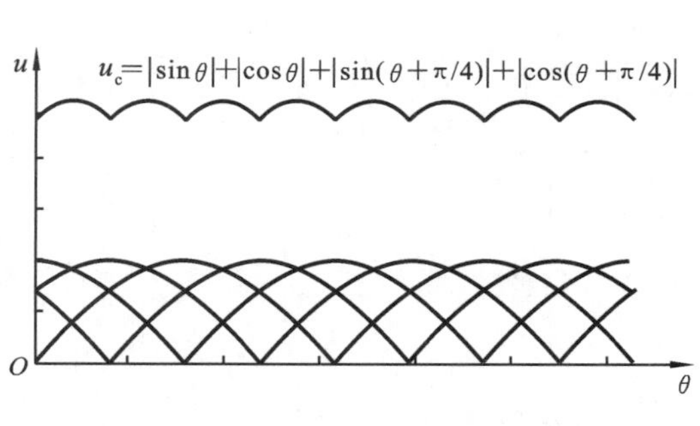

图 4-25　参考直流电压产生原理图

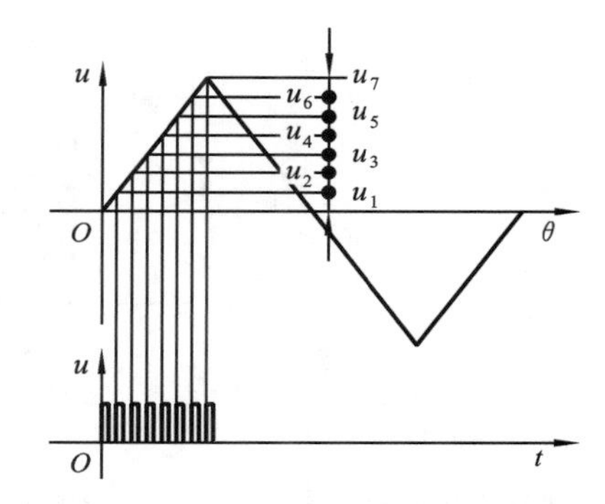

图 4-26　用比较电压切割三角波电压的细分原理

随着电子技术的发展，人们开始在传统的细分技术基础上，采用处理能力强的微处理器，利用软件对光栅信号进行细分，此即数字细分。加之采用新的编码技术，可将位置检测装置的分辨率提高到纳米级甚至皮米级。如 HEIDENHAIN 公司生产的高精度纳米光栅尺 LIP200 系列，分辨率可达 31.25 pm，移动速度达 2 m/s。

3. 位置检测装置的信号传输

位置检测装置与电机或控制系统的信号传输可以采用并行或串行两种方式。采用并行传输方式时，每位数据需要一根数据线，因此，并行传输方式仅适用于短距离传输和有特殊要求的场合。采用串行传输方式时，通过编码，所有的数据信息利用一根双绞线实现数据传输。串行传输可分为单工、半双工和全双工传输，也可分为同步串行传输、异步串行传输。串行传输用线少、成本低、传输距离远、数据安全可靠。

1）并行传输

增量式位置检测装置的数据输出多以并行传输为主，其输出信号通常有 A、$\overline{\text{A}}$，B、$\overline{\text{B}}$ 和 Z、$\overline{\text{Z}}$ 六路，有些还输出 U、V、W 三路信号，用于电机矢量控制中电枢初始角度的计算。图 4-27 所示为交流伺服驱动器与带增量式编码器的交流伺服电机的并行连接方式。编码器的六路信号进入伺服驱动器后,再通过相应的倍频和鉴向电路,供驱动器的计数器计数和进行方向辨别。编码器的并行数据传输接口电路简单,传输速率高,但所需要的数据线较多,对于长距离的数据传输,信号容易产生畸变,且并行电缆的成本高。因此,并行连接方式多用于短距离传输。

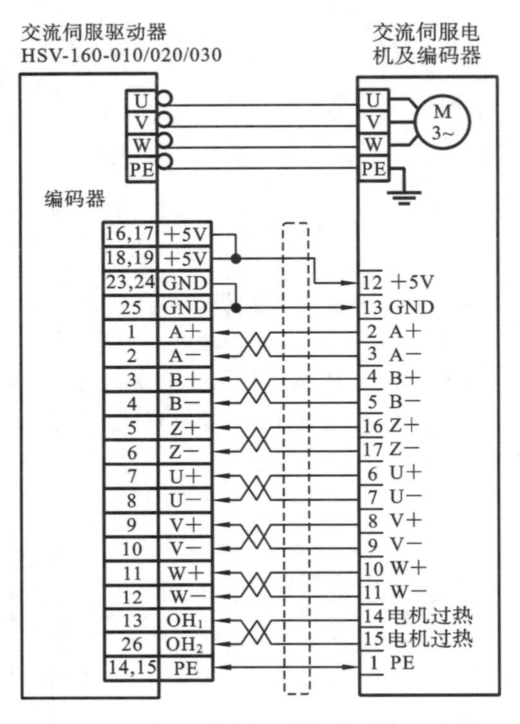

图 4-27 编码器数据的并行传输方式

2) 串行传输

高档数控机床要求位置检测装置具有很高的检测精度和分辨率,并实现绝对式位置检测。

绝对式位置检测装置的数据输出多采用同步串行传输方式。如多道绝对式编码器,其精度越高,则输出码的位数也越多,不利于并行传输,因此,采用串行传输方式。例如行业常用的绝对式位置检测装置的串行总线通信协议主要有:HEIDENHAIN 的 EnDat 协议、宝马集团的 BISS 协议、斯特曼的 HIPERFACE 协议、多摩川串行通信协议等。本书主要介绍 HEIDENHAIN 全双工同步串行 EnDat2.2 数据接口。EnDat2.2 接口不仅能为增量式和绝对式编码器传输位置值,同时还能够传输附加信息或更新存储在编码器中的信息,或保存新的信息,具有效率高、速度快(时钟频率现已提高到 16 MHz)等特点。

EnDat t2.2 接口只有四根数据线,连接方式如图 4-28 所示。四根信号线分别为时钟信号及相应的反相信号、数据信号及相应的反相信号。

编码器的数据传输方式一般有 14 种,如编码器传输位置值和附加信息方式、选择存储区方式、编码器接收参数方式等。数据传输方式一般由后续电子设备发出的模式指令决定。

如图 4-29 所示,传输的测量值从时钟的第一个下降沿开始被保存,计算位置值开始。在两个时钟脉冲($2T$)后,后续电子设备发送模式指令“编码器传输位置值”(带或不带附加信息)。在计算出了绝对位置值后,从起始位 S 开始,编码器向后续电子设备传输数据,后续的错误位

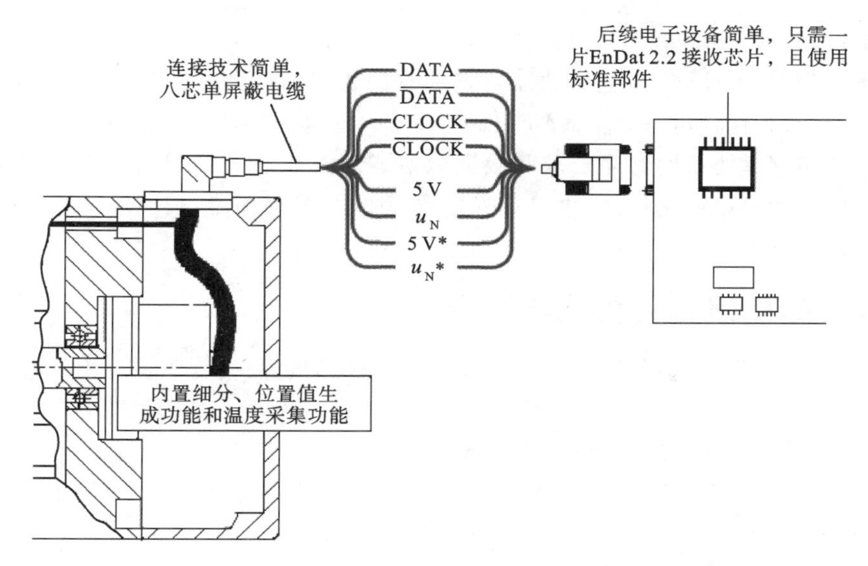

图 4-28　EnDat t2-2 接口连接示意图

F1 和 F2 是为所有的监控功能服务的群组信号，用来表示可能导致不正确位置信息的编码器故障。导致故障的确切原因保存在运行状态存储区，可以被后续电子设备查询。绝对位置值从最低位开始被传输，数据的长度由使用的编码器类型决定，位置值数据的传输以循环冗余检测码结束。图 4-30 所示为无附加信息的位置值传输方式。

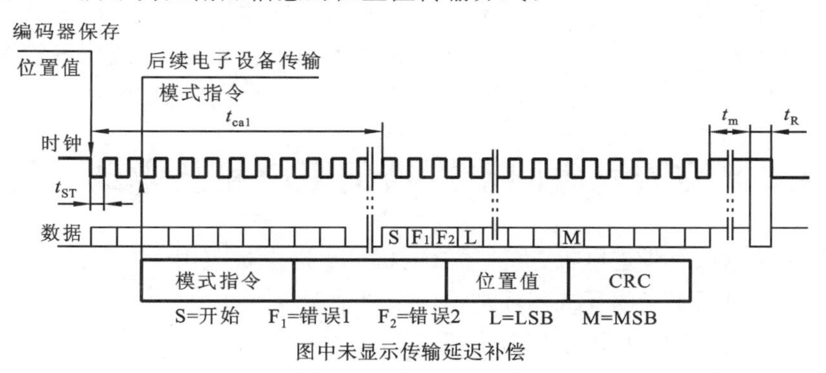

图 4-29　无附加信息的位置值传输方式

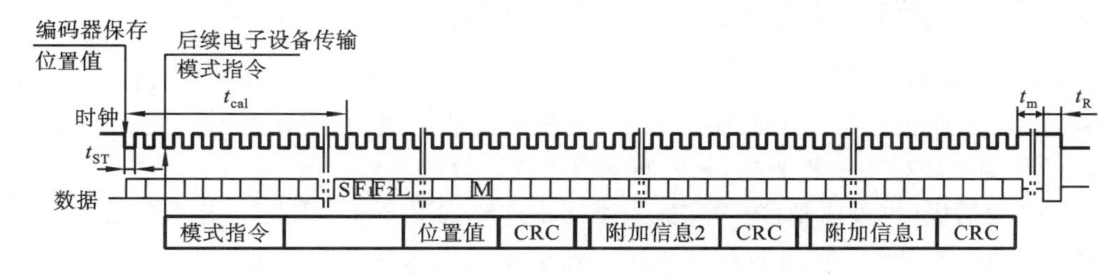

图 4-30　带附加信息的位置值传输方式

图 4-30 所示为带附加信息的位置值传输方式。紧接在位置值后的是附加信息 1 和 2，它们也各以一个 CRC 码结束，附加信息的内容由存储区的选择地址决定。在数据字的结尾，时钟信号必须置高电平。

使用者可以根据 EnDat2.2 接口协议和电路电气特性自行设计接口电路进行数据采集与处理,同时 HEIDENHAIN 公司也提供了特定的数据处理芯片供用户选择,如 EnDat2.2 接收芯片。如果用户自行设计电路,需遵循 EnDat2.2 接口的电气特性,并需要掌握 EnDat2.2 接口的协议,保证严格遵循协议的时序要求和数据帧格式。而如果采用 HEIDENHAIN 公司提供的数据处理芯片,则可以简化设计,用户只需配置 FPGA 的寄存器,按照芯片可接受的指令格式发送指令,就可获得需要的数据。

4.2.7 位置检测装置的选择原则

位置检测装置的合理选择关系到进给伺服驱动系统的控制精度。在选用位置检测装置时应注意以下几个要素:

(1) 电源形式。常用的位置检测装置电源有 5 V、12 V、24 V 的几种。

(2) 编码器机械允许转速。机械允许转速取决于位置检测装置测量系统处理时间、分辨率和结构尺寸,处理时间越短,尺寸越小,机械允许转速越高。

(3) 分辨率。分辨率由被测量系统的精度决定。应根据测量精度要求选择相对匹配的位置检测装置分辨率,要综合考虑性价比。

(4) 输出信号类型。位置检测装置输出信号的类型决定了后续接收电路的接口类型和信号处理方式。

(5) 使用环境。使用环境的温度高、湿度大,会导致光电检测装置内部的电子元件特性改变或损坏。使用环境中的各种电磁干扰源也会对光电检测装置产生干扰,导致光电检测装置输出波形发生畸变失真,使系统误动,导致系统精度下降。因此,要注意位置检测装置的防护及抗电磁干扰。另外,光电式编码器大都采用玻璃材质,不适宜在振动和冲击大的场合使用。

4.3 交流永磁同步进给伺服电机及驱动系统

进给伺服驱动电机有步进电机、交流伺服电机。步进电机应用于开环进给伺服驱动系统;交流伺服电机主要应用于半闭环或闭环进给伺服驱动系统。

本节只介绍交流永磁同步进给伺服电机及相应的驱动系统,其中伺服电机包括旋转式和直线式伺服电机。为简便起见,对旋转式伺服电机沿用传统的表达方式,省略"旋转"二字。

4.3.1 交流永磁同步进给伺服电机结构及工作原理

交流永磁同步进给伺服电机主要由定子 1、定子绕组 3 和转子 2 组成,如图 4-31 所示。其定子与异步电机的定子结构相似,由硅钢片、三相对称的绕组、固定铁芯的机壳及端盖部分组成;其转子采用永磁稀土材料制成,永磁转子产生固定磁场。

图 4-32 为两极(也可以是多极)交流永磁同步进给伺服电机示意图。定子三相绕组通交流电后,产生一个以转速 n_s 转动的旋转磁场。转子磁场由永久磁铁产生,用另一对磁极表示。由于磁极同性相斥、异性相吸,定子的旋转磁场与转子的永磁磁极互相吸引,并带着转子一起旋转,因此,转子也将以同步转速 n_s 与旋转磁场一起转动。转子加上负载转矩之后,转子磁极轴线将落后定子磁场轴线一个 θ 角。随着负载增加,θ 也随之增大;负载减少时,θ 角也减小。只要不超过一定限度,转子始终跟着定子的旋转磁场以恒定的同步转速 n_s 旋转。转子转速为

$$n_r = n_s = \frac{60f_1}{p} \tag{4-14}$$

式中：P——定子和转子的磁极对数；

f_1——交流供电电源频率。

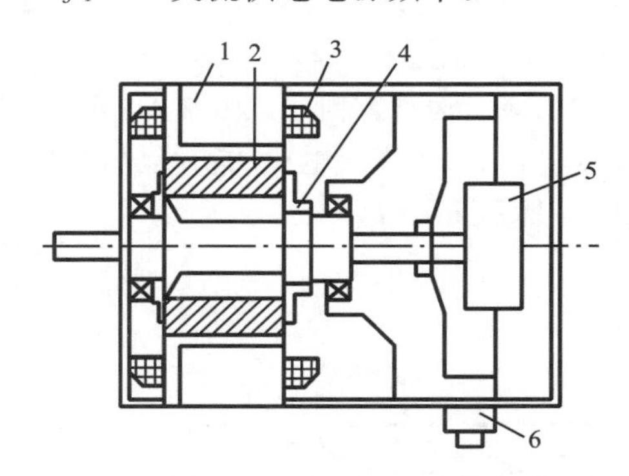

图 4-31　交流永磁同步进给伺服电机

1—定子；2—转子；3—定子绕组；
4—压板；5—编码器；6—接线盒

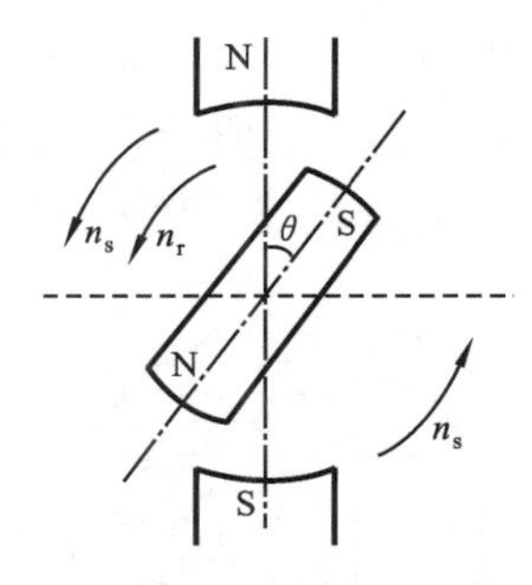

图 4-32　交流永磁同步进给伺服电机的工作原理

当负载超过一定极限时，转子不再按同步转速旋转，甚至可能不转，这就是同步电机的失步现象，此负载的极限称为最大同步转矩。

交流永磁同步进给伺服电机启动时，若将其定子直接接入电网，由于定子旋转磁场的转速为同步转速，而此时转子自身处于静止状态，定子与转子之间的转速差很大，使转子在启动时所受的电磁转矩的平均值为零，电机不能自行启动。启动难是交流永磁同步进给伺服电机的缺点，解决的办法是在设计时设法减小电机的转动惯性或在速度控制单元中采取先低速后高速的控制方法。

4.3.2　交流永磁同步进给伺服直线电机结构及工作原理

高速加工是提高生产率和改善零件加工质量的重要途径，是数控机床的发展趋势之一。一般来说，高速数控机床进给驱动速度应高于 60 m/min，加速度应在 1g 以上。传统的旋转电机经联轴器、滚珠丝杠副等中间传动和变换环节，其进给速度和精度有很大的局限性。因此，直接驱动的直线电机进给系统便应运而生。

直线电机

直线电机进给系统减少了机械传动结构，而且电机惯量小，因此系统的响应快，速度高，与传统传动方式相比，速度和加速度都可提高 10 倍以上。通过高精度的直线位移检测装置可实现全闭环控制系统，从而可提高运行精度。直线电机的安装导轨副采用滚动导轨或磁悬浮导轨，使电机运动平稳、噪声低、传动效率高，能获得很高的动态刚度。直线电机可根据机床导轨的表面结构及其工作台运动时的受力情况来布置，通常设计成均布对称形式，使其运动推力平衡，机床的传动刚度较高。直线电机可无限延长定子的行程，运动的行程不受限制，并可在全行程上安装和使用多个工作台。因此直线电机广泛适用于高速、精密数控机床。

然而，直线电机在机床上的应用也存在一些问题。如：由于没有机械连接或啮合，因此垂直轴传动需要外加一个平衡块或制动器；当负载变化大时，需要重新整定系统，当然，多数现代控制装置都具有自动整定功能，能快速调整系统。磁铁对电机部件的吸力很大，因此，在设计和选择导轨和滑架结构时,要注意防护,解决磁铁吸收金属颗粒的问题。

原理上,如果将旋转电机沿过轴线的平面剖开,并将定子、转子圆周展开成平面,便形成了扁平形直线电机。由原来旋转电机定子演变而来的一侧称为初级,由转子演变而来的一侧称为次级。感应式旋转电机演变为直线电机和永磁式旋转电机演变为直线电机的过程分别如图 4-33(a)、(b)所示。将扁平形直线电机沿着与直线相垂直的方向卷成圆柱状(或管状),就形成了管形直线电机,如图 4-34 所示。将扁平形直线电机的初级沿运动方向改成弧形,并安放于圆柱形次级的柱面外侧,便构成了弧形直线电机,如图 4-35 所示。将直线电机的初级放在次级圆盘靠近边缘的平面上,便构成了盘形直线电机,如图 4-36 所示。

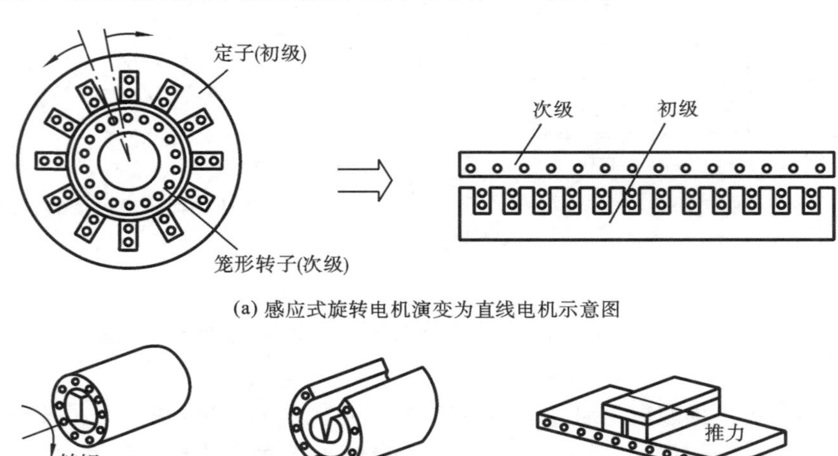

(a) 感应式旋转电机演变为直线电机示意图

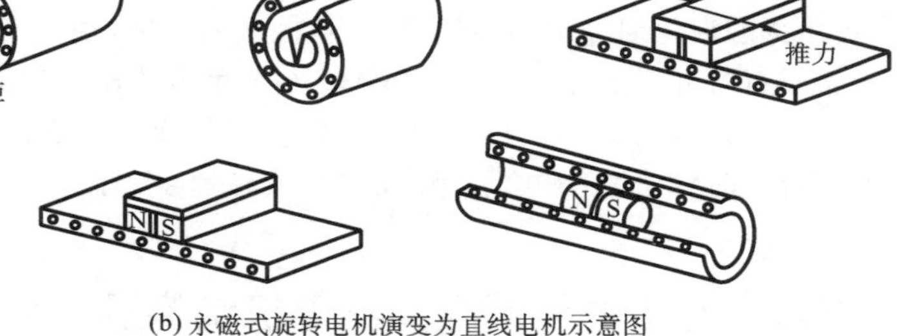

(b) 永磁式旋转电机演变为直线电机示意图

图 4-33 直线电机的演变

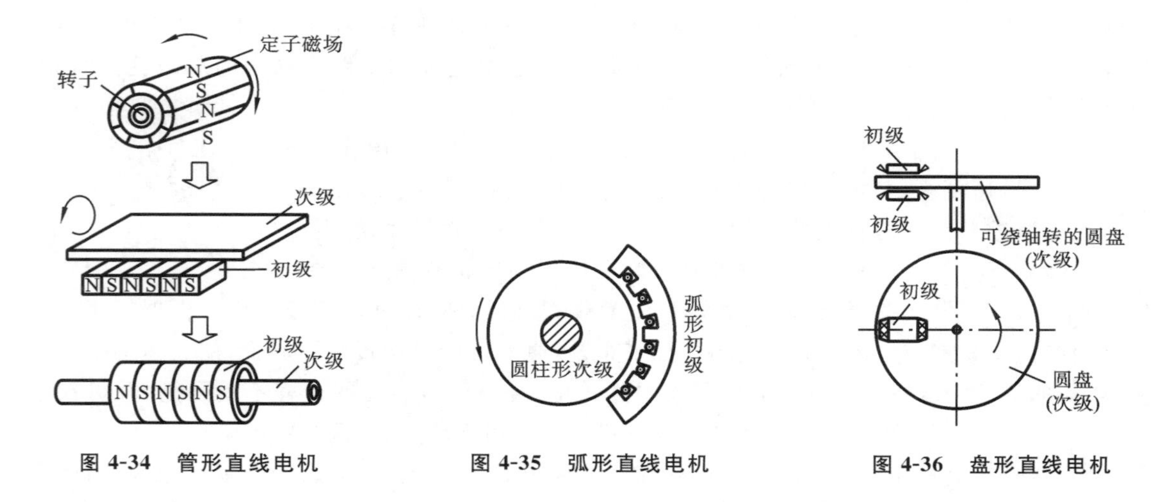

图 4-34 管形直线电机

图 4-35 弧形直线电机

图 4-36 盘形直线电机

显然,直线电机按通电方式可分为直流和交流直线电机。交流直线电机按励磁方式可分为永磁式(同步)和感应式(异步)两种。永磁式同步直线电机的次级由多块永磁钢铺设而成,初级是含铁芯的三相绕组。感应式异步直线电机的初级和永磁式同步直线电机的初级相同,而次级用自行短路的不馈电栅条来代替永磁式直线电机的永磁铁。永磁式同步直线电机在单位时间内的推力、效率、可控性均优于感应式异步直线电机,但其成本较高,工艺复杂,而且,应用这种电机时需在机床上铺设一块强永磁钢,这给机床的安装、使用和维护带来了方便。感应式异步直线电机在不通电时没有磁性,不会影响安装、使用和维护。但感应式异步直线电机性能不如永磁式同步直线电机,特别是散热问题难以解决。随着稀土永磁材料性价比的不断提高,永磁式同步直线电机的应用日益广泛。

由旋转电机演变而来的直线电机的初级与次级长度相等。由于直线电机的初级和次级都存在边端,在做相对运动时,初级与次级之间互相耦合的部分将不断变化,不能按规律运动。为使其正常运行,需要保证在所需的行程范围内,初级与次级之间的耦合保持不变,因此,实际应用时,初级和次级长度不完全相等,有长初级、短次级和短初级、长次级两种结构。在通常情况下,由于短初级长次级结构的直线电机在制造成本和运行费用上均比短次级、长初级结构的直线电机低得多,因此一般均采用短初级、长次级的方式。不过在短行程的情况下则相反。此外,直线电机还有单边型和双边型两种结构,单边型直线电机如图 4-37 所示,双边型直线电机如图 4-38 所示。

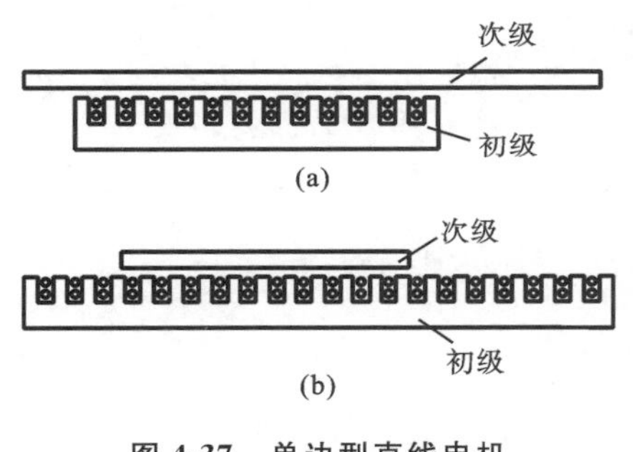

图 4-37　单边型直线电机

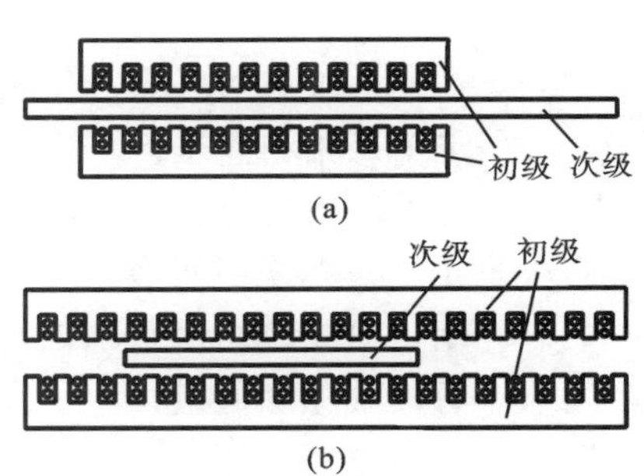

图 4-38　双边型直线电机

4.4　交流永磁同步进给伺服驱动系统

4.4.1　交流永磁同步进给伺服驱动系统组成及结构

交流永磁同步进给伺服驱动系统由驱动装置、检测装置和电机组成,驱动装置则由控制器和功率放大器组成。如图 4-39 所示,控制器由位置调节器、速度调节器和电流调节器组成,它根据数控装置的指令信号和检测装置检测的实际信号之差来调节控制量。控制器最多可构成三闭环结构:位置环、速度环和电流环。位置环由位置调节器、位置反馈和检测装置组成;速度环由速度调节器、速度反馈和检测装置组成;电流环由电流调节器、电流反馈和电流检测装置组成。

交流永磁同步进给伺服驱动系统是基于以下技术发展起来的:控制理论方面的交流电机矢量控制技术;脉宽调制技术(PWM),以及高性能、高集成度的专用芯片技术和大功率、大电流、高反压、高开关速度的功率电子器件技术。以交流永磁同步伺服电机为执行元件的交流进

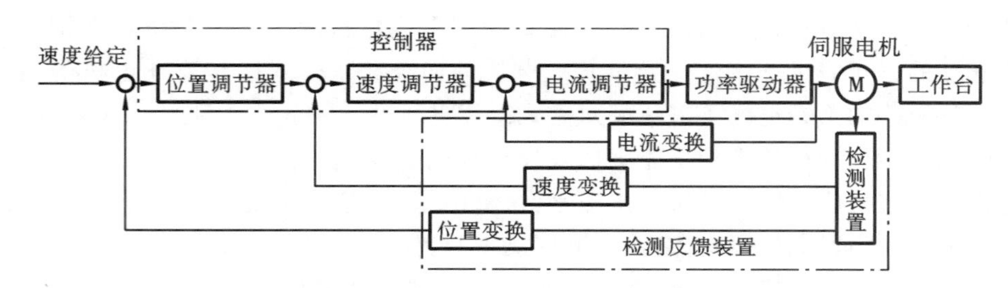

图 4-39　交流永磁同步进给伺服驱动系统的组成框图

给伺服驱动系统因其动、静态性能好和调速范围宽等特点，一直是数控进给伺服驱动系统的主流。

4.4.2　交流永磁同步进给伺服电机变频调速原理

交流永磁同步进给伺服电机的调速主要靠改变供电电压的频率(变频变压调速)来实现。由交流永磁同步进给伺服电机的转速公式(4-14)可以得出，均匀地改变定子供电电源的频率，则可以平滑地改变电机的同步转速，这是变频调速的基本原理。

交流电机的电动势方程、转矩方程分别如下：

$$U_1 \approx E_1 = 4.44 f_1 N_1 K_1 \Phi_m \tag{4-15}$$

$$T_m = C_M \Phi_m I_a \cos\varphi_2 \tag{4-16}$$

式中：U_1——定子每相相电压；

E_1——定子每相绕组感应电动势；

N_1——定子每相绕组匝数；

K_1——定子每相绕组匝数系数；

Φ_m——每极气隙磁通量；

T_m——电机电磁转矩；

I_a——转子电枢电流；

φ_2——转子电枢电流的相位角。

从式(4-15)可知：在变频调速过程中，在电压 U_1 不变的情况下，增加供电电源频率 f_1 会使定子磁通量 Φ_m 减小，这样势必导致电机输出转矩 T_m 下降，使电机的利用率变差。同时，电机的最大转矩也将降低，严重时会使电机堵转。若维持电压 U_1 不变，减小供电电源频率 f_1，又会使定子磁通量 Φ_m 增加，定子电流上升，导致铁损增加。因此，在变频调速的同时，要求供电电压也随之变化，即满足 U_1/f_1 为定值的条件，以确保磁通量 Φ_m 接近不变。

根据 U_1 和 f_1 的不同比例关系，有不同的变频调速控制方式。由式(4-15)可知，由于 N_1 和 K_1 为常数，Φ_m 与 U_1/f_1 成正比。当电机在额定参数下运行时，Φ_m 达到临界饱和值，即达到额定值。而在电机工作过程中，要求 Φ_m 必须在额定值以内。以 Φ_m 的额定值对应的供电频率额定值 f_{1N} 为界限：供电频率低于额定值 f_{1N} 时，称为基频以下的调速；高于额定值 f_{1N} 时，称为基频以上的调速。

1. 基频以下的调速

保持 U_1/f_1 为常数的调速称为恒压频比的控制方式。低频时，U_1 较小，定子阻抗压降所占的分量比较显著，不能忽略。这时，可以人为地把电压 U_1 调高一些，以便近似地补偿定子压降。如图 4-40 所示，线 2 为带定子压降补偿的恒压频比控制特性曲线，线 1 则为无补偿的控制特性曲线。

如果电机在不同转速下都保持额定电流，则电机能在温升允许条件下长期运行，这时转矩基本上随磁通变化，因此在基频以下的调速属于恒转矩调速。

2. 基频以上的调速

在基频以上调速时，供电频率高于额定值 f_{1N}，但电压 U_1 却不能大于额定电压，这将迫使磁通 Φ_m 与频率 f_1 成反比例降低，相当于直流电机弱磁升速的情况。在电机内部，由于供电频率升高，感抗增加，相电流降低，使 Φ_m 减小。由转矩方程(4-16)可知，输出转矩减小，但因转速提高，输出功率将保持不变，因此在基频以上的调速属于恒功率调速。

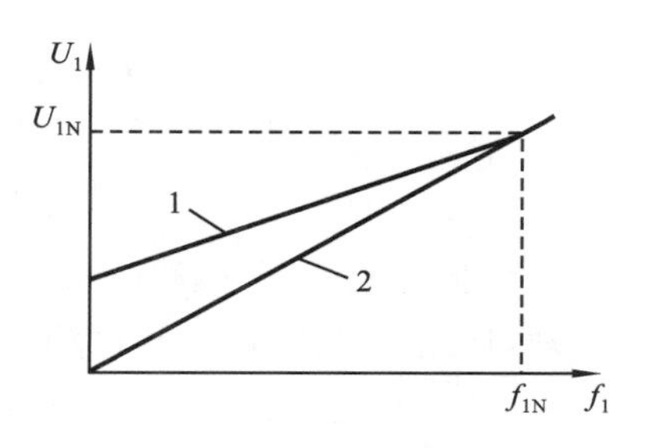

图 4-40　恒压频比控制特性

4.4.3　交流永磁同步伺服电机矢量控制原理

交流电机矢量控制技术以 SIEMENS 公司 F. Blaschke 等提出的感应电机磁场定向的控制原理和美国 P. C. Custman 与 A. A. Clark 申请的专利“感应电机定子电压的坐标变换控制”为理论基础，经过数十年来许多学者和工程技术人员的不断完善改进，发展已日趋成熟。目前普遍应用的交流矢量控制调速系统即采用了这一技术。

直流电机能获得优异的调速性能，其根本原因在于与电机电磁转矩 T_m 相关的电流分量(即励磁磁通 Φ_m 和电枢电流 I_a)是两个互相独立的变量。由直流电机理想模型可知，励磁磁通 Φ_m 仅正比于励磁电流 I_f，而与 I_a 无关。也就是说，在空间上，励磁磁通 $\boldsymbol{\Phi}_m$ 与电枢电流 $\boldsymbol{I}_a$ 正交，为两个独立的变量。由直流电机电磁转矩公式 $T_m=C_M\Phi_m I_a$ 可知，分别控制励磁电流 I_f 和电枢电流 I_a，即可方便地实现转矩 T_m 与转速 n 的线性控制。而交流电机则不同，根据交流电机电磁转矩公式 $T_m=C_M\Phi_m I_a\cos\varphi_2$ 可知，电磁转矩 T_m 与 Φ_m、I_a 成正比，但 $\boldsymbol{\Phi}_m$ 与 $\boldsymbol{I}_a$ 不正交，它们不是独立的变量，因此，对它们不能分别进行调节和控制。同时，交流电机的定子产生的是同时随时间和空间变化的旋转磁场。励磁磁通 $\boldsymbol{\Phi}_m$ 是一个空间交变矢量，这样，在定子侧的各物理量(电压、电流、电动势、磁动势)也都在空间上同步旋转且交变，对它们的调节、控制和计算很不方便。

矢量控制原理是将三相交流电机输入的电流等效变换为类似直流电机中的彼此独立的励磁电流和力矩电流，建立起等效直流电机数学模型，通过对这两个量的反馈控制实现对电机电磁转矩和速度的控制。然后，再通过相反的变换，将被控制的等效直流电机电流还原为三相交流电机电流，这样就可以采用与直流电机类似的调速方法对三相交流电机进行调速了。

1. 三相/两相变换

由于多相绕组中通入多相对称平衡的交流电流时，便会在空间产生旋转磁场。因此，在互成 120°的三个绕组 A、B、C 中通入三相平衡对称交流电流$\{i_A,i_B,i_C\}$时所产生的旋转磁动势 F_m，也可通过在相互垂直的两个绕组 α、β 中通入时间上互差 90°的两相交流电流$\{i_\alpha,i_\beta\}$而产生。

三相交流电流$\{i_A,i_B,i_C\}$和两相交流电流$\{i_\alpha,i_\beta\}$的空间矢量关系如图 4-41 所示。设磁动势波形按正弦规律分布，当三相总磁动势与两相总磁动势相等时，两组绕组瞬时磁动势在 α、β 轴上的投影都应相等。因此，可建立三相电流与两相电流的变换矩阵关系：

$$\begin{bmatrix} i_\alpha \\ i_\beta \end{bmatrix} = \sqrt{\frac{2}{3}} \begin{bmatrix} \cos 0 & \cos \frac{2}{3}\pi & \cos \frac{4}{4}\pi \\ \sin 0 & \sin \frac{2}{3}\pi & \sin \frac{4}{3}\pi \end{bmatrix} \begin{bmatrix} i_A \\ i_B \\ i_C \end{bmatrix} = \sqrt{\frac{2}{3}} \begin{bmatrix} 1 & -\frac{1}{2} & -\frac{1}{2} \\ 0 & \frac{\sqrt{3}}{2} & -\frac{\sqrt{3}}{2} \end{bmatrix} \begin{bmatrix} i_A \\ i_B \\ i_C \end{bmatrix} \tag{4-17}$$

三相静止绕组 A、B、C 和两相静止绕组 α、β 之间的变换称为三相/两相变换。

同理,通过矩阵变换,可得两相绕组变换到三相绕组的逆变电流矩阵:

$$\begin{bmatrix} i_A \\ i_B \\ i_C \end{bmatrix} = \sqrt{\frac{2}{3}} \begin{bmatrix} 1 & 0 \\ -\frac{1}{2} & \frac{\sqrt{3}}{2} \\ -\frac{1}{2} & -\frac{\sqrt{3}}{2} \end{bmatrix} \begin{bmatrix} i_\alpha \\ i_\beta \end{bmatrix} \tag{4-18}$$

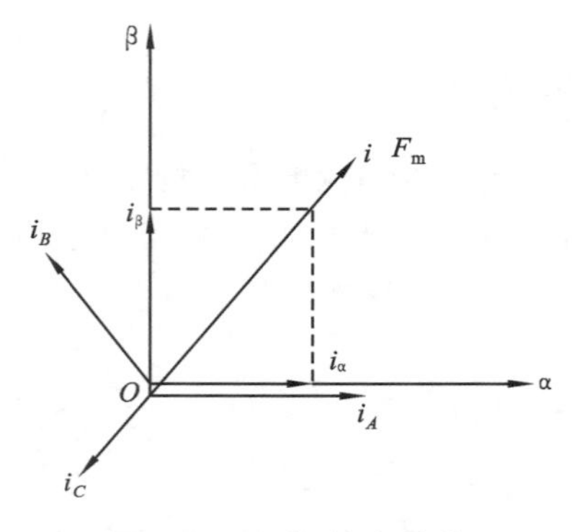

图 4-41　三相/两相变换

2. 矢量旋转变换

将三相交流电机转化为两相交流电机后,为了采用与直流电机控制类似的方法对交流电机进行控制,还需要把静止的 α-β 坐标系中的两相交流量$\{i_\alpha, i_\beta\}$变换成以旋转磁动势 F_m 定向的旋转坐标系中的直流量,从而实现将两相交流电变换为等效的直流电,这就是矢量旋转变换。

在图 4-41 中的旋转磁动势 F_m 也可以用下面的方法产生:如图 4-42(a)所示,在互相垂直的绕组 d、q 中分别通以直流电流 i_d、i_q,并且使得包含这两个绕组在内的整个铁芯以与旋转磁动势 F_m 同步的转速 ω_1 旋转。在该铁芯上和绕组一起旋转观察时,d 和 q 便成了两个通入直流而相互垂直的静止绕组。由此,建立与静止坐标系 α-β 上的交流电流等效的旋转坐标系 d-q 上的直流电流$\{i_d, i_q\}$。

如图 4-42(b)所示,选择旋转磁动势 F_m 的方向与旋转坐标系的 d 轴重合,此时 i_d 的方向与旋转磁动势 F_m 同向,F_m 可看成由旋转坐标系 d 轴上的直流分量 i_d 产生,i_d 相当于他励式直流电机的励磁电流 i_f。由于他励式直流电机的力矩电流 i_a 和励磁电流 i_f 之间的空间矢量是垂直的,因此,旋转坐标系 q 轴上的直流电流 i_q 相当于直流电机的力矩电流 i_a。图 4-42 反映了从两相静止坐标系 α-β 交流分量到两相旋转坐标系 d-q,再到直流分量 f-α 的等效变换过程,称为两相-两相旋转变换。

静止坐标系 α 轴与旋转坐标系 d 轴的夹角为转子位置角 θ。θ 随时间而变化,设 ω_1 的方向为 θ 的正方向。在保证合磁动势相等的前提下,可建立两相静止坐标系 α-β 上交流电流与向两相旋转坐标系 d-q 上直流电流变换的电流变换矩阵:

$$\begin{bmatrix} i_d \\ i_q \end{bmatrix} = \begin{bmatrix} \cos\theta & -\sin\theta \\ \sin\theta & \cos\theta \end{bmatrix} \begin{bmatrix} i_\alpha \\ i_\beta \end{bmatrix} \tag{4-19}$$

同理,可得两相旋转坐标系 d-q 直流电流向两相静止坐标系 α-β 交流电流变换的电流变换矩阵:

$$\begin{bmatrix} i_\alpha \\ i_\beta \end{bmatrix} = \begin{bmatrix} \cos\theta & \sin\theta \\ -\sin\theta & \cos\theta \end{bmatrix} \begin{bmatrix} i_q \\ i_d \end{bmatrix} \tag{4-20}$$

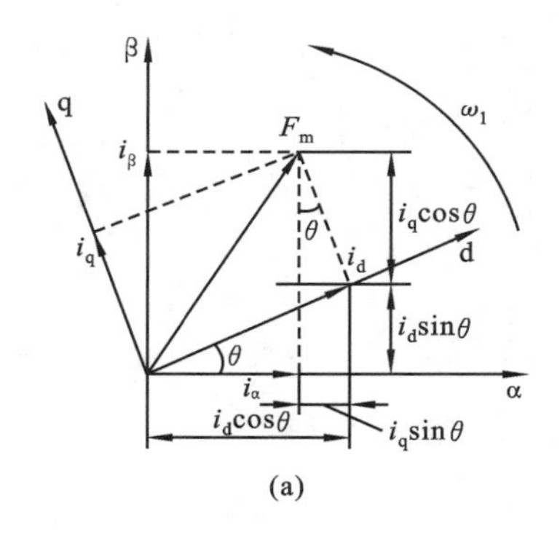

(a)

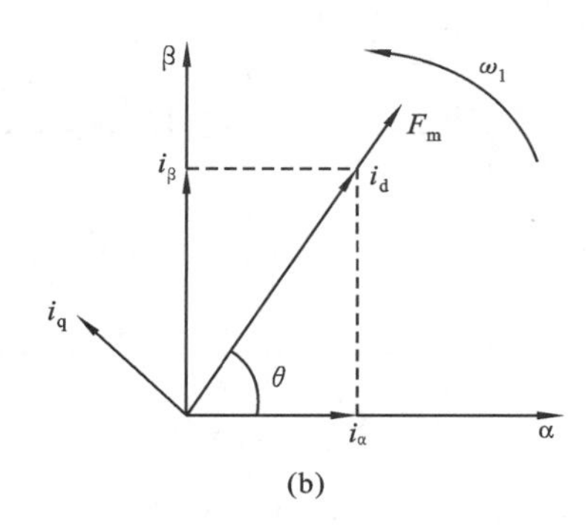

(b)

图 4-42　静止两相绕组与旋转两相绕组的变换

如果选择旋转坐标系 d-q 的水平轴 d 与转子轴线重合，称为转子磁场定向的矢量控制，永磁同步电机的矢量控制属于此类。转子位置角 θ 反映了转子的位置，可用装在电机轴上的位置检测元件(编码器)来获得。如果矢量控制的旋转坐标系是选在电机的旋转磁通轴上，称为磁通定向控制。此方式适用于三相异步电机，其静止和旋转坐标系之间的夹角不能检测，需通过计算获得。

4.4.4　交流永磁同步伺服电机矢量控制系统

矢量变换旋转坐标系 d-q 中励磁电流分量 i_d 通常有以下几个作用：

(1) 起增磁或减磁作用。当 $i_d<0$ 时，d 轴磁链分量减小；当 $i_d>0$ 时，d 轴磁链分量增加。

(2) 增加铜耗。当有了 i_d 时，电枢电流增加，铜耗增加。

(3) 影响定子端电压和视在功率。当 $i_d>0$ 时，电枢端电压要高，即驱动逆变器的输入电压较高；当 $i_d<0$ 时，驱动逆变器的输入电压可以降低。

从增减磁通和增减铜耗方面，i_d 的存在对永磁同步电机不利。但对逆变器而言，$i_d<0$ 且其绝对值在某一定值以下时是非常有利的。所以，在矢量控制中，当以获得最大转矩为控制目标时，应使 i_d 为零，即使不为零，也应设法使其为负。

交流电机在矢量转换中输出的电磁转矩 M_m 为

$$M_m=\frac{3}{2}p[\psi_f i_q+(L_d-L_q)i_d i_q] \tag{4-21}$$

式中：p—三相交流永磁同步伺服电机的极对数；

ψ_f—永磁磁铁对应的转子磁链；

L_q、L_d—d-q 坐标系上的等效电枢电感。

永磁同步伺服电机的旋转磁场由永磁铁产生，因此，励磁电流 $i_d=0$，符合上面所讨论的 i_d 的取值范围。则电磁转矩表达式可写为

$$M_m=\frac{3}{2}p\psi_f i_q \tag{4-22}$$

从式(4-22)可知，电磁转矩 M_m 仅与转矩电流分量 i_q 成线性关系，而与励磁电流分量 i_d 无关。也就是说，状态变量 i_d、i_q 可以独立调节，从而实现转矩线性化控制。

采用 $i_d=0$ 控制策略的三相交流永磁同步伺服电机矢量控制系统的原理框图如图 4-43 所示。此结构采用了三闭环结构。

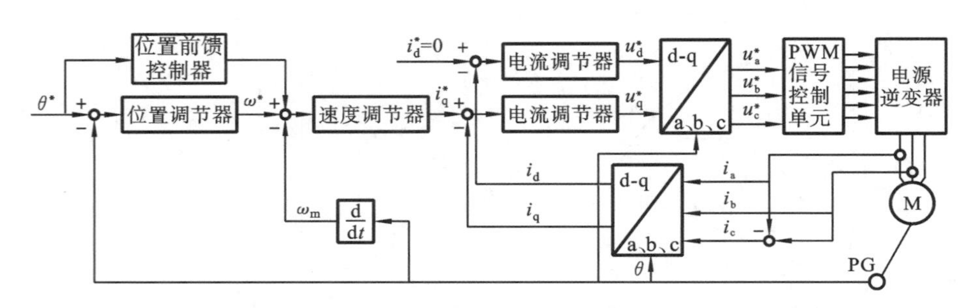

图 4-43 三相交流永磁同步伺服电机矢量控制系统原理框图

(1) 位置控制环 由位置调节器、位置反馈控制器和位置前馈控制器构成。位置环的输入是位置给定量 θ^*,反馈量是检测单元检测的电机当前位置量 θ。位置调节器输入为当前的位置误差量,输出为速度给定的一部分。位置前馈控制器的输入为位置给定量 θ^*,输出量与位置调节器的输出量相加之后得到速度环的速度给定量 ω^*。当位置给定量与位置反馈量相等时,速度给定量为零。交流伺服系统要求稳态位置跟踪误差和动态位置跟踪误差小,位置响应无超调等。

稳态位置跟踪误差可表示为 $\varepsilon=v/k_p$,其中,v 为速度变化量,k_p 为位置环增益。由此可见,为了减小稳态位置跟踪误差 ε,应尽可能地提高伺服系统的位置环增益 k_p。但过高的位置环增益 k_p 会引起调节器输出的剧烈变化,从而给机械负载带来较大的冲击,因此应尽可能选择变化平缓的进给速度。这样,便造成了高精度与高速度的矛盾。为此,在伺服系统中引入位置前馈控制器,对系统的跟踪速度给予补偿,以提高位置环的响应速度,解决定位精度和响应速度要求的矛盾。

(2) 速度控制环 速度控制环由速度调节器、速度反馈控制器组成,也是交流伺服系统中极为重要的一个环节,它的作用是使电机实际速度保持和给定速度一致。系统对由位置控制环给定的速度指令 ω^* 和电机速度反馈量 ω_m 进行比较,二者的误差经速度调节器后,形成电流矢量控制中交轴电流分量 i_q^*,作为电流控制的给定量。伺服系统要求速度脉动小、速度环频率响应快、调速范围宽等。为达到这一控制要求,一般应采用高频率、快响应且纹波小的速度检测器,以及较高开关频率的大功率电力电子器件。

(3) 电流控制环 电流控制是交流伺服系统中的一个重要环节,它是提高伺服系统控制精度和响应速度、改善控制性能的关键。电流控制环由电流调节器、矢量控制算法模块以及电流反馈控制器三个部分构成。速度控制环输出交轴电流分量作为电流调节器的给定信号 i_q^*。控制系统一方面将给定交轴电流 i_q^* 与定子反馈电流经坐标变换后得到的 $\{i_d,i_q\}$ 的交轴电流 i_q 相比较,使比较后所得值经过电流调节器,输出交轴控制电压 u_q^*;另一方面控制直轴给定电流 $i_d^*=0$,将其与定子反馈电流经坐标变换后得到的直轴电流 i_d 相比较,使比较后所得值经过电流调节器,输出直轴控制电压 u_d^*,然后,经过由 $\{d,q\}$ 到 $\{\alpha,\beta\}$ 的逆变换得到 $\{u_\alpha^*,u_\beta^*\}$,以及由 $\{\alpha,\beta\}$ 到 $\{a,b,c\}$ 的逆变换得到 $\{u_a^*,u_b^*,u_c^*\}$,最后,通过 SPWM 模块输出六路控制信号驱动逆变器功率管工作,从而输出幅值和频率可变的三相正弦电供给电机定子。交流伺服驱动系统要求电流控制环输出电流谐波分量小、响应速度快。与直流伺服驱动系统不同,在交流永磁同步伺服电机矢量控制系统中,电流频率较高时,电流控制所导致的滞后会变得十分明显,将直接影响电流的控制性能。因此,快速响应是电流控制的主要性能指标。

4.4.5　交流永磁同步全数字进给伺服驱动系统

交流进给伺服驱动系统首先是以模拟控制的形式出现的，模拟交流进给伺服驱动系统的位置、速度、电流调节器均采用硬件实现，系统中的给定指令信号和反馈信号都是模拟量。模拟系统的优点是动态性能好、成本低，但是模拟伺服系统存在电路复杂、一致性较差、有零点漂移等不足。后来随着高速数字信号处理器、单片机、大规模集成电路的发展，以及可用逻辑电平控制其通断的电力半导体器件——功率晶体管、功率场效应管的商品化，高精度、多功能的数字式交流进给伺服驱动系统已成为进给伺服驱动系统的主流。根据数字化的程度不同，数字式交流进给伺服驱动系统可分为数字-模拟混合式和全数字式两大类型。在数字-模拟混合式进给伺服驱动系统中，位置环给定信号和反馈信号都是数字量，速度环和电流环的信号仍为模拟量。在全数字进给伺服驱动系统中，控制信号全部采用数字量来处理，三环控制功能由计算机软件实现。

典型全数字进给伺服驱动系统的结构框图如图4-44所示。系统微处理器（单片微机、DSP或其他专用芯片）构成位置控制、速度控制和电流控制的硬件，所有的控制调节功能全部由软件完成。位置指令以数字信号的形式被传送给伺服单元，位置反馈、速度反馈和电流反馈均由数字量检测装置完成，伺服单元直接输出逻辑电平型的脉宽调制控制信号，驱动功率放大器对伺服电机进行电压控制。系统还可通过软件完成参数的自动优化和故障的自动诊断和显示等功能，进一步提高系统控制性能。

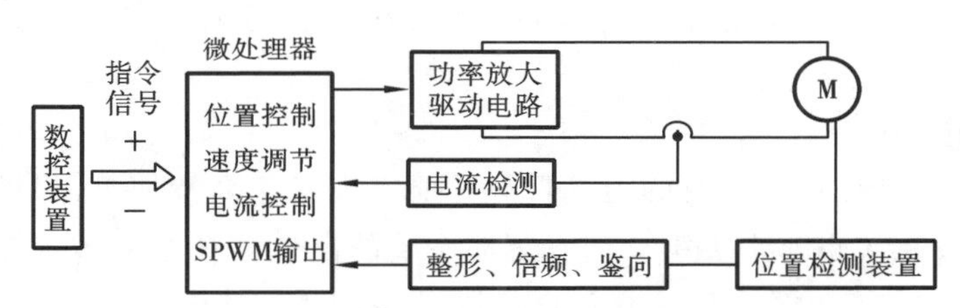

图4-44　全数字进给伺服驱动系统结构框图

全数字进给伺服驱动系统具有如下特点：

(1) 数字电路稳定性好，不存在温度漂移，也不受参数变化的影响。

(2) 伺服系统参数调整方便，线性度及可重复性高。

(3) 可以设计适用于众多电力电子系统的统一硬件电路。同时，对软件可以进行模块化设计，集成适用于各种应用对象的控制算法，以满足不同的用途；软件模块可以方便地增加、更改、删减。

(4) 伺服系统与上位机的双向信息传递能力较强。

(5) 随着微处理器性能的不断提高，一些算法复杂的控制策略可以用来改善系统的性能；全软件化的调节器使控制理论中的许多控制思想和手段，包括经典的和现代的都可以方便地被引进来，例如鲁棒控制、自适应控制、变参数控制、变结构控制、滑模控制等。

(6) 提高了信息存储、监控、诊断、调整以及分级控制能力，使系统趋于多功能化和智能化。

4.5　交流进给伺服驱动技术发展趋势

随着新器件、新控制器的出现，伺服技术的发展出现了新的机遇，使交流伺服驱动技术的发展呈现以下趋势。

1. 结构集成化

在结构上，将数控装置、伺服驱动器和电机进行集成，以减小体积、减少连线、降低成本、提高可靠性等。主要集成形式有：

(1) 伺服驱动器和伺服电机一体化集成，取消了电机与驱动器之间的线缆，有利于提高抗干扰能力，不足的是驱动器的热量也会通过电机传到传动轴上；

(2) 多个伺服驱动器一体化集成，实现多轴驱动，有利于轴间同步。例如二至六轴的多轴驱动器。用户可根据需要选配，如车床可选双轴的，铣床则选三轴的。

(3) 驱控一体。驱控一体是指将控制器和驱动器集成在一起。驱控一体是近年在工业机器人和自动化领域出现的新结构，如 Scara 机器人采用的四轴驱控一体结构、小型六轴工业机器人采用的六轴驱控一体结构等。

2. 驱动直接化

采用直线电机的直接驱动是直接把电能转化为直线的机械运动，并直接与负载相连，取消了联轴器、滚珠丝杠副等中间传动和变换环节的驱动方式。直线电机的安装导轨副采用滚动导轨或磁悬浮导轨，使运动更加平稳，而且噪声低、传动效率高，能获得很高的动态刚度和良好的加速特性。例如数控机床上直线电机可以达到 180～300 m/min 的转速和(5～10)g 的加速度，因此直线电机广泛适用于高速、精密数控机床。

对于摆头等高精度低速运动部件，采用低速大转矩的力矩电机实现直接驱动，可提高定位精度。

3. 性能高端化

高速高精加工是数控机床永恒的追求目标。要实现高速高精加工，除了数控装置的性能要好以外，伺服驱动系统也非常关键。伺服驱动系统的高速高精主要体现在：响应速度快，可实现数控机床的快速启停，要求采用先进的硬件(如高性能 DSP、高速信号采集卡、硬件电流环)和控制算法(如过调制算法等)，提高伺服驱动系统的响应速度；检测精度要高，选用高精度的编码器、高精度电流采样技术、齿槽效应尽量小的伺服电机等，结合先进的控制算法，如抗扰、振动抑制等技术。

4. 应用智能化

智能化含义宽泛。对于交流伺服驱动系统，智能化主要体现在易用性方面，即方便用户使用、使用门槛低、使用效率高，具体如下：

(1) 编码器适配容易。各类编码器可自动适配功能，自动识别增量式编码器线数、绝对式编码规格及通信协议类型等。

(2) 电机参数适配容易。具备电机参数自动辨识功能，可自动辨识电机惯量、齿槽转矩及电机各相的电阻、电感等。

(3) 控制参数调试容易。可通过电机参数及负载惯量的自动辨识，实现控制参数的自动整定以及对齿槽转矩的自动补偿。

(4) 故障问题诊断容易。具有丰富的参数保护、报警、运动状态监视及故障诊断功能。

(5) 操作更加容易。参数显示、设置、调整及各类运动曲线显示等均可通过计算机实时实现，解决了传统数码管显示不直观、信息量太少、无示波器功能等问题。

4.6　进给伺服驱动系统的性能分析

前面各节重点介绍了进给伺服驱动系统的组成原理与实现方法。进给伺服驱动系统要能真正实现预期的快速、准确及平稳驱动的要求，需要解决一个重要的问题，即如何根据要求进行闭环系统的参数(如开环增益、阻尼系数等)设计和调试。参数对进给伺服驱动系统的稳态精度与动态性能影响很大。

4.6.1　进给伺服驱动系统的数学模型及传递函数

1. 半闭环进给伺服驱动系统的一般结构

半闭环进给伺服驱动系统以丝杠的转角作为位置反馈信号来进行数控机床位置的间接反馈，而不是以机床工作台的移动位置作为反馈信号来进行直接反馈。半闭环进给伺服驱动系统位置检测元件从伺服电机轴端部或丝杠轴端部通过编码器测量间接计算出工作台的实际位移量，如图 4-45 所示(为了讲解方便，采用直流伺服电机模型作为驱动电机)。

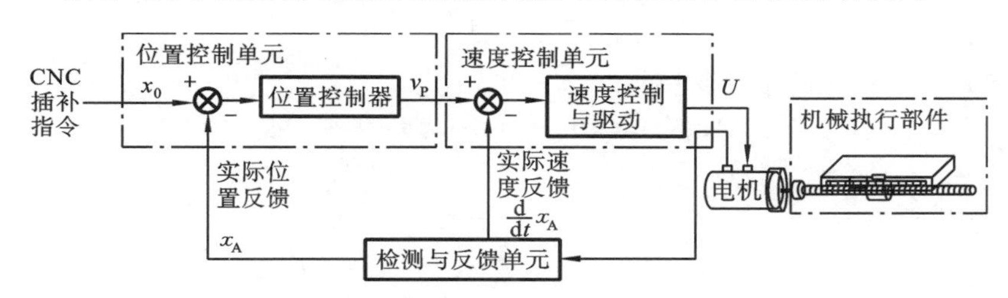

图 4-45　半闭环进给伺服驱动系统的一般结构

2. 位置控制单元的数学模型

位置控制器采用比例调节器，其传递函数为常数 k_N，因此有

$$v_P = k_N(x_0 - x_A) = k_N\Delta x \tag{4-23}$$

式中：x_0——指令位置参数；

x_A——实际位置参数；

v_P——位置控制器输出；

k_N——比例系数。

3. 速度控制单元的数学模型

指令速度是位置调节器的输出 v_P，实际速度反馈信号为 $\frac{d}{dt}x_A$。速度控制单元是一个比例放大环节，比例系数 k_A 即为传递函数，速度控制单元的输出为 U，因此有

$$U = k_A\left(v_P - \frac{d}{dt}x_A\right) \tag{4-24}$$

这里，位置控制器与速度控制器都采用比例控制策略，这是现今实际使用的大多数进给伺服驱动系统所采用的控制策略。在这两个控制器中也可以采用 PI 控制、PID 控制，甚至其他的控制策略，当然它们的传递函数也将有另外的形式。

4. 机械传动机构的数学模型

机械传动机构本身是一个动力学系统，它承受的外力有电机的输出力(即电磁力矩$M(t)$、

切削抗力 $F_c(t)$、导轨及传动件的摩擦力 F_{cr}，以及各传动部件与导轨上的阻尼力。执行部件做直线运动，各传动件做旋转运动，有各自的惯性质量。

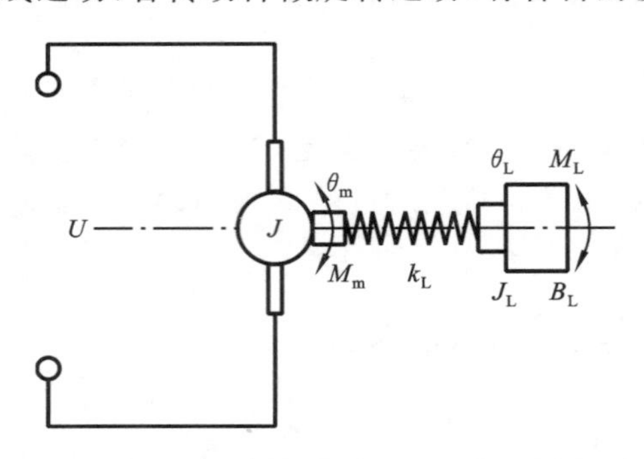

图 4-46　进给机械传动结构的动力学模型

为了分析计算方便，常将实际的传动机构简化成等效的动力学系统。可以将同一机械传动机构简化成如图 4-46 所示的一个等效传动系统。所有摩擦力与切削力等效为负载转矩 M_L，系统的等效黏性阻尼为 B_L，机构输出角位移为 θ_L。M_m、θ_m 分别为机械传动机构的输入转矩与输入角位移。

有了机械传动机构的等效动力学模型，便可推导出系统的动特性方程和传递函数。对于图 4-46 所示的动力学模型，转矩平衡方程为

$$M_m = J_L\ddot{\theta}_L + B_L\dot{\theta}_L + M_L \tag{4-25}$$

弹性变形方程为

$$M_m = k_L(\theta_m - \theta_L) \tag{4-26}$$

对式(4-25)和式(4-26)进行拉氏变换得

$$\begin{cases} M_m(s) = (J_L s^2 + B_L s)\theta_L(s) + M_L \\ M_m(s) = k_L[\theta_m(s) - \theta_L(s)] \end{cases} \tag{4-27}$$

整理后可得

$$\theta_L(s) = \frac{k_L\theta_m(s) - M_L}{J_L s^2 + B_L s + k_L} \tag{4-28}$$

如果以 $\theta_L(s)$为系统的输出、$\theta_m(s)$为输入、M_L 为扰动输入，在 $M_L=0$ 的情况下，$\theta_L(s)$与 $\theta_m(s)$之间的传递函数为

$$G'_L(s) = \frac{\theta_L(s)}{\theta_m(s)} = \frac{k_L}{J_L s^2 + B_L s + k_L} \tag{4-29}$$

令 $\sqrt{k_L/J_L} = \omega_n$，$B_L/2\sqrt{J_L K_L} = \xi_L$，则式(4-29)可变成如下的标准形式：

$$G_L(s) = \frac{\theta_L(s)}{\theta_m(s)} = \frac{\omega_n^2}{s^2 + 2\xi_L\omega_n s + \omega_n^2} \tag{4-30}$$

可见，机械传动系统是一个固有频率为 ω_n、阻尼比为 ξ_L 的二阶系统。

5. 直流伺服电机的数学模型

设直流伺服电机的转动惯量为 J，电磁转矩为 M，则电机的力矩平衡方程为

$$M = M_L + J\frac{d\omega}{dt} + f_a\omega \tag{4-31}$$

式中：f_a——电枢的阻尼转矩系数；

M_L——电机的负载转矩，有

$$M_L = I\frac{d\omega}{dt} + \frac{FL}{2\pi},\quad I = J_c + J_s$$

不考虑电机的负载转矩 M_L，以 $U(s)$为输入、$\omega(s)$为电机的角速度时，电机的传递函数为

$$G_s(s) = \frac{\omega(s)}{U(s)} = \frac{k_T}{L_a J s^2 + (L_a f_a + R_a J)s + R_a f_a + k'_e k_T} \tag{4-32}$$

为了便于进行性能分析，对式(4-32)进行适当处理后简化为如下形式：

$$G_s(s)=\frac{k_M}{(T_M s+1)(T_E s+1)} \tag{4-33}$$

式中：k_M——电机的增益，$k_M=\frac{k_T}{R_a f_a+k'_e k_T}$；

T_M——电机的机械时间常数，$T_M=\frac{R_a J}{R_a f_a+k'_e k_T}$；

T_E——电机的电气时间常数，$T_E=L_a/R_a$。

6. 半闭环进给伺服驱动系统的数学模型

前文已分析了位置、速度及机械传动机构、直流伺服电机等环节的数学模型，如将三部分综合起来，就可以得到进给伺服驱动系统的数学模型和它的传递函数。图4-47是半闭环进给伺服驱动系统的结构框图，机械传动系统的外载荷、惯性负载力矩、系统摩擦力可等效为力矩反馈F_0作用在电枢的输入端。

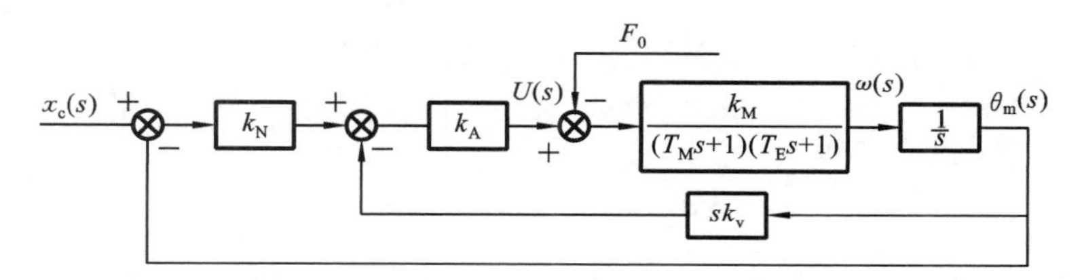

图4-47　半闭环进给伺服驱动系统的结构框图

从图4-47可以看出，由于半闭环结构中的位置反馈取自电机角位移信号，故可通过对电机轴的位置分析来判断数控机床的定位性能。进给伺服驱动系统中的机械传动部分对电机的影响可等效为一个负载力矩，其利用电机轴与机械传动部分之间的扭曲变形对位置控制过程产生作用，影响位置控制性能。

根据上述分析，从位置指令$x_c(s)$到电机轴输出$\theta_m(s)$的传递函数为

$$G(s)=\frac{k_N k_A k_M}{[T_M T_E s^2+(T_M+T_E)s+1]s+k_A k_M k_v s+k_N k_A k_M} - \frac{k_M F_0}{[T_M T_E s^2+(T_M+T_E)s+1]s+k_A k_M k_v s+k_N k_A k_M}=\frac{x_c(s)}{\theta_m(s)} \tag{4-34}$$

$G(s)$即为半闭环进给伺服驱动系统传递函数。整理式(4-34)可得

$$G(s)=\frac{k_N k_A k_M-k_M F_0}{(as^2+bs+c)s+d}=\frac{x_c(s)}{\theta_m(s)} \tag{4-35}$$

式中：$a=T_M T_E$，$b=T_M+T_E$，$c=k_A k_M k_v+1$，$d=k_M k_A k_N$。故位置环输出可表示为

$$x_0(s)=x_c(s)G(s)=\frac{k_N k_A k_M-k_M F_0}{(as^2+bs+c)s+d}x_c(s) \tag{4-36}$$

4.6.2　进给伺服驱动系统的特性分析

1. 系统增益

对于图4-47所示的进给伺服驱动系统，如果考虑到系统各组成环节的固有频率往往设计得比整个系统的固有频率高出很多，则该系统可以简化成如图4-48所示的结构。这样，系统的传递函数可表示为

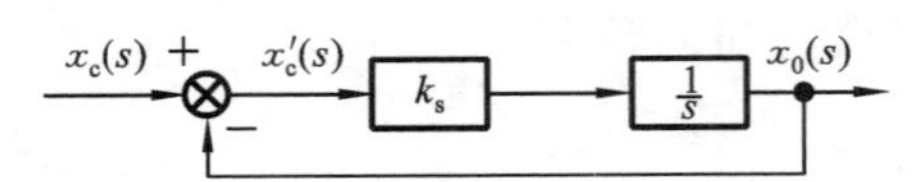

图 4-48　进给伺服驱动系统的简化结构

$$G(s)=\frac{x_0(s)}{x_c(s)}=\frac{1}{1+Ts} \tag{4-37}$$

式中：T——系统的时间常数，$T=1/k_s$。

如果系统执行一个速度为 F 的恒速位置指令，则有 $x_c(t)=Ft$，故

$$x_c(s)=\frac{F}{s^2} \tag{4-38}$$

由式(4-37)有

$$x_0(s)=\frac{F}{s^2}\cdot\frac{1}{1+Ts} \tag{4-39}$$

$$sx_0(s)=\frac{F}{s}\cdot\frac{1}{1+Ts} \tag{4-40}$$

$$s^2x_0(s)=F\cdot\frac{1}{1+Ts} \tag{4-41}$$

对式(4-40)和式(4-41)进行拉氏反变换，得到系统的速度和加速度分别为

$$\frac{\mathrm{d}x_0(t)}{\mathrm{d}t}=F(1-\mathrm{e}^{-t/T}) \tag{4-42}$$

$$\frac{\mathrm{d}^2x_0(t)}{\mathrm{d}t^2}=Fk_s\mathrm{e}^{-t/T} \tag{4-43}$$

由式(4-42)知，当 $T=t$ 时

$$\frac{\mathrm{d}x_0(t)}{\mathrm{d}t}=F(1-\mathrm{e}^{-t/T})=0.632F \tag{4-44}$$

根据定义，T 为时间常数，且有

$$T=1/k_s$$

可见，系统的增益 k_s 越大，时间常数越小，达到指令速度的时间越短，即系统响应越快或系统灵敏度越高。但是由式(4-43)可知，系统在刚启动的一瞬间，即 $t=0$ 时的加速度为

$$\left.\frac{\mathrm{d}^2x_0(t)}{\mathrm{d}t^2}\right|_{t=0}=Fk_s\mathrm{e}^{-t/T}\big|_{t=0}=Fk_s \tag{4-45}$$

可见系统的加速度与系统的增益 k_s 成正比例，即系统增益越大，则加速度越大，当然，启动时系统所受的惯性力也就越大。因此，系统的增益不能太大。

系统的位置误差 $x_e'(t)$ 可由式(4-38)及式(4-39)求得，因为

$$x_e'(s)=x_c(s)-x_0(s)=\frac{F}{s^2}-\frac{F}{s^2}\frac{1}{Ts+1}$$

故有

$$x_e'(t)=x_c(t)-x_0(t)=FT(1-\mathrm{e}^{-t/T})$$

当 $t\to\infty$ 时，得稳态位置误差(即前述的 ΔFT)为

$$x_e'=FT=\frac{F}{k_s} \tag{4-46}$$

或

$$k_s=\frac{F}{x_e'}$$

由式(4-46)可知，速度 F 一定时，系统增益 k_s 越大，则系统的稳态位置误差 x_e' 越小，即系统的随动误差越小(跟随精度越高)。

综上所述，在确定系统的灵敏度、系统增益 k_s 和系统加速度时要进行折中考虑。

在工程计算中，常将启动过程视为等加速运动，而将制动过程视为等减速运动，并近似地将时间常数 T 当成启动、制动时间。如加速度为 a，速度为 v，则有

$$a=\frac{v}{T} \tag{4-47}$$

如只考虑惯性负载，则有

$$a=\frac{M}{J_L}$$

因此，有

$$T=\frac{vJ_L}{M} \tag{4-48}$$

可见，可以根据伺服驱动装置的输出转矩 M、负载惯量 J_L 和所希望的加速度 a 来确定要求的时间常数 T，从而粗略确定系统的增益 k_s。反之，当系统增益已定时，也可以由 $T=\frac{1}{k_s}=\frac{vJ_L}{M}$ 来确定 J_L、v 和 M 的允许值。

2. 速度环

为了提高系统的跟随精度及响应速度，进给系统曾采用增大系统增益的方法，这样的高增益系统就是所谓的硬伺服系统。这种系统在高频率区段靠稳定回路来实现较大的阻尼作用，但系统仍然不易稳定。另外，因伺服电机和机械传动部件的非线性影响，位置控制精度容易降低。后来，数控机床上不再采用高增益进给系统，而采用所谓的软伺服系统即低增益系统。在低增益系统中，尽管稳态位置误差大，但是稳定裕量也大，系统容易稳定。在这种系统中要增加一个闭环速度控制回路，速度环的增益 k_A 可以取得很大，因此，很小的位置误差就能造成很明显的速度偏差，速度控制环就以很高的增益进行修正，系统因而可得到很高的位置分辨精度。

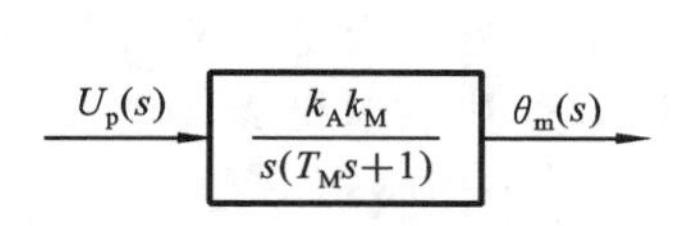

图 4-49　开环速度控制

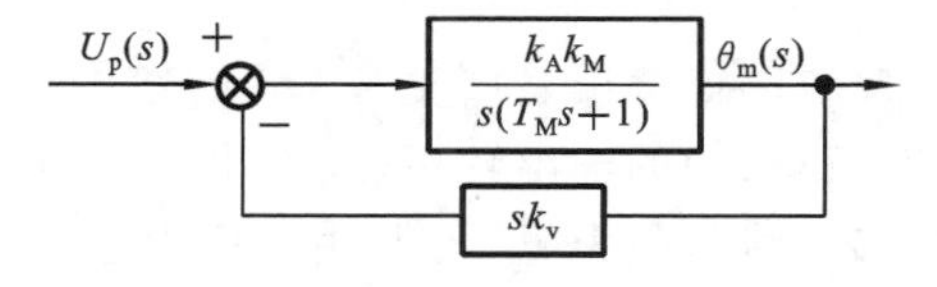

图 4-50　闭环速度控制

速度控制环可以减小系统的时间常数，增大系统阻尼，使系统获得很高的响应速度与稳定裕量。如图 4-49 所示的系统中，如果不加速度反馈，并且考虑到电枢的电感系数 L_a 很小，电气时间常数 T_E 很小，可以忽略不计，则电机的传递函数为

$$G_1(s)=\frac{k_Ak_M}{s(T_Ms+1)} \tag{4-49}$$

加上速度反馈后，如图 4-50 所示，电机的传递函数为

$$G_1'(s)=\frac{k_Ak_M}{s(T_Ms+1)+k_Ak_Mk_es} \tag{4-50}$$

或

$$G_1'(s)=\frac{k_Ak_M/(1+k_Ak_Mk_v)}{s[T_M/(1+k_Ak_Mk_v)s+1]} \tag{4-51}$$

比较式(4-50)及式(4-51)可知,在没有速度反馈时,时间常数为 T_M。加上速度反馈后变成 $T_M/(1+k_A k_M k_v)$(小于 T_M),这就相当于减小了电机的时间常数。从理论上说,加上速度反馈可以使时间常数变得任意小,但实际上时间常数变小的程度受到 k_M、k_A、k_v 值的限制。

3. 定位精度

为了确定执行部件的定位误差,要考虑没有切削力即 $F_0(t)=0$ 的情况。因此作用在系统上的外力只有摩擦力及摩擦转矩,即

$$F_0=\left(F'_c+\frac{2\pi}{L}T_c\right)$$

如果系统接受阶跃位置指令:

$$x_c(s)=\frac{A}{s}$$

则对于图 4-47 所示的系统,可以由式(4-40),根据终值定理得

$$\lim_{s\to 0}sE(s)=E_c$$

求得半闭环时系统的定位误差为

$$E_c=A-\left\{\lim_{s\to 0}\frac{k_N k_A k_M-k_M F_0}{(as^2+bs+c)s+d}\frac{As}{s}\right\}=A-A+\left\{\lim_{s\to 0}\frac{k_M F_0 A}{(as^2+bs+c)s+d}\right\}=\frac{AF_0}{k_N k_A} \tag{4-52}$$

由式(4-52)可知,定位误差与阶跃信号幅值相关,为了减小定位误差,要求减小导轨的固体摩擦力,并且增大位置和速度控制器的增益 k_N、k_A。

4. 伺服刚度

在没有位置指令输入,只有切削力或其他干扰外力作用时,执行部件也将在进给运动方向上产生一定的位移,这一位移反馈到位置控制环,成为位置偏差信号,有

$$x'_e(s)=x_c(s)-x_0(s) \tag{4-53}$$

因为

$$x_c(s)=0$$

则有

$$x'_e(s)=-x_0(s) \tag{4-54}$$

此时的位置偏差信号 $x'_e(s)$ 的作用是使伺服驱动系统产生一个在数值上等于外界负载力矩(或负载力)的输出转矩(或输出力),以修正执行部件因切削外力或其他干扰力所引起的位置偏移。将负载力 $F_0(t)$ 与由它所引起的稳态位置偏差 $x'_e(t)$ 之比称为伺服刚度,即

$$\frac{F_0(t)}{x'_e(t)}=-\frac{F_0(t)}{x_0(t)} \tag{4-55}$$

对于图 4-45 所示的进给伺服驱动系统,在任一假定位置输入指令 $x_c(s)=0$,可由式(4-36),求得只有外载荷 $F_0(S)$ 作用时的系统动态柔度 $\left|\frac{x_0(j\omega)}{F_0(j\omega)}\right|$:

$$\left|\frac{x_0(j\omega)}{F_0(j\omega)}\right|=\frac{k_M}{(as^2+bs+c)s+d}=\frac{k_M}{[a(j\omega)^2+b(j\omega)+c](j\omega)+d} \tag{4-56}$$

当 $\omega=0$ 时,可求系统净柔度:

$$\left|\frac{x_0(0)}{F_0(0)}\right|=\frac{1}{k_N k_A} \tag{4-57}$$

系统静柔度的倒数就是系统的伺服刚度 k_{sev}。如果伺服刚度值大,则静柔度值小,因此,由式(4-52)所表示的定位误差也小。可见,减小定位误差的措施,也就是提高伺服刚度的措施。伺服刚度高的系统,其定位精度必然也高。

4.6.3　进给伺服驱动系统特性对加工精度的影响

本节分析在数控机床上两轴联动加工直线、圆弧轮廓工件，或加工工件的拐角部位时，进给伺服驱动系统的速度误差和加速度误差所引起的加工误差。

1. 速度误差对加工精度的影响

在数控机床的进给系统中，丝杠和螺母将电机的转速转换成执行部件的位移，这相当于一个积分环节。而系统的其余部分可以简化成一个增益是 k_s 的比例环节，因此，图 4-47 所示进给系统可以简化成图 4-48 所示的结构。从控制系统的角度来看，这是一个Ⅰ型系统。Ⅰ型系统的特点是它对阶跃位置指令输入的响应没有稳态误差。对阶跃速度，即斜坡位置指令输入，其响应的稳态位置误差为 $x_e=\dfrac{F}{k_s}$，x_e 也称为速度误差，是为了建立速度 F 所必需的指令位置与实际位置之间的误差。

在数控机床进给系统中，输入不是阶跃位置指令，而是斜坡位置指令，因此，必然存在位置误差 x_e。系统的稳态运动速度与阶跃指令速度相同，而实际位置总是滞后于指令位置，即有稳态位置误差。

1）速度误差对单坐标直线加工的影响

如图 4-51 所示，当指令位置已达 P 点（$x=x_P$）时，实际位置还滞后于指令位置，这时的位置误差为 Δx，在数值上等于指令速度下的稳态位置误差。系统此时的运行速度还是稳态速度，即执行部件的速度还是稳态速度。随着执行部件的运动，实际位置在改变，当实际位置接近指令位置时，位置误差不断减小，位置控制单元持续接收到一个不断减小的正误差信号，使执行部件平稳减速进入定位点，直到实际位置与指令位置重合，位置偏差 Δx 等于零为止。由此可知，速度误差并不影响沿机床坐标轴的定位运动或直线加工时停止位置的准确性，只是在时间上实际位置较指令位置有所滞后而已。

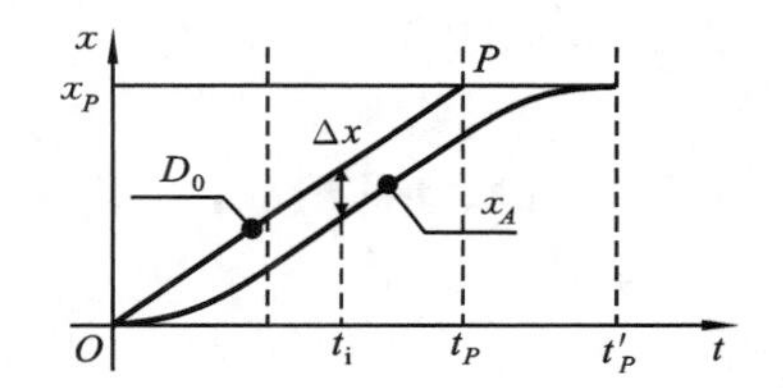

图 4-51　位置跟踪误差

2）速度误差对加工直线轮廓的影响

如图 4-52 所示，设被加工的直线为

$$y=kx+b \tag{4-58}$$

直线与 X 轴的夹角为 α，有

$$\tan\alpha=k$$

如果沿直线的加工速度为 v，则插补运算时，沿 X、Y 轴的进给速度分别为

$$v_x=v\cos\alpha$$

$$v_y=v\sin\alpha$$

设 X、Y 轴进给系统的增益为 k_{sx}、k_{sy}，则两轴速度误差为

$$e_x=v\cos\alpha/k_{sx}$$

$$e_y=v\sin\alpha/k_{sy}$$

图 4-52　直线轮廓加工

令两轴增益相等，即 $k_{sx}=k_{sy}=k_s$，则

$$\begin{aligned} e_y/e_x &= \tan\alpha = k \\ e_y &= ke_x \end{aligned} \tag{4-59}$$

刀具指令位置 A 点的坐标为(x,y)，实际位置 A'点的坐标为$(x-e_x,y-e_y)$，将式(4-58)与式(4-59)的对应项相减，有

$$y-e_y=k(x-e_x)+b \tag{4-60}$$

由式(4-60)可知，刀具的实际位置 $A'(x-e_x,y-e_y)$仍在直线轮廓上，只是较指令位置有一定的滞后。在两轴的指令速度等于轮廓加工速度的增量，且两轴增益相等的条件下，直线加工时，速度误差不会引起轮廓误差。

当两轴进给系统增益不相等，即 $k_{sx}\neq k_{sy}$时，如图 4-53 所示，这时 $e_y/e_x\neq\tan\alpha$。因此，当指令位置在 OA 上的 O 点时，实际位置并不在 OA 上而在离 OA 距离为 ε 的另一点 A'处，由图中的几何关系求得：

$$\varepsilon=v\frac{k_{sx}-k_{sy}}{2k_{sx}k_{sy}}\sin2\alpha \tag{4-61}$$

显然，当 $k_{sx}=k_{sy}$时，$\varepsilon=0$，这就是前面所述的两轴增益相等的情况。当增益不等时，误差 ε 还与直线的倾角 α 有关，当 $\alpha=45°$时 ε 值最大。

3）速度误差对圆弧加工的影响

设所加工的圆弧方程为

$$x^2+y^2=R^2$$

对于两轴联动的情况，X、Y 轴的速度分别为 $v_x=v\cos\alpha$，$v_y=v\sin\alpha$，合成的轮廓加工速度为

$$v=\sqrt{v_x^2+v_y^2}$$

可以证明，当两轴进给系统的增益相等时，加工误差最小。在上述两个条件下，可求得加工误差。如图 4-54 所示，指令位置为 A，实际位置为 A'，三角形 $AA'O$ 是直角三角形，则有

$$AA'=\sqrt{e_x^2+e_y^2}$$

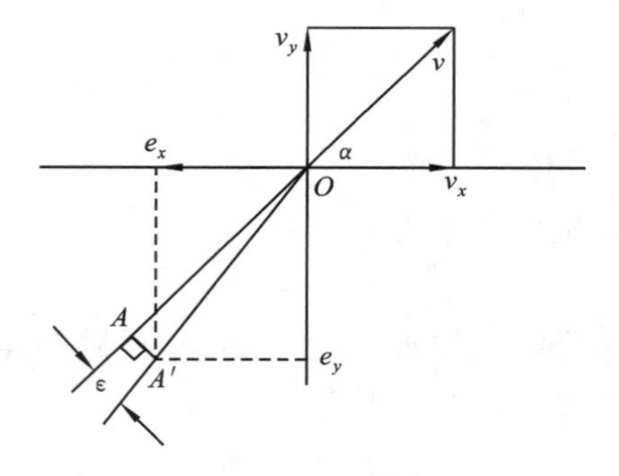

图 4-53　直线轮廓加工

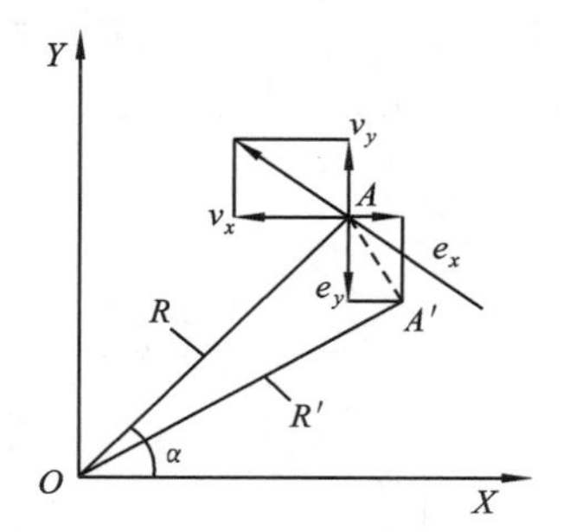

图 4-54　圆弧轮廓加工

由几何关系有：

$$R^2-R'^2=AA'^2=\left(\frac{v\cos\alpha}{k_s}\right)^2+\left(\frac{v\sin\alpha}{k_s}\right)^2=\left(\frac{v}{k_s}\right)^2 \tag{4-62}$$

因 $\Delta R=R-R'$，$R'+R\approx2R$，故式(4-62)可写成：

$$2R\Delta R = \left(\frac{v}{k_s}\right)^2$$

即
$$\Delta R = \frac{v^2}{2Rk_s^2} \tag{4-63}$$

由式(4-63)可知，增大系统增益 k_s 或减小切削速度 v，可以减小加工圆弧的半径误差 ΔR。在 v、k_s 一定的情况下，被加工圆弧的半径 R 大时则 ΔR 小，R 小时则 ΔR 大。

如上所述，增大进给系统增益，对减小加工误差至关重要，但是过大的增益会使系统的稳定性变差，为此应进行综合考虑。轮廓加工时，为了减小加工误差，各轴进给系统取相同的增益，尤其是 k_s 取小值时，这一要求极为严格。如果进给伺服驱动系统采用前馈补偿措施，则可以显著减小半径误差，有前馈补偿，较之无补偿的系统，在加工误差相同的条件下，切削进给速度可大大提高。

数控机床加工时，除速度误差会引起加工误差外，系统的频率特性也会影响到圆弧加工时的尺寸误差。加工圆弧时 X、Y 两轴的速度分别为

$$v_x = v\cos\omega t, \quad v_y = v\sin\omega t$$

式中：$\omega = v/R$ 即圆弧切削时的角频率。两轴的位置坐标为

$$\begin{cases} x(t) = R\cos\omega t \\ y(t) = R\sin\omega t \end{cases}$$

因此有
$$x^2 + y^2 = R^2$$

如果进给系统的频率响应可用二阶环节描述，即

$$k(\mathrm{j}\omega) = \frac{\omega_n^2}{(\omega_n^2 - \omega^2) + 2\xi \mathrm{j}\omega\omega_n} \tag{4-64}$$

式中：ξ——系统的阻尼比；

ω_n——系统的固有频率。

两坐标轴的速度 v_x、v_y 对系统来说相当于正余弦扰动，一般情况下，$v/R = \omega \ll \omega_n$，因此，可以将式(4-64)中的 $k(\mathrm{j}\omega)$ 展开成麦克劳林级数，并用式(4-65)求得圆弧加工时的半径误差：

$$\Delta R = \frac{1 - 2\xi^2}{\omega_n^2 R} v^2 \tag{4-65}$$

当 $2\xi^2 = 1$ 时，$\Delta R = 0$，但有 $\xi = 1/\sqrt{2}$，这样阻尼就太大，会给系统的快速响应性能带来不利影响。所以提高系统的固有频率 ω_n，是减小半径误差的有效办法。

2. 加工拐角时的误差

加工拐角为直角的零件，而且加工路径恰好沿着两个正交坐标轴时，在某一轴的位置指令输入停止的瞬间，另一轴紧接着接收位置指令，并瞬时从零加速至指定的速度。但在指令突然改变的瞬间，第一轴对指令位置有一滞后量，滞后量造成的位置误差为 v/k_s，如图 4-55(a)所示，即当第二轴开始加速时，第一轴尚在 B 点。如进给系统的位置响应特性如图 4-55(b)所示，则合成轨迹将为抛物线中虚线，如图 4-55(a)所示。如果进给系统的位置响应特性如图 4-55(c)所示，便有位置超程，则合成位置响应将同样呈现超程，如图 4-55(d)所示。

图 4-56 所示为两轴联动，以 1500 mm/min 的速度加工 90°拐角的情况。当系统增益较小时，拐角处为一小圆弧 1，没有超程。当系统增益较大时，拐角处的圆弧为 2 和 3，出现超程。可见，增益越高则拐角处超程越大。

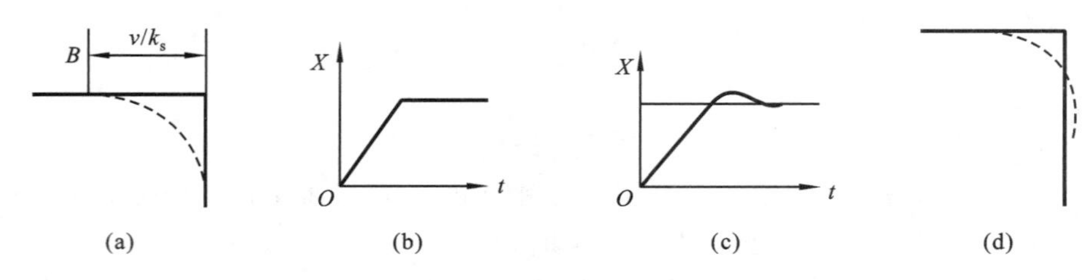

图 4-55 拐角加工的轮廓误差

低增益系统使拐角处稍带圆弧。若为外拐角，则多切去一个小圆弧；若为内拐角，则切不干净，造成所谓的欠程现象。如果不容许有欠程，可以通过编程，让刀具在拐角处停留 30～50 ms，这样即可消除欠程现象。

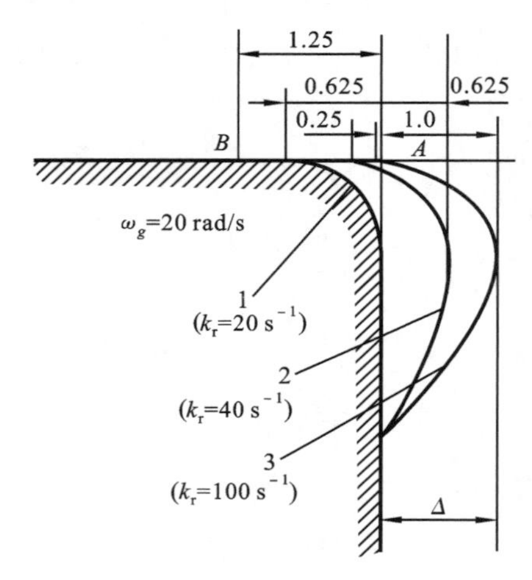

图 4-56 拐角加工的轮廓误差

高增益系统的超程现象则表现为：在切外拐角时于拐角处留下一个鼓包，切内拐角时刀具切入工件。为限制这种超程现象，可在编程时对第一轴安排分级降速指令，或者在程序转段时加入使第一轴自动减速和加速的指令。

图 4-55 和图 4-56 所示为常规的进给伺服驱动系统加工拐角的情况，其中会出现欠程或者超程现象。如果机床的进给伺服驱动系统采用了前馈补偿措施，理论上可以消除位置误差、速度和加速度误差，即实现"无差调节"，就可以大大减少加工拐角时的欠程和超程现象。

3. 系统参数对低速进给运动平稳性的影响

1）爬行现象

进给系统在低速、均匀运动情况下，当系统参数不恰当（如系统的刚度不足、摩擦力偏大等）时，就会出现执行部件运动时快时慢，甚至停顿的现象，这种现象称为爬行现象。它是低速运动不平稳的体现，如图 4-57 所示。

爬行现象

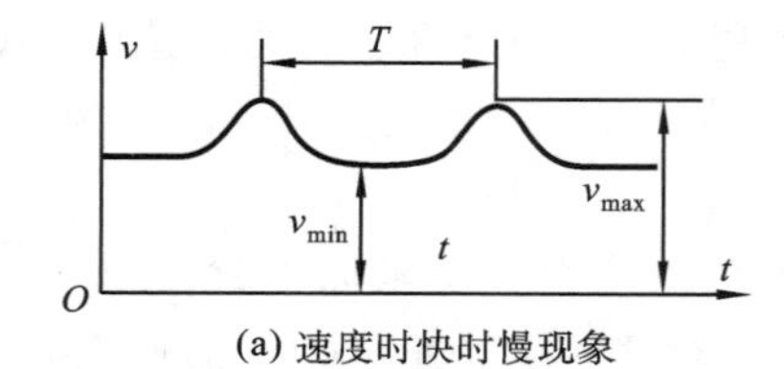

(a) 速度时快时慢现象

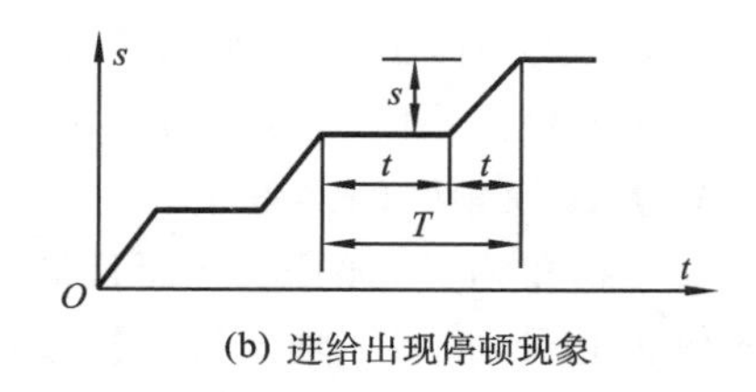

(b) 进给出现停顿现象

图 4-57 进给系统的爬行现象

2）爬行现象产生的原因

爬行现象的产生可以用图 4-58 来说明。

图中 M 为工作台，K 为传动机构的弹性系数，X 为指令位移，X_0 为工作台的实际位移，F（F_s，F_d）为工作台的摩擦力（其中 F_s 为静摩擦力，F_d 为动摩擦力）。设 D 点在伺服电机的驱动下均匀向右运动。初始时，由于静摩擦力 F_s 的作用，工作台保持不动，弹簧（丝杠）被压缩，同时储存能量；当弹簧力 $K(X-X_0)\geqslant F_s$ 时，工作台开始运动，静摩擦力 F_s 转化为动摩擦力 F_d，由于 $F_d<F_s$，工作台开始加速，弹簧力 $K(X-X_0)$ 减小；当弹簧力 $K(X-X_0)=F_d$ 时，工作台

匀速运动；在惯性力的作用下，工作台继续向右运动，弹簧力 $K(X-X_0)$ 进一步减小，工作台的运动速度也逐步减小，若工作台惯性较大，则会出现工作台停顿现象。如此周而复始，工作台的实际运动速度曲线将如图 4-59 所示，即工作台出现爬行现象。

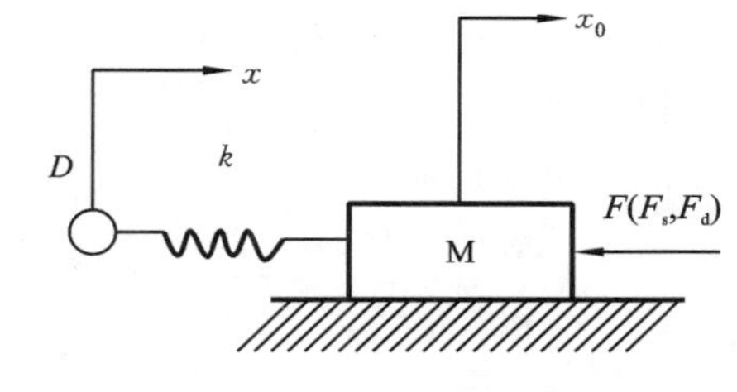

图 4-58　进给系统模型

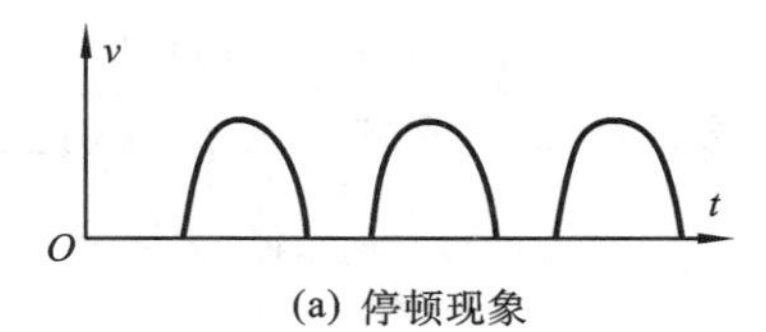

(a) 停顿现象

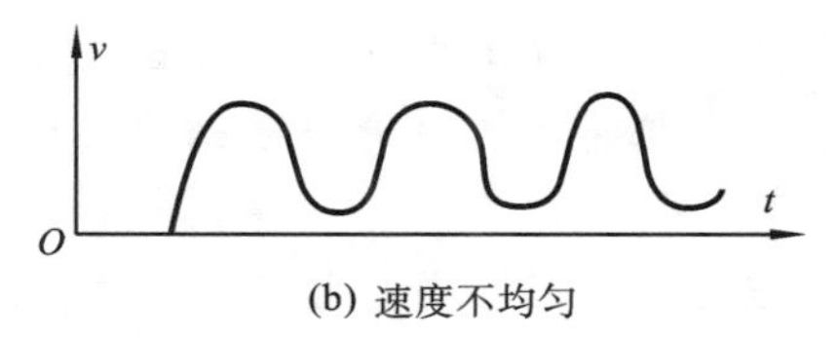

(b) 速度不均匀

图 4-59　工作台在爬行状态下的速度曲线

3) 爬行现象对加工精度的影响

爬行是在低速运动时产生的，因此，在低速加工过程中易产生爬行现象，其危害是影响工作台运动的平稳性（即均匀性），如图 4-60 所示，其结果是：

①使被加工零件的加工精度降低，表面粗糙度变大；

②使机床的定位精度降低；

③加剧导轨的磨损。

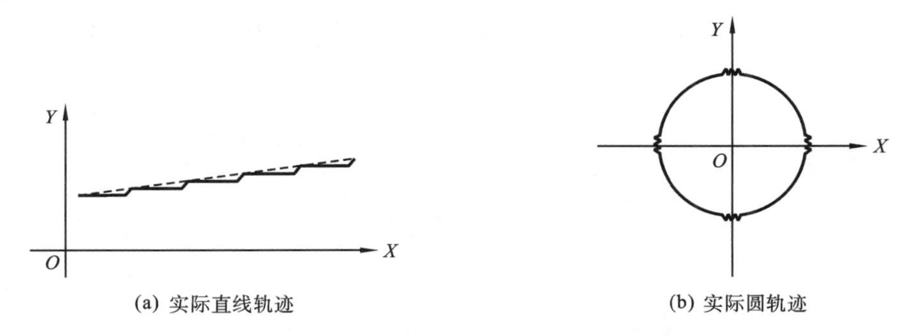

(a) 实际直线轨迹　　(b) 实际圆轨迹

图 4-60　有爬行现象时的实际直线轨迹和圆轨迹

4) 抑制爬行现象的措施

爬行的本质是自激振动，衡量运动平稳性的指标为临界爬行速度 v_c，可以证明 v_c 可用式(4-66)表示：

$$v_c=\sqrt{\frac{m}{4\pi\theta k}\Delta fg} \tag{4-66}$$

式中：m——质量；

θ——阻尼比；

k——刚度；

g——重力加速度；

Δf——静摩擦系数与动摩擦系数之差，即 $\Delta f=f_s-f_d$。

通常可以通过减小 v_c 来抑制爬行现象，所以抑制爬行现象的主要措施有：

①改善导轨面间的摩擦特性;

②提高传动刚度;

③减小运动件的质量;

④增加系统的阻尼。

习　题

1. 位置检测装置主要有哪些类型？试说明各种类型位置检测装置的工作原理。

2. 直线电机是如何由旋转电机演变过来的？旋转电机的控制器可以直接控制直线电机吗？为什么？

3. 步进电机与交流同步电机的调速方法有何异同？

4. 简述交流伺服电机矢量控制系统的组成及各单元的功能。

5. 试说明矢量控制的原理与特性。

6. 爬行现象是如何产生的？怎样消除？

7. 在某机床上加工一个圆，结果加工成一个椭圆，这其中可能的原因有哪些？如何减小这种误差？

8. 简述伺服机械传动系统刚度 K 对伺服性能的影响，及关于其固有频率 ω_n 要注意的事项。

9. 某机床 X 轴电机编码器分辨率为 6000 p/r，丝杠导程为 6 mm，电机到丝杠的传动比为 5∶1，电机最高转速为 3000 r/min。计算该机床 X 方向的最小移动量(脉冲当量)和最高移动速度。

运动机构与典型数控机床

典型的数控机床有床身、立柱、导轨、工作台和刀架等部件，且主机结构部件还具有高精度、高刚度、低惯量、低摩擦、高谐振频率和阻尼比合适的特点。此外，通常还包括自动换刀装置和辅助运动装置等部分。

5.1 数控机床的主运动系统

5.1.1 概述

数控机床的主运动系统是指实现主运动的传动系统，即主轴系统，包括主轴电机、传动系统和主轴组件。其特点是转速高、传递功率大，对加工精度和效率有至关重要的影响。

1. 数控机床对主运动系统的要求

数控机床的主运动系统必须满足以下要求：

(1) 调速范围宽，且能实现无级调速。

主轴

数控机床为了保证加工时能选用合理的切削用量，从而获得最高的生产率、加工精度和表面质量，必须具有更大的调速范围。另外，由于数控机床的加工通常是在自动的情况下进行的，因此要求能够实现无级变速。

(2) 高的精度与刚度，传动平稳、噪声低。

数控机床加工精度的提高与主运动系统的精度密切相关。为此，要提高传动件的制造精度与刚度，齿轮齿面需采用高频感应淬火以增加耐磨性；最后一级采用斜齿轮传动，使传动平稳；采用精度高的轴承及合理的支承跨距等，以提高主轴组件的刚度。

(3) 良好的抗振性和热稳定性。

在加工时，由于断续切削、加工余量不均匀、运动部件不平衡以及切削过程中的自振等原因，数控机床中可能产生冲击力和交变力，使主轴振动，影响加工精度和表面粗糙度，严重时甚至会破坏刀具和主轴系统中的零件，使其无法工作。主轴系统的发热则会使其中所有的部件产生热变形，降低传动效率，破坏零部件之间的相对位置精度和运动精度，从而造成加工误差。为此，主轴组件要有较高的固有频率，实现动平衡，保持合适的配合间隙并进行循环润滑等。

2. 主运动参数

数控机床的主运动参数主要有运动参数和动力参数，运动参数是指主轴的转速和调速范围，动力参数是指主运动的功率。

1) 主轴转速和调速范围

为了提高切削效率，降低加工成本，提高数控机床的使用效率，数控机床往往使用高性能刀具进行高效强力切削加工,因此,要求数控机床的主运动能够提供较高的切削速度。

主轴转速 n(r/min)由切削速度 v(m/min)和工件或刀具直径 d(mm)确定,即

$$n=\frac{1000v}{\pi d}\ (\mathrm{r/min})$$

为了适应切削速度和工件直径的变化,主轴的最低和最高转速分别为

$$n_{\min}=\frac{1000v_{\min}}{\pi d_{\max}}\ (\mathrm{r/min})$$

$$n_{\max}=\frac{1000v_{\max}}{\pi d_{\min}}\ (\mathrm{r/min})$$

主轴最高转速与最低转速之比称为调速范围,即

$$R_{\mathrm{n}}=\frac{n_{\max}}{n_{\min}}=\frac{v_{\max}d_{\max}}{v_{\min}d_{\min}}$$

当前,现代数控机床正朝着高速、高效方向发展,切削速度不断提高,主轴转速可高达100000 r/min以上。对于不同材料和尺寸的工件以及不同材料和尺寸的刀具,需要在优选的切削速度下进行加工,这就要求能够选择不同的主运动系统速度,尽可能减少速度损失。总之,需要数控机床主运动系统既能够提供高的切削速度,又具有很宽的调速范围,同时,最好能够实现无级调速。

2)主运动的功率、转矩特性

主运动为切削加工提供所需的切削转矩和功率。主运动所需输出的功率为

$$N_{\mathrm{c}}=\frac{P_{z}v}{60000}=\frac{Tn}{955000}\ (\mathrm{kW})$$

式中:P_z——主切削力(N);

v——切削速度(m/min);

T——切削转矩(N·m);

n——主轴转速(r/min)。

主运动所需的最大功率(或转矩)与运动速度之间的关系称为功率(或转矩)特性。而主轴转速不仅取决于切削速度,而且还取决于工件或刀具的直径。低转速多用于大直径工件加工或用大直径刀具进行的加工,因而转矩大;高转速则用于较小直径工件加工或用较小直径刀具进行的加工,因而转矩小。可见,从某一较低转速开始到最高转速,主轴的输出转矩与转速成反比,输出的功率恒定。更低的主轴转速常用于一些特殊工序,如光车、攻大直径螺纹、铰大直径孔、精镗、成形铣削等,需要的输出功率较小,输出的转矩恒定。主轴的功率曲线如图 5-1 所示。在整个调速范围内,主轴的功率、转矩特性曲线分为恒转矩、恒功率两个区域,其交点转速称为计算转速,也是主轴输出全功率(最大功率)时的最低转速。

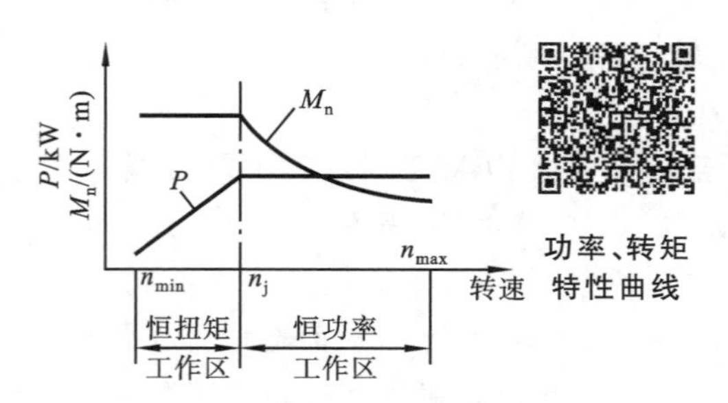

图 5-1 功率、转矩特性曲线

注:n_j 为计算转速。

主运动的功率、转矩特性决定了数控机床的工艺范围和加工能力。对数控机床生产厂家而言,功率、转矩特性是设计主运动传动系统的依据;对数控机床的使用厂家而言,功率、转矩特性则是选择数控机床的重要指标。

5.1.2　主运动的传动形式

机床主运动的动力源一般为电机、液压马达或其他驱动装置，通常需通过一系列的传动元件将运动和动力传递到机床主轴，实现主运动。由动力源、传动元件和主轴构成的具有运动传递联系的系统称为主传动系统。

从结构上来讲，主轴的旋转是靠主轴电机带动的。目前，数控机床主运动已广泛采用交流调速电机或伺服电机，能够较方便地实现较大的调速范围，而且，由于采用的是半闭环驱动系统，容易实现主轴的控制功能。在结构上，无须采用机械变速的换置机构，使系统构成大大简化。为了满足现代数控机床对主轴调速的要求，根据数控机床的类型及大小，数控机床主传动系统主要有三种传动形式，如图 5-2 所示。

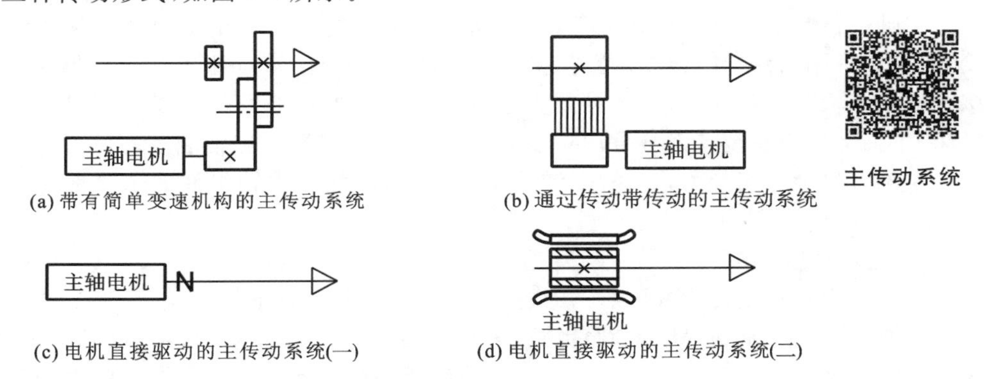

图 5-2　主传动系统的传动形式

1. 带有简单变速机构的主传动系统

带有简单变速机构的主传动系统的传动形式如图 5-2(a)所示。这种形式通常在大中型数控机床上采用，主轴电机到主轴之间经一级或两级齿轮变速换置机构进行传动。采用这种结构，其目的有两个：一是通过降速，放大输出转矩；二是增大调速范围，特别是主轴恒功率输出的调速范围，以满足主轴输出转矩特性、功率特性及调速范围的要求。采用这种传动形式，主传动系统为分段无级调速系统，齿轮变速机构采用自动的变速操纵机构。其优点是能够满足各种切削运动的转矩输出要求，且具有大范围调节速度的能力。但由于结构复杂，需要增加自动变速机构，成本较高，此外，制造和维修也比较困难。一般大中型铣床多采用这种结构。

2. 通过传动带传动的主传动系统

通过传动带传动的主传动系统的传动形式如图 5-2(b)所示。其为定比传动机构，多采用带(同步齿形带)传动装置。其优点是结构简单，安装调试方便，可避免齿轮传动的噪声及振动，且在一定条件下能满足转速与转矩的输出要求。这种形式通常在小型数控机床上采用，主轴电机到主轴之间用传动带进行传动。这种结构具有传动平稳、结构简单、安装调试方便的特点。但是它只适应于低转矩输出要求的主轴，其调速范围比(恒功率调速范围与恒转矩调速范围之比)受电机调速范围比的约束。

3. 电机直接驱动的主传动系统

电机直接驱动的主传动系统的传动形式又分为两种。

图 5-2(c)所示为主轴电机输出轴通过精密联轴器直接与主轴连接的传动形式。采用这种形式的主轴系统具有结构紧凑、传动效率高的优点，但主轴转速的变化及转矩输出完全与电机输出特性一致，因而在使用上受到一定限制。随着主轴电机的低速性能和调速性能的不断提

高,这种形式越来越多地被采用。

图 5-2(d)所示的传动形式中,主轴与电机转子合为一体,形成内装式电机主轴单元,简称电主轴。电主轴取消了传动带、带轮和齿轮等环节,实现零传动,彻底解决了主轴高速运转时传动环节的振动和噪声问题,故这种结构多用于高速加工。其优点是主轴部件结构紧凑,惯量小,可提高启动、停止的响应特性。但其也对结构设计、制造和控制提出了非常严格的要求,并带来一系列技术难题,如主轴的散热、动平衡、支承、润滑及控制等。为了解决这些问题,现多采用高速轴承(复合陶瓷轴承、电磁悬浮轴承)及油雾润滑、冷却装置等,因而造价高。

5.1.3 数控机床的主轴部件

1. 主轴部件的主要性能要求

主轴部件是主运动的执行部件,是机床主要部件之一。它用于夹持刀具或工件并带动其旋转,实现机床的主切削运动。数控机床主轴部件的精度、静动刚度和热变形对加工质量有直接影响。主轴部件包括主轴、主轴的支承以及安装在主轴上的传动零件。对于自动换刀数控机床,主轴部件中还装有刀具自动夹紧装置、切屑清除装置和主轴准停装置。

主轴直接承受切削力,转速高,转速范围很大,因此对主轴组件的主要性能通常有如下几个方面的要求。

1) 旋转精度要求

主轴的旋转精度是指装配后,在大载荷、低速转动的条件下,主轴安装工件或刀具部位的定心表面的径向和轴向跳动。旋转精度取决于各主要部件如主轴、轴承、壳体孔等的制造、装配和调整精度。工件转速下的旋转精度还取决于主轴的转速、轴承的性能、润滑剂和主轴组件的平衡。数控机床的旋转精度已有精度检验标准规定。

2) 刚度要求

刚度主要反映机床或部件抵抗外载荷的能力。影响刚度的因素很多,如主轴的尺寸和形状,滚动轴承的型号、数量、预紧和配置形式,前后支承的跨距和主轴前悬伸,传动件的布置方式等。数控机床既要完成粗加工,又要完成精加工,因此对其主轴组件的刚度应提出更高的要求。

3) 温升要求

温升将引起热变形,使主轴伸长、轴承间隙发生变化,降低加工的精度。同时,温升也会使润滑剂的黏度降低,润滑条件恶化。因此,对高精度机床应研究如何减少主轴组件的发热以及如何控温等问题。

4) 可靠性要求

数控机床是高度自动化机床,所以必须保证其工作的可靠性。

5) 精度保持性要求

数控机床的主轴组件必须有足够的耐磨性,以长期保持精度。

以上这些特性要求有的是相互矛盾的,例如高刚度与高速度,高速度与低温升,高速度与高精度等,因此需要具体问题具体分析。例如设计高效数控机床的主轴组件时,主轴应优先满足高速度和高刚度的要求。

2. 主轴部件的组成和轴承选型

主轴部件包括主轴、轴承、传动件和相应的紧固件。主轴部件的构造,主要是支承部分的构造。主轴的端部是标准的;传动件如齿轮、带轮等与一般机械零件相同。因此,研究主轴部件,主要是研究主轴的支承部分。

1）主轴端部的结构

主轴端部用于安装刀具或夹持工件的夹具。在结构上，应能保证定位准确、安装可靠、连接牢固、装卸方便，并能传递足够的转矩。主轴端部的结构都已标准化。图5-3所示为几种通用的主轴端部结构形式。

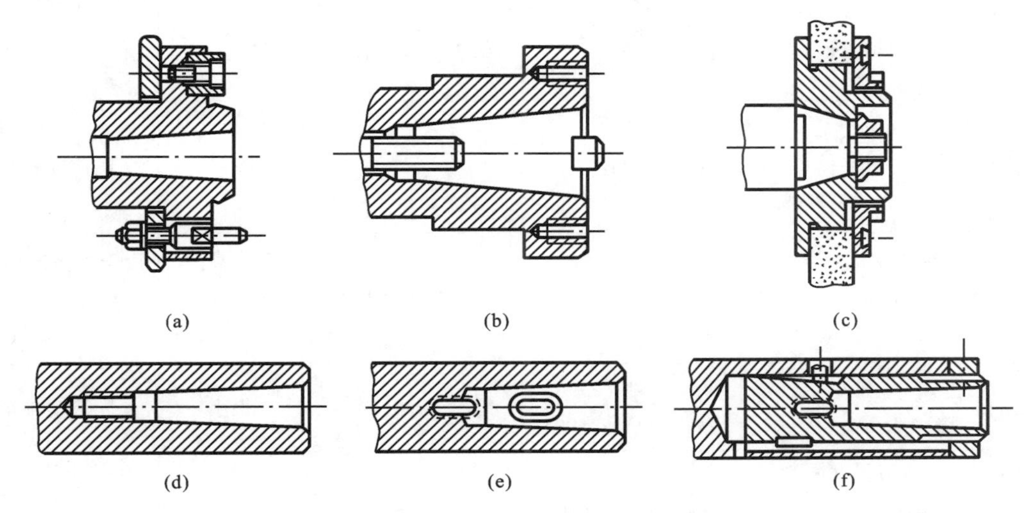

图5-3　主轴端部的结构形式

图5-3(a)所示为车床的主轴端部。前端的短圆锥面和凸缘端面为安装卡盘的定位面；拨销用于传递转矩；安装卡盘时，卡盘上的固定螺栓连同螺母一起装入凸缘孔。转动快卸卡盘同时将几个螺栓卡住，再拧紧螺母即可将卡盘紧固在主轴端部。前端莫氏锥度孔用于安装顶尖或心轴。

图5-3(b)所示为铣、镗类机床的主轴端部。铣刀或刀杆由前端7∶24的锥孔定位，并用拉杆从主轴后端拉紧，前端面键用于传递转矩。

图5-3(c)所示为外圆磨床砂轮主轴的端部。图5-3(d)所示为内圆磨床砂轮主轴的端部。图5-3(e)、图5-3(f)所示为钻床主轴的端部，刀具由莫氏锥孔定位，锥孔后端第一个扁孔用于传递转矩，第二个扁孔(图中被挡住了)用于拆卸刀具。

2）主轴的支承

数控机床主轴根据主轴部件的性能(转速、承载能力、回转精度等)要求不同而采用不同种类的轴承来支承。一般中小型数控机床(如车床、铣床、加工中心、磨床)的主轴多数采用滚动轴承；重型数控机床的主轴采用液体静压轴承；高精度数控机床(如坐标磨床)的主轴采用气体静压轴承；转速达$(2\sim10)\times10^4$ r/min的主轴可采用磁力轴承或陶瓷滚珠轴承。在各类轴承中，以滚动轴承使用最为普遍，而且这种轴承又有许多不同类型。各主轴轴承的优缺点如表5-1所示。

表5-1　数控机床的主轴轴承及其优缺点

性　能	滚动轴承	液体静压轴承	气体静压轴承	磁力轴承	陶瓷滚珠轴承
旋转精度	一般或较高，在预紧无间隙时较高	高 精度保持性好	同左	一般	同滚动轴承

续表

性　能	滚动轴承	液体静压轴承	气体静压轴承	磁力轴承	陶瓷滚珠轴承
刚度	一般或较高,预紧后较高,取决于所用轴承形式	高,与节流阀形式有关,薄膜反馈或滑阀反馈很高	较差,因空气可压缩,与承载能力大小有关	一般不及滚动轴承	比一般滚动轴承差
抗振性	较差,阻尼比 $\xi=0.02\sim0.04$	好,阻尼比 $\xi=0.045\sim0.065$	好	较好	同滚动轴承
速度性能	用于中低速场合,特殊轴承可用于较高速场合	用于各种速度下	用于超高速场合	用于高速场合,$(3\sim5)\times10^4$ r/min	用于中高速场合,热传导率低,不易发热
摩擦损耗	较小 $\mu=0.002\sim0.004$	小 $\mu=0.002\sim0.004$	小	很小	同滚动轴承
寿命	疲劳强度限制	长	长	长	较长
结构尺寸	轴向小,径向大	轴向大,径向小	同左	径向大	轴向小,径向大
制造难易	轴承生产专业化、标准化	自制,工艺要求高,需供油设备	自制,工艺要求较液压系统低,需供气系统	较难	比滚动轴承难
使用维护	简单,用油脂润滑	要求供油系统清洁,较难	要求供油系统清洁,较易	较难	较难
成本	低	较高	较高	高	较高

数控机床主轴常用的几种滚动轴承的结构形式如图 5-4 所示。

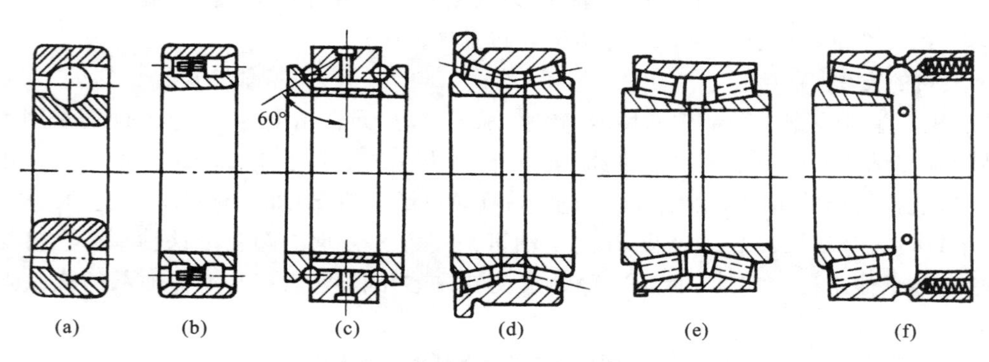

图 5-4　主轴常用滚动轴承的结构形式

图 5-4(a)所示为角接触球轴承。此类轴承能同时承受径向和轴向载荷,用外圈相对轴向位移的方法调整间隙。在主轴滚动轴承中,该轴承的允许转速最高,但承载能力低,在主轴前支承中,常多排并列使用,以提高支承的承载能力和刚度。

图 5-4(b)所示为双列向心短圆柱滚子轴承。其内圈为 1∶12 的锥孔,当内圈沿锥形轴颈

轴向移动时，内圈胀大以调整间隙。两列滚子交错排列，滚子数目多，故承载能力大，刚度高，允许转速较高。该轴承只能承受径向载荷。

图 5-4(c)所示为双列角接触推力向心球轴承，接触角为 60°，球径小，数目多，能承受双向轴向载荷。磨薄中间隔套，可以调整间隙或预紧。轴向刚度较高，允许转速高。该轴承一般与双列圆柱滚子轴承配套，用作主轴前支承。

图 5-4(d)所示为双列圆锥滚子轴承，由外圈的凸肩在箱体上进行轴向定位。磨薄中间隔套，可以调整间隙或预紧。承载能力大，但允许转速较低，能同时承受径向和双向轴向载荷。该轴承通常用作主轴的前支承。

图 5-4(e)所示为带凸肩的双列圆柱滚子轴承，结构上与双列圆锥滚子轴承相似，可用作主轴前支承。该轴承的滚子为空心的，整体结构的保持架充满滚子间的间隙，使润滑油从滚子中空处由端面流向挡边摩擦处，有效地进行润滑和冷却。空心滚子承受冲出载荷时可产生微小的变形，能扩大接触面积并有吸振和缓冲作用。

图 5-4(f)所示为带预紧弹簧的单列圆锥滚子轴承，弹簧个数为 16～20，均匀增减弹簧可以改变预加载荷的大小。该轴承常与带凸肩的双列圆柱滚子轴承配套，作为后支承。

采用滚动轴承作为主轴支承时，可以有许多不同的配置形式。目前数控机床主轴轴承的配置形式主要有以下几种，如图 5-5 所示。

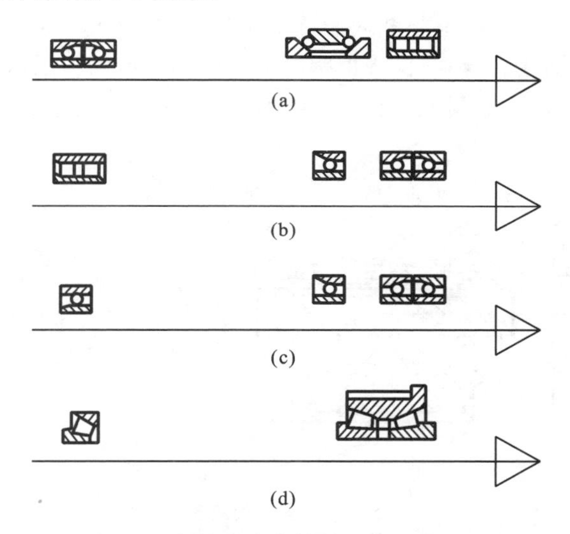

图 5-5　数控机床主轴轴承的配置形式

(1) 前支承采用双列短圆柱滚子轴承和 60°角接触双列推力向心球轴承组合，承受径向和轴向载荷；后支承采用成对角接触球轴承，如图 5-5(a)所示。采用这种配置形式时，主轴的综合刚度大幅提高，能进行强力切削，因此该配置形式在中等转速的数控机床主轴上应用普遍。

(2) 前支承采用角接触球轴承，由 2～3 个轴承组成一套，背靠背安装，承受径向和轴向载荷；后支承采用双列短圆柱滚子轴承，如图 5-5(b)所示。这种配置适应较高转速、较重切削载荷，主轴部件精度较好，但能承受的轴向载荷较图 5-5(a)所示的配置小。

(3) 前、后承均采用成组角接触球轴承，用以承受径向和轴向载荷，如图 5-5(c)所示。这种配置适用于高速、轻载和精密的数控机床主轴。

(4) 前支承采用双列圆锥滚子轴承，承受径向和轴向载荷；后支承采用单列圆锥滚子轴承，如图 5-5(d)所示。这种配置能承受重载荷和较强动载荷，但主轴转速和精度受到限制，故适用于中等精度、低速重载的数控机床主轴。

3. 典型主轴部件的结构

主轴部件按运动方式可分为以下五类：

(1) 只做旋转运动的主轴部件，如车床、铣床和磨床等的主轴部件。这类主轴部件的结构较为简单。

(2) 既做旋转运动又做轴向进给运动的主轴部件，如钻床和镗床等的主轴部件。其主轴部件与轴承装在套筒内，主轴在套筒内做旋转主运动，套筒在主轴箱的导向孔内做直线进给运动。

(3) 既做旋转运动又做轴向调整移动的主轴部件，如滚齿机、部分立式铣床等的主轴部件。主轴在套筒内做旋转运动，并根据需要随主轴套筒一起做轴向调整移动。主轴部件工作时，用其中夹紧装置将主轴套筒夹紧在主轴箱内，以提高主轴部件的刚度。

(4) 既做旋转运动又做径向进给运动的主轴部件，如卧式镗床的平旋盘主轴部件、组合机床的镗孔车端面主轴部件。主轴做旋转运动时，装在主轴前端平旋盘上的径向滑块可带动刀具做径向进给运动。

(5) 既做旋转运动又做行星运动的主轴部件，如新式内圆磨床砂轮的主轴部件，如图 5-6 所示。砂轮主轴 1 在支承套 2 的偏心孔内做旋转主运动，支承套 2 安装在套筒 4 内，套筒 4 的轴线与工件被加工孔的轴线重合，套筒 4 由蜗杆 7 经蜗轮 5 传动，在箱体 3 中缓缓地旋转，带动套筒及砂轮主轴做行星运动，即圆周进给运动。传动支承套 2 用来调整主轴与套筒 4 的偏心距 e，以实现横向进给。

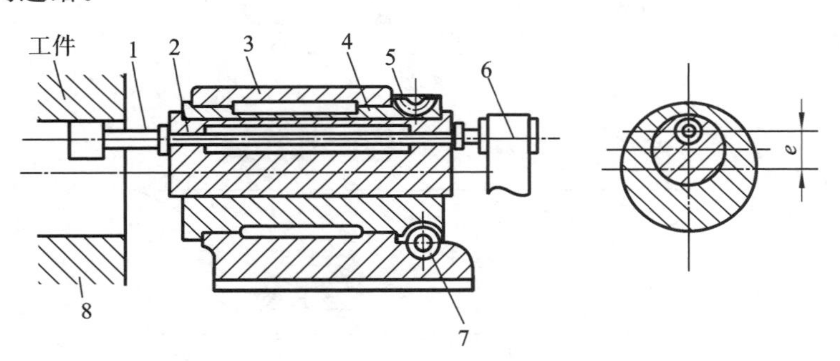

图 5-6 行星运动的主轴

1—砂轮主轴；2—支承套；3—箱体；4—套筒；5—蜗轮；6—传动带；7—蜗杆

5.1.4 主轴典型控制功能

1. 主轴准停装置

在数控钻床、数控铣床及以镗铣为主的加工中心上，由于特殊加工或自动换刀要求，主轴每次都需停在一个固定的准确的位置上，所以在主轴上必须设有准停装置。准停装置分机械式和电气式两种。

图 5-7 所示为机械式主轴准停装置，其工作原理如下：准停前主轴必须处于停止状态，当接收到主轴准停指令后. 主轴电机以低速转动，主轴箱内齿轮换挡，使主轴以低速旋转，延时继电器开始动作，并延时 4～6 s，保证主轴转动平稳后接通无触点开关 3 的电源。当主轴转到图示

位置时，凸轮定位盘3上的感应块2与无触点开关1相接触并发出信号，使主轴电机停转。另一延时继电器延时0.2～0.4 s后，压力油进入定位液压缸4下腔，使定向活塞5向左移动。

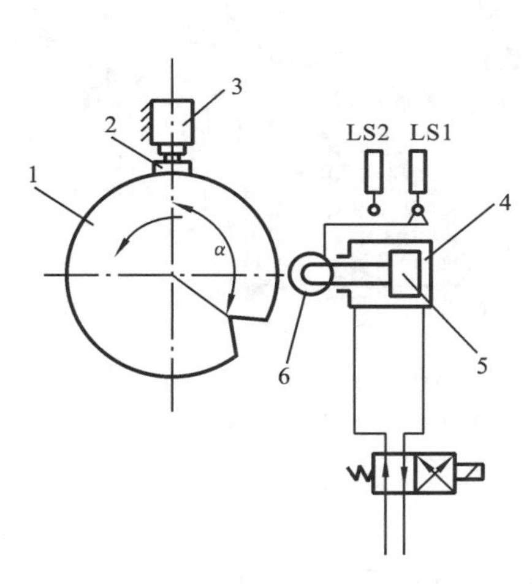

图5-7　机械式主轴准停装置

1—凸轮定位盘；2—感应块；3—无触点开关
4—定位液压缸；5—定位活塞；6—定向滚轮

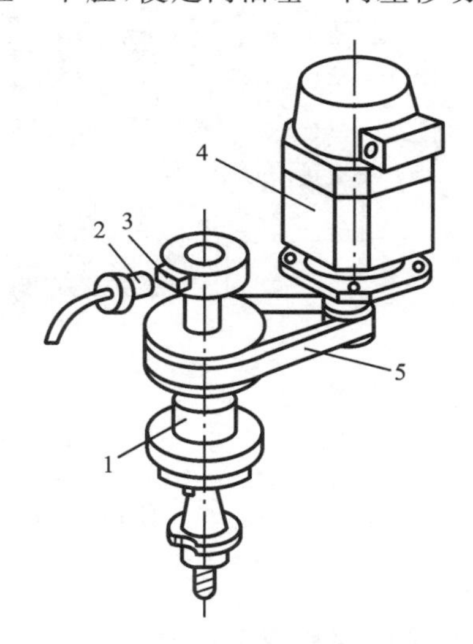

图5-8　电气式主轴准停装置

1—主轴；2—磁传感器；3—永久磁铁
4—主轴电机；5—同步感应器

当定向活塞上的定向滚轮6被顶入凸轮定位盘的凹槽内时，行程开关LS2发出信号，主轴准停完成。若延时继电器延时1 s后行程开关LS2仍不发信号，说明准停没完成，需使定位活塞5后退，重新准停。当活塞杆向右移到位时，行程开关LS1发出滚轮6退出凸轮定位盘凹槽的信号，此时主轴可启动工作。

机械准停装置定位比较准确可靠，但结构较复杂。现代的数控铣床一般都采用电气式主轴准停装置，只要数控系统发出指令信号，主轴就可以准确地定向。较常用的电气方式有两种。一种是利用主轴上光电脉冲发生器的同步脉冲信号定向；另一种是用磁力传感器检测定向。电气式主轴准停装置的工作原理如图5-8所示。在主轴1上安装了一个永久磁铁3，其与主轴一起旋转；在距离永久磁铁3旋转轨迹外1～2 mm处有一个磁传感器2。当铣床主轴需要停车换刀时，数控装置发出主轴停转的指令，主轴电机4立即降速，使主轴以很低的转速回转，当永久磁铁3对准磁传感器2时，磁传感器发出准停信号，此信号经放大后，由定向电路使电机准确地停止在规定的周向位置上。这种准停装置机械结构简单，永久磁铁与磁感传感器间没有接触摩擦，准停的定位精度可达±1°，能满足一般换刀要求。而且定向时间短，可靠性较高。

2. 刀具自动夹紧装置、切屑清除装置

在加工中心上，为了实现刀具在主轴上的自动装卸，并保证刀具在主轴中的正确定位，除主轴准停装置外，主轴还必须设计有刀具自动夹紧、切屑清除装置。图5-9为设计有以上三种装置的自动换刀卧式镗床(镗铣加工中心)的主轴部件。

刀具自动夹紧装置和切屑清除装置由钢球3、空气喷嘴4、套筒5、拉杆7、碟形弹簧8、油缸(及活塞)11组成。图示为刀具的夹紧状态，在碟形弹簧8的作用下，拉杆7始终保持约10000 N的拉力，并通过拉杆7左端的钢球3将刀杆1的尾部轴颈拉紧。刀杆1采用7∶24的大锥度锥柄，在尾部轴颈拉紧的同时，通过锥面的定心和摩擦作用将刀杆1夹紧于主轴2的端

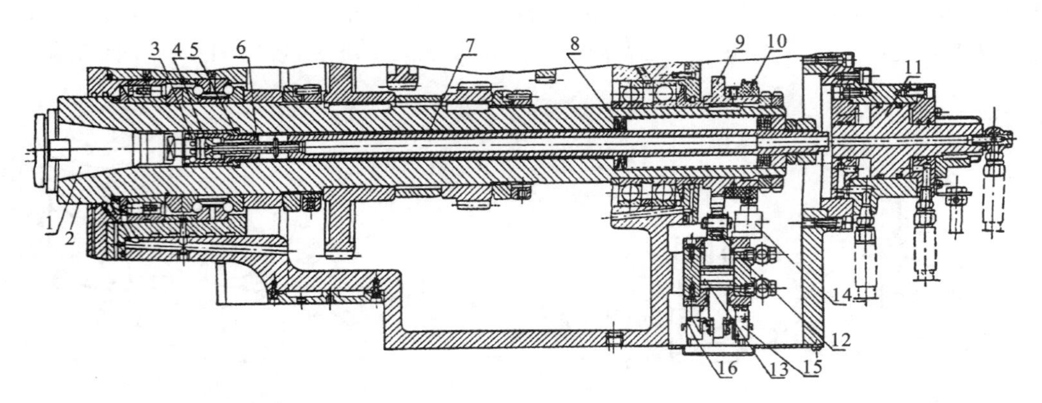

图 5-9　镗铣加工中心的主轴部件

1—刀杆；2—主轴；3—钢球；4—空气喷嘴；5—套筒；6—支承套；7—拉杆；8—碟形弹簧；9、10—定位盘；11—油缸；12—滚子；13—定位油缸；14—无触点开关；15—限位开关；16—开关

部。松开刀具，将压力油通入油缸 11 的右腔，使活塞推动拉杆 7 向左移动，同时压缩碟形弹簧 8。拉杆 7 的左移使左端的钢球 3 位于套筒 5 的喇叭口处，从而解除刀杆 1 上的拉力。当拉杆 7 继续左移时，空气喷嘴 4 的端部把刀具顶松，机械手便取出刀杆 1。机械手将新刀装入后，压力油通入油缸 11 左腔，活塞向右退回原位，碟形弹簧 8 又拉紧刀杆 1。当活塞处于左、右两个极限位置时，相应的限位开关发出松开和夹紧的信号。

如何自动清除主轴孔中的切屑和灰尘是换刀操作中的一个不容忽视的问题。如果在主轴锥孔中掉进了切屑或其他污物，在拉紧刀杆时，就会划伤锥孔和锥柄表面，甚至会使刀杆发生偏斜，破坏刀具正确定位，影响加工零件的精度，甚至使零件报废。为了保持主轴锥孔的清洁，常用压缩空气吹屑。活塞和拉杆的中心都有压缩空气通道，当活塞向左移动时，压缩空气经活塞和拉杆的通道，由空气喷嘴喷出，将锥孔清理干净。喷气小孔要有合理的喷射角度，并均匀分布，以提高吹屑效果。

对自动换刀数控镗铣床，切削转矩是通过刀杆的端面键来传递的。为了保证自动换刀时刀杆的键槽对准主轴上的端面键，主轴需停在一个固定不变的方位上，这由主轴准停装置来实现。

3. *C* 轴控制与同步速度控制

在数控车床系统中，主轴轴线为 *Z* 轴，对应的回转轴(绕主轴回转)为 *C* 轴。主轴的回转位置(转角)控制可以和其他进给轴一样，由进给伺服电机实现，也可以由主轴电机实现，此时主轴的位置(角度)由装于主轴上(不是主轴电机)上的高分辨率编码器检测，主轴作为进给伺服轴工作。主轴作为回转轴(*C* 轴)与其他进给轴(*Z* 轴或 *X* 轴)联动进行插补，可以实现任意曲线轨迹。显然，螺纹的车削可通过 *C* 轴与 *Z* 轴的插补完成，端面曲线(如阿基米德螺旋线等)通过 *C* 轴与 *X* 轴的插补完成，非圆柱或圆锥的异形回转表面(如凸轮、活塞裙部等)，也可通过 *C* 轴与 *X* 轴的插补完成。

如果在数控车床刀架上配置动力刀架，以刀具旋转作为主运动，工件做 *C* 向圆周进给运动，还可在车床上进行端面轮廓铣削和凸轮轴磨削。因此，具有 *C* 轴控制功能的数控机床只需通过编程，就可以方便地加工螺纹，还可以加工其他多种特殊表面。如果配置动力刀架，其工艺范围更大，由此扩大了车床的工艺范围，能够实现多工序复合。

在实际应用中，C 轴控制常见的主要问题是：控制精度不足，会出现加工抖动和定位抖动现象。一般的解决措施如下。

(1) 尽可能减小传动结构惯量与电机惯量的比值，提高动态特性。

(2) 根据结构特点，尽量在接近输出端的传动链上增加阻尼，这样虽然会在一定程度上增大驱动转矩，但可有效减少振动，提高切削稳定性。

(3) 尽可能减少或消除传动链中的间隙，提高 C 轴精度。

(4) 尽可能提高传动链各环节的精度。

高精度重型数控机床 C 轴传动及分度装置控制，通常会采用多电机驱动设计，因此，存在机床控制中双轴或多轴同步控制的问题。多电机同步联动首先要解决的关键问题是确保运行过程中联动电机动态特性的一致性，使得多电机系统的运行如同单一电机系统一样，为此多电机同步联动伺服系统需要使用同步联动的各种控制方法来保证各电机动态特性的一致性；其次，多电机同步联动伺服系统是一种强耦合性的非线性系统，因此其中存在着各种非线性因素(如饱和非线性、齿隙非线性和摩擦非线性等)，需要应用控制理论，有效地消除这些非线性的影响。

5.1.5　电主轴

1. 电主轴概述

由于高速加工可以大幅度提高加工效率，显著提高工件的加工质量，其应用领域非常广泛。高速数控机床主传动的机械结构已得到极大的简化，取消了带传动和齿轮传动，机床主轴内由内装式电机直接驱动，从而把机床的主传动链的长度缩短为零，实现了机床主运动的“零传动”，这种结构即电主轴。目前，国内外各著名机床制造商在高速数控机床，特别是在复合机床、多轴联动、多面体加工机床和并联机床中广泛采用电主轴。电主轴是高速数控加工机床的关键部件，其性能指标直接决定了机床的水平，它是机床实现高速加工的前提和基本条件。

与有中间传动装置、变速装置(如传动带、齿轮、联轴器等)的传统机床主轴相比，电主轴具有如下特点：

(1) 由内装式电机直接驱动，省去了中间传动环节，具有结构紧凑、机械效率高、噪声低、振动小和精度高等特点。

(2) 可在额定转速范围实现无级调速。

(3) 可实现精确的主轴定位及 C 轴传动功能。

(4) 更易实现高速化，其动态精度和动态稳定性更好。

(5) 由于没有中间传动环节的外力作用，运行更平稳，使主轴轴承的寿命得到延长。

(6) 电机的发热和振动直接影响主轴的精度，因此，主轴运动组件的整机平衡、温度控制和冷却成为电主轴应用成败的关键。

2. 电主轴的结构

如图 5-10 所示，电主轴由无壳电机、主轴、轴承、主轴单元壳体、驱动模块和冷却装置等组成。主轴由前后两套滚珠轴承来支承，电机的转子用压配合的方法安装在机床主轴上，处于前后轴承之间，由压配产生的摩擦力来实现大转矩的传递。电机的定子通过冷却套安装在主轴单元壳体中。这样，电机的转子就是机床的主轴，主轴单元壳体就是电机的机座，成为一种新型的主轴系统。

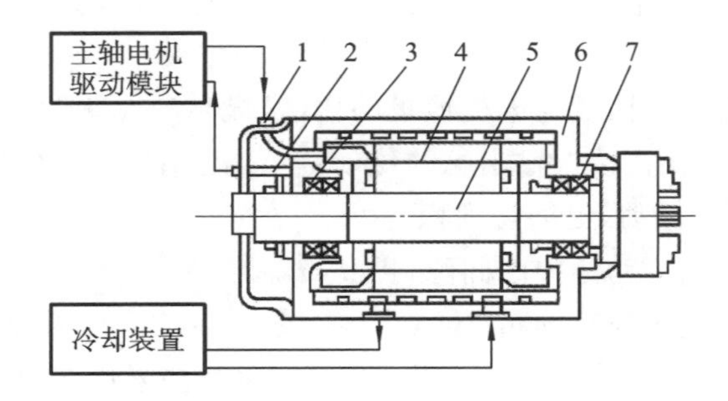

图 5-10　电主轴的基本结构

1—电源接口；2—反馈装置；3、7—轴承；4—无壳主轴电机；5—主轴；6—主轴单元壳体

图 5-11 所示为高速电主轴的剖面结构，图 5-12 所示为电主轴在高速数控模具雕铣机床中的应用。

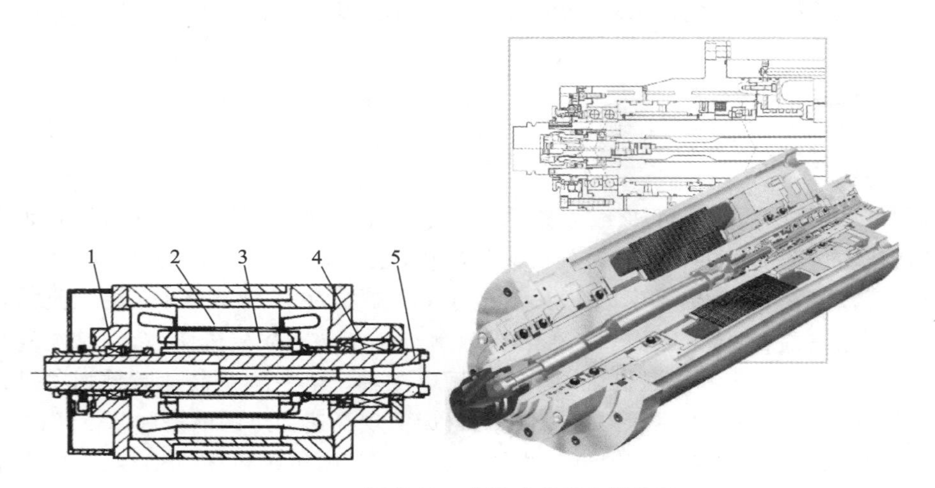

图 5-11　内装式电机主轴单元

1—后轴承；2—电机定子；3—电机转子；4—前轴承；5—主轴

图 5-12　电主轴在高速数控模具雕铣机床中的应用

在电主轴的结构设计中，选择性能良好的电机、合理选配轴承、采取减小振动的各项措施、设计有效的冷却系统，以及确定主轴零件与电机定子的过盈配合量是电主轴设计的关键。

3. 电主轴的类型

根据电主轴电机的控制方法及输出特性，电主轴可分多种类型。

(1) 根据内装式电机的控制方法，电主轴可分为普通交流变频电主轴和交流伺服电主轴两类。普通交流变频电主轴结构简单、成本低，但存在低速输出功率不稳定的问题，难以满足低速大转矩的要求。交流伺服控制电主轴低速输出性能好，可实现闭环控制，经常用于加工中心等要求有主轴定位功能或有 C 轴控制功能的数控机床。

(2) 根据内装式电机的输出特性，电主轴主要分为恒转矩电主轴和恒功率电主轴两类。前者在全速范围内输出的转矩是恒定的，输出功率与转速成正比；后者在低速段的输出是恒转矩，在高速段的输出则是恒功率。

这两种类型的电主轴应用场合不同：恒转矩电主轴适合于磨削及高速钻削，电主轴的转速越高，输出功率越大；恒功率电主轴则主要用于镗、铣、车削等切削范围广、工况变化大的场合，在这种切削情况下，低速段要求电主轴能输出较大的转矩，而高速段需要电主轴输出相当大的功率。

4. 解决电主轴振动的措施

机床的振动对机械加工的精度、工件的表面质量、机床的有效使用寿命等有着不可忽视的影响。电主轴的最高转速一般在 10000 r/min 以上，甚至高达 60000～100000 r/min，主轴运转部分微小的不平衡量都会引起巨大的离心惯性力，造成机床的振动。就电主轴本身而言，其振动分为三种：电主轴的谐振、电磁振荡和机械振动。因此，必须对电主轴进行严格的动平衡测试。

(1) 主轴和主轴上的零件都要经过非常精密的加工、装配和调校，主轴平衡精度达到0.4级以上。

(2) 电主轴的结构必须严格遵守对称性原则，键连接和螺纹连接在电主轴上是被禁止的，电机转子和机床主轴之间配合的过盈按所传递的转矩来计算，有时高达 0.08～0.1 mm。主轴上用于轴向固定零件的螺纹套，也可用与主轴以过盈配合来连接的圆盘代替。

(3) 采用工艺措施来保证主轴的动平衡。一种方法是使电主轴转子外径留有加工余量，将转子用热压法装入主轴后，以主轴、后轴为定位支承，把主轴装夹在车床上，对转子进行最后的精车。另一种方法是在电机转子的两个端盖上对称地加工 16～24 个直径略有不同(M4 或 M6)的螺纹孔，在电主轴装配完毕后，根据动平衡机的测试结果，在一定的方位上旋入相应的动平衡螺钉并调节旋入深度，进行动平衡调节，在满足动平衡的要求后，用环氧树脂将这些螺钉固定。

5. 电主轴的散热措施

由于电主轴的转速很高，运转时会产生大量的热，引起电主轴的温升，严重时甚至会影响电主轴的正常工作，因此，必须严格控制电主轴的温度，使其保持在一个恒定值内。电主轴的热源主要有两种：内装式高速电机的发热和主轴轴承的发热。

电主轴内装式电机的发热会直接降低它旁边的主轴轴承的工作精度，进而影响机床的精度和可靠性。由于结构限制，一般内装式电机采用外循环油水冷却系统进行冷却，即在主电机定子的外边加工出带螺旋槽的铝质外套，机床工作时，冷却水不断在该螺旋槽中流动，从而把主电机的热量带走。

对于轴承的发热问题，首先可采用角接触陶瓷轴承，滚珠用 Si_3N_4 材料制成，轴承直径比同规格的球轴承小 1/3;同时采取强制循环油冷却方法对主轴轴承进行冷却,确保电主轴在恒定的温度范围内正常工作。具体措施是使经过油冷却装置的冷却油在主轴轴承外强制循环,带走产生的热量,如图 5-13 所示。

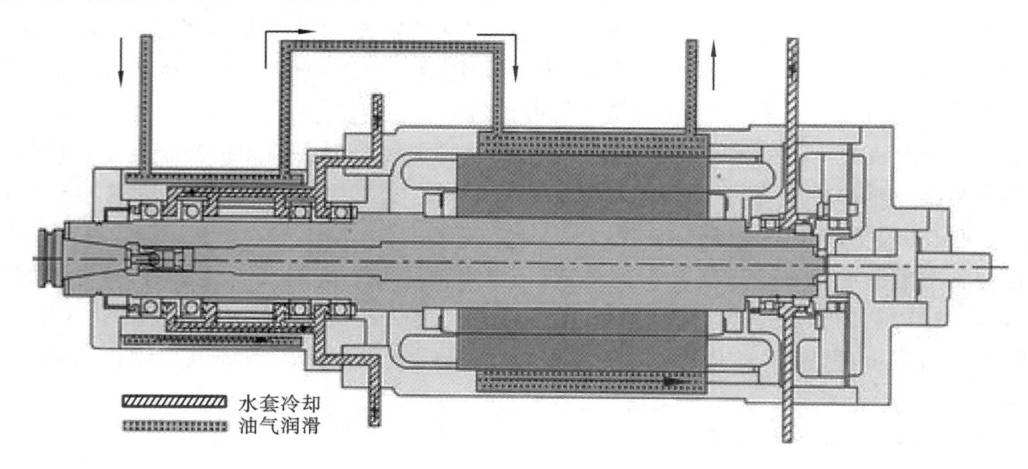

图 5-13　电主轴冷却系统

另外,在设计电主轴组件时,电主轴转子中的主轴及前、后轴承座等零件,最好采用同样密度、同样比热的材料,以保证整个电主轴组件运转的热平衡性。

6. 电主轴的支承

电主轴的支承必须满足电主轴高速、高回转精度的要求,同时需要有相应的刚度。电主轴的支承形式主要有滚动轴承支承,气压和液压的动、静压轴承支承和电磁轴承支承三种,其中使用最普遍的是滚动轴承支承。滚动轴承不但具有较好的高速性能,而且具有支承刚度高、价格适中、便于维修更换等优点,应用广泛。高速精密电主轴一般采用高速性能好的小钢球精密角接触球轴承。

复合陶瓷轴承是近年来发展较快的一种轴承,其耐磨耐热,能满足在一些特殊工作条件下的要求,寿命是传统轴承的数倍;电磁悬浮轴承和动、静压轴承,其内、外圈无接触,理论上寿命无限长,结构简单并能达到很高的转速;电磁轴承由于其价格较高,主要应用在超高速加工设备上;动、静压轴承在多种精密、高速设备中的应用都非常普遍。

不管采用哪类轴承,都应遵循以下基本原则:

(1) 轴承尺寸公差及旋转精度高,以适应高精度切削要求。

(2) 采用角接触轴承代替圆柱滚子轴承和推力球轴承,用以承受径向和轴向载荷,并适应高精度切削要求。

(3) 径向截面尺寸小,以使主轴系统的体积小,并有利于系统的热传导。

(4) 尽量采用小而多的滚动体,以减小高速旋转惯性力,进而提高轴系的动刚度。

(5) 采用高强度、轻质保持架,选择合理的引导方式,以适应高速旋转。

(6) 尽量采用配对轴承,以保证轴承的旋转精度与刚度。

(7) 采用合理的悬跨比、预载荷和轴承配对形式,以提高寿命。

7. 电主轴的润滑

为保证轴承在高速条件下具有良好的工作性能,还必须对轴承进行适当的润滑。按照具体的要求,可采用的润滑方式有油脂润滑、油雾润滑、油气润滑等。当转速要求不是太高时,根据选用轴承提供的数据，在允许范围内，可使用油脂润滑，因为油脂润滑简单、方便，不须使用任何附加设施；当主轴转速要求较高时，可以考虑采用油雾润滑、喷油润滑及油气润滑。目前国际上最流行的是油气润滑。油气润滑必须使用相应的油气润滑装置。其原理是用微量泵定时打出定量小油滴，通过经净化、冷却的干燥空气来润滑每个轴承的润滑点。采用油气润滑不但能润滑主轴轴承，还能将轴承运转时产生的热量带走一部分。但由于油气润滑时气压较高，因此对应每个润滑点的进口，在对面相应设置一个出气口。油气润滑结构复杂，设计制造困难，加上需要专门的油气润滑装置，价格较贵。电主轴油气润滑系统如图5-14所示。

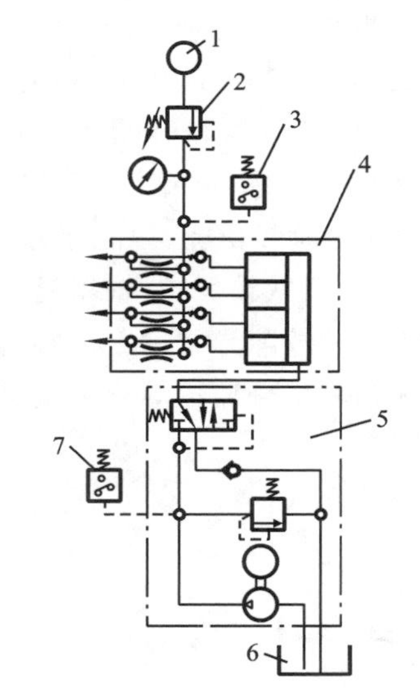

图5-14　电主轴油气润滑系统

1—气源；2—气压控制阀；3—压力开关(空气)；4——混合阀；5—柱塞泵＋分配器；6—油箱；7—压力开关(油)

用油雾或油气润滑时需特别注意的是，应使主轴在运转过程中始终有新鲜润滑油供应，做到润滑系统先于主轴启动而后于主轴停止运行。由于油雾或油气接通入轴承滚动体部位，在使用该类主轴时需注意压缩空气的干燥及洁净程度。国内生产车间通常是进行集中供气，在将压缩空气通入润滑系统之前，最好加空气干燥、过滤装置，否则，将使电主轴的使用寿命大大降低。

8. 电主轴发展趋势

(1) 继续向高速度、高刚度方向发展。由于高速切削和实际应用的需要，随着主轴轴承及其润滑技术、精密加工技术、精密动平衡技术、高速刀具及其接口技术等相关技术的发展，数控机床用电主轴高速化已成为目前发展的普遍趋势。在电主轴的系统刚度方面，由于轴承及其润滑技术的发展，电主轴的系统刚度越来越大，可以满足数控机床高速、高效和精密加工发展的需要。

(2) 向高速大功率、低速大转矩方向发展。根据实际使用需要，多数数控机床需同时满足低速粗加工时的重切削、高速切削时精加工的要求，因此，机床电主轴应该具备低速大转矩、高速大功率的性能。

(3) 进一步向高精度、高可靠性和长使用寿命方向发展。当前，用户对数控机床的精度和使用可靠性提出了越来越高的要求，对作为数控机床核心功能部件之一的电主轴的精度和可靠性要求也随之越来越高。同时，由于采用特殊的精密主轴轴承、先进的润滑方法及特殊的预载荷施加方式，电主轴的寿命相应得到延长，其使用可靠性越来越高。

(4) 电主轴内装电机性能和形式多样化。为满足实际应用需要，电主轴电机的性能得到改善。此外，出现永磁同步电机电主轴。与相同功率的异步电机电主轴相比，同步电机电主轴的外形尺寸小，有利于提高功率密度，实现小尺寸、大功率。

(5) 向快速启、停方向发展。为缩短辅助时间，提高效率，要求数控机床电主轴的启、停时间越短越好，因此需要很高的启动和停机加(减)速度。

(6) 轴承及其预载荷施加方式、润滑方式多样化。除常规的钢制滚动轴承外，近年来陶瓷球混合轴承得到广泛应用，出现了一种智能预载荷施加方式，即利用液压油缸对轴承施加预载荷，且可根据主轴的转速、负载等具体情况控制预载荷的大小，使轴承的支承性能更加优良。

在以非接触式轴承支承的电主轴方面，如磁浮轴承电主轴、气浮轴承电主轴、液浮轴承电主轴等已经有系列商品供应市场。

(7) 刀具接口开始逐步采用 HSK(1∶10)刀柄技术，使刀柄具有突出的静态和动态连接刚性、大的传递转矩能力、高的刀具重复定位精度和连接可靠性，特别适合在高速高精场合使用。

(8) 向多功能、智能化方向发展。其中智能化主要表现在各种安全保护和故障监测诊断措施，如换刀联锁保护、轴承温度监控、电机过载和过热保护、松刀时轴承卸荷保护、主轴振动信号监测和故障异常诊断、轴向位置变化自动补偿、砂轮修整过程信号监测和自动控制、刀具磨损和损坏信号监控等措施上。

5.2 数控机床的进给运动系统

进给运动轴

5.2.1 概述

1. 数控机床对进给运动系统的要求

数控机床的进给运动系统用于将伺服电机的旋转运动变为执行部件的直线运动或旋转运动。进给运动系统的精度、灵敏度、稳定性直接影响了数控机床的定位精度和轮廓加工精度。从系统控制的角度分析，其中起决定作用的因素主要有：

(1) 进给运动系统的刚度和惯量，其会影响进给运动系统的稳定性和灵敏度。

(2) 传动部件的精度与进给运动系统的非线性，其会影响系统的位置精度和轮廓加工精度，在闭环系统中还会影响系统的稳定性。

进给运动系统的刚度和惯量主要取决于机械结构设计，而间隙、摩擦死区则是造成传动系统非线性的主要原因。因此，数控机床对进给运动系统的要求可以概括如下：

(1) 传动精度与定位精度高。数控机床进给运动系统的传动精度和定位精度对零件的加工精度起着关键性的作用，是表征数控机床性能的主要指标。设计中，通过在进给传动链中加入减速齿轮(减小脉冲当量)，预紧传动滚珠丝杠，消除齿轮、涡轮等传动件的间隙等办法，达到提高传动精度和定位精度的目的。由此可见，机床本身的精度，尤其是伺服传动链和伺服传动机构的精度，是影响零件加工精度的主要因素。

(2) 进给调速范围宽。进给运动系统在承担全部工作负载的条件下，应具有很宽的调速范围，以适应各种工件材料、尺寸和刀具等的变化，工作进给速度范围可达 3～6000 mm/min。为了实现精密定位，进给运动系统低速趋近速度达 0.1 mm/min；为了缩短辅助时间，提高加工效率，快速移动速度应高达 15000 mm/min。在多坐标联动的数控机床上，合成速度维持常数，是保证表面精度要求的重要条件；为保证较高的轮廓精度，各坐标轴的运动速度也要配合适当。以上是对数控系统和进给运动系统提出的共同要求。

(3) 响应速度快。所谓快速响应特性是指进给运动系统对指令输入信号的响应速度以及瞬态过程结束速度要快，即跟踪指令信号的响应要快；定位速度和轮廓切削进给速度要满足要求；工作台应能在规定的速度范围内灵敏而精确地跟踪指令，进行单步或连续移动，在运行时不出现失步或多步现象。进给运动系统响应速度的大小不仅影响机床的加工效率，而且影响加工精度。设计中应使机床工作台及其传动机构的刚度、间隙、摩擦以及转动惯量尽可能达到最佳值，以提高进给运动系统的快速响应特性。

(4) 传动刚度高。丝杠副(直线运动)或蜗杆副(旋转运动)及其支承部件的刚度决定了进给运动系统的传动刚度。传动部件刚度不足,会产生弹性变形,影响系统的定位精度、动态稳定性和响应的快速性;传动部件刚度不足加上摩擦力的作用还会导致工作台产生爬行现象以及出现反向死区,影响传动准确性。提高传动部件刚度的有效措施有:缩短传动链,加大滚珠丝杠的直径,对丝杠副、支承部件进行预紧,对丝杠进行预拉伸等。

(5) 转动惯量尽可能小。进给运动系统中每个部件的转动惯量对系统的启动、制动特性等都有直接的影响,是影响进给运动系统的速度响应的主要因素,尤其是高速运转零件的转动惯量。特别是在高速加工的数控机床上,在满足系统强度和刚度的前提下,应尽可能减小零部件的质量、直径,以降低其转动惯量,增强快速性。

(6) 传动间隙尽可能小。在开环、半闭环进给运动系统中,传动间隙影响进给运动系统的定位精度;在闭环进给运动系统中,它是系统的主要非线性环节,影响系统的稳定性,因此,必须采取措施消除传动间隙。消除传动间隙的措施是对各传动副以及支承部件进行预紧或消隙。但是,值得注意的是,采取这些措施后可能会增加摩擦阻力及降低机械部件的使用寿命。必须综合考虑各种因素,使传动间隙减小到允许值。

(7) 摩擦阻力尽可能小。进给运动系统的摩擦阻力会降低传动效率,导致传动部件发热,而且,它还影响系统的快速性;此外,动、静摩擦系数的变化,将导致传动部件的弹性变形,产生非线性的摩擦死区,影响系统的定位精度和闭环系统的动态稳定性。通过采用滚珠丝杠副、静压丝杠副、直线滚动导轨、静压导轨和塑料导轨等高效执行部件,可减少系统的摩擦阻力,提高其运动精度,避免低速爬行。

(8) 谐振频率尽可能高。为了提高进给系统的抗振性,应使机械构件具有高的固有频率和合适的阻尼,一般要求进给运动系统的固有频率高于伺服驱动系统的2～3倍,而且应特别注意避免切削时的谐振。

(9) 稳定性好,寿命长。稳定性是进给运动系统能够正常工作的基本条件,特别是在低速进给情况下不产生爬行,并能适应外加负载的变化而不发生共振。稳定性与系统的惯性、刚性、阻尼及增益等都有关系,适当选择各项参数,并能达到最佳的工作性能,是进给运动系统设计的目标。所谓进给运动系统的寿命,主要指其保持传动精度和定位精度的时间长短及各传动部件保持其原来制造精度的能力。设计各传动部件时应选择合适的材料及合理的加工工艺与热处理方法,如对于滚珠丝杠和传动齿轮,必须使其具有很好的耐磨性,且应采取适当的润滑方式,以延长其寿命。

2. 数控机床进给运动系统的基本结构

数控机床进给运动系统由传动机构、运动变换机构、导向机构、执行件等组成。常用的传动机构有一到两级传动齿轮和同步带;运动变换机构有滚珠丝杠副、蜗杆副、齿轮齿条副等;导向机构有滑动导轨、滚动导轨、静压导轨、轴承等。

由于伺服电机的调速可由伺服系统完成,并可实现无级调速,因此,数控机床的进给运动系统大大地减少了传统机床的变速系统,将伺服电机的运动直接或通过少量的齿轮或同步带传给滚珠丝杠副或蜗杆副,这样可有效地提高进给运动系统的灵敏度、定位精度,并可防止爬行现象产生。

图5-15所示为某数控车床的进给运动系统结构。纵向 Z 轴进给运动由伺服电机直接带动滚珠丝杠副实现;横向 X 轴进给运动由伺服电机驱动,通过同步齿形带带动横向滚珠丝杠实

现;刀盘转位运动由电机经过齿轮及蜗杆副实现,可手动或自动换刀;排屑机构由电机、减速器和链轮传动机构实现;主轴运动由主轴电机经带传动机构实现;尾座运动通过液压传动机构实现。

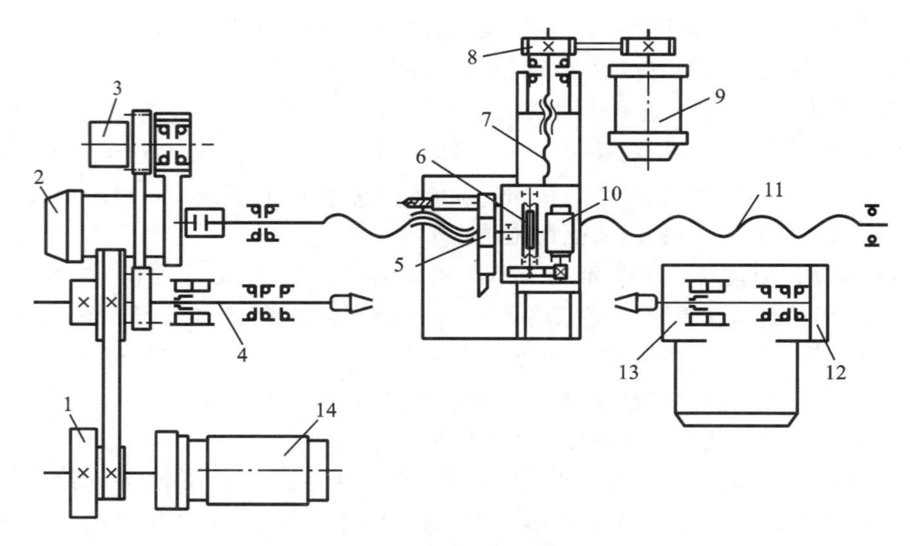

图 5-15 数控车床的进给运动系统结构

1—带轮;2—Z 轴伺服系统;3—主轴脉冲编码器;4—主轴;5—转位刀盘;6—蜗杆副;7—横向丝杠;8—带轮;9—X 轴伺服电机;10—刀盘转位电机;11—纵向丝杠;12—液压缸;13—尾座;14—主轴电机

3. 直线电机进给运动系统

高速加工数控机床利用直线电机直接驱动工作台,使移动件和支承件之间没有传动件,靠电磁力驱动移动部件,成为"零传动"进给运动系统,如图 5-16 所示。由于直线电机简化了机械传动结构,采用直线电机的机床进给速度可达 60～300 m/min,加速度可达(5～10)g。

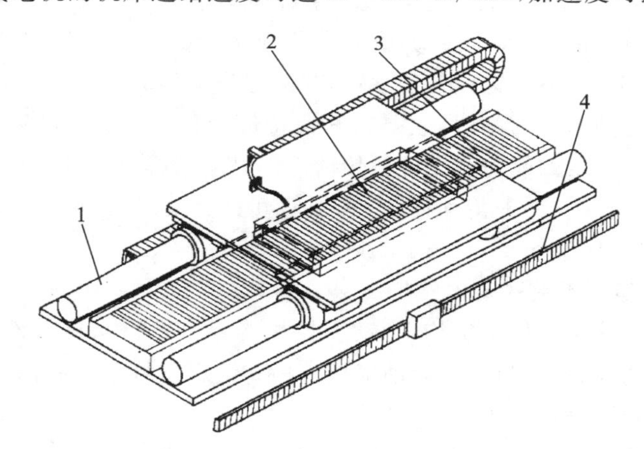

图 5-16 直线电机进给运动系统构成

1—直线导轨;2—工作台(动子);3—床身(定子);4—光栅尺

直线电机使机械结构简化而电气控制复杂化,比如:高速进给要求数控系统的运算速度快、采样周期短;还要求数控系统具有足够的超前路径加减速优化预处理能力,即具有超前程序段预处理能力,有些系统可提前处理数千个程序段,在多轴联动控制时,可根据预处理缓冲区里的G代码规定的内容进行加减速处理。

5.2.2　齿轮副

在数控机床的进给运动系统中采用齿轮传动装置的目的有两个：一是将高转速、小转矩的伺服电机的输出，转换为低转速、大转矩的执行件的输出；二是使滚珠丝杠和工作台的转动惯量在系统中占有较小的比重。即通过齿轮传动装置，实现转矩匹配、惯量匹配、脉冲当量匹配和降速等功能。在数控机床的设计中，对于齿轮传动主要考虑传动级数和速比分配以及齿轮间隙的消除等问题。

1. 齿轮副的传动级数和速比分配

齿轮副的传动级数和速比分配一方面会影响传动件的转动惯量大小，另一方面还会影响执行件的传动效率。增加传动级数，可以减小转动惯量，但会导致传动装置结构复杂，传动效率降低，噪声增大，同时会使传动间隙和摩擦损失加大，对传动系统不利。若进给运动系统中齿轮速比按递减原则分配，则传动链起始端的间隙对传动影响较小，而末端的间隙对传动的影响较大。

2. 齿轮副传动间隙的消除

由于齿轮副存在间隙，在开环进给运动系统中会产生进给运动滞后现象；反向时，会出现反向死区，影响加工精度。在闭环进给运动系统中，由于有反馈作用，滞后量可以得到补偿，但反向时齿轮副传动间隙仍会使伺服系统产生振动而不稳定。因此，必须采取措施来减小或消除齿轮副的间隙。

1）直齿圆柱齿轮副间隙的消除

（1）刚性调整法　刚性调整法是指能暂时清除齿侧间隙，但使用之后齿侧间隙不能自动补偿的调整方法。因此，在调整时，应严格控制齿轮的齿厚及齿距的公差，否则会影响传动的灵活性。采用刚性调整法时系统的传动刚度较高，且间隙调整结构比较简单。图5-17和图5-18所示为两种常用的间隙调整结构。

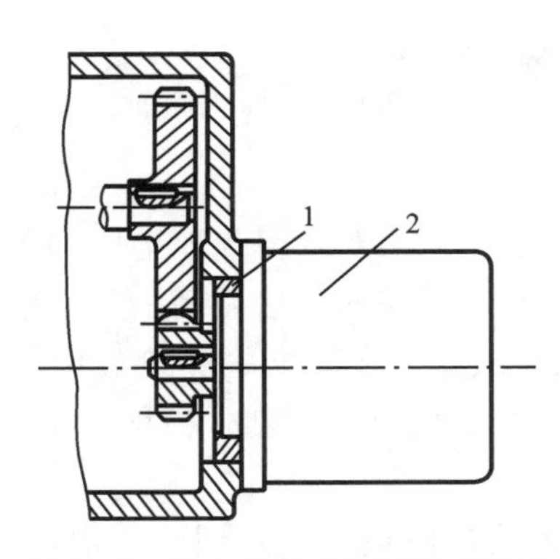

图5-17　偏心轴套式间隙调整结构

1—偏心轴套；2—电机

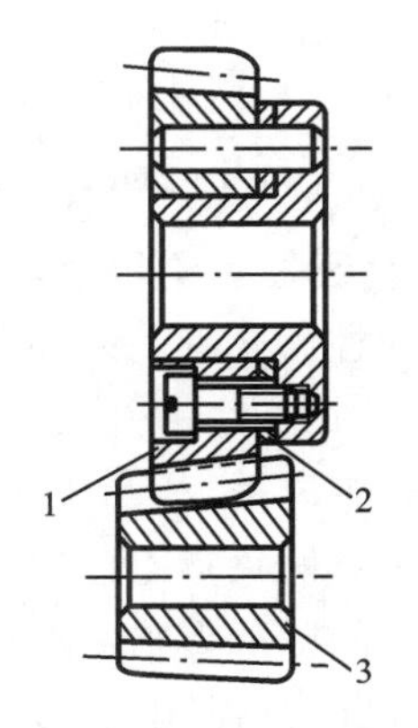

图5-18　轴向垫片间隙调整结构

1、3—锥齿轮；2—垫片

图5-17所示为偏心轴套式间隙调整结构（偏心套调整法）。电机2通过偏心轴套1安装在箱体上，通过转动偏心轴套使电机中心线位置发生变化，而从动齿轮轴线位置固定不变，从而调整两个齿轮的中心距，进而调整齿轮间隙。

如图5-18所示为轴向垫片间隙调整结构（轴向垫片调整法）。在加工齿轮1、3时，把分度圆柱面变成带有小锥度的圆锥面,使其齿厚在轴向上稍有变化。装配时只要改变轴向垫片 2 的厚度(应确保齿轮运转灵活),就可调整齿轮 1 和 3 的齿隙。

(2) 柔性调整法　柔性调整法是指使用后齿侧间隙可以自动补偿的调整方法。采用柔性调整法时,即使齿厚和节距有一定改变,齿轮也可以无齿隙地啮合。采用这种调整法时系统传动刚度低,结构比较复杂。

图 5-19 所示为双齿轮错齿式间隙调整结构(双片薄齿轮错齿调整法)。图中齿轮 8 和 9 是两个齿数相同的薄片齿轮,它们套装在一起,可做相对回转,并与另一个宽齿轮相啮合。两个薄片齿轮的端面均匀分布四个螺孔,分别装有螺纹凸耳 1 和 6;齿轮 8 端面还有另外四个通孔(凸耳 6 穿过通孔装在齿轮 9 上)。弹簧 2 两端分别钩在凸耳 1 和调节螺钉 5 上,调节螺母 3 可改变弹簧 2 的拉力,调节完毕用锁紧螺母 4 锁紧。弹簧的拉力使薄片齿轮错位,两个薄片齿轮的左、右齿面分别紧贴在宽齿轮齿槽的左、右齿面上,从而消除齿侧的间隙。弹簧力应能克服传动力矩,否则将失去消除间隙的作用。采用这种结构,正、反转时分别只有一个薄齿片承受载荷,所以系统传动能力受到了限制。

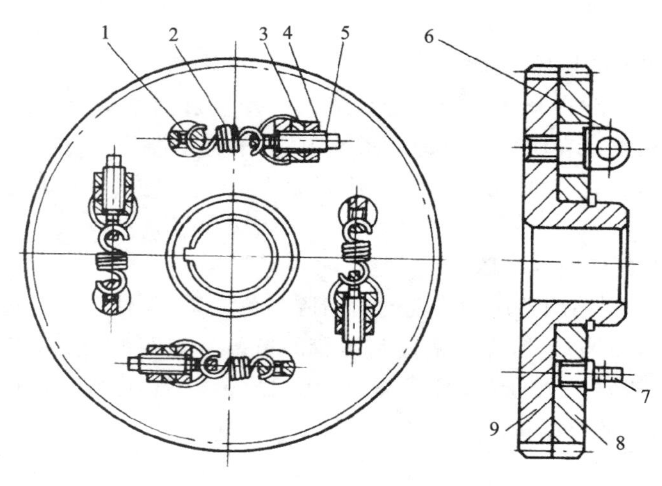

图 5-19　双齿轮错齿式间隙调整结构

1、6、7—螺纹凸耳;2—弹簧;3—调节螺母;4—锁紧螺母;5—调节螺钉;8、9—薄片齿轮

2) 斜齿圆柱齿轮传动副间隙的消除

斜齿圆柱齿轮副消除间隙的方法与直齿圆柱齿轮副中采用双片薄齿轮消除间隙的方法思路相似,也是用两个薄片齿轮与一个宽齿轮啮合,只是通过不同的方法使两个薄片齿轮沿轴线移动合适的距离后,相当于两薄片斜齿圆柱齿轮的螺旋线错开了一定的角度。两个齿轮与宽齿轮啮合时分别负责不同方向(正向和反向)传动,从而起到消除间隙的作用。斜齿圆柱齿轮传动副消除间隙的方法有两种。

(1) 斜齿轮轴向垫片调整法　图 5-20 所示为斜齿轮轴向垫片间隙调整结构,其原理与错齿式间隙调整结构相同。薄片斜齿轮 1 和 2 按齿形拼装在一起加工,装配时在两薄片斜齿轮间装入已知厚度为 t 的垫片 3,这样两薄片斜齿轮的螺旋线便错开了,且它们分别与宽齿轮 4 的左右齿面贴紧,从而消除间隙。垫片厚度一般由测试法确定,往往要经几次修磨才能调整好。采用这种结构的齿轮承载能力较小,且不能自动补偿消除间隙,故这种间隙调整方法属于刚性调整法。

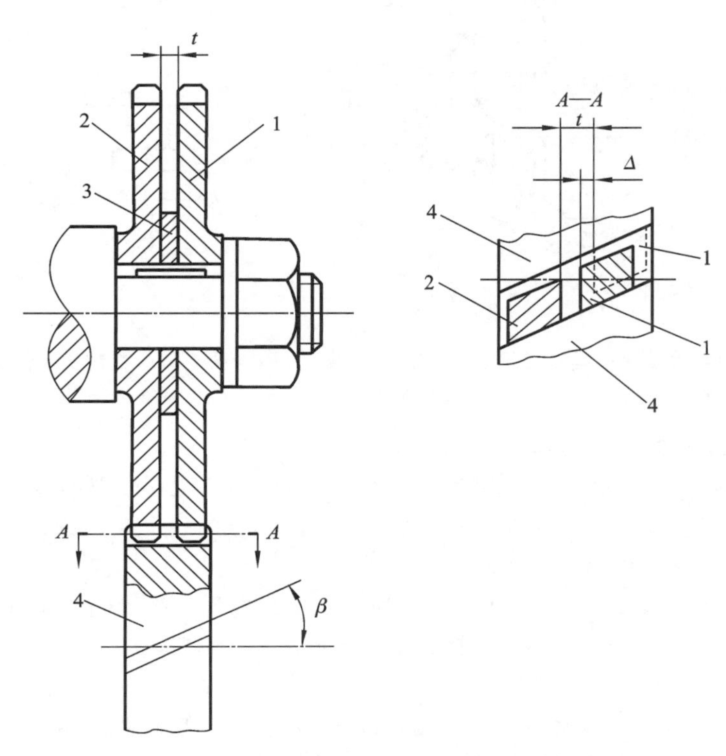

图 5-20 斜齿轮轴向垫片间隙调整结构

1、2—薄片斜齿轮；3—垫片；4—宽齿轮

(2) 斜齿轮轴向压簧错齿调整法 如图 5-21 所示，斜齿轮轴向压簧错齿间隙调整结构的消隙原理与斜齿轮轴向垫片调整法类似，所不同的是这种结构是利用薄片斜齿轮 2 右面的弹簧压力来使两个薄片齿轮产生相对轴向位移，从而使它们的左、右齿面分别与宽齿轮的左、右齿面贴紧，进而消除齿侧间隙的。图 5-21(a)中结构采用的是压簧，图 5-21(b)中结构采用的是碟形弹簧。两个薄片斜齿轮 1 和 2 用键 6 滑套在轴上，用螺母 4 来调节压力弹簧 3 的轴向压力，使齿轮 1 和 2 的左、右齿面分别与宽齿轮 5 齿槽的左、右侧面贴紧。弹簧力需调整适当，过松消除不了间隙，过紧则齿轮磨损过快。这种结构能使齿轮间隙自动消除，并始终保持无间隙的啮合，属柔性调整法，但这种结构轴向尺寸较大，只适合于负载较小的场合。

3）齿轮齿条副传动间隙的消除

工作行程很长的大型数控机床不宜采用丝杠副传动，因丝杠制造困难，且容易弯曲下垂，传动精度不易保证，故通常采用齿轮齿条副传动。驱动时，可采用双片薄齿轮错齿调整法，使两薄片齿轮分别与齿条齿槽左、右侧面贴紧，从而消除间隙。

图 5-22 所示为齿轮齿条传动间隙调整结构。进给运动由轴 2 输入，通过两对斜齿轮传给轴 1 和轴 3，然后由两个直齿轮 4 和 5 与传动齿条啮合，带动工作台移动。轴 2 上两个斜齿轮的螺旋线的方向相反，如果通过弹簧在轴 2 上作用一个轴向力 F，F 使斜齿轮产生微量的轴向移动，轴 1 和轴 3 便以相反的方向转过微小的角度，使齿轮 4 和 5 分别与齿条的两个齿面贴紧，从而消除间隙。

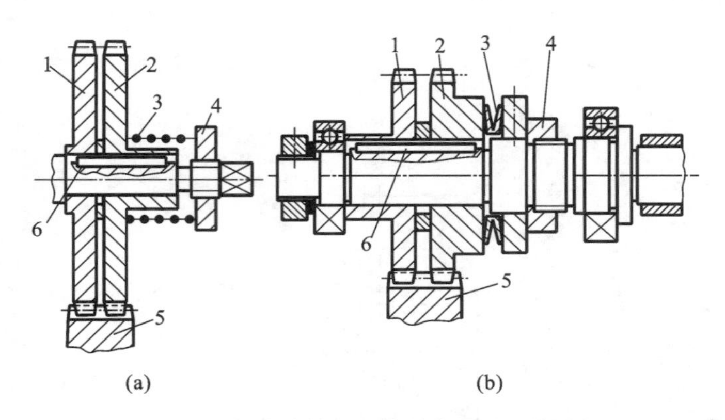

图 5-21　斜齿轮轴向压簧错齿间隙调整结构

1、2—薄片斜齿轮；3—弹簧；4—螺母；5—宽齿轮；6—键

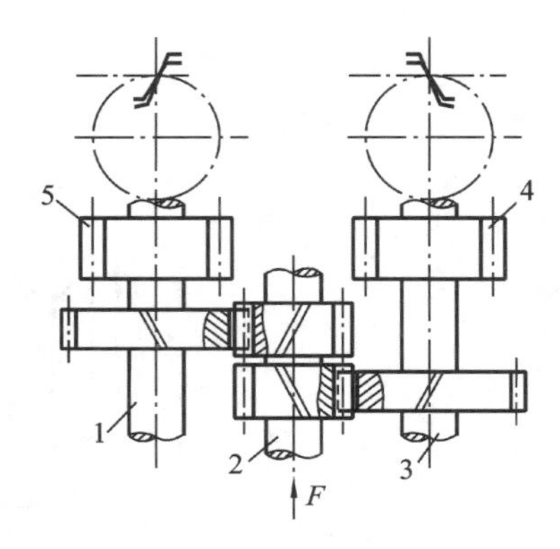

图 5-22　齿轮齿条传动间隙调整结构

1、2、3—轴；4、5—直齿轮

4）锥齿轮传动副间隙的消除

（1）锥齿轮轴向压簧调整法　图 5-23 所示为锥齿轮轴向压簧间隙调整结构。锥齿轮 1 和 2 相互啮合，在装有锥齿轮 1 的传动轴 5 上还装有压簧 3，锥齿轮 1 在弹簧力的作用下可稍做轴向移动，从而消除间隙。弹簧力的大小由螺母 4 调节。

（2）锥齿轮周向弹簧调整法　如图 5-24 所示为锥齿轮周向弹簧间隙调整结构。将一对啮合锥齿轮中的一个齿轮做成大小两片，在大片 1 上制有三个圆弧槽，而在小片 2 的端面上制有三个凸爪 3，凸爪 3 伸入大片的圆弧槽中。弹簧 5 在一端顶在凸爪 3 上，而另一端顶在镶块 6 上。为安全起见，用螺钉 4 将大小片齿圈相对固定，安装完毕后将螺钉卸去，利用弹簧力使大小锥齿轮片稍微错开，从而达到消除间隙的目的。

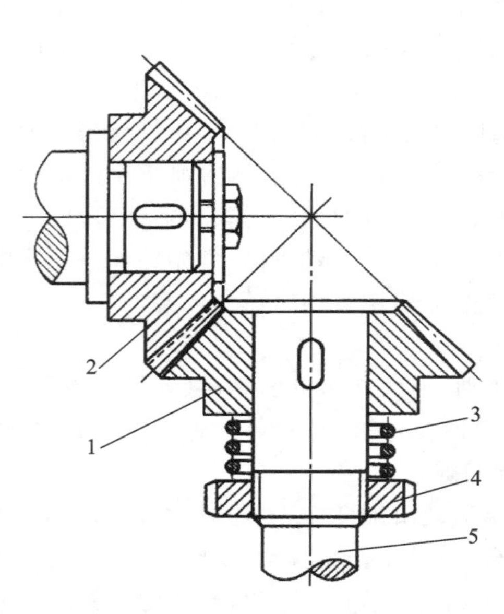

图 5-23　锥齿轮轴向压簧间隙调整结构

1、2—锥齿轮；3—压簧；4—螺母；5—传动轴

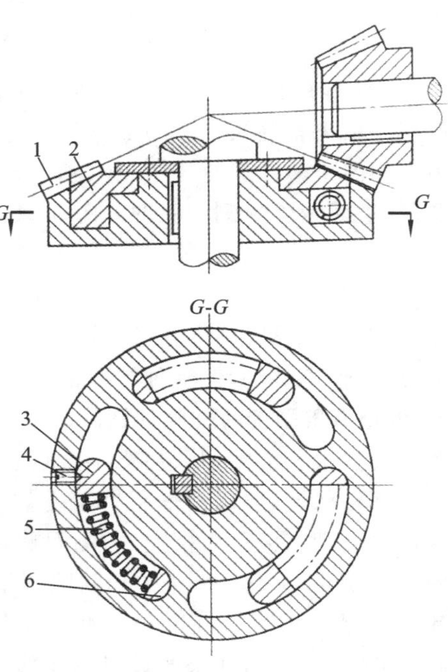

图 5-24　锥齿轮周向弹簧间隙调整结构

1—锥齿轮大片；2—锥齿轮小片；3—凸爪；

4—螺钉；5—弹簧；6—镶块

5.2.3　滚珠丝杠副

滚珠丝杠副(见图5-25)的优点有:传动效率高达85%~96%,约为一般滑动丝杠副的2~4倍;启动时无颤振,低速时无爬行;静、动摩擦系数几乎相等;寿命长,磨损小、精度保持性好;可预紧消隙,提高系统的刚度。应用滚珠丝杠副可有效提高进给系统响应速度、定位精度和防止爬行的产生。不过,滚珠丝杠副也有不足之处,如结构较为复杂,价格较贵,没有自锁能力,用在垂直升降系统或高速大惯量系统中时必须有制动机构等。

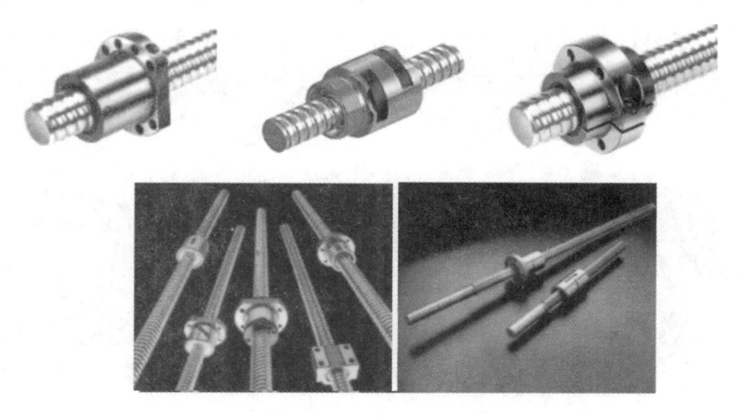

图5-25　滚珠丝杠副

1. 滚珠丝杠副的结构

滚珠丝杠副的结构如图5-26所示。在丝杠1和螺母2上都有半圆弧形的螺旋槽,当它们套装在一起时便形成了滚珠的螺旋滚道。螺母2上有回珠管4,它将几圈螺旋滚道的两端连接起来构成封闭的循环滚道,滚道内装满滚珠3。当丝杠旋转时,滚珠在滚道内既自转又沿滚道循环转动,因而迫使螺母(或丝杠)轴向移动。

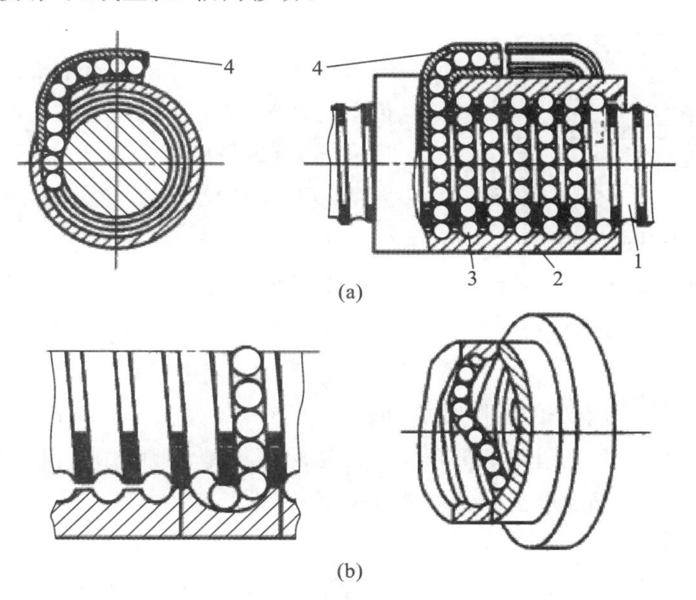

图5-26　滚珠丝杠副的结构

1—丝杠;2—螺母;3—滚珠;4—回珠管

滚珠丝杠副的结构形式很多,按滚珠的循环方式有外循环滚珠丝杠副和内循环滚珠丝杠副两种。

外循环滚珠丝杠副的滚珠在循环过程中有一部分不与丝杠接触,内循环滚珠丝杠副的滚珠在循环过程中始终与丝杠接触。

图 5-27 所示为常用的一种外循环滚珠丝杠副的结构。在螺母体上轴向相隔数个半导程处钻有两个孔与螺旋槽相切,作为滚珠的进口与出口。在螺母的外表面上铣有回珠槽,可沟通两孔。另外,在螺母内进、出口处各装有一挡珠器,在螺母外装有一套筒,这样就形成了封闭的循环滚道。外循环滚珠丝杠副制造工艺简单,使用较广泛。其缺点是滚道接缝处很难做得平滑,这将影响滚珠滚动的平稳性,甚至造成卡珠现象,也会使传动时噪声较大。

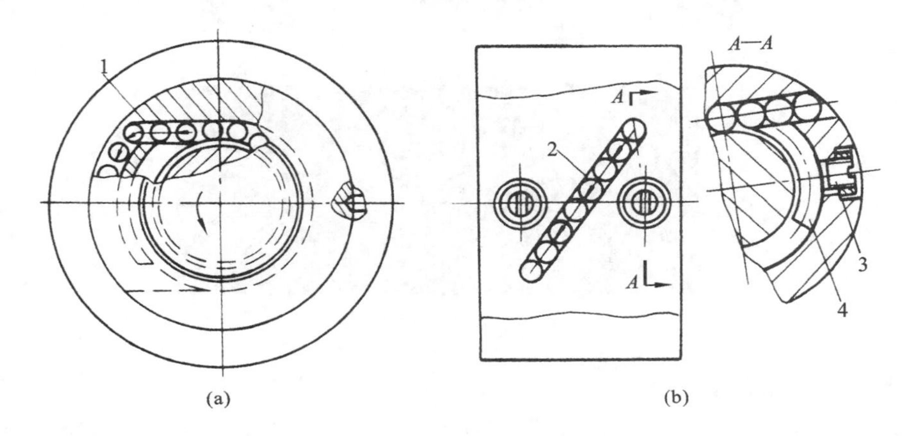

图 5-27　外循环滚珠丝杠副结构

1—切向孔;2—回珠槽;3—螺钉;4—挡珠器

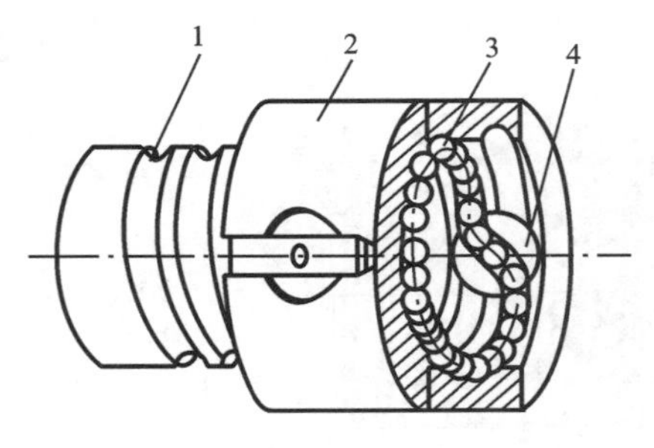

图 5-28　内循环滚珠丝杠副结构

1—丝杠;2—螺母;3—滚珠;4—反向器

内循环滚珠丝杠副的结构如图 5-28 所示。螺母 2 外侧开有一定形状的孔,并装有接通相邻滚道的反向器 4,反向器 4 可迫使滚珠 3 越过丝杠 1 的齿顶返回相邻滚道。通常在一个螺母上装有多个反向器,沿螺母的圆周等分布置。内循环滚珠丝杠副的径向外形尺寸小,便于安装;反向器刚性好,固定牢靠,不容易磨损。

2. 滚珠丝杠副轴向间隙调整

滚珠丝杠副的轴向间隙通常是指丝杠和螺母无相对转动时,丝杠和螺母之间的最大轴向窜动量。这个窜动量包括结构本身的游隙及施加轴向载荷后的弹性变形所造成的窜动。要完全消除轴向间隙相当困难,通常采用双螺母预紧的方法尽可能地消除间隙,相应的间隙调整结构形式有双螺母垫片调隙式、双螺母齿差调隙式及双螺母螺纹调隙式等。

1) 双螺母垫片调隙式

双螺母垫片调隙式结构如图 5-29 所示。通过修磨垫片的厚度使左、右螺母产生轴向位移,达到消除间隙和产生预紧力的作用。这种调整方法具有结构简单、刚性好和拆装方便等优点,但它很难在一次修磨中调整完毕,调整的精度也不如双螺母齿差调隙式好。

对滚珠丝杠副通过预紧方法消除间隙时,预紧力不可过大,否则会增加摩擦力,降低传动效率,缩短寿命。所以预加预紧力要反复调整,保证机床处在最大轴向载荷下,这样既可消除间隙,又可确保机床能灵活运转。

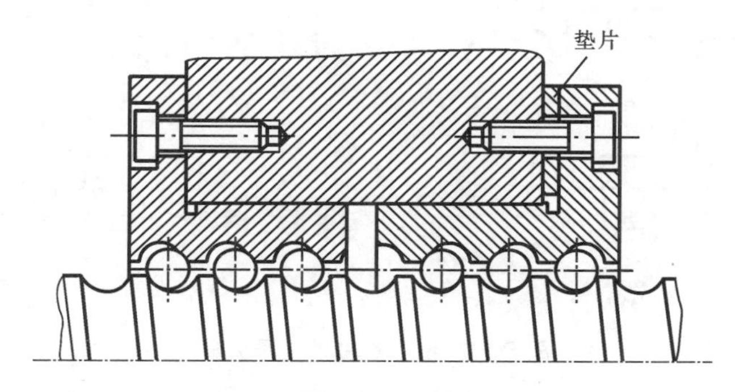

图 5-29 双螺母垫片调隙式结构

2) 双螺母齿差调隙式

双螺母齿差调隙式结构如图 5-30 所示。在两端两个螺母的凸缘上分别切出齿数为 Z_1、Z_2 的外齿轮 2,而且 Z_1 与 Z_2 相差一个齿。两个外齿轮 2 分别与两端相应的内齿轮 1 相啮合。内齿轮紧固在螺母座上,预紧时脱开内齿轮,使两个螺母同向转过相同的齿数,然后再合上内齿轮,两螺母的轴向相对位置发生变化,从而实现间隙的调整。

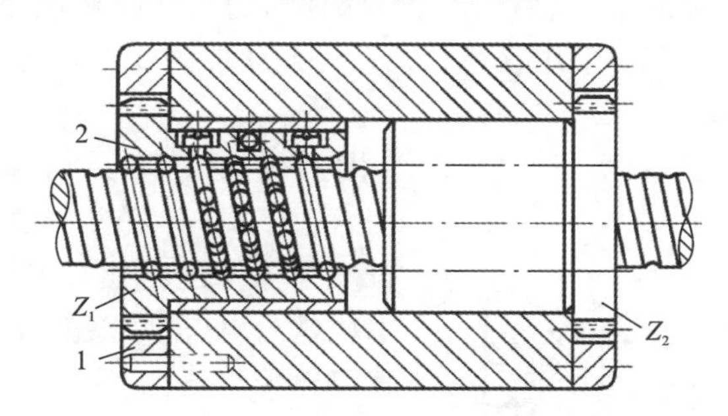

图 5-30 双螺母齿差调隙式结构

1—内齿轮;2—外齿轮

当其中一个螺母转过一个齿时,其轴向位移量为

$$s = t/Z_1$$

式中:t——丝杠螺距。

当两螺母沿相同方向各转过一个齿时,其轴向位移量为

$$s = \left(\frac{1}{Z_1} - \frac{1}{Z_2}\right)t = \frac{t}{Z_1 Z_2}$$

当 $Z_1 = 99$,$Z_2 = 100$,$t = 10$ mm 时,$s = 10/9900$ mm≈ 1 μm,即两个螺母在轴向产生 1 μm 的位移。这种调整方式的结构复杂,但调整准确可取,精度较高。

3. 滚珠丝杠副的支承方式

数控机床的进给系统要获得较高的传动刚度,除了加强滚珠丝杠副本身的刚度外,保证滚珠丝杠副支承结构的刚度也是不能忽视的。螺母座应有加强肋，减少受力后的变形；还应增大螺母座与机床的接触面积，以提高螺母座的局部刚度和接触刚度。滚珠丝杠的支承方式如图5-31所示。

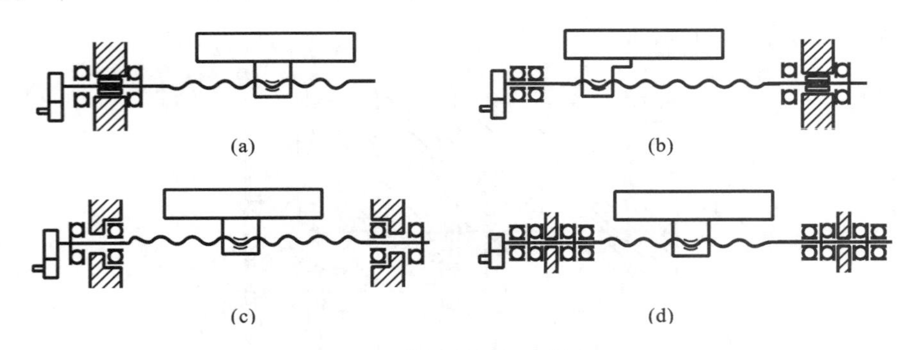

图 5-31　滚动丝杠的支承方式

图5-31(a)所示为一端装推力轴承的结构。这种安装方式适用于行程短的短丝杠，它的承载能力小，轴向刚度低，一般用于升降台式数控铣床的立式轴。

图5-31(b)所示为一端装推力轴承，另一端装向心球轴承的结构。这种安装方式适用于滚珠丝杠较长的情况。为了减少丝杠热变形的影响，推力轴承的安装位置应远离热源。

图5-31(c)所示为两端装推力轴承的结构。推力轴承装在滚珠丝杠的两端，并施加预紧力，以提高轴向刚度，但这种安装方式对丝杠的热变形较为敏感。

图5-31(d)所示为两端装推力轴承及向心球轴承的结构。丝杠的两端均采用双重支承并施加预紧力，具有较大的刚度。采用这种方式还可使丝杠的变形转化为推力轴承的预紧力。

4. 滚珠丝杠副的制动

由于滚珠丝杠副的传动效率高，无自锁作用(特别是滚珠丝杠垂直传动时)，为防止主轴箱因自重下降，必须有制动装置。图5-32为数控镗铣床主轴箱进给丝杠制动示意图。机床工作时，电磁铁通电，使摩擦离合器脱开，运动由电机经减速齿轮传给丝杠，使主轴箱上、下移动。当加工完毕或中间停车时，电机和电磁铁同时断电，借压力弹簧作用合上摩擦离合器，使丝杠不能转动，主轴箱便不会下落。

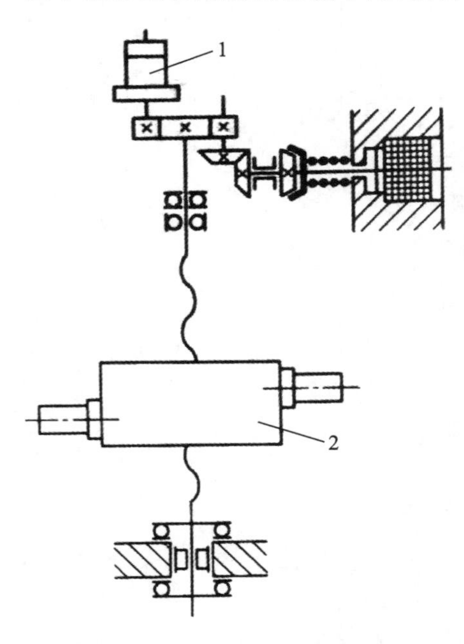

图 5-32　滚珠丝杠副的制动装置

1—电机；2—主轴箱

5. 滚珠丝杠副的润滑与密封

滚珠丝杠副和其他滚动摩擦的传动元件一样，要避免磨料微粒及化学活性物质进入。滚道中若落入了脏物，不仅会妨碍滚珠的正常运转，而且会使磨损加剧。滚珠丝杠副的制造误差和预紧变形量以微米计，它对这种磨损特别敏感。因此，有效的防护密封和保持润滑油的清洁是非常重要的。

滚珠丝杠副通常采用毛毡圈对螺母进行密封。毛毡圈的厚度为螺距的2～3倍，内孔做成螺纹的形状，紧密地包住丝杠，并装入螺母或套筒两端的槽孔内。密封圈除了采用柔软的毛毡之外，还可以采用耐油橡胶或尼龙材料。由于密封圈和丝杠直接接触，因此防尘效果较好，但也增加了滚珠丝杠副的摩擦阻力矩。为了避免这种摩擦阻力矩，可以采用由硬质塑料制成的非接触式迷宫密封圈，内孔做成与丝杠螺纹滚道相反的形状，并留有一定间隙。

滚珠丝杠副常用的润滑剂有润滑油和润滑脂两类。润滑油要经常通过注油孔注油，润滑脂一般在安装过程中放进滚珠螺母的滚道内，进行定期润滑。良好的润滑可提高滚珠丝杠副的耐磨性及传动效率，从而保持传动精度，延长使用寿命。

5.2.4　同步带传动装置

同步带传动亦称同步齿形带传动，如图 5-33 所示。它由齿形带与有齿带轮组成。齿形带为齿状的环形带，带轮轮缘表面也制有相应的齿形。同步带传动机构工作时，靠齿形带上的齿与轮缘上的齿相啮合进行传动。由于齿形带受载变形极小，能保持齿距不变，这样，齿形带与带轮间没有相对滑动，从而保证了两轮的圆周速度相等，所以将这种传动方式称为同步带传动，它是带传动的改进与发展。同步带传动将摩擦传动改变为啮合传动，有效避免了带的打滑现象，而且又保留了带传动的优点，因此广泛应用于数控机床主传动系统。

(a)

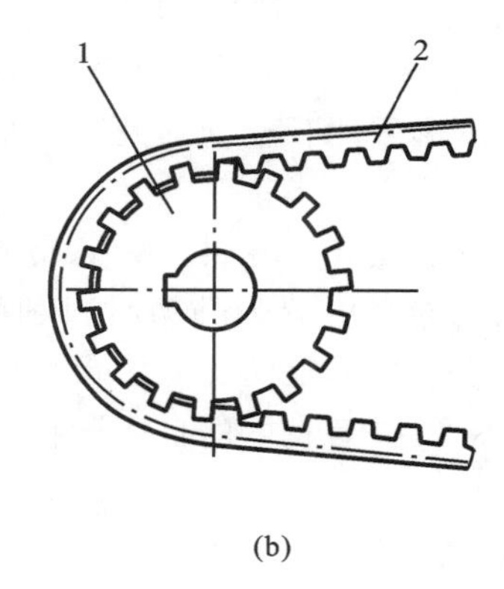

(b)

图 5-33　同步带传动

1—带轮；2—同步齿形带

同步带传动与 V 带传动相比有以下特点：

(1) 齿形带与带轮间无相对滑动，传动比准确；

(2) 齿形带薄而轻，惯量较小，可用于高速传动，圆周速度可达 40 m/s；

(3) 由于靠啮合传动，齿形带不需太大的预紧力，减小了轴与轴承所受载荷，延长了齿形带和其他零件的使用寿命；

(4) 因为属于啮合传动，小轮包角可减小，传动比大可达 10～20，传动功率可达 200 kW，传动效率可达 98%左右；

(5) 制造和安装精度高，中心距要求严格。

齿形带由强力层和基体两部分组成。强力层由钢丝绳或玻璃纤维制作；基体由聚氨酯或氯丁橡胶制成，分带齿、带背两部分。齿形带的主要参数有模数 m、节距 p、齿形角 α、齿高 h 和总齿高 H。由于强力层在工作时的长度不变，故将其中心线位置定为节线，节线的周长称为带的公称长度，沿节线量得的相邻两齿对应点间距离为带的节距 p。国产的齿形带采用模数制

$(m=p/\pi)$,其型号有以下几种:最轻型(MXL)、超轻型(XXL)、特轻型(XL)、轻型(L)、重型(H)、特重型(XH)和超重型(XXH)。

带轮需要自行设计,为了保证齿形带与带轮的正确啮合,它们的模数或节距应相等,带的齿形角与带轮的齿槽角也应相等,且均为 40°。

5.2.5　数控机床的导轨

数控机床导轨的作用是使支承和引导运动部件沿一定的轨道准确运动。导轨的性能对机床的刚度、加工精度和使用寿命都有很大影响。对数控机床的导轨比对普通机床的导轨要求更高,一般要求其在高速进给时不发生振动,低速进给时不出现爬行现象,且灵活性高、耐磨性好,可在重载荷下长期连续工作,精度保持性好,等等。

导轨按运动轨迹可分为直线运动导轨和圆运动导轨;按工作性质可分为主运动导轨、进给运动导轨和调整导轨;按接触面的摩擦性质可分为滑动导轨、滚动导轨和静压导轨。滑动导轨又可分为普通滑动导轨和塑料滑动导轨。

1. 塑料滑动导轨

滑动导轨具有结构简单、制造方便、刚度好、抗振性高等优点,是机床上使用最广泛的导轨形式。普通的铸铁-铸铁、铸铁-淬火钢导轨,存在的缺点是静摩擦系数大,而且动摩擦系数随速度变化而变化,摩擦损失大,低速时易出现爬行现象,降低了运动部件的定位精度。通过选用合适的导轨材料和采用相应的热处理及加工方法,可以提高滑动导轨的耐磨性及改善其摩擦特性。

塑料滑动导轨是在动导轨上涂上或贴上一层塑料材料而形成的,与淬硬钢导轨配合使用。塑料滑动导轨的材料可分为贴塑材料和注塑材料两种。塑料导轨的特点是:摩擦系数小,且动、静摩擦系数差很小,能防止低速爬行现象;耐磨性,抗撕伤能力强;加工性和化学稳定性好,工艺简单,成本低,并有良好的自润滑和抗振性,经济效益显著。因此,塑料导轨在数控机床上得到了广泛的应用。

1) 贴塑导轨

贴塑导轨是在导轨滑动面上贴一层耐磨塑料软带而形成的,如图 5-34 所示。贴塑导轨软带是以聚四氟乙烯为基材,添加合金粉和氧化物制成的。塑料软带可切成任意大小和形状,用黏结剂粘贴在导轨基面上。由于这类导轨软带用粘接方法,习惯上称为贴塑导轨。与塑料软带相配的导轨滑动面需经淬火和磨削加工。塑料软带一般粘贴在机床导轨副的短导轨面上,圆形导轨应粘贴在下导轨面上。各种组合形式的滑动导轨均可粘贴塑料软带。

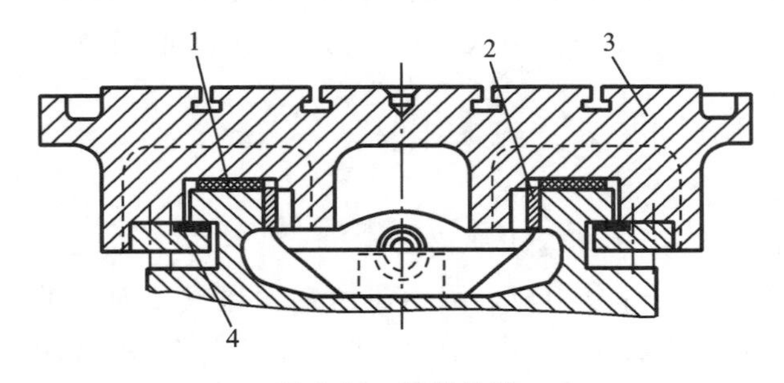

图 5-34　塑料导轨

1—导轨软带;2—下压板;3—工作台;4—贴有塑料软带的镶条

2）注塑导轨

注塑导轨是用涂敷工艺或压注成形工艺将塑料预先加在锯齿形的导轨上形成的。注塑导轨的材料是以环氧树脂和二硫化钼为基体，加入增塑剂，混合成膏状为一组分、固化剂为另一组分的双组分塑料，称为环氧树脂耐磨涂料。这种涂料附着力强，涂层厚度一般为 1.5～2.5 mm。导轨注塑工艺简单，在调整好固定导轨和运动导轨间相关位置精度后注入双组分塑料，固化后将定、动导轨分离即成塑料导轨副。注塑导轨摩擦系数小，在无润滑油情况下仍有较好的润滑和防爬行的效果，目前在大型和重型机床上应用较多。

2. 滚动导轨

如图 5-35 所示，滚动导轨在导轨面之间放置了滚珠、滚柱（或滚针）等滚动件，使运动时导轨面之间的摩擦为滚动摩擦。滚动导轨的特点是：灵敏度高，摩擦系数小（一般在 0.0025～0.005的范围内），动、静摩擦系数基本相同，因而运动平稳，不易出现爬行现象；定位精度高，重复定位误差可达 0.2 μm；精度保持性好，寿命长。但滚动导轨抗振性能差，对防护要求高，结构复杂，制造比较困难，成本较高。滚动导轨常见结构类型有滚动导轨块和直线滚动导轨。

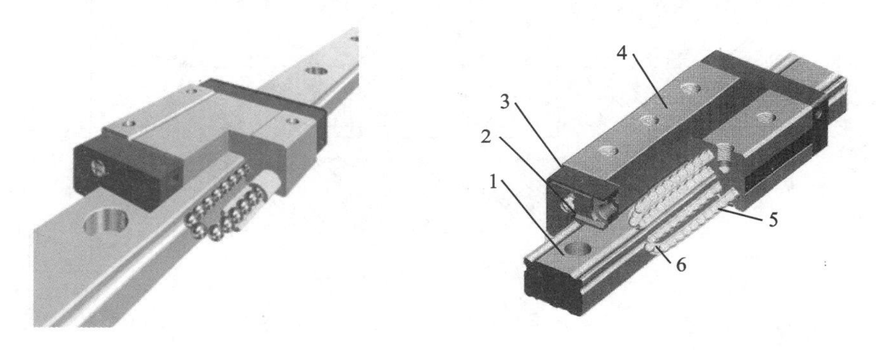

图 5-35　滚动导轨

1—LM 导轨；2—末端密封板；3—末端回珠器；4—LM 滚动块；5—钢球间隔保持器；6—钢球

1）滚动导轨块

滚动导轨块的结构如图 5-36 所示。滚动导轨块是一种经滚动体做循环运动的滚动导轨，在使用时，滚动导轨块安装在运动部件的导轨面上，每一导轨至少用两块（导轨块的数目与导轨的长度和负载的大小有关），与之相配的导轨多为嵌钢淬火导轨。当运动部件移动时，滚柱 3 在支承部件的导轨面与本体 6 之间滚动，同时，又绕本体 6 循环滚动，而与运动部件的导轨面不接触，所以，运动部件的导轨面不需淬硬磨光。滚动导轨块的特点是刚度高、承载能力大、便于拆装。

图 5-37 所示为滚动导轨块在加工中心上的应用。滚动导轨块由专业厂家生产，有多种规格、形式供用户选用。

2）直线滚动导轨

图 5-38 所示为直线滚动导轨（标准块）的结构。直线滚动导轨由一根长导轨 10 和一个或几个滑块 12 组成，滑块内有四组滚珠或滚柱，其中 1 与 2、3 与 4、5 与 6、7 与 8 各为一组，其中 2、3、6、7 为负载滚珠（滚柱），1、4、5、8 为回珠（回柱）。使用时，长导轨固定在不动部件上，滑块固定在运动部件上，当滑块相对导轨移动时，每一组滚珠（滚柱）都在各自的滚道内循环运动，所承受的载荷形式与轴承类似，四组滚珠（滚柱）可承受除轴向力以外的任何方向的力和力矩。直线滚动导轨通常两条成对使用，可以水平安装，也可以竖直或倾斜安装。有时也可以多个导

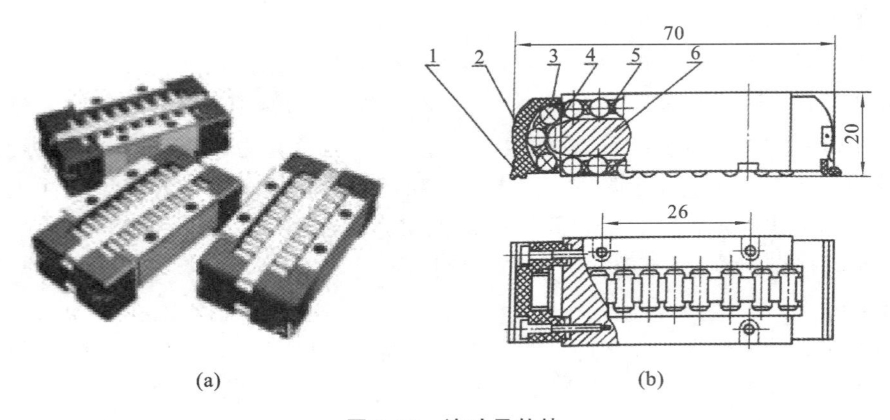

(a)　　(b)

图 5-36　滚动导轨块

1—防护板；2—端盖；3—滚柱；4—导向片；5—保持器；6—本体

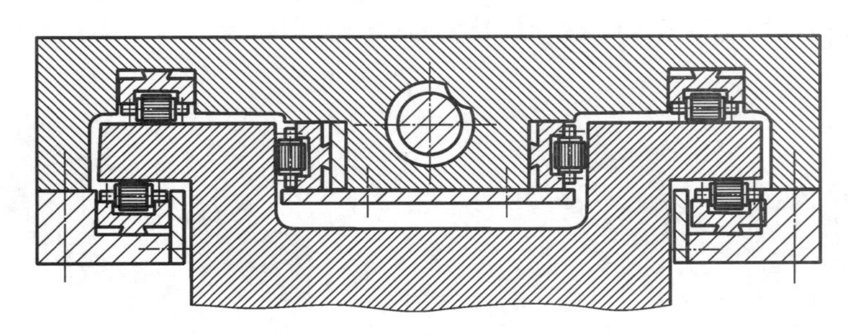

图 5-37　滚动导轨块的应用

轨平行安装，当长度不够时可以多根相接安装。直线滚动导轨的移动速度可以达到60 m/min。

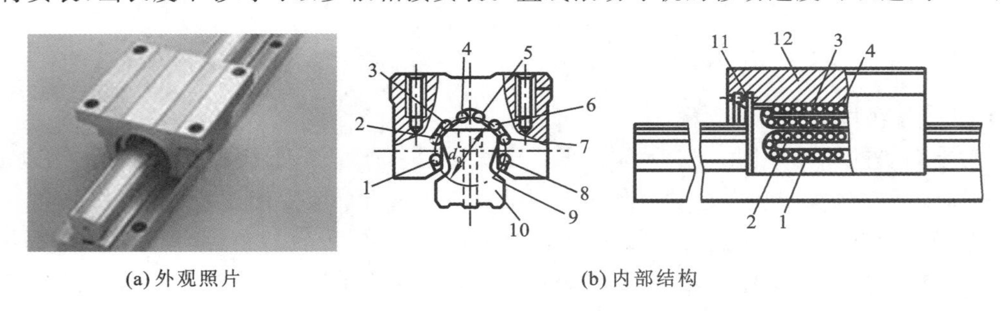

(a) 外观照片　　(b) 内部结构

图 5-38　直线滚动导轨

1、4、5、8—回珠(回柱)；2、3、6、7—负载滚珠(滚柱)；9—保持体；10—长导轨；11—端部密封垫；12—滑块

3. 静压导轨

静压导轨的运动部件与导轨面之间充满压力油，使导轨面之间处于纯液体摩擦状态。静压导轨的优点是：当导轨面相对运动时不产生磨损，精度保持性好；摩擦系数小(一般为 0.005～0.001)，低速时不易产生爬行；承载能力大，刚性好；承载油膜有良好的吸振作用，抗振性好。但静压导轨结构复杂，需要配置专门的供油系统，制造成本较高。静压导轨可分为开式静压导轨和闭式静压导轨两种。

开式静压导轨工作原理如图 5-39 所示。油泵 2 启动后，油经滤油器 1 吸入(用溢流阀 7 调节供油压力)，先经滤油器 3，再通过节流阀 4(降压至工作压力 p_r)，最后进入导轨的油腔，油腔压力形成浮力将运动部件 5 支承起来，与导轨面之间形成导轨间隙。压力油通过导轨间隙经回流管流回油箱8。当负载增大时，运动部件下沉，导轨间隙减小，液阻增加，液体流量减小，从而使节流阀4的压力损失也减小，油腔压力增大，直到与负载 W 平衡。

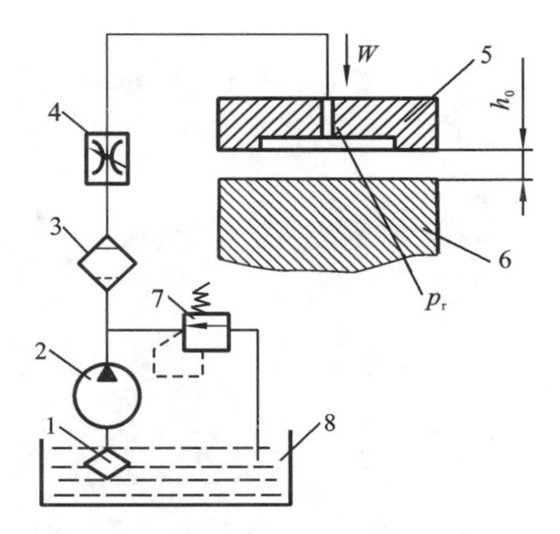

图5-39 静压导轨工作原理

1、3—滤油器；2—油泵；4—节流阀；5—运动部件；6—固定部件；7—溢流阀；8—油箱

5.2.6 回转工作台及托盘交换装置

5.2.6.1 回转工作台

数控机床的圆周进给运动包括分度运动和连续圆周进给运动两种。圆周进给运动是通过回转工作台实现的。数控机床对回转工作台的基本要求是分辨率高、定位精度高、运动平稳、动作迅速、转台刚性好等，同时，在多轴联动实现曲线和曲面的加工时，回转工作台必须能进行连续的圆周进给运动。通常将只能实现分度运动的回转工作台称为分度工作台，而将能实现连续圆周进给运动的回转工作台称为数控回转工作台。

1. 分度工作台

分度工作台的功能是按数控指令完成工作台的自动分度回转动作，将工作台转位换面，与自动换刀装置配合使用，在加工过程中实现一次装夹加工多个面，以提高加工效率和加工精度。通常分度工作台的运动只能保证实现某些规定的角度的分度，不能实现任意角度的分度。为了保证加工精度，分度工作台的定位精度要求很高，需有专门的定位元件来保证。常用的定位方式有销定位、反靠定位、齿盘定位和钢球定位等。

齿盘定位分度工作台结构如图5-40所示。齿盘定位分度工作台又称鼠牙盘式定位工作台。这种结构承载能力大，刚性好，定位精度高（一般可达±3′，最高可达±0.4′），定位精度保持性好。分度工作台的分度转位原理如下。

（1）工作台抬起。当需要分度时，控制系统发出分度指令，压力油通过管道进入分度工作台9中央的升降液压缸12的下腔，于是活塞8向上移动，通过推力球轴承10和11带动工作台9也向上抬起，使上、下齿盘13、14相互脱离，液压缸上腔的油则经管道排出，完成分度前的准备工作。

（2）回转分度。当分度工作台9向上抬起时，通过推杆和微动开关发出信号，压力油从管道进入液压马达使其转动。通过蜗杆3、蜗轮4组成的蜗杆副和齿轮5、6组成的齿轮副带动工作台9进行分度回转运动。工作台分度回转角度的大小由指令给出。当工作台的回转角度接近所要求的角度时，减速挡块使微动开关动作，发出减速信号，工作台停止转动之前其转速已显著下降。当达到所要求的角度时，准停挡块压动微动开关，发出信号，进入液压马达的压力油被堵住，液压马达停止转动，工作台完成准停动作。

（3）工作台下降，定位夹紧。工作台完成准停动作的同时，压力油从管道进入升降液压缸12上腔，推动活塞8带动工作台下降，上下齿盘又重新啮合，完成定位夹紧。在分度工作台下降的同时，推杆使另一微动开关动作，发出分度运动完成的信号。

当工作台下降时，上、下齿盘将重新啮合，齿盘带动齿轮5；同时蜗轮会产生微小的转动，因蜗轮4不能带动蜗杆3，蜗杆副被锁住不动，这样会使上、下齿盘下降很难啮合并准确定位。为此，将蜗轮轴设计成浮动结构，其轴向用上、下两个推力球轴承 2 抵在一个螺旋弹簧 1 上面，这样，当工作台做微小回转时，蜗轮 4 可带动蜗杆 3 压缩弹簧 1 做微量的轴向移动，确保齿盘能啮合。

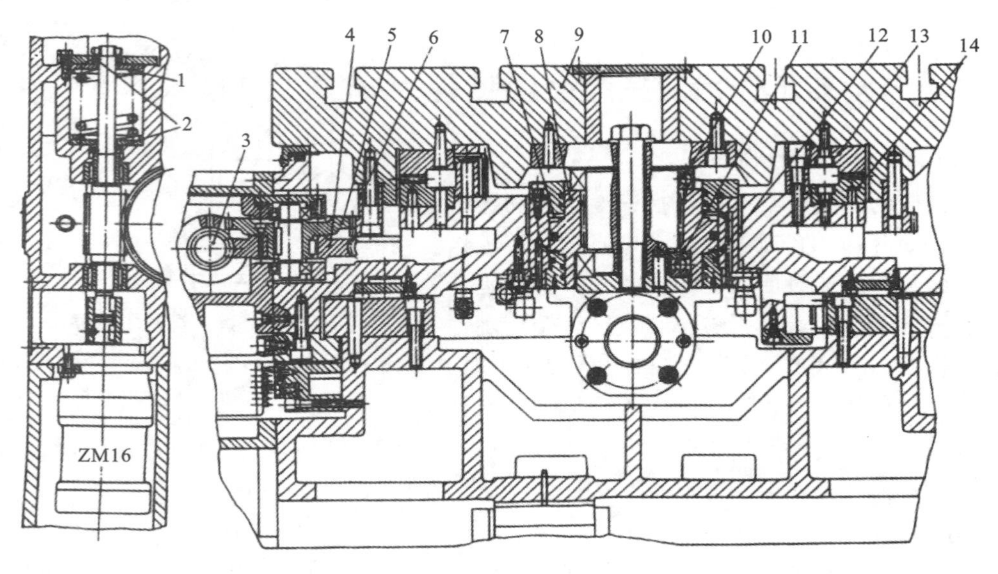

图 5-40　齿盘定位分度工作台

1—弹簧；2、10、11—轴承；3—蜗杆；4—蜗轮；5、6—齿轮；7—管道；8—活塞；9—工作台；12—液压缸；13、14—齿盘

2. 数控回转工作台

数控回转工作台的功能是按数控系统的指令，带动工件实现连续回转运动(回转速度是无级、连续可调的)，同时，能实现任意角度的分度定位。由于要实现自动圆周进给运动，因此，数控回转工作台与数控机床的进给驱动机构有相同之处。

数控回转工作台按控制的性质可分为开环数控回转工作台和闭环数控回转工作台；按应用范围可分为立式和卧式两种，如图 5-41、图 5-42 所示。

立式数控回转工作台

图 5-41　立式数控回转工作台

图 5-42　卧式数控回转工作台

1) 开环数控回转工作台

图 5-43 所示为开环数控回转工作台(也是卧式数控回转工作台)。步进电机 3 的运动通过齿轮 2、6 输出，啮合间隙由调整偏心环 1 来消除。齿轮 6 与蜗杆 4 用花键连接；蜗杆 4 为双导程蜗杆，通过调整调整环 7(两个半圆环垫片)的厚度，使蜗杆沿轴向产生移动，则可消除蜗杆 4

和蜗轮15的啮合间隙。蜗杆4的两端为滚针轴承，左端为自由端，右端为两个角接触球轴承，承受轴向载荷。蜗轮15下部的内、外两面装有夹紧瓦18和19，在回转工作台的固定支座24内均匀安装了六个液压缸14。液压缸14上端进压力油时，柱塞16向下运动，通过钢球17推动夹紧瓦18和19将蜗轮夹紧，从而实现精确分度定位。

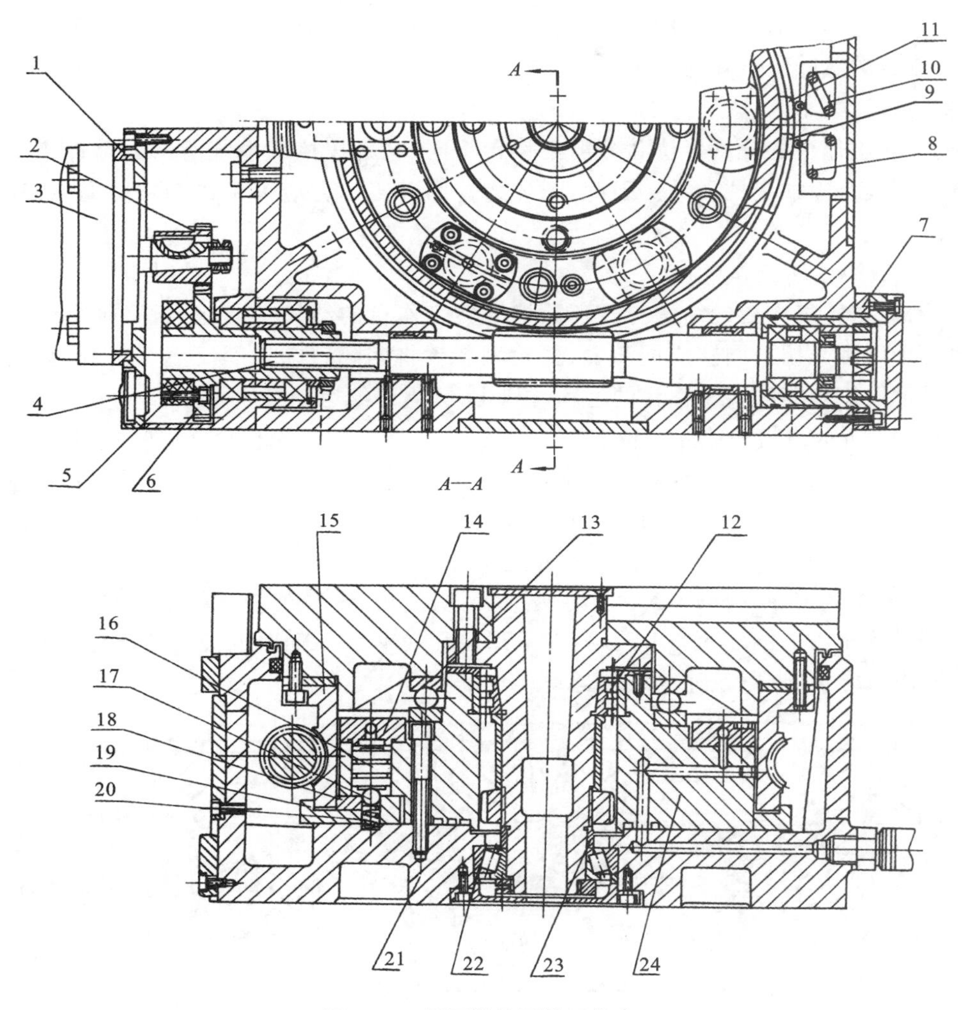

图5-43　开环数控回转工作台

1—偏心环；2、6—齿轮；3—电机；4—蜗杆；5—垫圈；7—调整环；8、10—微动开关；9、11—挡块；12—圆柱滚子轴承；13—推力滚柱轴承；14—液压缸；15—蜗轮；16—柱塞；17—钢球；18、19—夹紧瓦；20—弹簧；21—底座；22—圆锥滚子轴承；23—轴套；24—支座

当数控回转工作台实现圆周进给运动时，控制系统发出指令，使液压缸14上腔的油液流回油箱，在弹簧20的作用下钢球17向上运动，夹紧瓦18和19就松开蜗轮15。柱塞16到上位发出信号，步进电机启动并按脉冲指令的要求，驱动数控回转工作台实现圆周进给运动。数控回转工作台做圆周运动时，先分度回转再夹紧蜗轮，以保证定位的可靠，并提高其自身承受负载的能力。

数控回转工作台设有零点，进行回零操作时，工作台先快速回转，当转至挡块11压合微动开关10时，工作台由快速转动变为慢速转动，最后由功率步进电机控制停在某一固定的通电相位上(称为锁相),从而使数控回转工作台准确地停在零点位置上。

数控回转工作台的圆形导轨是大型推力滚柱轴承 13,径向导轨是圆柱滚子轴承 12 和圆锥滚子轴承 22。回转精度和定心精度由轴承 12 和 22 保证,调整轴承 12 的预紧力可以消除回转轴的径向间隙;调整轴套 23 的厚度可使圆导轨有一定的预紧力,提高导轨的接触刚度。

数控回转工作台的主要运动指标是脉冲当量,即每个脉冲工作台回转的角度。现有的数控回转工作台的脉冲当量在每个脉冲 0.001°～2′之间,使用时应根据加工精度要求和数控回转工作台的直径大小来选择。

数控回转工作台的分度定位和分度工作台不同,它是按控制系统所给的脉冲指令来决定转动角度的,没有附加定位元件。因此,开环数控回转工作台应满足传动精度高、传动间隙尽量小的要求。

2）闭环数控回转工作台

闭环数控回转工作台的结构与开环数控回转工作台的结构基本相同,只是多了角度检测装置(通常采用圆光栅或圆感应同步器)。检测装置将实际转动角度反馈至系统,与指令值进行比较,通过差值控制回转工作台的运动,提高了圆周进给运动精度。

如图 5-44 所示为闭环数控回转工作台(也是立式数控回转工作台)。回转工作台由伺服电机 15 驱动,通过齿轮 14、16 及蜗杆 12、蜗轮 13 带动工作台 1 回转。工作台的转角位置由圆光栅 9 测量。当工作台静止时,由均布的八个液压缸 5 夹紧固定。当控制系统发出夹紧指令时,液压缸上腔进压力油,活塞 6 向下移动,通过钢球 8 推开夹紧瓦 3 和 4,从而将蜗轮 13 夹紧。当数控回转工作台实现圆周进给运动时,控制系统发出指令,使液压缸 5 上腔的油液流回油箱,在弹簧 7 的作用下钢球 8 向上运动,夹紧瓦松开蜗轮 13。伺服电机通过传动装置实现工作台的分度转动、定位、夹紧或连续回转运动。

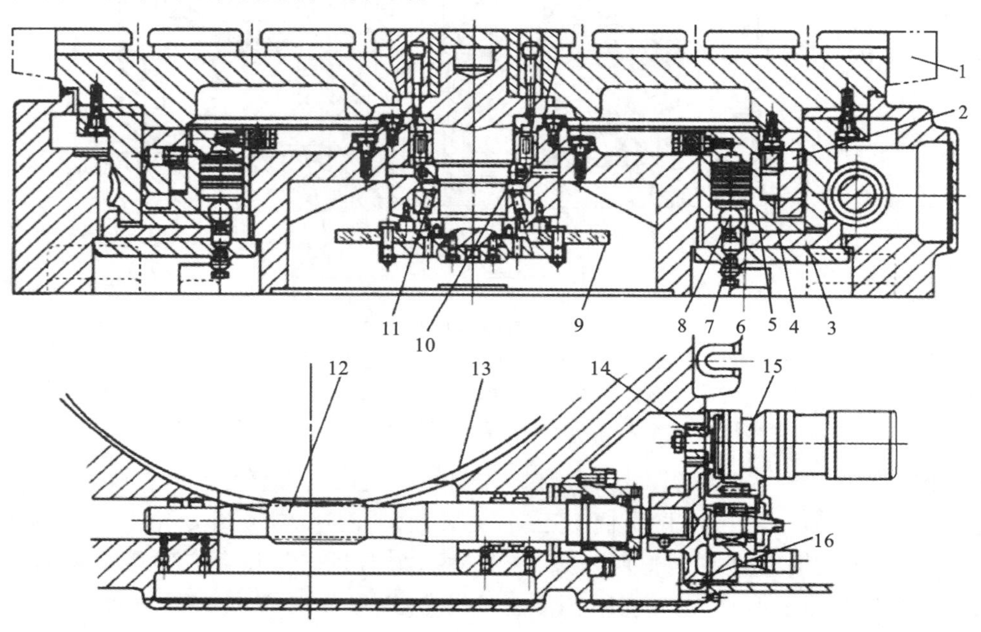

图 5-44　立式数控回转工作台

1—工作台;2—镶钢滚柱导轨;3、4—夹紧瓦;5—夹紧液压缸;6—活塞;7—弹簧;8—钢球;9—圆光栅;10、11—轴承;12—蜗杆;13—蜗轮;14、16—齿轮;15—伺服电机回转工作台的中心回转轴采用圆锥滚子轴承 11 及双列圆柱滚子轴承 10 支承，并预紧消除了径向和轴向间隙，以提高工作台的刚度和回转精度。工作台支承在镶钢滚柱导轨 2 上，导轨运动平稳且耐磨。

5.2.6.2　工作台托盘交换装置

用数控加工中心批量加工切削时间较短的工件时，工件装卸的时间占整个工件加工时间的比例很大，为了减少工件装卸的时间，在机床上配置可自动交换的双工位或多工位工作台，使切削加工和辅助装卸工件可同步进行，以提高机床的有效利用率。目前，双工位工作台托盘的交换方式及驱动形式设计已经成为数控机床整体设计不可缺少的一环。国内外双交换工作台的形式主要是平移式与直接回转式，而直接交换式的占用空间小，交换速度快，是今后此类产品的发展趋势。

如图 5-45 所示为某数控加工中心双工位工作台托盘交换装置。滑台 2 的侧面上固定有伺服电机 1，伺服电机 1 与回转体 3 之间设有传动机构，回转体 3 与加工区的托盘 4 之间有可夹紧松开装置，齿轮 5 以齿圈形式与回转体 3 用螺钉固定连接；交换臂 6 可随着升降机构 7 上升及下降，齿轮 9 用螺钉固定在交换臂的下面；托架 10 用来支撑上下料区托盘 8。具体交换过程如下：

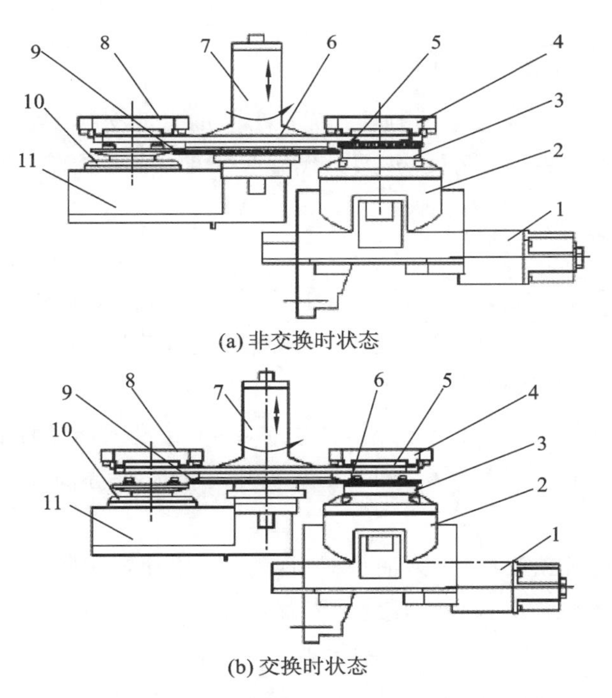

(a) 非交换时状态

(b) 交换时状态

图 5-45　数控加工中心双工位工作台托盘交换装置

1—伺服电机；2—滑台；3—回转体；4、8—托盘；
5、9—齿轮；6—交换臂；7—升降机构；10—托架；11—支撑架

(1) 加工区的托盘 4 上的被加工件加工完成后滑到待交换位置，托盘 8 待加工件安装夹紧后等待交换，如图 5-45(a)所示。

(2) 回转体 3 与托盘 4 之间的拉紧装置松开。

(3) 升降机构 7 带动交换臂 6 进行上升动作，交换臂在上升过程中抬起两边的托盘 4、8；

此时与交换臂 6 连接在一起的齿轮 9 也上移，当升降机构达到设定的行程时，齿轮 9 与齿轮 5 恰好啮合在一起，如图 5-45(b)所示。

(4) 伺服电机 1 动作，通过与回转体 3 之间的传动机构及啮合齿轮 5 与 9 将动力传给交换臂 6，齿轮 5 与齿轮 9 的齿数比为 1∶2，也就是说齿轮 5 旋转一周，齿轮 9 旋转 180°，交换臂 6 随动旋转 180°，完成两个托板的交换动作。

(5) 上升机构开始下降的动作，带动交换臂 6 及托盘 4、8 下降。

(6) 加工区托盘 4 与回转体 3 定位后锁紧，托盘 8 落到托架 10 上。

(7) 托盘 4 上的工件进入加工程序，在加工过程中伺服电机 1 根据加工工件的需要进行分度；托盘 8 上已加工工件卸下并安装另一个待加工工件。

(8) 重复以上循环。

5.3　数控机床的换刀运动

自动换刀装置现已广泛用于各种数控机床，本节简单介绍数控机床实现换刀的运动过程以及相应的机构。

5.3.1　自动换刀装置的形式

自动换刀装置能储备一定数量的刀具并完成刀具的自动交换。它应当满足换刀时间短、刀具重复定位精度高、刀具储存量足够、结构紧凑及安全可靠等要求。其基本形式有以下几种。

换刀运动

1. 回转刀架换刀

回转刀架是一种简单的自动换刀装置，常用于数控车床。其根据加工要求可设计成四方、六方刀架或圆盘式轴向装刀刀架，可安装四把、六把或更多刀具。图 5-46 为数控车床六角回转刀架(即六方刀架)，其动作顺序如下。

(1) 刀架抬起　数控装置发出指令后，压力油由 A 孔进入压紧油缸的下腔，使活塞 1 上升，刀架 2 抬起，使定位用活动销 10 与固定销 9 脱开。同时，活塞杆下端的端面离合器 5 与空套齿轮 7 结合。

(2) 刀架转位　刀架抬起后，压力油从 C 孔进入转位油缸左腔，活塞 6 向右移动，通过接板 13 带动齿条 8 移动，使空套齿轮 7 连同端面离合器 5 逆时针旋转 60°，实现刀架转位。活塞的行程应当等于齿轮 7 节圆周长的 1/6，并由限位开关控制。

(3) 刀架压紧　刀架转位后，压力油从 B 孔进入压紧油缸的上腔，活塞 1 带动刀架 2 下降。齿轮 3 的底盘上精确地安装着六个带斜楔的圆柱固定销 9，利用活动销 10 消除固定销与孔之间的间隙，实现反靠定位。刀架 2 下降时，活动销与另一个固定销 9 卡紧。同时齿轮 3 与齿圈 4 的锥面接触，刀架在新的位置上定位并压紧。此时，端面离合器与空套齿轮脱开。

(4) 转位油缸复位　刀架压紧后，压力油从 D 孔进入转位油缸右腔，活塞 6 带动齿条复位。由于此时端面离合器已脱开，齿条带动齿轮在轴上空转。如果定位、压紧动作正常，推杆 11 与相应的触头 12 接触，发出换刀过程完成的信号。

回转刀架还可采用电机与马氏机构转位，采用鼠牙盘定位。也可采用其他转位和定位机构。

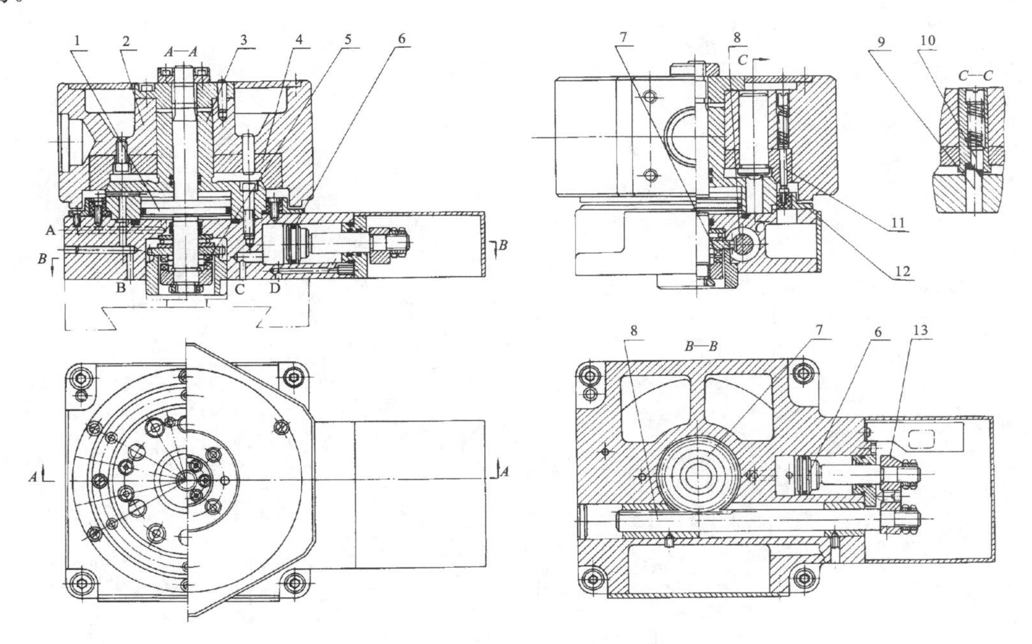

图 5-46　六角回转刀架

1—活塞；2—刀架；3—齿轮；4—齿圈；5—端面离合器；6—活塞；7—空套齿轮；8—齿条；9—固定销；10—活动销；11—推杆；12—触头；13—接板

2. 更换主轴换刀

更换主轴换刀是一种比较简单的换刀方式。这种机床的主轴头就是一个转塔刀库，有卧式和立式两种。图 5-47 所示为 TK-5525 型数控转塔式镗铣床的外观图，八方形主轴头（转塔头）上装有八根主轴，每根主轴上装有一把刀具。根据工序的要求按顺序自动地将装有所需要的刀具的主轴转到工作位置，实现自动换刀，同时接通主传动机构，不处在工作位置的主轴便与主传动机构脱开。转塔头的转位由槽轮机构来实现，其结构如图 5-48 所示。动作顺序如下：

(1) 脱开主轴传动　油缸 4 卸压，弹簧推动齿轮 1 与主轴上的齿轮 12 脱开。

(2) 转塔头抬起　当齿轮 1 脱开后，固定在其上的支板接通行程开关 3，控制电磁阀，使液压油进入油缸 5 的左腔，油缸活塞带动转塔头向右移动，直至活塞与油缸端部相接触。固定在转塔头上的鼠牙盘 9 便脱开。

(3) 转塔头转位　当鼠牙盘脱开后，行程开关发出信号启动转位电机，经蜗杆 8 和蜗轮 6 带动槽轮机构的主动曲拐使槽轮 11 转过 45°，并由槽轮机构的圆弧槽来完成主轴头的分度粗定位。主轴号的选定通过行程开关组来实现。若处于加工位置的主轴不是所需要的，转位电机就继续回转，带动转塔头间歇地再转 45°，直至选中主轴为止。主轴选好后，由行程开关 7 关停转位电机。

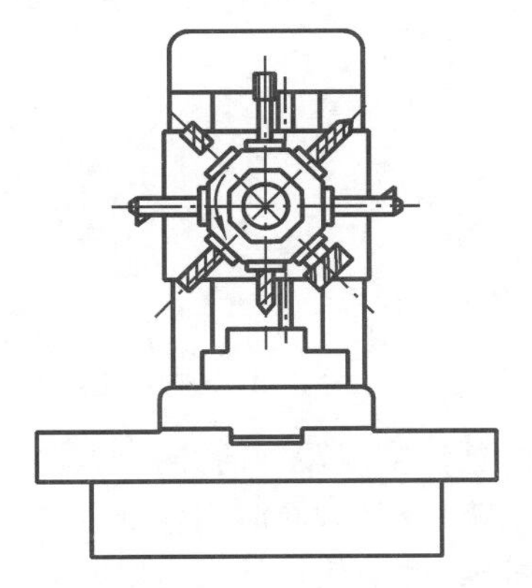

图 5-47　TK-5525 型数控转塔式镗铣床

(4) 转塔头定位压紧　通过电磁阀使压力油进入油缸 5 的右腔,转塔头向左返回,由鼠牙盘 9 精定位,同时鼠牙盘利用油缸 5 右腔的油压作用力,将转塔头可靠地压紧。

(5) 主轴传动线路重新接通　由电磁阀控制压力油进入油缸 4,压缩弹簧使齿轮 1 与主轴上的齿轮 12 啮合。此时转塔头转位、定位动作全部完成,如图 5-48 所示。

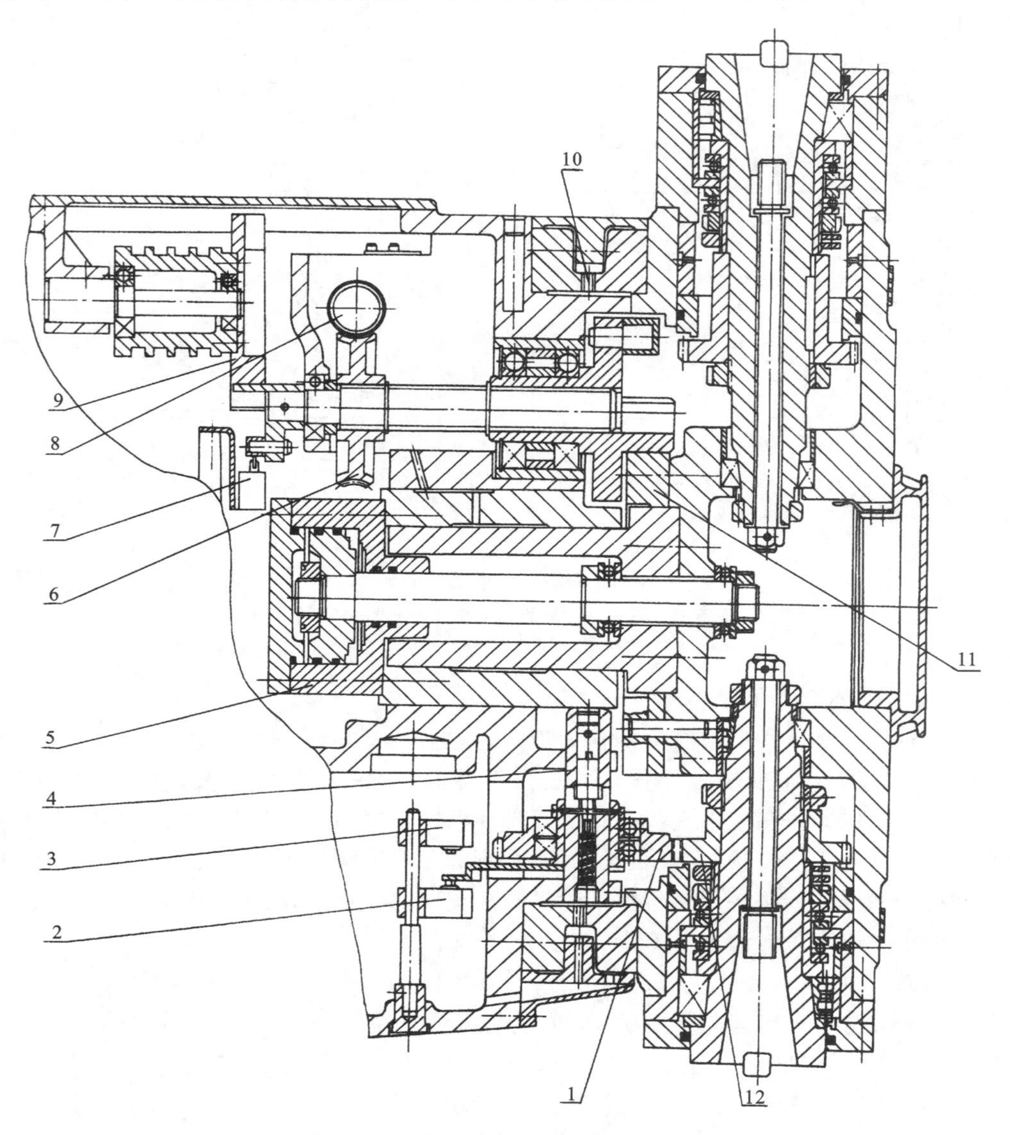

图 5-48　转位由槽轮机构实现的转塔头

1—齿轮;2、3、7—行程开关;4、5—油缸;6—蜗轮;8—蜗杆;9—鼠牙盘;10—螺钉;11—槽轮;12—齿轮

这种换刀装置的换刀时间短,可靠性高。但主轴部件结构不能设计得十分坚实,影响了主轴系统的刚度,同时主轴数目有限,因此转塔主轴头通常只适用于工序较少、精度要求不太高的机床,例如数控钻床、铣床等。

3. 更换主轴箱换刀

更换主轴箱换刀方式主要用于组合机床,如图 5-49 所示。机床立柱后面的主轴箱库 10 上吊挂着备用的主轴箱 1～6。主轴箱库两侧的导轨上装有同步运行的小车 Ⅰ 和 Ⅱ,它们在主轴箱库与机床动力头之间进行主轴箱的运输。根据加工要求，先选好所需的主轴箱，待两小车运行至该主轴箱处，将它推上小车Ⅰ，小车Ⅰ载着它与空车Ⅱ同时运行到机床动力头两侧的更换位置。在上一道工序完成后，动力头带着主轴箱7上升到更换位置，动力头上的夹紧机构将主轴箱松开，定位销也从定位孔中拔出，推杆机构将用过的主轴箱7从动力头上推上小车Ⅱ，同时又将待用主轴箱从小车Ⅰ推上机床动力头，并进行定位夹紧。然后动力头沿立柱导轨下降，开始新的加工。与此同时，两小车返回主轴箱库，停在待换的主轴箱旁。由推杆机构将下次待换的主轴箱推上小车Ⅰ，并把用过的主轴箱从小车Ⅱ推入主轴箱库中的空位处。小车又一次载着下次待换的主轴箱运行到动力头的更换位置，等待下一次换箱。图示机床还可通过机械手8在刀库9与主轴箱7之间进行刀具交换。采用这种形式换刀，可以提高箱体类零件加工的生产率。

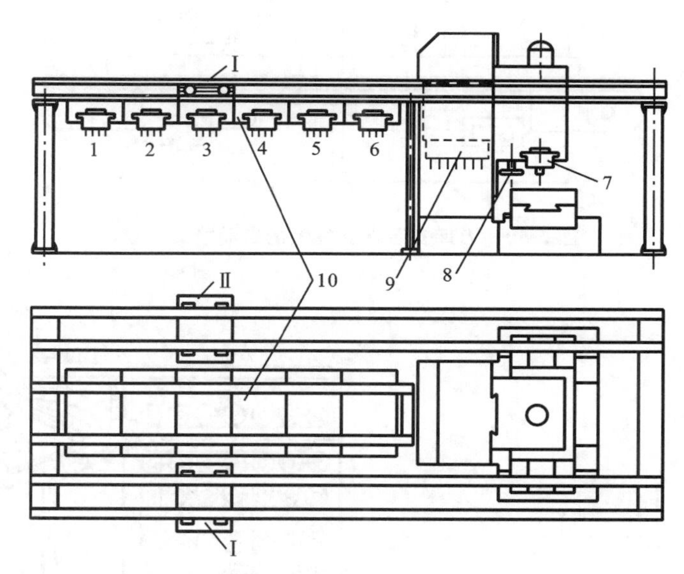

图5-49　更换主轴箱换刀示意图

1～7—主轴箱；8—机械手；9—刀库；10—主轴箱库

4. 带刀库的自动换刀系统

这类换刀装置由刀库、选刀机构、刀具交换机构及刀具在主轴上的自动装卸机构组成，应用最广泛。刀库可装在机床的立柱、主轴箱或工作台上。如图5-50和图5-51所示分别为刀库安装在立柱和刀库安装在工作台上的自动换刀系统。当刀库容量大及刀具较重时，刀库也可装在机床之外，作为一个独立部件，此时常常需要附加运输装置来完成刀库与主轴之间刀具的运输，如图5-52所示。为了缩短换刀时间，还可采用带刀库的双主轴或多主轴自动换刀系统（见图5-53）。

带刀库的自动换刀系统换刀时，首先把加工过程中要用的全部刀具分别安装在标准的刀柄上，在机外进行尺寸调整后插入刀库。换刀时，根据选刀指令先在刀库中选刀，刀具交换装置从刀库和主轴上取出刀具，进行刀具交换，然后将新刀具装入主轴，将用过的刀具放回刀库。和转塔主轴头相比，这种换刀装置中主轴的刚性好，有利于精密加工和重切削加工；可采用大容量的刀库，可以实现复杂零件的多工序加工，从而提高机床的适应性和加工效率。但换刀过程中的动作较多，换刀时间较长，同时，影响换刀工作可靠性的因素也较多。

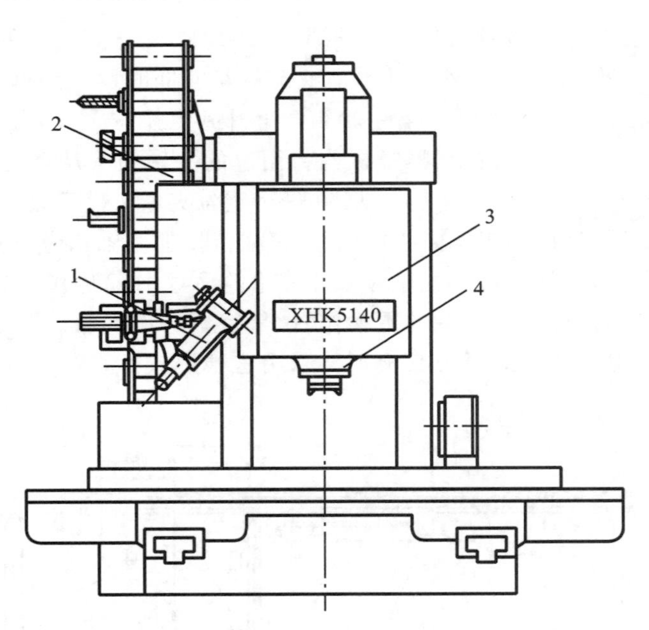

图 5-50　刀库安装在立柱上的自动换刀系统

1—机械手;2—刀库;3—主轴箱;4—主轴

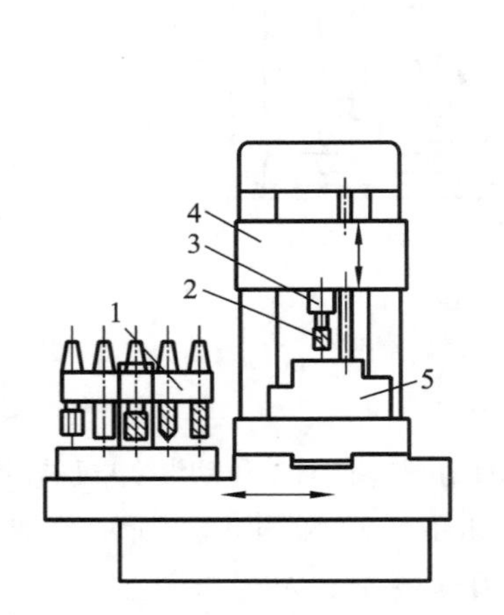

图 5-51　刀库安装在工作台上的自动换刀系统

1—刀库;2—刀具;3—主轴;4—主轴箱;5—工件

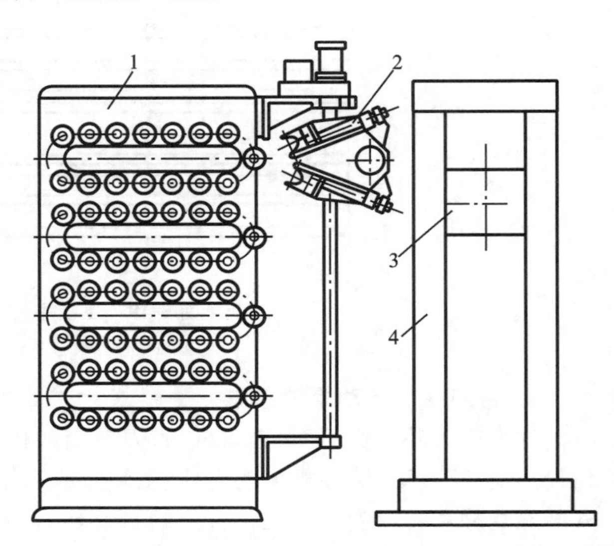

图 5-52　刀库作为独立部件的自动换刀系统

1—刀库;2—机械手;3—主轴箱;4—立柱

从具体换刀方式上看,带刀库的自动换刀系统可分为无机械手式自动换刀装置和有机械手式自动换刀装置。

1）无机械手式自动换刀装置

无机械手式自动换刀装置一般将刀库放在主轴箱可以运动到的位置,或使整个刀库、某一刀位能移动到主轴箱可以到达的位置,实现刀库刀具和主轴之间的自动交换。刀库中刀具的存放方向一般与主轴箱的装刀方向一致。换刀时,由主轴和刀库的相对运动实现换刀动作,利用主轴取走或放回刀具。这种结构因为无机械手,所以结构和控制简单,换刀可靠。但是,由

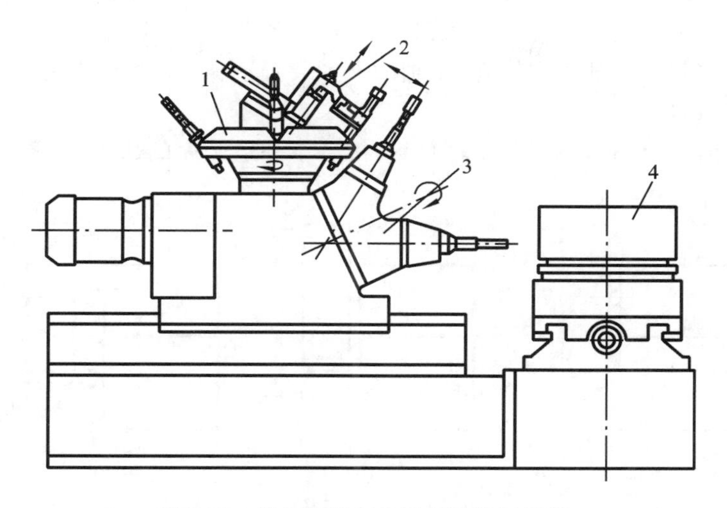

图 5-53　带刀库的多主轴自动换刀系统

1—刀库；2—机械手；3—转塔头；4—工件

于受结构所限，刀库容量不大，换刀时间长，故这种换刀装置一般适用于中小型加工中心。如图5-54所示为采用无机械手式自动换刀装置的立柱不动卧式加工中心。

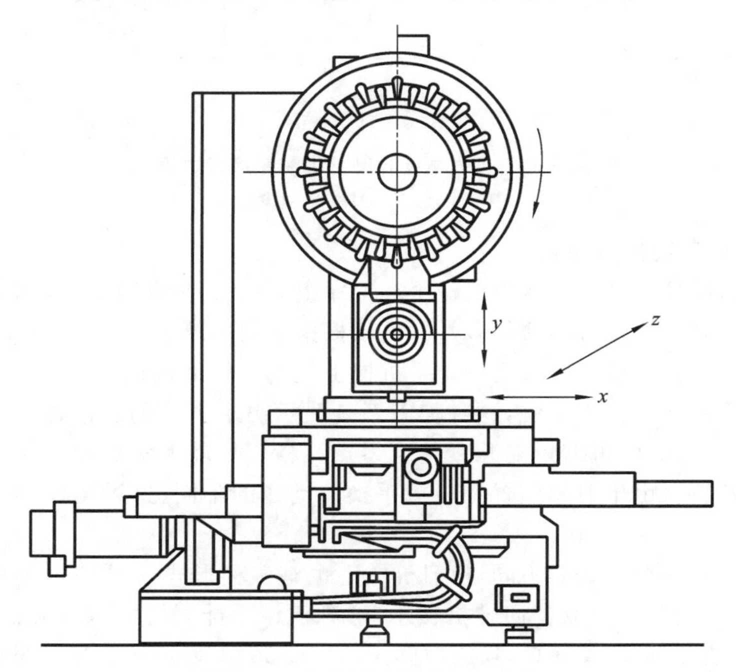

图 5-54　立柱不动卧式加工中心

图 5-55 是图 5-54 所示的立柱不动卧式加工中心的无机械手式自动换刀装置的换刀过程示意图。其动作过程如下：

①上一工序结束，主轴准停，主轴箱做上升运动，如图 5-55(a)所示；

②主轴箱上升到达换刀位置，主轴上的刀具进入刀库交换刀具的空位，刀具被刀库夹紧，主轴松刀，如图 5-55(b)所示；

③刀库夹住刀具推出前移，从主轴拔刀，主轴孔吹气装置吹气清洁，如图 5-55(c)所示；

④刀库转位，将下一道工序的刀具送到换刀位置，如图 5-55(d)所示；

⑤刀库后退，将新刀具插入主轴孔，主轴的夹紧装置动作，夹紧刀具，吹气装置停止向主轴孔吹气，如图 5-55(e)所示；

⑥主轴箱离开换刀位置，下行到工作位置，准备下一道工序的加工，如图 5-55(f)所示。

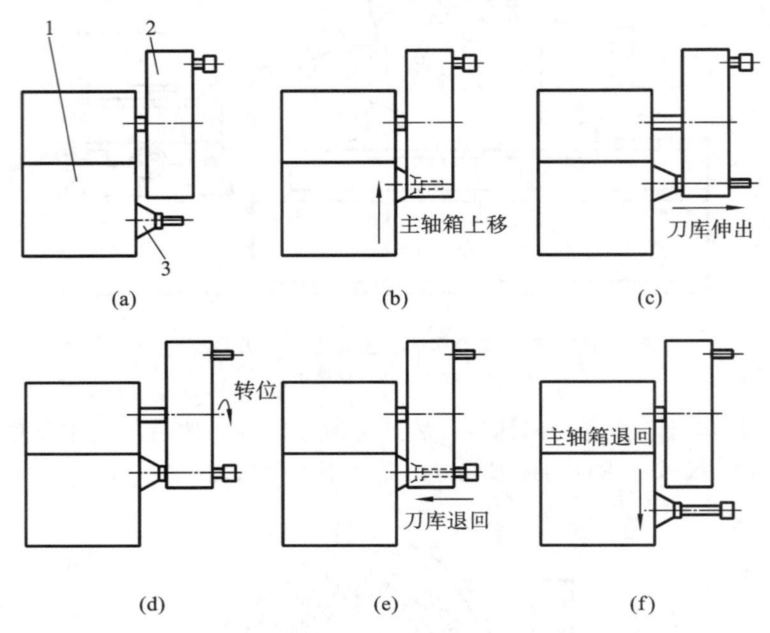

图 5-55　无机械手自动换刀装置换刀过程

1—主柱；2—刀库；3—主轴

2）有机械手式自动换刀装置

有机械手式自动换刀装置一般由机械手和刀库组成，其刀库的配置、位置及数量的选用要比无机械手式的自动换刀装置灵活得多。它可以根据不同的要求，配置不同形式的机械手(可以是单臂的或双臂的)，甚至可以采用一个主机械手配一个辅助机械手的形式。近年来还出现了采用工业机器人的自动换刀系统，这种换刀系统显示出了更大的灵活性。其刀库能够配备多至数百把刀具，换刀时间可缩短到几秒甚至零点几秒。目前大多数加工中心都装备了有机械手式自动换刀装置。由于刀库位置和机械手换刀动作的不同，这种自动换刀装置的结构形式也多种多样。

根据刀库及刀具交换方式的不同，换刀机械手也有多种形式。图 5-56 所示为常用的几种形式。图 5-56(a)、(b)、(c)为双臂回转机械手，这种机械手能同时抓取和装卸刀库和主轴(或中间搬运装置)上的刀具，动作简单，换刀时间少。图 5-56(d)所示的机械手虽然不能同时抓取刀库和主轴上的刀具，但换刀准备及将刀具还回刀库的操作与机加工在时间上重叠了，因而换刀时间也很短。

抓刀运动可以是旋转运动，也可以是直线运动。图 5-56(a)中机械手为钩手，抓刀运动为旋转运动；图 5-56(b)中机械手为抱手，抓刀运动为两个手指旋转；图 5-56(c)和(d)为扠手，抓刀运动为直线运动。

钩刀机械手换刀过程如图 5-57 所示，动作顺序如下。

(1) 抓刀　手臂旋转 90°，同时抓住刀库和主轴上的刀具，如图 5-57(a)所示。

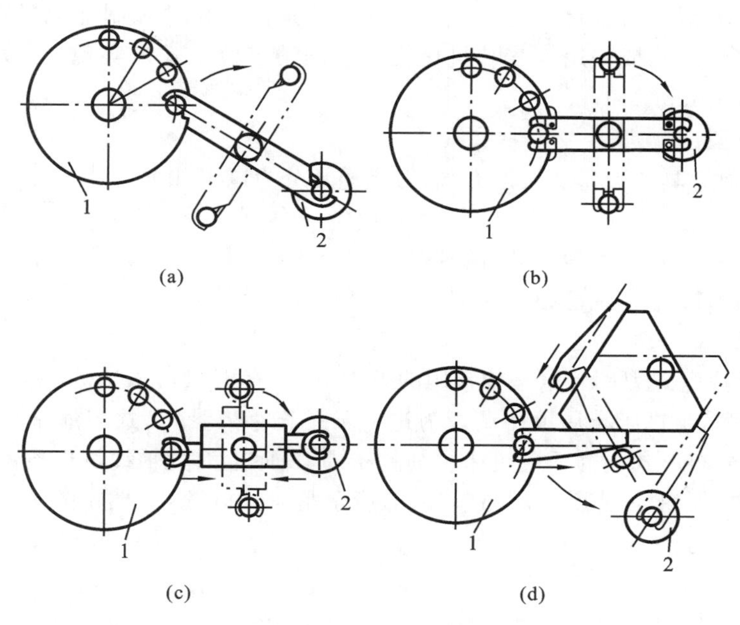

图 5-56　机械手换刀

1—刀库；2—主轴

(2) 拔刀　主轴夹头松开刀具，机械手同时将刀库和主轴上的刀具拔出，如图 5-57(b)所示。

(3) 换刀　手臂旋转 180°，新旧刀具交换，如图 5-57(c)所示。

(4) 插刀　机械手同时将新旧刀具分别插入主轴和刀库，然后主轴夹头夹紧刀具，如图 5-57(d)所示。

(5) 复位　转动手臂，回到原始位置，如图 5-57(e)所示。

由于钩刀机械手换刀动作少，可节省换刀时间，其结构也简单，因而，国内外广泛采用了这种机械手。

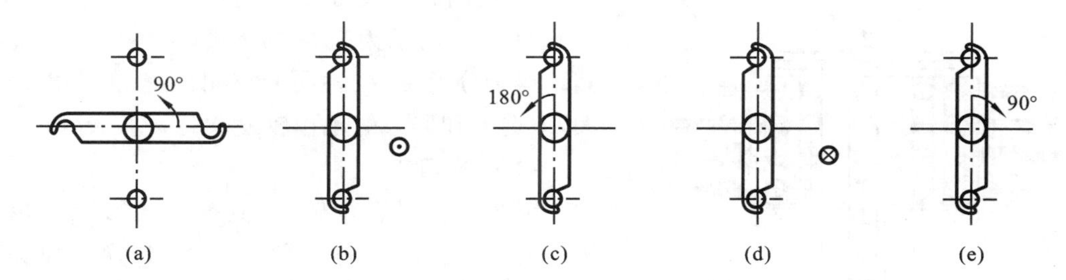

图 5-57　钩刀机械手换刀过程示意图

5.3.2　刀库

刀库是自动换刀装置中的主要部件之一，它的功能是清洁、安全、稳固地储存加工中所需的各种刀具，并且在数控系统的控制下，把所需要的刀具迅速准确地送到换刀位置，并接收主轴送来的不用的刀具。由于多数加工中心的取送刀位置都是刀库某一固定位置，因此刀库还需要有使刀具运动及定位的机构，以保证换刀的可靠进行。刀库中需要更换的每一把刀具和导套都要求能准确地停在换刀位置上，这可以通过采用简易位置控制器或类似半闭环进给系统的伺服位置控制系统，或采用电气和机械相结合的销定位方式来实现。一般要求综合定位精度达到 0.1～0.5 mm。

1. 刀库的类型

根据刀库存放刀具的数目和渠道方式，刀库通常分为以下几种。

1）直线刀库

在直线刀库中，刀具呈直线排列，故这种刀库也称排式刀库。其结构简单，但存放刀具数量有限（一般为 8～12 把），现已很少使用。

2）盘式刀库

图 5-58 所示为盘式刀库。这是较常用的刀库形式，存刀量可多达 50～60 把，但存刀量过多则结构尺寸庞大，与机床布局不协调。为进一步扩充存刀量，盘式刀库又可采用多圈分布、多层分布和多排分布形式。为适应机床主轴的布局，刀库上刀具轴线可以按不同方向配置，如轴向、径向或斜向，如图 5-58 所示。图 5-58(d)所示是刀具可做 90°翻转的圆盘刀库，采用这种结构可以简化取刀动作。

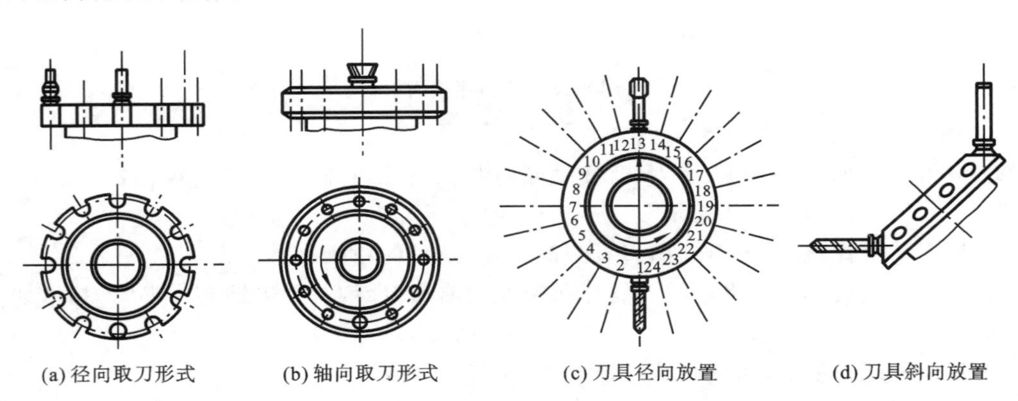

(a) 径向取刀形式　(b) 轴向取刀形式　(c) 刀具径向放置　(d) 刀具斜向放置

图 5-58　盘式刀库

3）鼓轮弹仓式刀库

图 5-59 所示为鼓轮弹仓式（又称刺猬式）刀库，其结构十分紧凑，在相同的空间内，它的刀库容量最大，但选刀和取刀的动作较复杂。

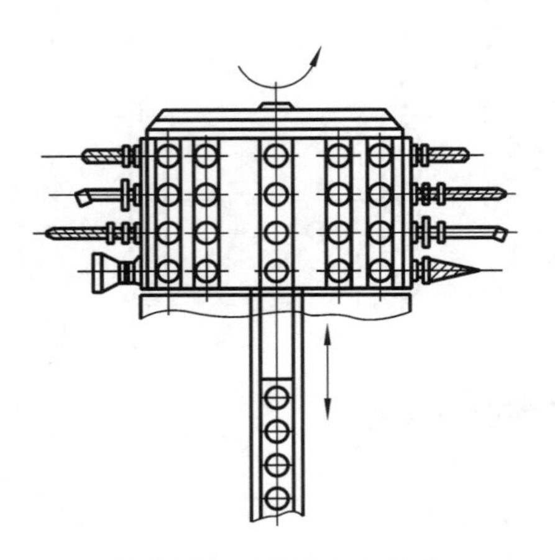

图 5-59　鼓轮弹仓式刀库

4）链式刀库

链式刀库因容量较大，其链环的形状可以根据机体的布局配置成各种形状，也可将换刀位突出以利换刀。链式刀库需增加刀具容量时，只需增加链条的长度和支承链轮的数目，在一定范围内，无须变更链条线速度及链轮转动惯量。这些特点为系列刀库的设计和制造带来了很大的方便，可以适应不同使用条件，故为最常用形式。一般刀具数量在 30～120 把时，多采用链式刀库。

图 5-60(a)所示为我国 THK6370 型自动换刀数控卧式镗铣床所采用的单排链式刀库，刀

库置于机床立柱侧面，可容纳45把刀具。图5-60(b)所示为我国JC5-013型自动换刀数控镗铣床采用的四排刀链，整个刀库可储存60把刀具。

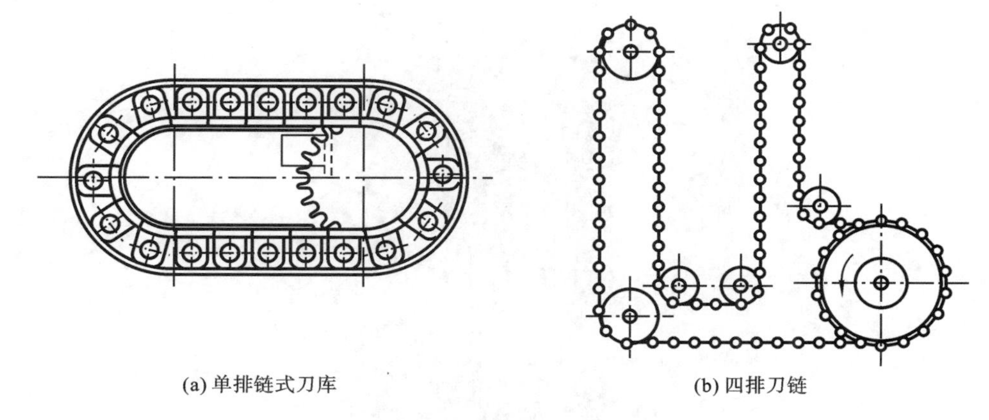

(a) 单排链式刀库　(b) 四排刀链

图5-60　链式刀库

5）格子箱式刀库

如图5-61所示，格子箱式刀库容量较大，可使整箱刀库在机外交换。为减少换刀时间，换刀机械手通常利用前一把刀具加工工件的时间，预先取出要更换的刀具，这当然对数控系统提出了更高的要求。这种形式的刀库结构紧凑，刀库空间利用率高，但换刀时间长，布局不灵活，多用于柔性制造系统的集中供刀系统。

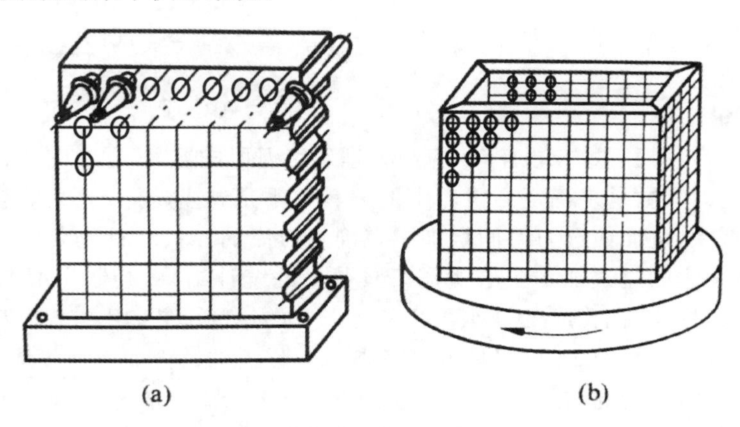

(a)　(b)

图5-61　格子箱式刀库

6）链斗式刀库

链斗式刀库是专门为缩短调刀时间，尽快地将刀具特别是那些操作时间较短的小刀具从刀库传送到自动换刀架上，避免增加等待时间而开发的。图5-62所示为在一个基础框架上备装有两条60或80把刀具的同步链斗式皮带刀库，其安装在卧式加工中心之上。换刀时，首先由换刀装置将待更换的刀具直接从第一个同步链斗式皮带刀库中取出，然后通过一个机械手，将第一个和第二个同步链斗式皮带刀库之间的刀具相互对调。这样刀具更换装置有相当数量的刀具等待处理和立即传送。也可以采用第二个同步链斗式皮带刀库，以手工方式在任何需要的时候更换调试好的刀具。如需要，这两个同步链斗式皮带刀库上还可连接第三个链斗式刀库。这样，在机床上最多可以配置240把刀具供使用。这种刀库具有链斗式刀库的主要优点，同时结合了塔盘式刀库在储存上的优点，能迅速换刀，而且操作人员可以通过显示装置得到有效的技术支持，按照刀具工作列表进行逐步监控。

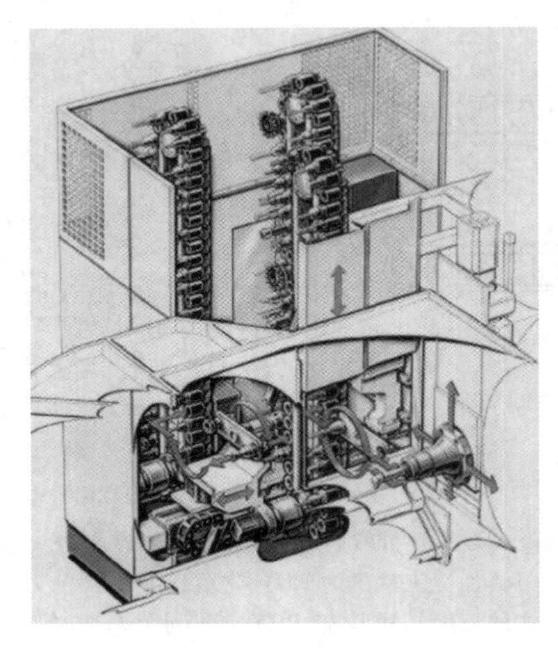

图 5-62　链斗式刀库

现代化的工厂已趋向于配置大容量刀库，有些工厂已无刀具室，所有刀具全放置在生产线上乃至加工中心上。

2. 刀库的容量

在设计多工序自动换刀数控机床时，应当合理确定刀库的容量，通常是以满足一个零件在一次装夹中所需的刀具数量来确定。刀库中的刀具并不是越多越好，太大的容量会使刀库的尺寸和占地面积增大，进而使选刀时间增加。在确定刀库的容量时首先要考虑加工工艺的需要。根据以钻、铣为主的立式加工中心所需刀具数量的统计结果，绘制出如图 5-63 所示的曲线。统计曲线表明，用 10 把孔加工刀具可以完成 70％的钻削工艺，用 4 把铣刀可完成 90％的铣削工艺。据此可以看出，用 14 把刀具可以完成 70％以上的钻铣加工。若是按完成被加工工件的全部工序来统计，得到的结果是完成大部分(超过 80％)工件的全部加工过程只需 40 把刀具就够了。因此，从使用角度出发，刀库的容量一般取 10～40 把。盲目地加大刀库容量，会使刀库的利用率降低，结构过于复杂，造成浪费。

3. 刀具选择与识别

根据数控装置发出的换刀指令，刀具交换装置从刀库中将所需的刀具转换到取刀位置，称为自动选刀。自动选刀方式通常又包括顺序选刀和任意选刀。顺序选刀是将加工所需要的刀具，按照预选确定的加工顺序依次安装在刀座中，换刀时，刀库按顺序转位，取出所需的刀具，已经使用过的刀具可以放回原来的刀座内或按顺序放入下一个刀座内。随着数控系统的发展，目前大多数的数控系统都采用任意选刀方式，即根据程序指令的要求来选择所需要的刀具，但采用这种方式时必须有刀具识别装置。刀具在刀库中可以任意存放，每把刀具(或刀座)都编上代码，自动换刀时，刀库旋转，每把刀具(刀座)都经过刀具识别装置接受识别。当某把刀具的代码与数控指令的代码相符合时，该刀具就被选中，并被送到换刀位置，等待机械手来

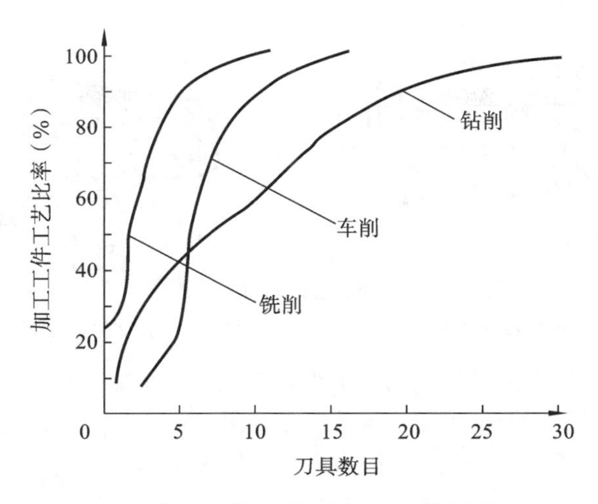

图 5-63　加工工件工艺比率与刀具数目的关系

抓取。

若采用任意选刀方式，则必须对刀具进行编码，以便识别刀具。编码方式分为刀具编码、刀套编码和记忆式编码等三种。采用刀具编码或刀套编码方式时，在刀具或刀套上应有用于识别的编码条。一般都是根据二进制编码原理进行编码。对刀具编码时，要采用一种特殊的刀柄结构。每把刀具都有自己的代码，这样就可以将刀具存放于刀库的任一刀座中。这样刀库中的刀具在不同的工序中可以重复使用，用过的刀具也不一定放回原刀座中，这对装刀和选刀都十分有利，刀库容量也可以相应地减少，而且还可以避免顺序选刀时由于刀具存放顺序出错而造成的事故。但由于每把刀具上都有专用的编码环，刀柄较长，刀库和机械手结构更复杂。对刀套编码时，一把刀具只对应一个刀套，从一个刀套中取出的刀具必须放回同一刀套中，取送刀具十分麻烦，换刀时间长。目前，在加工中心上大量使用记忆式编码方式，即将刀具号和刀库中刀套位置对应地储存在数控系统的 PLC 中，无论刀具放在哪个刀套内，刀具信息都始终由 PLC“记忆”。刀库上装有位置检测装置，可获得每个刀套的位置信息，这样刀具就可以任意取出并送回。刀库上设有机械原点，使每次选刀时可就近选取。

5.3.3　刀具的夹持

刀具必须装在标准的刀柄内。我国开发了 TSG 工具系统，并制定了刀柄标准，标准中规定了直柄及 7∶24 锥度的锥柄两类刀柄，它们分别用于主轴孔为圆柱形和主轴孔为圆锥形的情况，其结构如图 5-64 所示。图中键槽 1 用于传递切削转矩，螺孔 4 用于安装可调节拉杆，供拉紧刀柄用。刀具的轴向尺寸和径向尺寸应先在对刀仪上调整好，然后才可将刀具装入刀库。丝锥、铰刀要先装在浮动夹具内，再装入标准刀柄内。在换刀过程中，机械手抓住刀柄后要快速回转，要做拔、插刀具的动作，还要保证刀柄键槽的角度位置对准主轴上的驱动键，因此，机械手的夹持部分要十分可靠，并保证有适当的夹紧力，且其活动爪要有锁紧装置，以防止刀具在换刀过程中转动或脱落。机械手夹持刀具的方法有以下两类。

1. 柄式夹持

柄式夹持又称轴向夹持，其刀柄前端有 V 形槽，供机械手夹持用。目前我国数控机床采用这种夹持方式较多。图 5-65 所示为机械手手掌结构。其主要由固定爪 7 及活动爪 1 组成。活

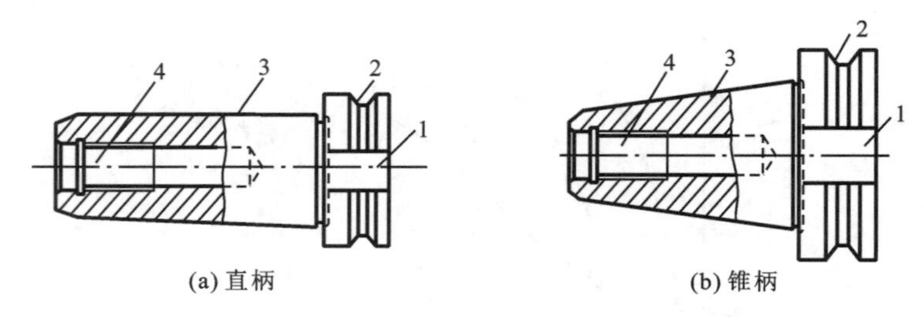

(a) 直柄　　　　(b) 锥柄

图 5-64　刀柄

1—键槽;2—机械手抓取部位;3—刀柄定位及夹持部位;4—螺孔

动爪 1 可绕轴 2 回转,其一端在弹簧柱塞 6 的作用下,支靠在挡销 3 上,调整螺栓 5 以使手掌保持适当的夹紧力。锁紧销 4 使活动爪 1 牢固夹持刀柄,防止刀具在交换过程中松脱。锁紧销 4 还可轴向移动,放松活动爪 1,以便手爪从刀柄 V 形槽中退出。

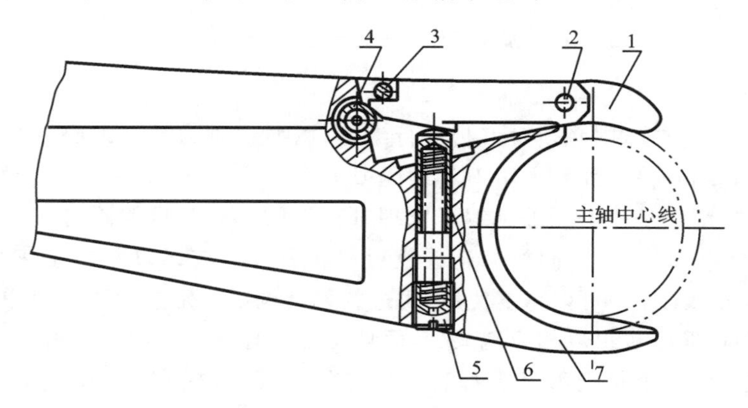

图 5-65　机械手手掌结构

1—活动爪;2—轴;3—挡销;4—锁紧销;5—螺栓;6—弹簧柱塞;7—固定爪

2. 法兰盘式夹持

法兰盘式夹持也称径向夹持或碟式夹持。刀柄上法兰盘结构如图 5-66 所示。1 为拉杆,在刀柄 2 的前端有供机械手夹持用的法兰盘 3,法兰盘采用带洼形肩面。图 5-67 所示为法兰盘式夹持,图 5-67(a)所示为松开状态,图 5-67(b)所示为夹紧状态。采用法兰盘式夹持的突出优点是:采用中间搬运装置时,可以很方便地将刀具从一个机械手过渡到另一个辅助机械手上去。

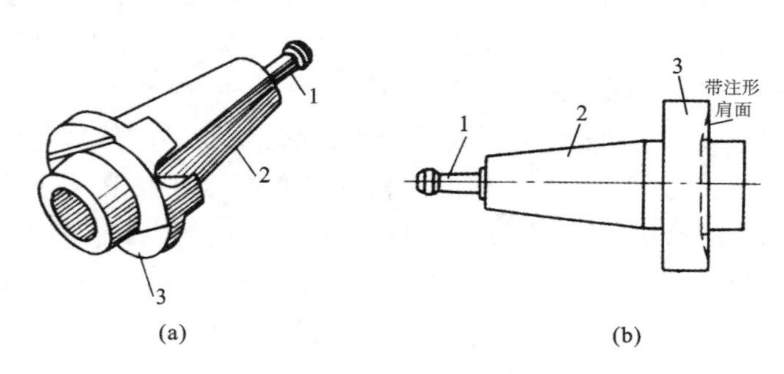

(a)　　　　(b)

图 5-66　刀柄上法兰盘的结构

1—拉杆;2—刀柄;3—法兰盘

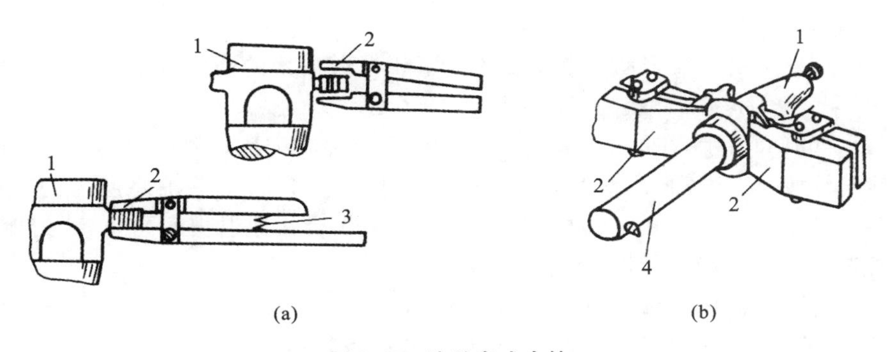

(a)　(b)

图 5-67　法兰盘式夹持

1—刀柄；2—夹紧片；3—弹簧；4—刀具

5.3.4　带刀库的自动换刀装置实例

THK 6370 型自动换刀数控卧式镗铣床的自动换刀装置由链式刀库和刀具交换装置组成，其中刀库由微型计算机管理。机床结构如图 5-68 所示。链式刀库置于机床的左侧，刀库容量为 45 把刀具。机械手安装在主轴箱的前端面上，可随主轴箱沿立柱导轨上下移动，实现任意位置换刀。

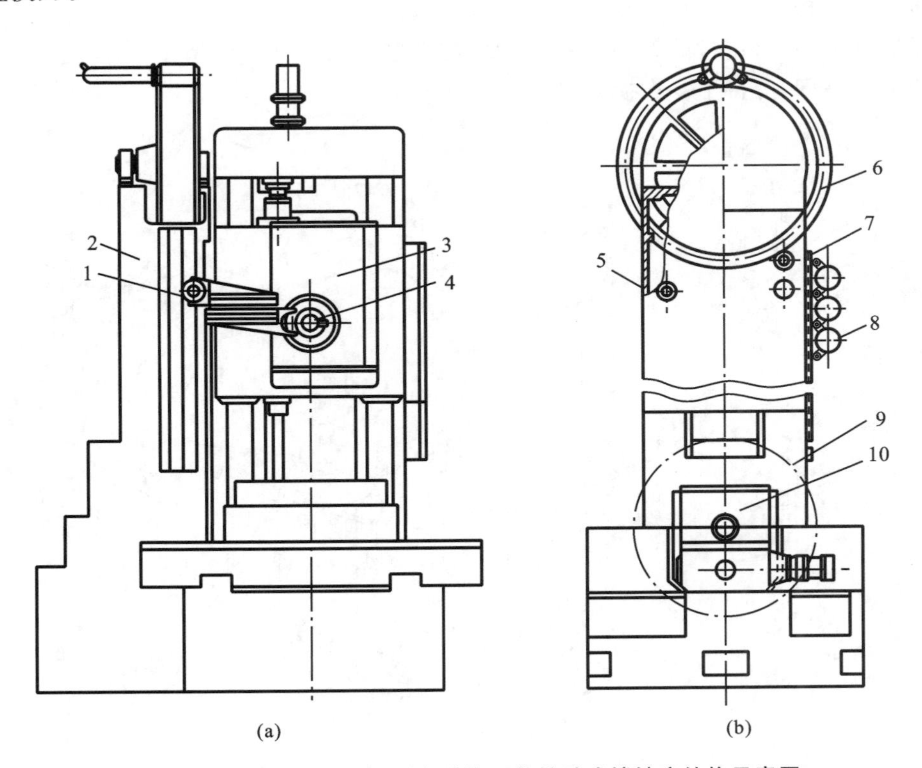

(a)　(b)

图 5-68　THK 6370 型自动换刀数控卧式镗铣床结构示意图

1—机械手；2—刀库；3—主轴箱；4—主轴；5—刀库立柱；

6—上链轮；7—燕尾导轨；8—刀座；9—下链轮；10—减速箱

1. 自动换刀动作顺序

如图 5-69 所示为自动换刀动作顺序。图中用 T 及其后面的两位数字表示刀具号，Ⅰ和Ⅱ为机械手手臂，K 为刀座，具体换刀过程如下。

(1) 如图 5-69(a)所示，在加工过程中机械手总是停靠在刀库一侧，等待换刀。若主轴正在用 T03 刀具进行某一工序加工，此时，刀库按指令进行选刀，将下一工序所需的 T17 刀具选好，并准确定位于抓刀位置。用 T03 刀具加工完毕，工作台快速退出原始位置，刀库根据换刀指令 M06 控制主轴定向准停，机械手接收换刀信号；

(2) 上手掌伸出，抓住刀库上的刀具 T17，如图 5-69(b)所示。

(3) 手臂Ⅰ伸出，将 T17 从刀座中拔出，如图 5-69(c)所示。

(4) 整个机械手水平回转 90°，从刀库一侧转到主轴一侧，如图 5-69(d)所示。

(5) 下手掌伸向主轴，抓住刀具 T03 并发出信号，主轴内弹簧夹头松开 T03，如图 5-69(e)所示。

(6) 手臂Ⅱ伸出，从主轴内拔出 T03，如图 5-69(f)所示。

(7) 手臂Ⅰ、Ⅱ一起旋转 180°，进行刀具交换，即 T03 和 T17 易位，如图 5-69(g)所示。

(8) 手臂Ⅰ缩回，将新刀 T17 插入主轴孔，弹簧夹头将 T17 拉紧，如图 5-69(h)所示。

(9) 下手掌缩回，如图 5-69(i)所示。

(10) 机械手回转 90°至刀库一侧，如图 5-69(j)所示。

(11) 手臂Ⅱ缩回，将用过的刀 T03 插入刀库的刀座，如图 5-69(k)所示。

(12) 上手掌缩回，等待下一次换刀，如图 5-69(l)所示。

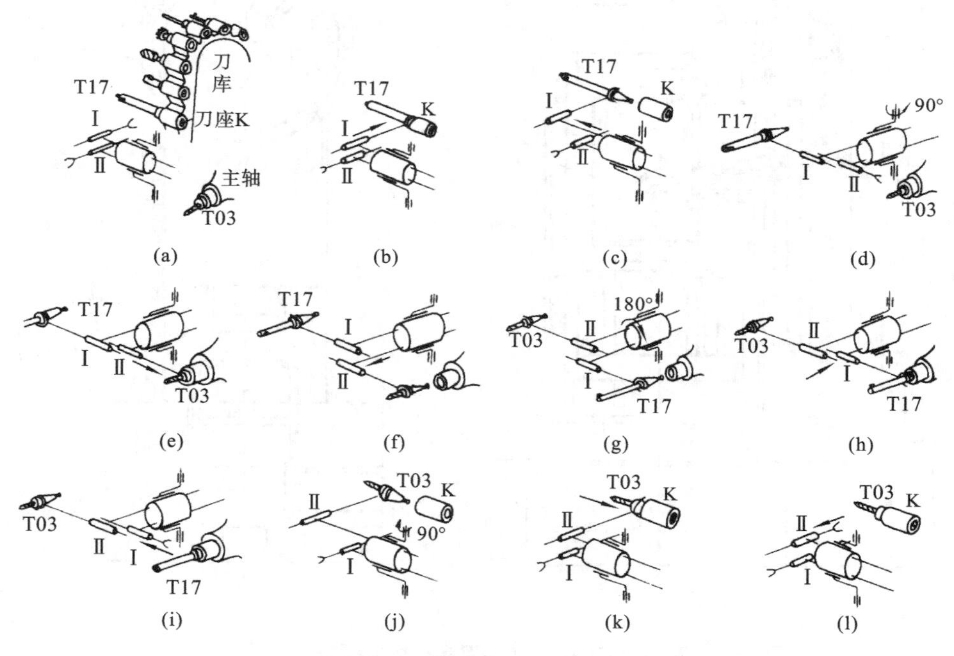

图 5-69　自动换刀动作顺序

2. 刀库

为了增加刀库容量，实现任意位置换刀，THK 6370 型自动换刀数控卧式镗铣床采用链式刀库。刀库由 45 个刀座组成，刀座就是链传动的链节。刀座的运动由 ZM-40 型液压马达通过减速箱传到下链轮轴上，下链轮带动刀座运动。刀库运动的速度通过调节 ZM-40 型液压马达的转速来实现。刀座定位时，用正靠的办法将所要的刀具准确地定位在取刀（还刀）位置上。在刀具进入取刀位置之前，刀座首先减速。刀座上的燕尾进入刀库立柱的燕尾导轨，燕尾在导轨内选刀与定位区域移动，以保持刀具编码环与选刀器的位置关系一致性。

3. 刀具交换装置

THK 6370 型自动换刀数控卧式镗铣床只采用一个双臂机械手来完成新旧刀具的运输及交换。其结构原理如图 5-70 所示。整个部件由轴承座 20、28 固定在主轴箱的前端面上，本体 1 为机械手的主要支承件，整个部件可绕轴承的轴线在 90°角度范围内做水平回转运动。活塞缸体 19 支承在本体 1 的前、后滑动轴承内转动，缸体在全长上有四个平行深孔，其中两个为直线油缸孔，另两个为支承杆导向孔。机械手上两抓刀手掌 14 和 10 分别固定在拖板 12 和 17 上，该拖板可分别在燕尾导板 13、16 上做水平移动（抓刀运动）。而导板 13 与活塞杆 6、支承杆 7 连接为一体，活塞杆 6 的后端与活塞 3 相连，它能在缸体 19 的油缸孔中做往复运动，通过活塞杆 6、支承杆 7 带动件 13、12，使手掌 14 实现伸、缩（即拔、插刀具）运动。同理，件 16 与活塞杆 8、支承杆 9 连接为一体，与活塞杆 8 相连的活塞 2 在缸体 19 的另一油缸孔中做往复运动，通过件 8、9 带动件 16、17，使手掌 10 也做伸缩运动，并与手掌 14 相互配合，实现拔、插刀具动作。

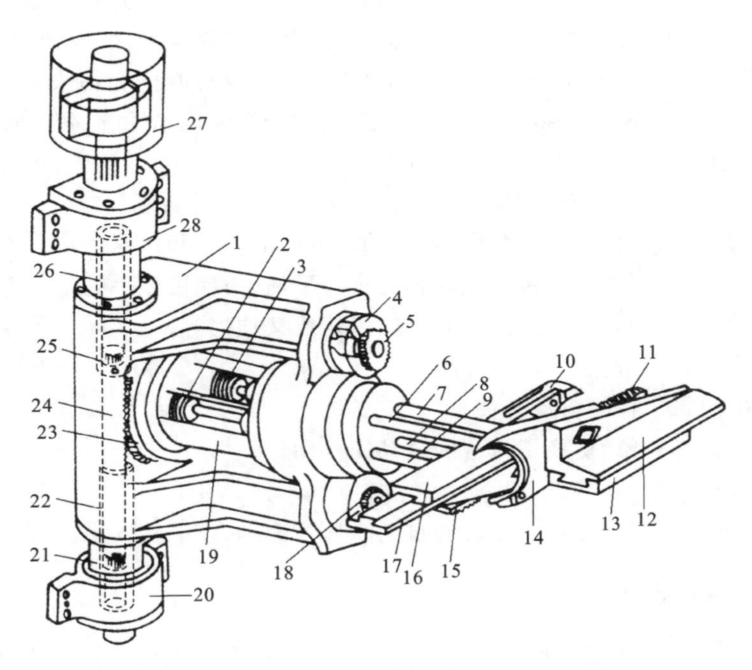

图 5-70　刀具交换装置

1—本体；2、3—活塞；4、27—旋转油缸；5、18、23—齿轮；6、8—活塞杆；7、9—支承杆；10、14—抓刀手掌；11、15—齿条；12、17—拖板；13、16—导板；19—活塞缸体；20、28—轴承座；21、25—活塞；22、26—油缸；24—齿条

当两手掌均后缩贴近缸体 19 端面时，固定在拖板 12 上的齿条 11 与由旋转油缸 4 驱动的齿轮 5 相啮合，带动件 12、14 在导板 13 上水平移动。同理，齿条 15 与齿轮 18 啮合，带动件 17、10 在导板 16 上水平移动，并与另一手掌 14 相互配合，实现抓刀或松刀动作。

上、下轴承座 28、20 之间设有油缸 26、22 及活塞 25、21，可交替推动柱塞齿条 24 上、下移动,推动齿轮 23 转动,带动本体 1 连同两个手掌一起转动 180°,以实现新旧刀具的交换。在轴承座 28 的上部同心安装一双叶片旋转油缸 27,用以驱动整个机械手部件在刀库与主轴间水平旋转 90°,实现刀具的运输。

本机械手的特点是:能实现任意位置换刀,换刀时主轴箱不需要在换刀位置和加工位置之间来回移动,可节约了空程时间,同时也可减少导轨副的磨损及重复定位误差,从而可提高所镗阶梯孔的同心度;控制抓刀及拔、插刀油缸的四个电磁阀放在机械手本体上,并尽量采用构件内部配油,大大减少了油管数量,因而外观、布局匀称紧凑。其缺点是结构较复杂,制造工艺要求高。

5.4 数控机床的辅助装置

5.4.1 液压传动和气动装置

现代数控机床中,除数控系统以及完成切削加工所需的主运动、进给运动和换刀运动装置外,还需要配备液压传动和气动辅助装置等。所用的液压传动和气动装置应结构紧凑、工作可靠、易于控制和调节。虽然液压传动和气动装置的工作原理类似,但适用范围不同。

液压传动装置使用的是工作压力高的油性介质,因此机构出力大、机械结构紧凑、动作平稳可靠、易于调节且噪声较小,但要配置油泵和油箱,若油液渗漏则会污染环境。气动装置的气源容易获得,机床可以不必单独配置动力源,装置结构简单,工作介质不污染环境,工作速度和动作频率高,适合于完成频繁启动的辅助工作。

液压传动和气动装置在机床中能实现和完成一系列的辅助功能。

(1) 自动换刀,实现机械手伸、缩、回转、摆动及刀柄的松开和拉紧动作。

(2) 机床运动部件的平衡,如机床主轴箱的重力平衡、刀库机械手的平衡等。

(3) 机床运动部件的制动和离合器的控制、齿轮拨叉挂挡等。

(4) 机床的冷却和润滑。

(5) 机床防护门、罩、板的自动开关。

(6) 工作台的松开夹紧、交换工作台的自动交换动作。

(7) 夹具的自动夹紧、松开。

(8) 工件、刀具定位面和交换工作台的自动吹屑清理等。

5.4.2 排屑装置

切屑的排除是机械加工必须要考虑的重要问题,这对数控机床来说显得尤为重要。数控机床的加工效率高,单位时间内数控机床的金属切削量大大高于普通机床,这使得单位时间内去除的切屑所占的空间成倍增大。这些切屑大量占据加工区域,如果不及时清除,必然会覆盖或缠绕在工件上,使自动加工无法继续进行。而且炽热的切屑还会向机床或工件散发热量,使机床或工件产生热变形,影响加工精度。因此,数控机床必须配备排屑装置,它是现代数控机床必备的附属装置。

排屑装置的主要作用是将切屑从加工区域排出到数控机床之外。在数控车床和磨床上的切屑往往混合着冷却液,排屑装置从其中分离切屑,并将它们送入切屑收集箱,而冷却液则被回收到冷却液箱。数控铣床、加工中心和数控镗铣床的工件安装在工作台上，切屑不能直接落入排屑装置，故往往需要采用大流量冷却液冲刷，或采用压缩空气吹扫等方法使切屑进入排屑槽，然后再回收冷却液并排出切屑。排屑装置是一种具有独立功能的部件，它的工作可靠性和自动化程度随着数控机床技术的发展而不断提高，并逐步趋向标准化和系列化，由专业工厂生产。数控机床排屑装置的结构和工作形式应根据机床的种类、规格、加工工艺特点、工件的材质和使用的冷却液种类来选择。

自动排屑装置的安装位置一般尽可能靠近切削区域。如车床的自动排屑装置在旋转工件的下方，铣床和加工中心的自动排屑装置装在床身的回水槽上或工作台边侧位置，以利于简化机床和排屑装置结构，减少机床占地面积，提高排屑效率。排出的切屑一般都落入切屑收集箱或小车中，有的则直接排入车间排屑系统。自动排屑装置的种类很多，以下是几种常见的自动排屑装置。

（1）平板链式自动排屑装置。该装置是以滚动链轮牵引钢质平板链带运动，将加工中的切屑带出机床，如图 5-71(a)所示。这种排屑装置能排除各种形状的切屑，适应性强，各类机床都采用。

（2）倾斜式床身及切屑传送带自动排屑装置。这种排屑装置将床体上的床身倾斜布置，以

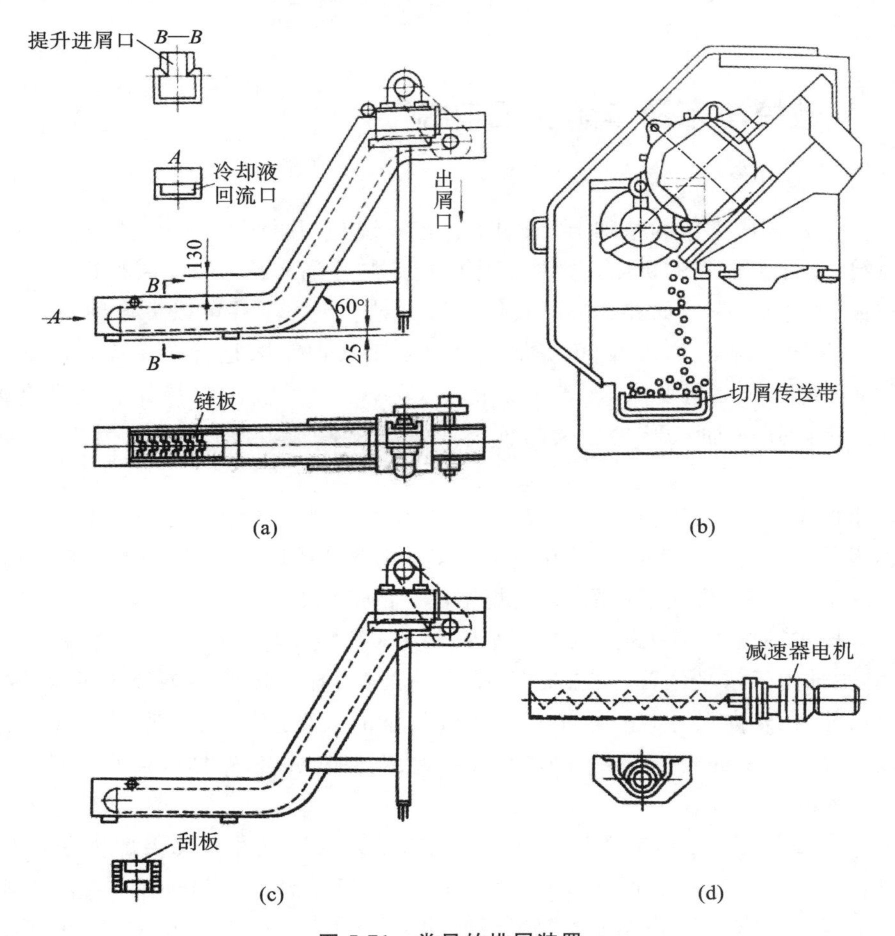

图 5-71　常见的排屑装置

防止切屑滞留在滑动面上，如图 5-71(b)所示。加工中切屑落到传送带上就会被带出机床。该装置广泛应用于中、小型数控车床。

(3) 刮板式自动排屑装置。刮板式自动排屑装置的工作原理基本上与平板链式自动排屑装置相同，只是在其链板上带有刮板，如图 5-71(c)所示。这种装置常用于短小切屑的排除，具有较强的排屑能力，但其负载较大，所以驱动电机常具有较大的功率。

(4) 螺旋式自动排屑装置。该装置是利用电机经减速装置驱动安装在沟槽中的一根长螺旋杆进行工作的，如图 5-71(d)所示。螺旋杆转动时，沟槽中的切屑即由螺旋杆推动连续向前运动，最终排入切屑收集箱。这种装置占据空间小，适于安装在机床与立柱间空隙狭小的位置上，其结构简单，排屑性能良好，但只适合沿水平或小角度倾斜的直线方向排运切屑，不能大角度倾斜、提升或转向。

5.4.3 其他辅助装置

数控机床除了上述介绍的液压传动和气动装置、自动排屑装置外，还有自动润滑系统、冷却装置、刀具破损检测装置、精度检测装置以及监控装置等。限于篇幅，在此不一一细述。

5.5 典型数控机床

5.5.1 数控车床及车削加工中心

5.5.1.1 概述

数控车床是在普通车床的基础上，增加了数控系统和伺服驱动系统，从而能够按照预定程序，自动完成预定加工过程的机床。数控车床的用途与普通车床一样，主要用来加工轴类零件的内外圆柱面、圆锥面、螺纹面和成形回转体表面。对于盘类零件可以进行钻、扩、铰和镗孔加工。还可以完成车削端面、切槽、倒角等加工。但由于数控车床是自动完成切削加工的，与普通车床相比，它具有加工精度高、加工质量稳定、效率高、适应性强、操作劳动强度低等特点。数控车床尤其适合用来加工形状复杂的轴类或盘类零件，是目前使用较为广泛的一种数控机床。

数控车床加工灵活，通用性强，能适应产品的品种和规格的频繁变化，同时能够满足新产品的开发和多品种、小批量、生产自动化的要求，因此被广泛应用于机械制造业。随着数控车床制造技术的不断发展，形成了产品繁多、规格不一的局面。

数控车床按主轴位置可分为卧式数控车床和立式数控车床。卧式数控车床是最为常用的数控车床，其主轴处于水平位置，如图 5-72 所示。立式数控车床的主轴处于垂直位置，主要用于加工径向尺寸大、轴向尺寸相对较小且形状较复杂的大型或重型零件，适用于通用机械、冶金、军工、铁路等行业中的直径较大的车轮、法兰盘、大型电机座、箱体等回转体的粗、精车削加工，如图 5-73 所示。

车削加工中心是在普通数控车床的基础上向着单元柔性化和系统柔性化方向发展的一种机床，它增加了 C 轴和动力头，带有刀库，可控制 X、Z 和 C 轴三个坐标轴，联动控制轴可以是 X-Z、X-C 或 Z-C。可在一次装夹中完成更多的加工工序，提高了加工精度和生产率，特别适合用于复杂形状回转类零件的加工。由于增加了 C 轴和铣削动力头，这种数控车床的加工功能

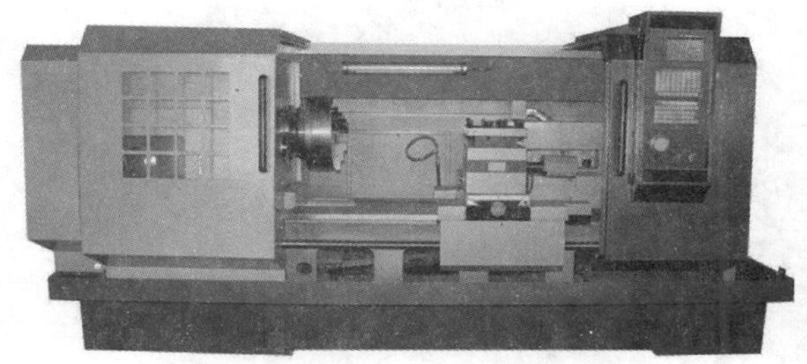

图 5-72　卧式数控车床

图 5-73　立式数控车床

大大增强，除可进行一般车削外，还可进行径向和轴向铣削、曲面铣削、中心线不在零件回转中心的孔和径向孔的钻削等加工。图 5-74 所示为一种典型的车削加工中心。

图 5-74　车削加工中心

车削加工中心

5.5.1.2　数控车床的结构分析

数控车床品种很多，结构各异，各种数控车床配置不同，加工范围与加工能力也有一定的差别。典型数控车床的基本组成如图 5-75 所示，主要包括数控装置、主轴传动机构、进给传动机构、刀架、尾座、床身、辅助装置（液压系统、冷却系统、润滑系统、排屑器）等。

1. 数控车床的结构特点

从图 5-75 可以看出，数控车床本体与普通车床相似，但为了满足数控车床的要求和充分发挥数控车床的特点，其整体布局、外观造型、运动系统、刀具系统的结构等都发生了较大变化，主要表现在以下几个方面：

（1）采用全封闭防护装置。由于数控车床是自动完成加工的，为了防止切屑或冷却液飞出，给操作者带来意外伤害，一般采用推拉门结构的全封闭防护装置。

（2）主运动和进给运动分离。数控车床的主运动系统与进给运动系统分别采用了独立的伺服电机，这使得其传动链变得简单、可靠，同时各电机既可单独运动，又可实现多轴联动。主轴转速高，性能好，工件装夹安全可靠。进给运动采用高效传动件（如滚珠丝杠副、直线滚动导轨副等），结构简单，传动精度高。

（3）具有刀具自动换刀和管理系统。数控车床大都采用自动回转刀架，在加工过程中可自动换刀，连续完成多道工序的加工。

（4）具有工件自动夹紧装置。数控车床一般采用液压卡盘，夹紧力调整方便可靠，同时也降低了操作工人的劳动强度。

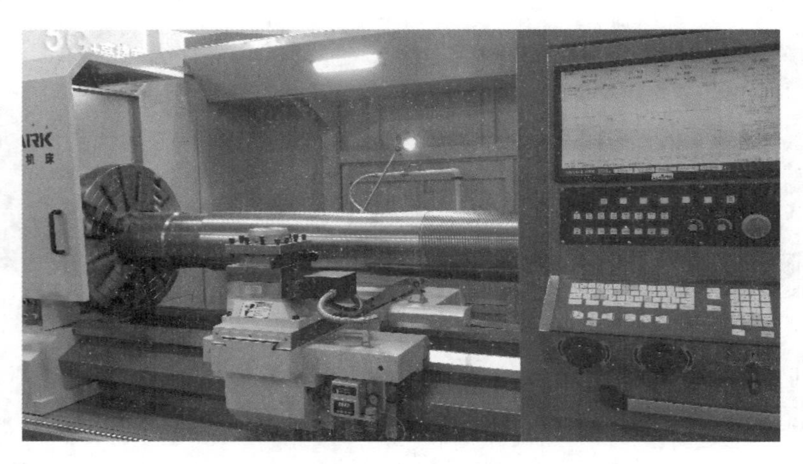

图 5-75 数控车床的组成

(5) 采用自动排屑装置。数控车床一般均采用斜床身结构布局，排屑方便，便于采用自动排屑机。

2. 数控车床的主运动系统结构分析

数控车床的主运动系统一般采用直流或交流无级调速电机，通过带传动机构带动主轴旋转，实现自动无级调速及恒线速度控制。

主轴部件是数控机床实现主运动的执行件，图 5-76 所示为数控机床主轴部件的一种典型结构，其工作原理如下。

交流主轴电机通过带轮 15 把运动传给主轴 7。主轴有前、后两个支承，前支承由一个圆锥孔双列圆柱滚子轴承 11 和一对角接触球轴承 10 组成，轴承 11 用来承受径向载荷，两个角接触球轴承一个大口向外(朝向主轴前端)，另一个大口向里(朝向主轴后端)，用来承受双向的轴向载荷和径向载荷。前支承轴向间隙用螺母 8 来调整，螺钉 12 用来防止螺母 8 松动。主轴的后支承为圆锥孔双列圆柱滚子轴承 14，轴承间隙由螺母 1 和 6 来调整。螺钉 17 和 13 用于防止螺母 1 和 6 回松。主轴的支承形式为前端定位，主轴受热膨胀向后伸长。前、后支承所用圆锥孔双列圆柱滚子轴承的支承刚性好，允许的极限转速高。前支承中的角接触球轴承能承受较大的轴向载荷，且允许的极限转速高。主轴所采用的支承结构适用于低速大载荷场合。主轴的运动经过同步带轮 16 和 3 以及同步带 2 带动脉冲编码器 4，使其与主轴同速运转。脉冲编码器用螺钉 5 固定在主轴箱体 9 上。

3. 数控车床的进给运动系统结构分析

为保证数控机床具有高加工精度，要求其进给运动系统具有高传动精度、高灵敏度(响应速度快)、高工作稳定性，以及高的构件刚度及使用寿命、小的摩擦和运动惯量，并能消除传动间隙。因此，数控车床的进给运动系统多采用伺服电机直接带动滚珠丝杠旋转，或者通过同步齿形带来带动滚珠丝杠旋转。其纵向进给运动装置是带动刀架做轴向(Z 轴方向)运动的装置，它控制工件的轴向尺寸。横向进给运动装置是带动刀架做横向(X 轴方向)移动的装置，它控制工件的径向尺寸。图 5-77 所示为横向进给运动装置的结构简图，其工作原理如下：交流伺服电机 15 经过同步带轮 14、10 和同步带 12 带动滚珠丝杠 6 回转，再通过滚珠丝杠 6 上的螺母 7 带动刀架沿滑板 1 的导轨移动，从而实现 X 轴的进给运动。

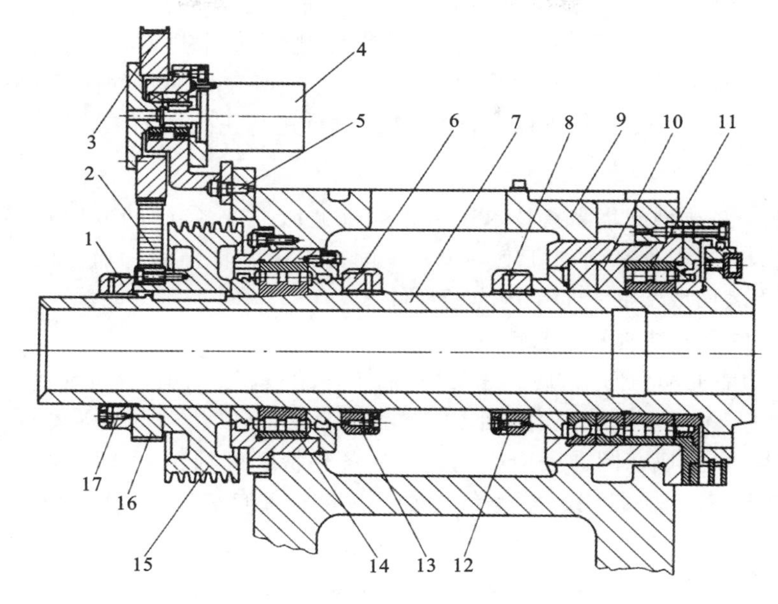

图 5-76 主轴部件

1、6、8—螺母；2—同步带；3、16—同步带轮；4—脉冲编码器；5、12、13、17—螺钉；7—主轴；9—箱体；10—角接触球轴承；11、14—圆柱滚子轴承；15—带轮

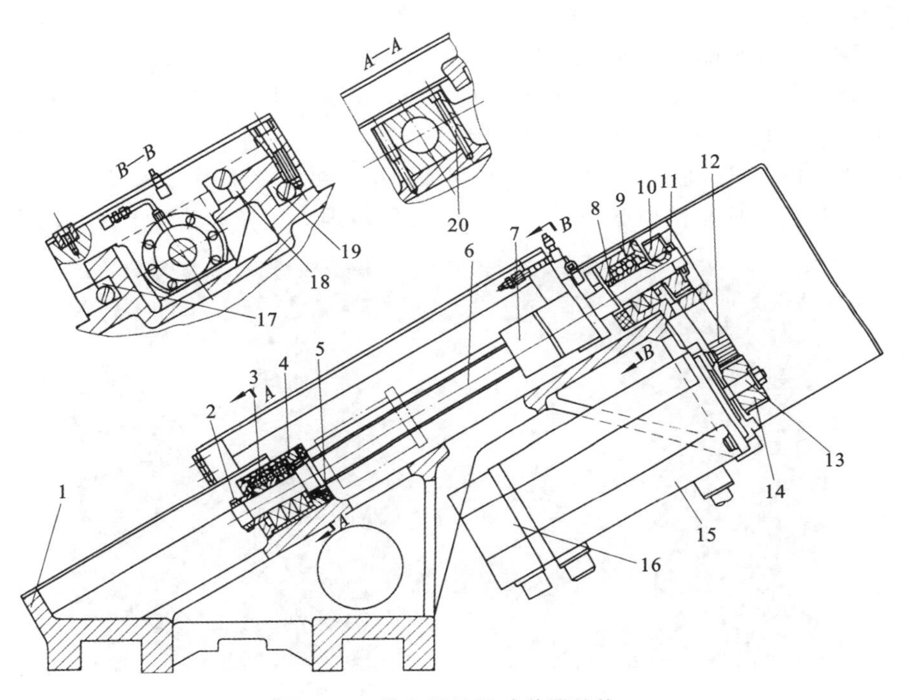

图 5-77 横向进给运动装置结构

1—滑板；2、7、11—螺母；3，9—前、后支承；4—轴承座；5、8—缓冲块；6—滚珠丝杠；10、14—同步带轮；12—同步带；13—键；15—交流伺服电机；16—脉冲编码器；17、18、19—镶条；20—螺钉

另外,数控车床的卡盘是数控车削加工时夹紧工件的重要附件,对一般回转类零件可采用普通液压卡盘;对零件被夹持部位不是圆柱形的零件,则需要采用专用卡盘;用棒料直接加工零件时需要采用弹簧卡盘。对于轴向尺寸与径向尺寸比值较大的零件,需要采用安装在液压尾座上的活顶尖对零件尾端进行支撑,这样才能对零件进行正确的加工。

5.5.1.3 车削加工中心

车削加工中心是典型的集高新技术于一体的机械加工设备,它的发展水平代表了一个国家制造业的水平,在国内外都受到高度重视。车削加工中心特别适合加工以回转面为主要加工内容,兼有圆周表面或端面上加工内容的零件。

1. 车削加工中心的结构及工艺特点

(1) 配备多功能的动力刀头,使工序集中,加工连续进行。车削中心可在回转式刀架上配备多功能的动力头,不但可以装夹内圆车刀、外圆车刀,还可以装夹自驱动的铣刀、镗刀、钻头、铰刀、丝锥等刀具,以完成在圆周表面或端面上的各种特征的加工。这样,在车削中心上一次装夹就可以完成铣、镗、钻、扩、铰、攻螺纹等加工,工序高度集中,可实现复杂零件的高精度加工。

(2) 具有多个进给轴,加工范围广。车削中心除具有常规的 X 轴、Z 轴外,一般还具有 C 轴功能,这样与动力头配合就可以完成工件特殊型面上特征的加工,如柱面凸轮槽、端面凸轮槽等的加工。某些车削加工中心还具有 Y 轴功能和 B 轴功能,加工范围进一步扩大。

(3) 使用多把刀具,实现了刀具自动交换。车削中心带有刀库和自动换刀装置,在加工前将需要的刀具先装入刀库,在加工时能够通过程序控制自动更换刀具。

(4) 使用机械手,实现工件自动交换。通常车削中心上配备装卸工件的机械手和工件自动存取工作台,使工件全自动交换,可实现车削中心昼夜连续工作,从而提高自动化程度,减少辅助动作时间和停机时间,因此,车削中心的生产率很高。

(5) 结构趋向复合化,加工功能增强。车削加工中心可复合铣削功能、磨削功能等,有更广泛的加工范围,进而形成车铣加工中心。如图 5-78 所示即为一种车铣加工中心。

图 5-78 车铣加工中心

(6) 结构复杂,一次性投入高。由于车削中心智能化程度高、结构复杂、功能强大,因此车削中心的一次性投资及日常维护保养费用较高。

2. 车削加工中心的刀架结构特点

自动刀架是车削加工中心的重要部件，它可以安装各种切削加工刀具，它的结构直接影响车削加工中心的切削性能和工作效率。车削加工中心在使用过程中，对刀架的基本要求是：结构紧凑，换刀时间短，刀具重复定位精度高（一般为0.001～0.005 mm），刀库占地面积小，安全可靠，有足够的刀具存储量。车削加工中心刀架具有以下结构特点。

(1) 刀架的结构形式一般为回转式。回转式刀架也称为转塔式刀架，其结构简单，具有良好的强度和刚度。刀具沿圆周方向安装或夹持在刀架的刀座上，根据各种不同用途，可以安装径向车刀、轴向车刀、钻头、镗刀、铰刀、丝锥等，也可以安装轴向铣刀、径向铣刀等，如图5-79所示。

图5-79 车削中心上的刀架与刀库

(2) 通常带有刀库。由于回转刀架上安装的刀具数目有限，而车削加工中心需进一步向柔性化方向发展，根据工件工艺的要求一般需要数量较多的刀具，因此，通常采用带有刀库的自动换刀装置。

5.5.2 数控铣床及铣削加工中心

5.5.2.1 概述

数控铣床是在一般铣床的基础上发展起来的，两者的加工工艺基本相同，结构也有些相似，但数控铣床是靠程序自动控制的自动加工机床，所以其结构也与普通铣床有很大的区别。数控铣床是一种用途广泛的机床，具有加工精度高、生产率高、精度稳定性好、操作劳动强度低、用途广泛等特点。它可以加工平面（水平面、垂直面）、沟槽（键槽、T形槽、燕尾槽等）、分齿零件（齿轮、花键轴、链轮）、螺旋形表面（螺纹、螺旋槽）及各种曲面，还可用于对回转体表面、内孔进行加工和进行切断工作等，适合于加工各种模具、凸轮，以及板类及箱体类零件。

一般数控铣床是指规格较小的升降台式数控铣床，其工作台宽度多在400 mm以下。规格较大的数控铣床，例如工作台宽度在500 mm以上的数控铣床，其功能已向加工中心靠近，进而演变为柔性加工单元。数控铣床多为三坐标两轴联动（也称两轴半联动，即在X轴、Y轴、Z轴三个坐标轴中，任意两轴都可以联动）的机床。一般情况下，在数控铣床上只能加工平面曲线轮廓。对于有特殊要求的数控铣床，还可以加一个回转轴或C坐标轴，即增加一个数控分度头或数控回转工作台，这种铣床的数控系统为四坐标数控系统，可用来加工螺旋槽、叶片等立体曲面零件。其在工作时，工件装在工作台上或分度头等附件上，铣刀旋转为主运动，辅以工作台或铣头的进给运动，工件即可获得所需的加工表面。

5.5.2.2　数控铣床的机械结构

1. 数控铣床的结构

数控铣床一般由以下部分组成：

(1) 基础部件；

(2) 主传动系统；

(3) 进给系统；

(4) 实现工件回转、定位的装置和附件；

(5) 实现某些部件动作和辅助功能的系统和装置,如液压系统、气动系统、润滑系统、冷却系统和排屑装置、防护装置等；

(6) 刀架或自动换刀装置；

(7) 自动托盘交换装置；

(8) 特殊功能装置,如刀具破损监控、精度检测和监控装置；

(9) 为完成自动化控制功能的各种信号反馈装置及元件。

数控铣床基础部件称为铣床大件,通常指床身、底座、立柱、横梁、滑座、工作台等,它是整台铣床的基础和框架。铣床的其他零部件或者固定在基础部件上,或者工作时在它的导轨上运动。其他机械结构的组成则按铣床的功能需要选用。

图 5-80 是数控铣床的外观。床身固定在底座上,用于安装和支承机床各部件。纵向溜板、横向工作台通过进给伺服电机控制铣床 X 轴和 Y 轴移动。电气柜中装有机床电气部分的接触器、继电器等。挡铁用于 X 轴参考点限位。

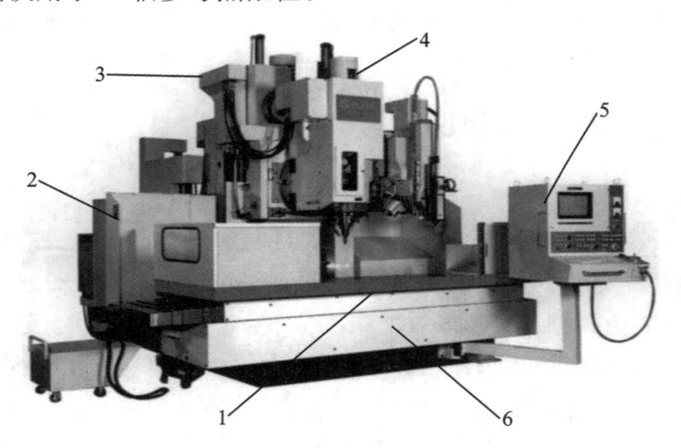

图 5-80　数控铣床外观

1—工作台;2—电气柜;3—床身;4—主轴;5—数控装置;6—底座

2. 数控铣床机械结构的特点

1) 高刚度

铣床刚度是铣床的技术性能之一,它反映了铣床结构抵抗变形的能力。根据铣床所受载荷性质的不同,其刚度性质也不同。铣床在静态力作用下所表现的刚度称为铣床的静刚度;铣床在动态力作用下所表现的刚度称为铣床动刚度。为满足数控铣床高速度、高精度、高生产率、高可靠度和高自动化水平的要求,与普通铣床相比,数控铣床应具有更高的静、动刚度,更好的抗振性。提高铣床结构刚度的主要措施有:提高铣床构件的静刚度和固有频率,改善铣床结构的阻尼特性,采用新材料和钢板焊接结构等。

2）有利于散热

由于数控铣床的主轴转速、进给速度远高于普通铣床，大切削量下产生的炽热切屑对工件和铣床部件的热传导影响远比普通铣床严重，而且热变形造成的加工误差往往难以消除。因此，一般特别重视减少热变形对数控铣床的影响。主要措施有：改进铣床布局和结构（如采用热对称结构、倾斜床身或斜滑板结构等），采用散热、风冷或液冷等装置控制温升，采用多喷嘴、大流量冷却液等对切削部位实施强冷措施，采用热变形补偿装置对热位移进行补偿，简化传动系统机械结构，采用传动效率高和无间隙的传动装置（如滚珠丝杠副、静压蜗杆副）以及低摩擦系数的导轨（滚动导轨、静压导轨等）。

5.5.2.3　数控铣床的分类

数控铣床

数控铣床的类型很多，主要有卧式铣床、立式铣床、立卧两用铣床、龙门铣床、工具铣床和各种专门化铣床等。

1. 数控立式铣床

如图5-81所示，数控立式铣床的主轴垂直于水平面，它主要用于水平面内的型面加工，增加数控分度头后，可在圆柱表面上加工曲线沟槽。数控立式铣床是数控铣床中数量最多的一种，应用范围也最为广泛。小型数控铣床的X、Y、Z方向的移动一般由工作台完成，主运动由主轴完成，即一般都采用工作台移动、升降及主轴不动等方式；中型数控立式铣床一般采用纵向和横向工作台移动方式，且主轴沿垂直溜板上下运动；至于大型数控立式铣床，因要考虑到扩大行程、缩小占地面积及增大结构刚度等技术目标，往往采用龙门架移动式结构，采用这种结构的铣床主轴可以在龙门架的横向与垂直溜板上运动，而龙门架则沿床身做纵向运动。

从机床数控系统控制的坐标数量来看，目前三坐标数控立式铣床仍占较大比例。此外，还有立式铣床的主轴可以绕X、Y、Z坐标轴中一个（或两个）轴做摆动，这种铣床称为四坐标（或五坐标）数控立式铣床。一般来说，机床控制的坐标轴越多，特别是要求联动的坐标轴越多，机床的功能、加工范围及可选择的加工对象也越多，但随之而来的是机床的结构更复杂，对数控系统的要求更高，编程难度更大，设备的价格也更高。

数控立式铣床可以通过附加数控转盘、采用自动交换台、增加靠模装置等方式来增加功能、加工对象和扩大加工范围，从而进一步提高生产率。

2. 数控卧式铣床

如图5-82所示，数控卧式铣床的主轴平行于水平面，它主要用于垂直平面内的各种型面的加工。为了扩大加工范围，数控卧式铣床通常采用增加数控转盘或万能数控转盘来实现四、五坐标加工。这样，不但工件侧面上的连续回转轮廓可以加工出来，而且可以实现在一次安装中通过转盘改变工位，进行“四面加工”。尤其是万能数控转盘可以把工件上各种不同角度或空间角度的加工面水平放置来进行加工，从而可以省去许多专用夹具或专用角度成形铣刀。对箱体零件或需要在一次安装中改变工位的工件来说，选择带数控转盘的卧式铣床进行加工是非常合适的。从制造成本的角度来考虑，现在已经较少采用单纯的数控卧式铣床，更多的是为数控卧式铣床配备自动换刀装置，形成卧式加工中心。

3. 立卧两用数控铣床

立卧两用数控铣床既可进行立式加工，又可进行卧式加工，其使用范围更大，功能更强，给用户带来了很多方便，特别适合于小批量生产。这类铣床目前正在逐渐增多。立卧两用数控铣床的主轴方向更换方法有手动和自动两种。采用数控万能主轴头的立卧两用数控铣床，其

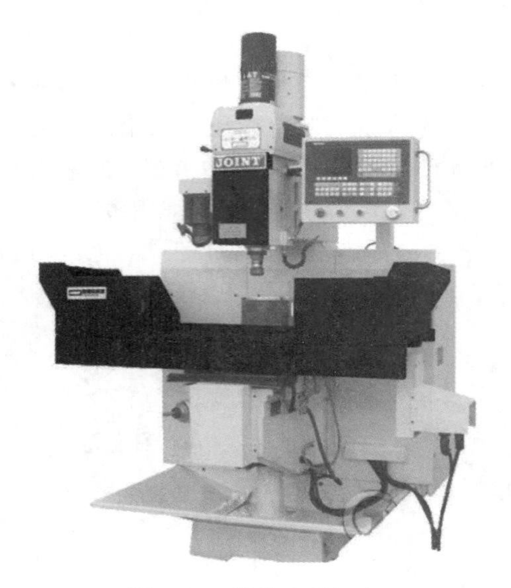

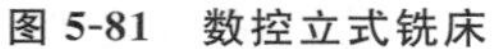
图 5-81 数控立式铣床

图 5-82 数控卧式铣床

主轴头可以任意转换方向，从而加工出与水平面成各种不同角度的工件表面。立卧两用数控铣床采用数控回转工作台时，就可以实现对工件的“五面加工”，即除工件与转盘贴合的定位面外，其他表面可以在一次装夹中全部加工完。可见，其加工性能非常优越。

4. 数控龙门铣床

大尺寸的数控铣床一般采用对称的双立柱结构，以保证机床的整体刚度和强度，这样的数控铣床称为数控龙门铣床，如图 5-83 所示。数控龙门铣床有工作台移动式和龙门架移动式两种，主要用于大中等尺寸、大中等质量的各种基础大件，以及板件、盘类件、壳体件等多品种零件的加工，工件一次装夹后即可自动高效、高精度地连续完成铣、钻、镗和铰等多种工序的加工，适用于航空设备、重机、机车、船舶、机床、印刷设备、轻纺设备和模具等的制造。

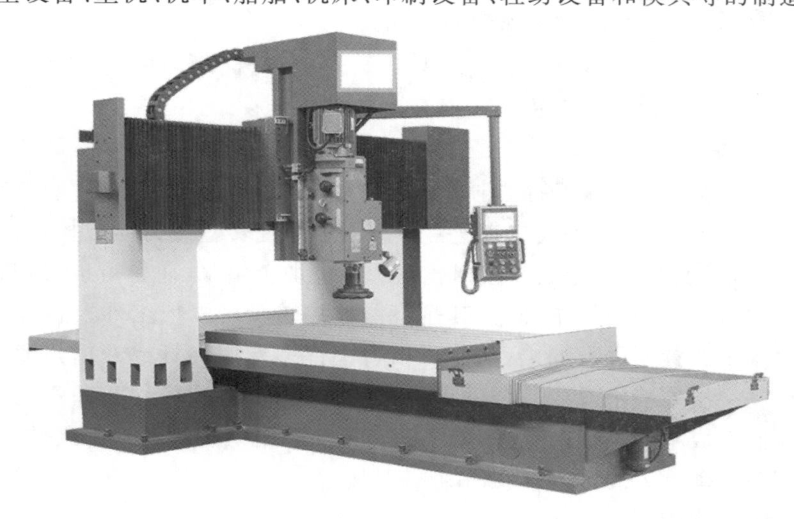

图 5-83 数控龙门铣床

5.5.2.4 加工中心

加工中心是一种具有刀库功能、能自动更换刀具、对工件进行多工序加工的数控机床。加工中心最大的特点是集铣、镗、钻、扩、铰、攻螺纹等功能于一体，有的加工中心还能加工复杂型面、挖沟槽等。在加工中心上，工件经一次装夹后，数控系统能控制机床按不同工序自动选择和更换刀具，自动改变机床主轴转速、进给量、刀具相对工件的运动轨迹及其他辅助功能，依次完成工件一个或几个面上多工序的加工。尤其是在加工形状比较复杂，精度要求较高、品种更换频繁的零件时，加工中心能体现出良好的加工效果。

1. 加工中心的分类

根据其形态，加工中心分为立式、卧式和立卧结合式。根据功能，加工中心又分为单功能式和复合式。

图5-84所示为立式加工中心。立式加工中心的主轴轴线垂直配置，适合加工小型板类、盘类、壳体类零件。

图5-85所示为卧式加工中心。卧式加工中心的主轴轴线水平配置，通常都带有可进行分度回转运动的工作台，适合加工箱体类零件。

图5-84　立式加工中心

图5-85　卧式加工中心

图5-86所示为五轴联动加工中心。其兼具立式和卧式加工中心的功能，工件一次装夹便能完成除安装面外的所有侧面和顶面等五个面的加工。

图5-87所示为车铣复合加工中心。其兼具车削机床和铣削加工中心的功能，正向多功能及智能化方向发展。

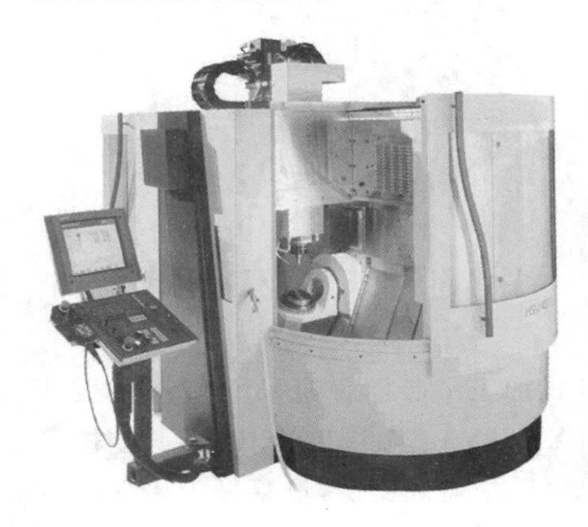

图5-86　五轴联动加工中心

图5-87　车铣复合加工中心

2. 加工中心的主要结构

1) 立式加工中心的主要结构

国外的立式加工中心一般采用双箱体模块总体布局的结构,但由于热变形的缘故,此类型机床的应用受到一定的限制。不过其若采用丝杠中空油冷补偿技术,则可以大幅度提高精度。具体方法是根据各丝杠的发热情况来调节进油量大小,以控制丝杠发热范围;或根据进给传动中关键的电机座、轴承座和丝杠座的发热情况,采集数据,找到最佳测温点,建立数学模型,经过模糊聚类分析,计算出热变形规律,进行补偿。

目前立式加工中心结构的主要发展趋势是采用新型结构,在提高机床刚度的前提下,使移动部件轻量化,减少惯性的影响。如德国 Chiron 公司的 VISION 型高速加工中心,其结构特点是采用 Λ 形并联机构、直线电机以及框形“箱中箱”结构,移动部件的质量小,从而保证了机床的高动态性能。VISION 型高速加工中心内部结构的三维实体模型如图 5-88 所示。从图中可见,两个由直线电机驱动的伸缩臂支撑着运动平台,伸缩臂的外框可绕机床框架上的支点转动,从而实现刀具沿 X 轴和 Y 轴的运动。主轴部件的滑板在伺服电机和滚珠丝杠的驱动下可在运动平台上沿 Z 轴移动。如果工作台上配置两坐标数控回转夹具,就可以进行五坐标数控加工。

国产立式加工中心结构原来很单一,结构形式多为固定立柱式、工作台为长方形,大多是主轴箱升降加工作台十字滑台传动,而今许多立式加工中心已采用双柱小龙门横梁移动式,接近于 VISION 型高速立式加工中心的结构形式,为高速高精加工奠定了基础。有的厂家的小龙门立式加工中心还设计成斜横梁结构,刚性及抗振性均比较好。还有厂家在此基础上又有了新的改进与创新,将机床总体布局为两个箱体模块,即底座箱体与立柱箱体连在一起,且双立柱之间还有肋板相连接,故机床的抗振、抗热变形性能比较好,如图 5-89 所示。

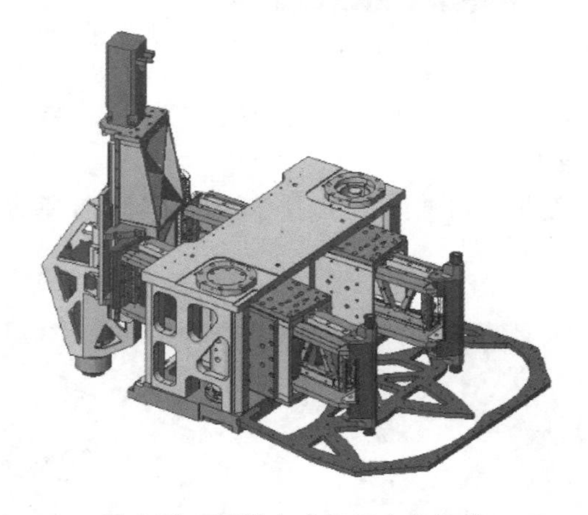

图 5-88　新型立式加工中心结构

图 5-89　双箱体模块立式加工中心

2) 卧式加工中心的主要结构

卧式加工中心是结构最易变化的机床,目前我国的卧式加工中心已普遍采用 T 形及反 T 形结构,均按加工需求不同而配置。如上海第三机床厂的 XH765A 型卧式加工中心,其立柱安放在十字滑台上,可做纵、横双向运动,这种方式能使工作台任意柔性变换,也容易为柔性制造系统配套。箱中箱结构的卧式加工中心也较为常见,如图 5-90 所示。上、下导轨做纵向运动,而主轴箱则沿运动箱的左、右导轨做垂向运动,而且采用双驱动方式。精密型卧式加工中心采用这种结构的较多。

3）五轴联动加工中心的主要结构

龙门式结构是五轴联动加工中心的主要形式。国产龙门加工中心的动梁移动技术已很成熟，有些龙门加工中心，如大连机床集团的VX32-60型龙门加工中心等还能实现自动换加工头技术。沈阳机床股份有限公司GMB3080wm型龙门动梁式镗铣加工中心，Z向动梁采用双伺服驱动形式，动态响应性好，加工精度高；滑枕导轨采用对角线过重心布置，能承受各个方向的切削力并具有较大的抗扭能力；机床可配置各种铣头，包括两轴联动铣头，以适用各类加工需要。图5-91所示的龙门加工中心的机床结构为工作台移动式，其装有铣头的高架横梁沿X方向运动，滑座沿横梁Y方向运动，铣头滑枕则沿Z方向运动。此外还装有A、C坐标联动的双摆铣头，并配置了专门开发的力矩电机，以获得更高的动态性能。

图5-90　卧式加工中心的箱中箱结构

图5-91　龙门加工中心

3. 五轴联动加工中心形式

五轴联动加工中心

五轴联动是数控技术中难度最大、应用范围最广的技术。它集计算机控制、高性能伺服驱动、精密加工技术于一体，应用于复杂曲面的高效、精密、自动化加工。五轴数控机床是航空航天、船舶、模具、精密仪器行业及军事工业的关键设备。国际上一直把五轴联动数控技术发展水平作为一个国家工业水平的标准，世界上工业发达国家如美国、日本等西方国家把该类产品作为重要战略物资，长期对中国实施限制性出口政策。目前，在这一技术方面我们虽和国际先进水平有一定的差距，但垄断已被打破。

五轴联动加工中心大多是3+2的结构形式，即X、Y、Z三个直线运动轴加上分别围绕X、Y、Z轴旋转的A、B、C三个旋转轴中的两个组成。这样，从大的方面分类，就有X、Y、Z、A、B，X、Y、Z、A、C，X、Y、Z、B、C三种形式；由两个旋转轴的组合形式来分，大体上有双转台式、转台加摆头式和双摆头式三种形式，这三种结构形式由于物理上的原因，分别决定了机床的规格大小和加工对象的范围。

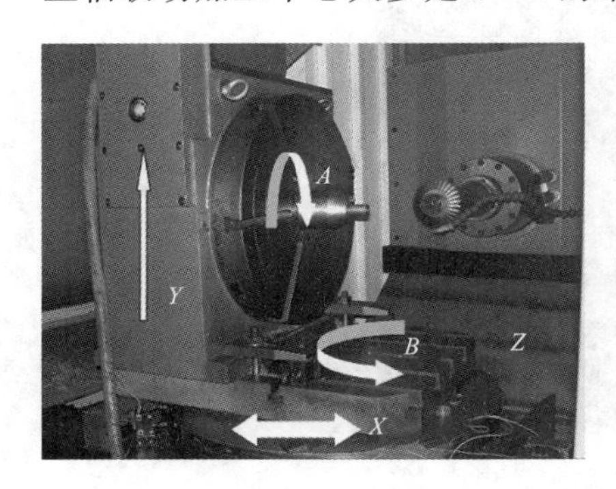

图5-92　双转台结构的五轴联动加工中心

1）双转台结构形式

图5-92所示是典型的双转台结构的五轴联动加工中心，其在B轴转台上又叠加了一个A轴转

盘，由于在加工工件时工件需要沿两个旋转方向运动，所以适合加工小型零件，如小型整体涡轮、叶轮、小型精密模具及弧形齿轮等。

2）转台加摆头结构形式

转台加摆头结构的五轴联动加工中心中，由于转台运动方向可以是 A 向、B 向或 C 向，摆头运动方向也可以是 A 向、B 向或 C 向，所以该机床可以有各种不同的组合，以适应不同的加工对象。如加工汽轮发电机的叶片，需要 A 向加上 B 向运动，其中沿 A 向运动时需要用尾座顶尖配合顶住工件，如图 5-93 所示。如果工件较长，同时直径又细，则需要两头夹住并且拉伸工件来进行加工，当然有一个必要条件是两个转台必须严格同步旋转；图 5-94 是采用 C 轴＋B 轴结构的五轴联动加工中心加工模具的照片，由于工件仅沿 C 向旋转运动，所以工件可以很小，也可以较大，直径范围可为几十毫米至数千毫米，C 轴转台的直径也可以小至 100～200 mm、大至 2～3 m，机床的质量也可为几吨至十几吨不等，甚至为数十吨。这也是一类应用十分广泛的五轴联动加工中心，其价格居中，随机器规格大小、精度和性能的不同相差很大。

图 5-93 A 轴＋B 轴结构的五轴联动加工中心加工叶片

图 5-94 C 轴＋B 轴结构的五轴联动加工中心加工模具

3）双摆头结构形式

双摆头结构的五轴联动加工中心如图 5-95 所示。此类五轴联动数控机床由于摆头中间一般有一个带有松/拉刀结构的电主轴，所以双摆头自身的尺寸不容易做小，一般为 400～500 mm，加上双摆头活动范围的需要，所以其加工范围不宜太小，而应是越大越好。一般为龙门式或动梁龙门式，龙门的宽度在 2000～3000 mm 以上为好。

图 5-95 双摆头结构的五轴联动加工中心

4）各种结构形式的特点

（1）双转台结构的五轴联动加工中心由于结构最为简单，相对价格较为低廉。就应用来讲，它是数量最多的一类五轴联动加工中心。其旋转坐标有足够的行程范围，工艺性能好。为实现端铣刀法向加工及法向钻孔、相贯加工等，须使刀具在全型面上保持法向位置，这就要求转动坐标有±(450～900)mm的行程范围，双摆头结构的五轴联动加工中心常难满足这一工艺要求。而采用双转台结构，每个转台有360°行程，故可完成全型面法向加工等许多特殊加工工艺，并且能大大提高生产率、加工精度、降低表面粗糙度。

（2）由于受结构的限制，五轴联动加工中心摆头的刚度低，成为整个机床中的薄弱环节。而双转台结构的五轴联动加工中心中，转台的刚度大大高于摆头的刚度，从而提高了机床总体刚度。

（3）双转台结构的五轴联动加工中心的转台坐标驱动功率较大，坐标转换关系较复杂；而双摆头结构的五轴联动加工中心摆头驱动功率较小，工件装卸方便且坐标转换关系简单。摆头加转台结构的五轴联动加工中心性能则介于两者之间。

4. 车铣复合加工中心

在金属切削加工领域，为了提高加工效率，缩短辅助时间，在考虑工序集成的时候，首先进行车、铣工序的集成，即在车床上增加铣削功能，或在铣床上增加车削功能，形成车铣复合加工中心，在单台机床上实现车削、铣削和镗削等加工，车铣复合加工中心在船用发动机曲轴、飞机起落架的加工中应用较为普遍。

车铣复合加工中心

图5-96为典型的车铣复合加工中心结构，其床身结构采用一定角度的整体斜置方式，同时具有车主轴和铣主轴部件。车主轴配合可横向移动的尾锥实现工件的装夹，铣主轴能沿床身横向、纵向及垂直于床身斜面方向移动，且可实现绕床身斜面法向的摆动。车削加工时，铣主轴安装车刀并周向锁死，车主轴带动工件做一定速度的旋转，实现车削加工功能，如图5-97所示；铣削加工时，铣主轴安装铣刀并设置主轴转速，车主轴夹紧工件做工件定位运动，配合铣主轴实现铣削加工，如图5-98所示；镗削加工时，铣主轴安装镗刀并周向锁死，车主轴带动工件做一定速度的旋转，实现镗削加工功能，如图5-99所示。

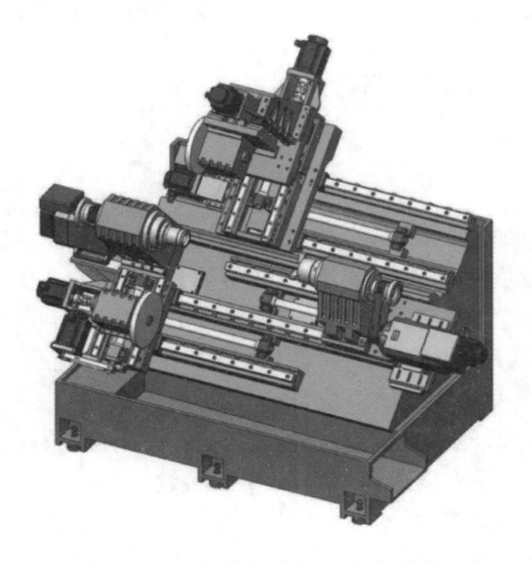

图5-96　车铣复合加工中心结构

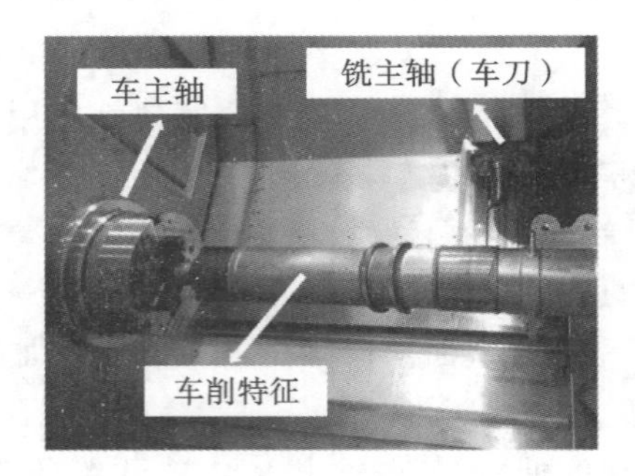

图 5-97　车铣复合加工——车削

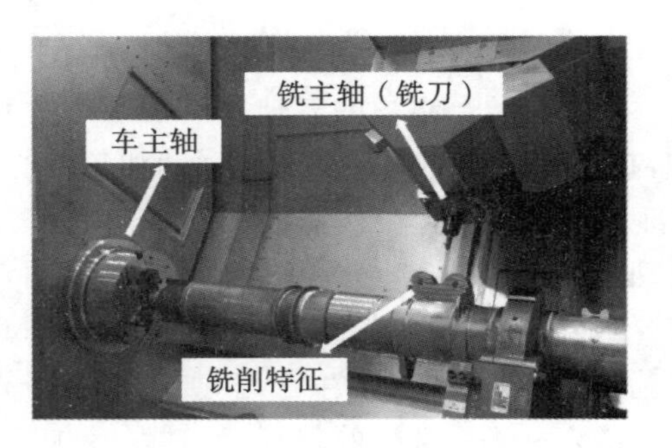

图 5-98　车铣复合加工——铣削

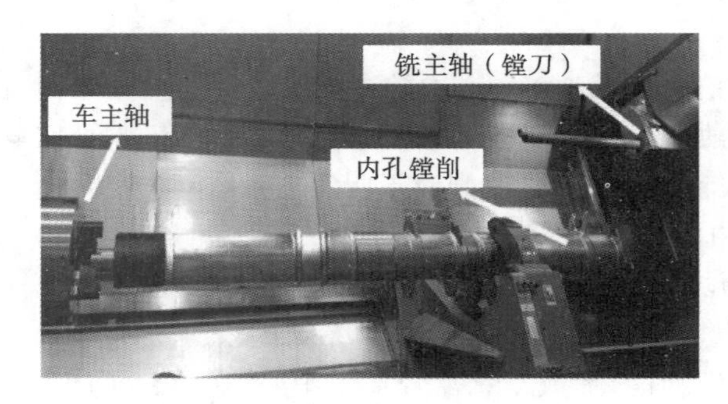

图 5-99　车铣复合加工——镗削

综上,车铣复合加工中心的加工方式和特点使其具有以下优点：

(1) 可缩短产品制造工艺链,提高生产率。车铣复合加工可以实现一次装夹完成全部或者大部分加工工序,从而大大缩短产品制造工艺链。这样一方面可减少装夹改变导致的生产辅助时间,同时也可减少工装夹具制造周期和等待时间,显著提高生产率。

(2) 可减少装夹次数,提高加工精度。装夹次数的减少避免了定位基准转化而导致的误差累积。

(3) 可减少占地面积,降低生产成本。虽然车铣复合加工设备的单台价格比较高,但由于制造工艺链的缩短和产品所需设备的减少,以及工装夹具数量、车间占地面积和设备维护费用的减少,能够有效降低总体固定资产的投资、生产运作和管理的成本。

5.5.3　数控特种加工机床

5.5.3.1　概述

1. 特种加工的概念

特种加工亦称"非传统加工"或"现代加工方法",泛指用电能、热能、光能、电化学能、化学能、声能及特殊机械能等能量达到去除或增加材料的加工方法。由于现代科学技术的迅猛发展,机械工业、电子工业、航空航天工业、化学工业等,尤其是国防工业部门,要求尖端科学技术产品向高精度、高速度、大功率、小型化方向发展,以及在高温、高压、重载荷或腐蚀环境下长期可靠地工作。为了适应这些要求,必须解决以下问题：

(1) 各种难切削材料,如硬质合金、钛合金、淬火钢、金刚石、石英以及锗、硅等各种高硬度、高强度、高韧度、强脆性的金属及非金属材料的加工问题。

(2) 各种特殊复杂型面,如喷气涡轮机叶片、锻压模等的立体成形表面,炮管内膛、喷油嘴和喷丝头上的小孔、窄缝等的加工问题。

(3) 各种超精密、光整零件，如对表面质量和精度要求很高的航天航空陀螺仪、激光核聚变用的曲面镜等零件的精细表面(形状和尺寸精度要求在 0.1 μm 以上，表面粗糙度 Ra 要求在 0.01 μm 以下)的加工问题。

(4) 特殊零件，如大规模集成电路、光盘基片、微型机械和机器人零件、细长轴、薄壁零件、弹性元件等低刚度零件的加工问题。

上述一系列问题，仅仅依靠传统的切削加工方法很难解决，有些问题甚至根本无法解决。由于生产的迫切需求，人们通过各种渠道，借助于多种能量形式，不断研究和探索新的加工方法，特种加工技术就是在这种环境和条件下产生和发展起来的。

2. 特种加工的特点

(1) 主要不是依靠机械能，而是其他的能量(如电能、热能、光能、声能以及化学能等)去除工件材料；

(2) 刀具的硬度可以低于被加工工件材料的硬度，在有些情况下，例如在激光加工、电子束加工、离子束加工等加工过程中，不需要使用任何工具；

(3) 在加工过程中，工具和工件之间不存在显著的机械切削力作用，工件不承受机械力，特别适合于精密加工低刚度零件。

3. 特种加工的意义

由于具有上述特点，特种加工技术可以不受被加工材料限制，在难切削材料、复杂型面、精细零件、低刚度零件、模具加工，快速原形制造以及大规模集成电路制造等领域发挥着越来越重要的作用，目前已成为制造领域不可缺少的重要技术，并引起了机械制造领域内的许多变革，主要体现在：

(1) 改善了材料的可加工性。工件材料的可加工性不再与其硬度、强度、韧性、脆性等有直接的关系。金刚石、硬质合金、淬火钢、石英、玻璃、陶瓷等是很难加工的，现在可以采用电火花加工、电解加工、激光加工等多种方法来加工，以制造刀具、工具、拉丝模等等；用电火花线切割加工方法加工淬火钢比加工未淬火钢更容易。

(2) 改变了零件的典型工艺路线。传统加工中，除磨削加工以外，其他的切削加工、成形加工等都必须安排在淬火热处理工序之前，这是难以违反的工艺准则。特种加工技术出现后，为了免除加工后再引起淬火热处理变形，一般都是先淬火处理后加工，如电火花线切割加工、电解加工等都必须先进行淬火处理后再加工。

(3) 大大缩短了新产品试制周期。试制新产品时，采用特种加工技术可以直接加工出各种特殊、复杂的二次曲面体零件，避免设计和制造相应的刀具、夹具、量具、模具以及二次工具，并可大大缩短新产品的试制周期。

(4) 对产品零件的结构设计产生了很大的影响。例如山形硅钢片冲模，过去常采用镶拼式结构，现在采用电火花、线切割加工技术后，即使是硬质合金的模具或刀具，也可以制成整体式结构。

(5) 对传统的结构工艺性好坏的衡量标准产生了重要影响。以往普遍认为方孔、小孔、弯孔、窄缝等是工艺性差的典型结构，是设计人员和工艺人员非常忌讳的。而对于电火花穿孔加工、电火花线切割加工，加工方孔和加工圆孔的难易程度是一样的。

5.5.3.2　数控电火花加工机床

1. 电火花加工的原理

电火花加工(EDM)是利用浸在工作液中的两极脉冲放电时产生的电蚀作用蚀除导电材料

的特种加工方法,又称放电加工或电蚀加工。图 5-100 为电火花加工系统原理图,图 5-101 所示是数控电火花加工机床。

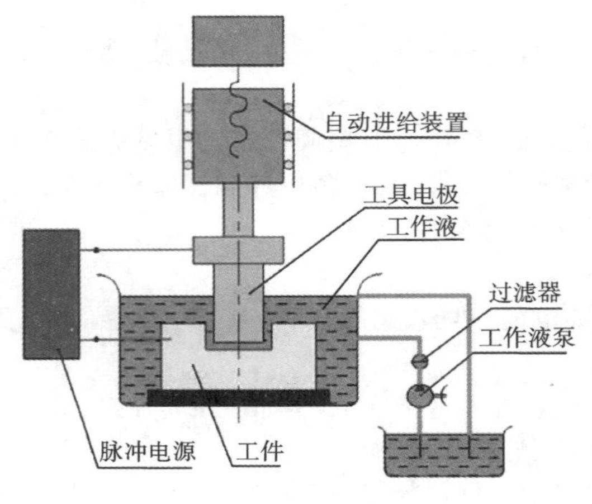

图 5-100　电火花加工原理

图 5-101　数控电火花加工机床

数控电火花加工时,工具电极和工件分别接脉冲电源的两极,并浸入工作液,或将工作液充入放电间隙。通过间隙自动控制系统控制工具电极向工件进给,当两电极的间隙达到一定量时,两电极上施加的脉冲电压将工作液击穿,产生火花放电。在放电的微细通道中瞬时聚集大量的热能,温度可高达 10000 ℃以上,压力也有急剧变化,从而使这一点工作表面局部微量的金属材料立刻熔化甚至气化,并爆炸式地飞溅到工作液中,迅速冷凝,形成固体的金属微粒,被工作液带走。这时在工件表面上便留下一个微小的凹坑痕迹,放电短暂停歇,两电极间工作液恢复绝缘状态。紧接着,下一个脉冲电压又在两电极相对接近的另一点处击穿,产生火花放电,重复上述过程。这样,虽然每次脉冲放电蚀除的金属量极少,但因每秒有成千上万次脉冲放电作用,就能蚀除较多的金属,具有一定的生产效率。在保持工具电极与工件之间恒定放电间隙的条件下,一边蚀除工件金属,一边使工具电极不断地向工件进给,最后便加工出与工具电极形状相对应的特征。因此,只要改变工具电极的形状和工具电极与工件之间的相对运动方式,就能加工出各种复杂的型面。

2. 数控电火花加工的特点

1) 电火花加工工艺方法及其特点和用途

电火花加工工艺方法及其特点和用途如表 5-2 所示。

表 5-2　电火花加工工艺方法及其特点和用途

类别	工艺方法	特点	用途	备注
1	电火花穿孔成形加工	①工具和工件间主要只有一个相对的伺服进给运动; ②工具为成形电极,与被加工表面有相同的截面或形状	①型腔加工,即加工各类型腔模及各种复杂的型腔零件; ②穿孔加工,主要是加工各种冲模、挤压模、粉末冶金模,以及各种异形孔、微孔等	约占电火花机床总数的 30%,典型机床有 D7125 型、D7140 型电火花穿孔成形机床

续表

类别	工艺方法	特　点	用　途	备　注
2	电火花线切割加工	①工具电极为顺着电极丝轴线垂直移动的线状电极； ②工具与工件在两个水平方向上同时有相对伺服进给运动	①切割各种冲模和具有直纹面的零件； ②下料、截割和窄缝加工	约占电火花机床总数的60%，典型机床有DK7725型、DK7740型数控电火花线切割机床
3	电火花内孔、外圆和成形磨削	①工具与工件间有相对的旋转运动； ②工具与工件间有径向和轴向的相对进给运动	①加工高精度、低表面粗糙度的小孔，如拉丝模、挤压模、微型轴承内环、钻套等； ②加工外圆，以及小模数滚刀等	约占电火花机床总数的3%，典型机床有D6310型电火花小孔内圆磨床等
4	电火花同步共轭回转加工	①成形工具与工件均做旋转运动，但二者角速度相等或成整倍数，相对应接近的放电点可有切向相对运动速度； ②工具相对工件可做纵、横向进给运动	以同步回转、展成回转、倍角速度回转等不同方式，加工各种复杂型面的零件，如高精度的异形齿轮，精密螺纹环规，高精度、高对称度、低表面粗糙度的内、外回转体表面等	约占电火花机床总数的1%以下，典型机床有JN-2型、JN-8型内外螺纹加工机床
5	电火花高速小孔加工	①采用细管电极(直径大于0.3 mm)，管内充入高压水基工作液； ②细管电极旋转； ③穿孔速度极高(60 mm/min)	①线切割预穿丝孔； ②加工深径比很大的小孔，如喷嘴等	约占电火花机床总数的2%，典型机床有D7003A型电火花高速小孔加工机床
6	电火花表面强化、刻字	①工具在工件表面上移动； ②工具相对工件移动	①模具刃口，刀、量具刃口表面强化和镀覆； ②电火花刻字、打印记	约占电火花机床总数的2%～3%，典型机床有D9105型电火花强化机床等

2）电火花加工的局限性

(1) 主要用于金属等导电材料的加工，但在一定条件下也可以加工半导体和非导体材料。

(2) 一般加工速度较慢，因此安排工艺时多先采用切削加工方法去除大部分余量，然后进行电火花加工以提高生产率。但最近已有新的研究成果表明，采用特殊水基不燃性工作液进行电火花加工，其生产率甚至可不亚于切削加工。

(3) 存在电极损耗。由于电极损耗多集中在尖角或底面，因此会影响成形精度。但近年来粗加工时已能将电极相对损耗比降至0.1%以下,甚至更小。

3. 数控电火花加工的应用

由于数控电火花加工具有许多传统切削加工方法所无法比拟的优点,因此其应用范围日益扩大,目前已广泛应用于机械制造(特别是模具制造)、航空航天制造以及电子、精密机械、仪器仪表、汽车、拖拉机、轻工等行业,以解决难加工材料及复杂形状零件的加工问题。加工对象包括小到几微米的小轴、孔、缝,大到几米的超大型模具和零件。在难切削材料的加工方面,由于加工中材料的去除是靠放电时的电热作用实现的,材料的可加工性主要取决于材料的导电性及其热学特性,如熔点、沸点、比热容、热导率、电阻率等,而几乎与其力学性能如硬度、强度等无关,这样可以突破传统切削加工对刀具的限制,实现用软的工具加工硬、韧的工件,甚至能加工像聚晶金刚石、立方氮化硼一类的超硬材料。

5.5.3.3　电火花线切割机床

1. 加工原理

电火花线切割机床加工的基本原理是:利用一根运动着的金属丝(直径为0.02～0.3 mm的钼丝或黄铜丝)作为工具电极,在金属丝与工件间施加脉冲电流,产生放电腐蚀,对工件进行切割加工。根据电极丝的运行速度,电火花线切割机床通常分为两大类:高速(快)走丝电火花线切割机床(WEDM-HS)和低速(慢)走丝电火花线切割机床(WEDS-LS)。图5-102所示为电火花线切割机床。

图 5-102　电火花线切割机床

1) 高速走丝电火花线切割机床

这类机床的电极丝做高速往复运动,一般走丝速度为8～10 m/s。高速走丝电火花线切割机床是我国生产和使用的主要机种,也是我国的独创。它的特点是排屑较易,加工速度较高,可加工大厚度工件,但不能对电极丝实施恒张力控制,故电极丝振动大,在加工过程中易断丝。

高速走丝电火花线切割加工一般利用钼丝做电极丝,靠火花放电对工件进行切割,如图5-103(a)、(b)为所示高速走丝电火花线切割工艺及装置的示意图。其利用细钼丝4作为工具电极进行切割,钼丝穿过工件上预钻好的小孔,经导向轮3由储丝筒1带动钼丝做正反向交替移动,加工能源由脉冲电源5供给。工件6安装在工作台上,由数控装置按加工要求发出指令,控制两台步进电机带动工作台在X、Y两个坐标方向上移动,从而合成各种曲线轨迹,把工件切割成形。加工时,当脉冲电压击穿电极丝和工件之间的放电间隙时,两极之间即产生火花放电而蚀除金属;由喷嘴将工作液以一定的压力喷向加工区,以清除废屑,提高切割速度。

2) 低速走丝电火花切割机床

这类机床的电极做低速单向运动,一般走丝速度低于0.2 m/s,这是国外生产和使用的主要机种,它的特点是加工精度高、表面质量好,但不宜加工大厚度工件。

图5-104为低速电火花线切割工艺及装置的示意图。在加工中,电极丝一方面经导向轮由储丝筒4带动做上下单向移动;另一方面,安装工件的工作台3由数控伺服X轴电机2、Y轴电

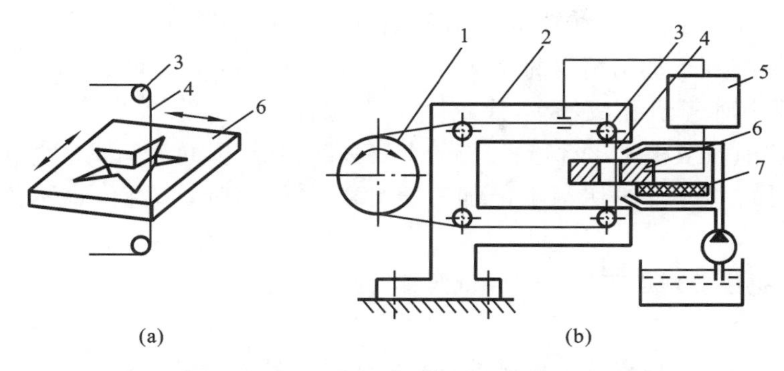

图 5-103　高速走丝电火花线切割工艺及装置示意图

1—储丝筒；2—支架；3—导向轮；4—钼丝；5—脉冲电源；6—工件；7—绝缘底板

机 11 驱动，沿 X、Y 方向实现切割进给，使电极丝沿加工图形的轮廓运动，对工件进行加工。在电极丝和工件之间加上脉冲电源 9，不断产生火花放电，使工件不断被电火花腐蚀，同时在电极丝和工件之间浇注工作液，并完成工件的加工。

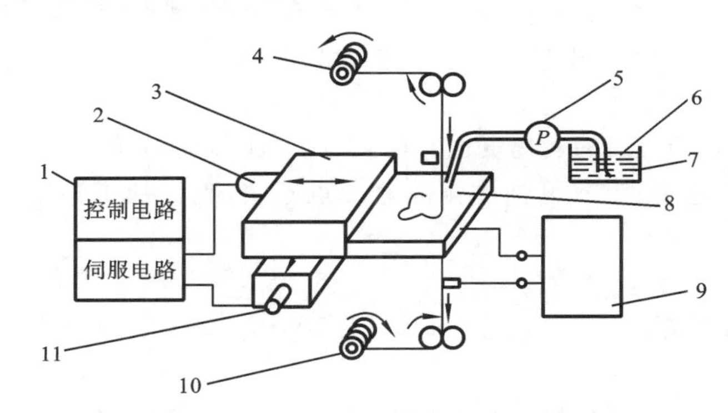

图 5-104　低速走丝电火花线切割工艺及装置示意图

1—数控装置；2—X 轴电机；3—工作台；4—储丝筒；5—泵体；6—去离子水；
7—工件液箱；8—工件；9—脉冲电源；10—收丝筒；11—Y 轴电机

2. 数控电火花线切割加工的特点

数控电火花线切割加工具有独特的工艺性，它的特点主要表现在以下几个方面。

(1) 直接利用线状的电极丝作电极，不需要制作专用电极，可节约电极的设计、制造费用。

(2) 可以加工用传统切削加工方法难以加工或无法加工的形状复杂的工件。数控电火花线切割机床加工工件时只需编制不同的控制程序，即可很容易地对不同形状的工件进行自动化加工，很适合小批量形状复杂零件、单件和试制品的加工，且加工周期短。另外，由于电极丝极细，可以加工细微异形孔、窄缝和复杂形状零件。

(3) 利用电蚀加工原理，电极丝与工件不直接接触，两者之间的作用很小，故而工件的变形小，电极丝、夹具不需要太高的强度。

(4) 工件被加工表面受热影响小，适合于加工热敏感性材料。同时，由于脉冲能量集中在很小的范围内，加工精度较高，线切割加工精度可达 0.01～0.02 mm，表面粗糙度可达 Ra 1.6 μm。

(5) 在传统的车、铣、钻加工中，刀具硬度必须比工件大，而数控电火花线切割机床的电极丝材料不必比工件材料硬，可节省辅助时间和刀具费用。

(6) 直接利用电、热能进行加工,可以方便地对影响加工精度的加工参数(脉冲宽度、间隔、电流等)进行调整,有利于加工精度的提高,便于实现加工过程的自动化控制。

(7) 工件液采用水基乳化液,成本低,不会发生火灾。

(8) 与一般切削加工相比,线切割加工的金属去除率低,因此加工成本高,不适合加工形状简单的大批量零件。另外,线切割不能加工盲孔类零件和阶梯表面,也不能加工非导电性材料。

3. 数控电火花线切割加工的工艺评价要素

1) 切割速度

线切割的切割速度主要受到放电脉冲、极性、工件材料和运动速度的影响,具体介绍如下。

(1) 单个脉冲的放电能量越大,放电脉冲越多,峰值电流越大,蚀除的材料就越多。一般来说,脉冲宽度和脉冲频率与切割速度成正比。

(2) 在放电加工中,电极的正负极的接法会导致不同的蚀除量。线切割加工时,大多数是窄脉冲加工,为了提高切割速度,工件在大多数情况下接正极。

(3) 工件材料对切割速度也有很大的影响,材料的熔点、沸点、导热系数越高,则热传导越快,能量损失越大,放电时蚀除量越小,如加工钨、钼、硬质合金等材料时的切割速度比加工钢、铜、铝时低。

(4) 电极丝的运动速度对切割速度也有较大的影响。走丝速度越快,放电区域温升越小。

(5) 工作液更新速度越快,电蚀物排除速度也越快,确保加工稳定,有利于切割速度的提高。

2) 加工精度

线切割的加工精度指加工尺寸精度、形状及位置精度等,影响加工精度的主要因素有以下几个。

(1) 机床的机械精度。如丝架与工作台的垂直度、工作台拖板移动的直线度及其相互垂直度、夹具的制造精度与定位精度等,对加工精度有直接影响。

(2) 导轮组件的几何精度与运动精度,以及电极丝张力的大小与稳定性,它们对加工区域电极丝的振动幅度和频率有影响,所以对加工精度的影响也很大。

(3) 电参数,如脉冲波形、脉冲宽度、间隙电压等对工件的蚀除量、放电间隙以及电极的损耗有极大的影响,因而会影响加工精度。

(4) 控制系统的控制精度对加工精度也有直接的影响。控制精度越高、控制越稳定,则加工精度越高。

3) 加工表面质量

线切割加工表面质量主要看工件表面粗糙度的高低及表面变质层的薄厚程度。电极丝在放电过程中不断移动时会产生振动,从而对加工表面产生不利影响。放电产生的瞬间高温使工件表层材料熔化、气化,在爆炸力作用下被抛出,但有些材料在工作液的冷却下又重新凝固,而且在放电过程中也会有少量电极丝材料溅入工件表层,所以在工件表面会产生变质层。表面加工质量主要受到以下因素的影响:

(1) 脉冲宽度与脉冲频率。脉冲宽度的大小决定了每个放电坑的体积大小。当工件的表面粗糙度低、变质层薄时,必须选用窄脉冲加工。因为脉冲频率高,放电坑穴重叠机会加大,有利于降低表面粗糙度。通常脉冲间隔均大于脉冲宽度。

(2) 材料的熔点和导热性能。熔点高、导热性好的材料，加工后表面粗糙度低于熔点低、导热性差的材料，前者的变质层厚度也小于后者。为了改善加工表面的质量，应选择合适的加工材料。

(3) 电极丝运行的平稳程度。电极丝系统运行应平稳，以减小电极丝的晃动，使电极丝在运动过程中始终保持平稳。当电极丝的张力较大且恒定时，电极丝的振动较小，加工表面的粗糙度较低。

(4) 冷却液的多少。在加工过程中，冷却液应当充足，以有效地清洁放电间隙，从而有利于提高表面加工质量，并能够有效地冷却电极丝。

4. 数控电火花线切割加工的应用范围

线切割加工为新产品试制、精密零件加工及模具制造开辟了一条新的工艺途径，主要适用于以下几个方面。

1) 模具加工

通常包括采用硬质合金、淬火钢材料的模具、样板、各种形状复杂的细小零件等，特别是冲模、挤压模、塑料模和电火花加工型腔模所用电极的加工。例如，形状复杂、常有尖角窄缝的小型凹模的型孔可采用整体结构在淬火后加工，既能保证模具的精度，又可以简化设计与制造。又如，中小型冲模过去采用分开模曲线磨削加工，现在改用电火花线切割整体加工，使配合精度提高，制造周期缩短，成本降低。此外，还可加工挤压模、粉末冶金模、弯曲模、塑压模等带锥度的模具。

2) 新产品试制

在试制新产品时，可用线切割加工方法在坯料上直接切割出零件。例如试制特殊微电机硅钢片定、转子铁芯，由于不需另行制造模具，可大大缩短制造周期、降低成本。另外修改设计、变更加工程序比较方便，加工薄件时还可多片叠在一起加工以提高加工效率。

3) 难加工零件的加工

在精密型孔、样板及其成形刀具和精密狭槽等的加工中，利用机械切削加工方法就很困难，而采用线切割加工则比较方便。目前许多数控电火花线切割机床采用四轴联动，可以加工锥体、上下异面扭转体零件，为数控电火花线切割加工技术在机械加工中的广泛应用提供了更广阔的空间。此外，不少电火花成形加工所用的工具电极(大多采用紫铜制作，机械加工性能差)也采用电火花线切割加工，并适用于加工微细复杂形状的电极。

4) 贵重金属下料

由于线切割加工用的电极丝尺寸远小于切削刀具尺寸(最细的电极丝尺寸可达 0.02 mm)，用它切割贵重金属可减少很多切缝消耗，因此降低了成本。

5.5.3.4　激光切割数控机床

1. 激光切割的原理

激光切割数控机床通过光学系统使激光聚焦成一个极小的光斑，使激光的能量密度极高，当激光照射在被加工表面时，光能被加工表面吸收并转换成热能，使工件材料达到极高的温度，在千分之几秒甚至更短的时间内被熔化和气化，从而达到材料蚀除的目的。这是一种摆脱传统的机械切割、热处理切割之类的全新切割法，与传统的切割技术相比，具有更高的切割精度和更高的生产率，并可获得更低的表面粗糙度。激光切割数控机床如图 5-105 所示。

2. 激光切割数控机床的组成

(1) 激光器　激光器是激光切割加工的重要设备，用于将电能转化成光能，产生激光束。

图 5-105 激光切割数控机床

激光切割对激光束的质量要求较高，通常大功率的 CO_2 激光束质量要优于同级别的 Nd:YAG 激光束，因此激光切割系统大部分采用 CO_2 激光器作为激光源。

(2) 光束传输系统　光束传输系统一般分为镜组传输系统和光纤传输系统。Nd:YAG 激光既可以使用镜组传输也可以通过光纤传输，CO_2 激光则只能通过镜组传输。

(3) 激光切割头　激光切割头位于光束传输系统的末端，包括聚焦透镜和切割喷嘴。

(4) 数控运动系统　它主要包括床身、能在三坐标范围内移动的工作台及数控系统。

3. 激光切割加工机床的结构特点

根据切割头与工件相对运动的方式通常将激光切割系统分为二维(平面)激光切割系统和三维激光切割系统。下面分别针对二维激光切割系统和三维激光切割系统，介绍激光切割加工数控机床的结构特点。

1) 二维激光切割系统

在二维激光切割系统中，切割头相对工件的运动总是沿着相互垂直的两个轴进行的。根据切割与工件相对运动的方式，二维激光切割系统又细分为三类：飞行光学切割系统、工件运动切割系统、飞行光学和工件运动组合的切割系统。

图 5-106(a)所示为飞行光学切割系统。其导光系统中的反射镜沿着两个相互垂直的轴运动来实现切割头相对工件的运动。由于飞行光学切割系统只控制反射镜和切割头的运动，因此可以实现很高的加工速度。

图 5-106(b)所示为工件运动切割系统。工件被固定在可做二维运动的工作台上，而切割头的绝对位置是固定不动的。这种类型的系统在切割过程中光程保持不变，从而避免了焦点飘移的问题。然而，由于移动的是工件，因而加工速度、运动行程以及被加工工件的质量和大小都要受到一定的限制。

2) 三维激光切割系统

三维激光切割系统可以沿空间轨迹加工。根据运动系统的类型可以分为激光器＋机床的三维切割系统和激光器＋机械手的三维切割系统两类。

三维激光切割加工的基本过程：在导光系统的作用下，将激光以一定的入射角度从激光器的输出窗口被引导至加工工件表面，并在加工部位获得形状、功率密度符合要求的光斑，且光

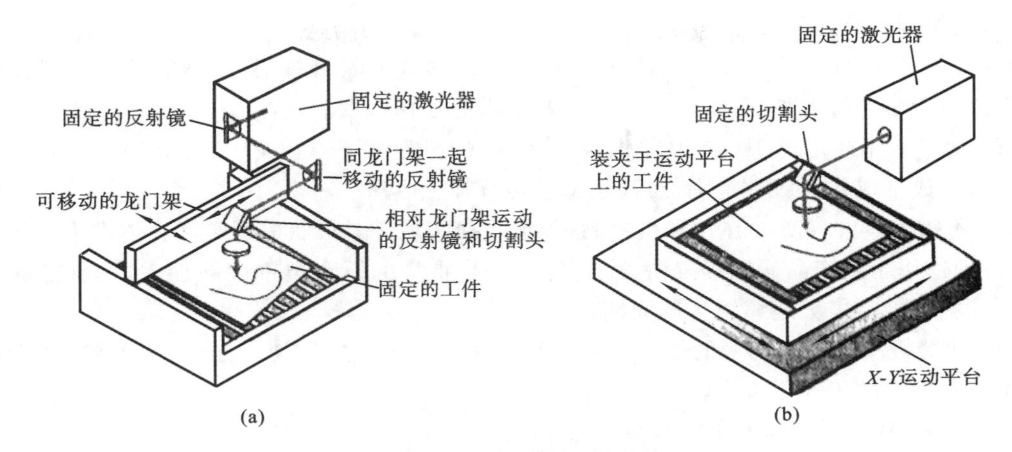

图 5-106　二维激光切割系统

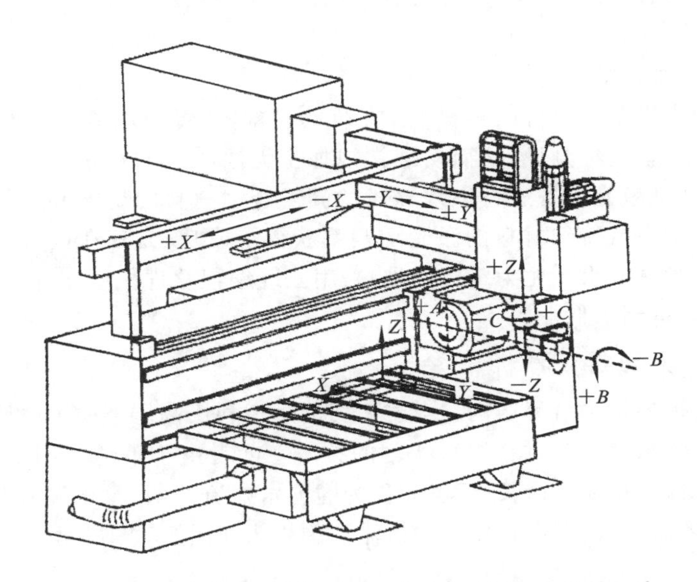

图 5-107　五轴联动全飞行光学三维激光切割加工数控机床

斑按着一定的轨迹相对工件表面运动。在这一过程中激光与工件材料相互作用，完成对工件表面的处理。图 5-107 所示为一五轴联动全飞行光学三维激光切割加工数控机床的示意图，系统通过沿 X、Y、Z 三个方向移动光路中的反射镜来改变焦点的空间位置，同时通过旋转 B、C 轴上的反射镜来改变激光出射方向，从而实现激光三维切割。

4. 激光切割加工的适用对象

激光可以切割各种各样的材料。既可以切割金属，也可以切割非金属；既可以切割无机物，也可以切割皮革之类的有机物；可以代替锯切割木材，代替剪子裁切布料、纸张，还能切割无法进行机械接触的工件，如可以从电子管外部切断内部的灯丝。由于激光对被切割材料几乎不产生机械冲击和压力，故适宜于切割玻璃、陶瓷和半导体等既硬又脆的材料。再加上激光光斑小、切缝窄，且便于自动控制，所以更适宜于对细小部件做各种精密切割。

5. 激光切割加工的优点

与传统的机械切割方式和其他切割方式如等离子切割、水切割、氧溶剂电弧切割、冲裁等相比,激光切割具有以下优点：

(1) 属于非接触光学热加工,工件可以进行任意形式的紧密排料或套裁,使原材料得到充分利用。由于是非接触加工,加工后的零件几乎没有任何形变。

(2) 加工效率高。以 1 mm 厚的铝合金板为例,切割速度可达 70～80 m/min。高效率使得单件加工成本成几何级数地降低,甚至低于传统加工方法。

(3) 不需刀具和模具。在计算机控制下,可直接实现任意形状的板类和壳体类零件的柔性加工,特别适用于新产品研制开发阶段的多品种、小批量的钣金类零件的加工,可省去高昂的模具设计、制造费,极大地缩短生产周期。

(4) 切缝极小。激光切割的切缝一般在 0.1～0.4 mm 之间,切口光洁、无毛刺,甚至可直接加工一定精度的传动用直齿轮。

(5) 热影响区非常小,几乎没有氧化层。

(6) 几乎不受切割材料的限制。

(7) 噪声小,无公害。

6. 典型激光切割加工应用

先进的三维激光设备不但可以实现车体零件的切割,还可实现整个轿车车身整体的切割、焊接、热处理、熔覆甚至三维测量,从而实现常规加工无法实现的技术要求。国际上的航空发动机企业,都采用三维激光设备进行燃烧器段的高温合金材料的切割和打孔任务。军用和民用航空器的铝合金材料或特殊材料的激光切割都获得了成功,尤其在镁合金激光切割的开裂和重熔层的研究上颇具成果。尤为重要的是,采用三维编程软件使激光加工设备的加工精度、加工效率、废品率都得到了保证。

5.5.3.5　射流切割数控机床

射流切割一般指的是水射流切割。水射流切割是指利用高压下由喷嘴喷射出的高速水射流或利用带有磨料的水射流对材料进行切割的技术。前者由于单纯利用水射流切割,切割力较小,适宜切割软材料,喷嘴寿命长;后者亦称为磨料水射流切割,由于混有磨料,切割力大,适宜切割硬材料,喷嘴磨损快,寿命较短。水射流切割机床如图 5-108 所示。

图 5-108　水射流切割机床

1. 水射流切割原理

水射流切割是直接利用高压水泵或采用水泵和增压器产生的高速高压液流对工件的冲击

作用来去除材料的。其中以纯水切割为例(还有水和磨料混合下的磨料水射流切割),利用增压器将水的压力提高至 200 MPa 以上,通过小孔形成 800 m/s 甚至速度更大的连续射流,高速射流冲击材料表面时产生极高的滞止压力而使材料失效、变形。压力越高,射流切割能力越强。

2. 水射流加工设备

目前,国外已有系列化的数控超高压水射流加工设备,但还不能做到通用,通常都是根据具体要求设计制造。水射流加工设备一般主要由供压系统、喷射系统、运动控制系统和磨料供给系统组成。

1) 供压系统

在水射流加工系统中,供压系统是整个系统的动力源,是实现材料去除的主要能量,供压系统的好坏直接影响水射流加工的效率和精度。因此要求供压系统提供的压力稳定、可靠,即供压系统应能对出现的压力波动进行有效的控制和调整。供压系统主要由加压设备、蓄能设备、压力检测与控制设备、供水系统组成。

2) 喷射系统

喷射系统是整个射流加工系统的核心部件。喷头是磨料水射流技术应用获得高能量利用率的关键因素之一,是水射流系统中把水压能转变为动能的一种装置,也是完成水射流加工的执行机构。喷头能将管路中高压而流速小的水流转化成为低压而流速高的水射流,而高速水流加速磨料粒子可使粒子获得较高的动能。

3) 运动控制系统

在精密切割加工过程中,加工设备不仅需要有高的几何精度、运动精度和定位精度,还要有较高的控制精度。水射流切割装置基本上是 X、Y 两轴坐标式,适用于平面零件轮廓切割,可利用数控装置加工出任意形状。如果利用切割头(喷嘴)上下移动和磨料流量调整,也可以加工变厚度的零件和简单的三维零件。

4) 磨料供给系统

传统磨料水射流加工是利用水射流的高速流动,使水喷嘴和磨料喷嘴之间的混合腔内空气受到抽吸,因而产生一定的真空度而将磨料吸入的,即采用真空抽吸式磨料供给方式。但这样容易将阀孔堵塞,造成磨料供给中断,而且还很难控制流量,易影响工件的切割质量。针对此缺点,可根据可控制点胶阀和螺旋输送机的原理,设计利用螺旋轴转动输送磨料的系统——螺旋式磨料供给系统。

3. 水射流加工设备的工作原理

如图 5-109 所示,水射流切割工作时,柱塞泵 1 输出压力油,经三位四通电磁换向阀 3 右位进入增压缸 5 右活塞腔,同时增压缸 5 左活塞腔的液压油经换向阀 3 左位回油箱,增压缸活塞在压力油作用下左行。一方面,增压缸内的柱塞对增压缸左侧的水介质进行增压,超高压水经单向阀 4、蓄能器 7 从喷嘴 14 喷出;另一方面,补水泵 9 将低压水经由单向阀 6 注入增压缸右侧的活塞腔。当活塞左行至行程终点位置时,霍尔接近开关发出电信号,接到行程开关发出的信号,换向阀 3 换向至右位,增压缸活塞反向(向右)运动,并对增压缸右侧的水介质进行增压,高压水经单向阀 6 进入蓄能器 7 并从喷嘴喷出。如此往复,则形成连续高速水射流。

4. 水射流切割加工的特点

水射流切割加工使用廉价的水作为工作介质,是一种冷态切割新工艺,属于绿色加工范

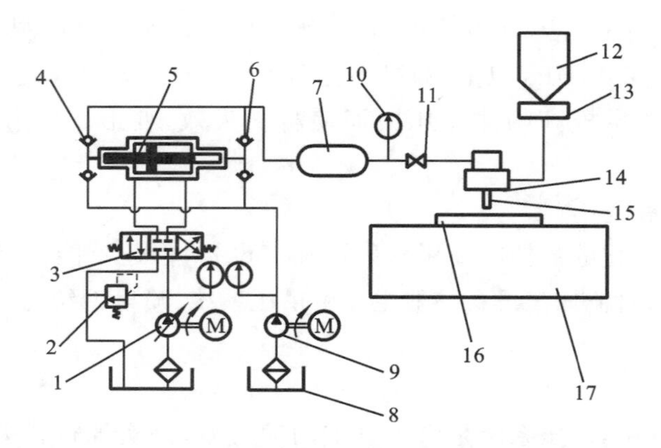

图 5-109　高压磨料水射流切割机床系统结构

1—柱塞泵;2—溢流阀;3—换向阀;4、6—单向阀;5—增压缸;7—蓄能器;8—水箱;9—补水泵;10—压力表;11—开关阀;12—磨料;13—磨料阀;14—喷嘴;15—混砂管;16—工作台;17—废料回收箱

畴,是目前世界上先进的加工方法之一。利用该方法可以加工各种金属、非金属材料,各种硬、脆、韧性材料。在石材加工等领域,具有其他工艺方法无法比拟的技术优势。

(1) 切割时工件材料不会受热变形,切边质量较好,切口平整,无毛刺,切缝窄,宽度为0.075～0.40 mm。

(2) 材料利用率高,液体的循环利用使用水量也不多,降低了成本。

(3) 在加工过程中,作为"刀具"的高速水流不会变"钝",各个方向都有切削作用,因而切割过程稳定。

(4) 切割加工时温度较低,无热变形,且不会产生烟尘、渣土等,加工产物随液体排出,故可以用来切割加工木材、纸张等易燃材料及制品。

(5) 由于切割加工温度低,不会造成火灾。"切屑"混在水中一起流出,加工过程中不会产生污染,因而较为安全和环保。

(6) 加工材料范围广。该方法既可用来加工非金属材料,也可以用来加工金属材料,而且适用于切割薄和软的材料。

(7) 加工开始时不需退刀槽、孔,工件上的任何位置都可以作为加工开始和结束的位置,与数控加工系统相结合,可以进行复杂形状的自动加工。

5. 水射流切割加工方法的应用

图 5-110 所示为采用水射流加工方法生产的钢板结构件及齿轮等零件。低熔点或易燃、易爆材料的切割,以及复合材料、防弹材料等特殊材料的一次成形切割中都广泛地应用了该项技术。

如今,水射流切割加工方法在机械制造和其他许多领域都获得了日渐增多的应用。在汽车制造与维修业,用于加工各种非金属材料,如石棉刹车片、橡胶基地毯,车内装潢材料和保险杠等;在造船行业,用于切割各种合金钢板(厚度可达 150 mm),以及塑料、纸板等其他非金属材料;在航空航天工业,用于切割高级复合结构材料、钛合金、镍钴高级合金和玻璃纤维增强塑料等,可节省 25%的材料和 40%的劳动力,并大大提高劳动生产率;在建筑装潢方面,可以用于切割大理石、花岗岩等,能雕刻出精美的花鸟虫鱼、生肖的艺术拼花图案;在食品加工方面,用于切割松碎食品、菜、肉等,可减少细胞组织的破坏,增加存放期;在纺织工业方面,用于切割多层布条,可提高切割效率,减少边端损伤。

图5-110　水射流切割加工方法的应用

5.5.3.6　数控折弯机

1. 数控折弯机的组成和工作原理

数控折弯机主要由支架、工作台和夹紧板组成。工作台由底座和压板构成，置于支架上；底座由座壳、线圈和盖板组成，通过铰链与夹紧板相连；线圈置于座壳的凹陷内，凹陷处顶部覆有盖板。使用时由导线对线圈通电，通电后对压板产生引力，从而实现对压板和底座之间薄板的夹持。由于采用了电磁力夹持，压板可以做成各种形状，从而满足多种工件的加工需求，而且可对有侧壁的工件进行加工。数控折弯机如图5-111所示。

图5-111　数控折弯机

2. 折弯机的组成及结构说明

（1）滑块部分　滑块部分由滑块、油缸及机械块微调结构组成，采用液压传动。左右油缸固定在机架上，通过液压使活塞带动滑块上下运动，机械挡块由数控系统控制调节数值。

（2）工作台部分　通过按钮盒操纵，使电机带动挡料架前后移动，并由数控系统控制移动的距离，前后位置均有行程开关限位。

(3) 同步系统　由扭轴、摆臂、关节轴承等组成的机械同步机构,其结构简单,性能稳定可靠,同步精度高。机械挡块由伺服电机调节,数控系统控制位置。

(4) 挡料机构　挡料机构采用伺服电机传动,通过链条带动两丝杠同步移动。

除以上所述的数控机床外,还有数控雕刻机、数控卷板机、数控弯管机、数控冲床、数控剪板机以及3D打印机等,这些机床解决了传统切削加工难以解决的许多问题,在提高产品质量、生产率和经济效益方面显示出很大的优越性。可以预见,随着科学技术和现代工业的发展,还会有更多结构新颖、功能独特的机床在机械行业和现代化的进程中发挥越来越重要的作用。

习　题

1. 简述数控机床主传动的特点。数控机床对主轴驱动的要求是什么?其相对普通机床有哪些特点?

2. 数控机床主轴的变速方式有哪几种?试述其特点及应用场。

3. 数控机床主轴端部的结构形式主要有哪些?

4. 数控机床主轴常用滚动轴承的结构形式有哪些?

5. 数控机床的主轴轴承有哪些配置形式?各适用于什么场合?

6. 什么是电主轴?简述电主轴的结构特点、选用方法,以及轴承的选择、润滑、冷却方式。

7. 加工中心主轴内的松、夹刀机构的工作原理是什么?

8. 主轴准停的意义是什么?

9. 什么是主轴的 C 轴功能控制?有何意义?

10. 为什么在某些数控机床上需要进行主轴的同步速度控制?

11. 数控机床的进给运动系统与传统机床相比,结构上有何特点?性能上有何特点?

12. 滚珠丝杠副传动有哪些特点?内外循环方式的结构各自有何特点?

13. 滚珠丝杠副轴向间隙调整方法有哪几种?滚珠丝杠副的支承方式有哪几种?它们分别应用于什么场合?

14. 数控机床对传动导轨的性能有哪些要求?试说明常用导轨的类型,各种类型导轨的特点及应用场合。

15. 以开环数控回转工作台为例,介绍其工作原理。

16. 数控机床的换刀装置有哪几种?简述各种换刀装置的特点及应用场合。

17. 说明机械手换刀装置的换刀过程。

数控系统的选型及应用

6.1 数控系统的设计与选型

6.1.1 数控系统装置的设计与选型

数控系统选型主要是确定数控系统的生产厂家与型号，在选型确定后可根据机床要求对数控系统功能与硬件（如操作面板的布置形式、显示器、I/O单元、机床操作面板及其布置等）进行选择。

确定数控系统厂家，除应考虑用户的要求、设计使用者的习惯与熟悉程度、配套产品的一致性以及工厂内调试设备的通用性、技术服务等方面情况外，更重要的是考虑数控系统的可靠性。由于各常用品牌数控系统的基本功能差别不大，所以合理选择适合本机床的功能，放弃可有可无或不实用的可选功能，对提高产品的功能/价格比（简称性价比）大有好处。

根据目前我国机床行业产品的性能水平、可靠性、服务以及用户的接受程度等因素综合考虑，国外FANUC公司的FS-0i系列、SIEMENS公司的808/828/840系列，以及华中数控的HNC-808/818/848系列、广州数控的980系列是目前绝大多数机床生产厂家采用的数控系统。

下面将详细介绍数控系统选型需要考虑的几点主要因素。

6.1.1.1 类型与性能的选择

根据数控机床类型选择相应的数控装置。一般来说，数控装置有适用于车、钻、镗、铣、磨、冲压、电火花切割等各种加工类型的，应有针对性地进行选择。而不同数控装置的性能高低差别很大：控制轴数可为1、2、3、4、5，甚至10及以上；联动轴数可为2、3及以上；最高进给速度可为24 m/min、48 m/min、60 m/min或100 m/min；分辨率可为0.01 mm、0.001 mm以及0.0001 mm。指标不同，价格亦不同，应根据机床实际需要进行选择，如一般车削加工选用两轴或四轴（双刀架）控制，平面零件加工选用三轴以上联动。

6.1.1.2 功能的选择

数控系统的功能包括基本功能（即数控装置必备功能）与选择功能（即供用户选择的功能）。选择功能类型较多，目的不一，如解决不同加工对象的加工问题，提高加工质量，方便编程，改善操作和维修性能等。且部分选择功能之间存在相关性，选择某一项时还必须选另一项。因此要根据机床的设计要求来选择，避免多选或漏选功能，使数控机床功能降低，造成不必要的损失。

6.1.1.3　价格与技术服务的选择

不同国家、制造厂家生产的不同规格产品，在价格上有很大差异，应在满足控制、性能、功能要求的基础上，综合分析性价比，选择性价比高的数控装置，以便降低成本。

在选择符合技术要求的数控装置时，还要考虑生产厂家的信誉，产品使用说明等文件资料是否齐全，能否为用户安排培训编程、操作和维修人员，有无专门的技术服务部门，能否长期提供备件和及时的维修服务，以利发挥技术经济效益。

6.1.1.4　典型案例

1. 案例一

CK7525 型数控车床床身主体如图 6-1 所示。要求：具备两轴联动功能，可实现第三轴或 C 轴功能，并能实现双通道及加工测量功能；可加工各种内外圆柱面、圆锥面、圆弧面、公英制螺纹等；需配有八工位液压刀架、液压卡盘、液压尾座及机床液压站，可满足不同零件加工需求；需安装自动防护门，确保操作人员的安全；能用于多品种、中小批量产品的加工。

图 6-1　CK7525 型数控车床床身主体

选择思路：

1）类型与性能的选择

CK7525 型数控车床所选数控系统应为车床系统，能实现两轴联动功能，可实现第三轴或 C 轴功能并能实现双通道及加工测量，且控制精度高。

2）功能的选择

CK7525 型数控车床需具备加工各种内外圆柱面、圆锥面、圆弧面、公英制螺纹等的功能。

3）价格与技术服务的选择

CK7525 型数控车床为全功能数控车床，在满足功能及性能前提下需考虑成本。

常见华中 8 型数控系统配置如表 6-1 所示。

表 6-1　华中 8 型数控系统配置信息表

数控系统	HNC-808T	HNC-818A	HNC-818B	HNC-848
最大通道数	1	2	2	10
最大可控进给轴数	4	9	9	64
标配进给轴数	2	2/3	2/3	5
标配主轴数	1	1	1	1
功能特点	具备全功能车床所需功能、车床第三轴功能、C 轴功能；稳定性好、性价比高	具备加工中心及车削中心功能、车床第三轴功能、C 轴功能、加工测量功能；双通道；稳定性好、性价比高	具备加工中心及车削中心功能、C 轴功能、加工测量功能；双通道	具备车削复合、多轴多通道功能；稳定性强、加工精度高

HNC-818AT 型数控系统（见图 6-2(a)）能实现两轴联动功能，可实现第三轴或 C 轴功能，并能实现双通道及加工测量等性能要求，且其适用于全功能车床，具备各种数控车床所需功能，综合性价比高，故选择其为 CK7525 型全功能数控车床（见图 6-2(b)）的数控系统。

图 6-2　HNC-818AT 型数控系统与 CK7525 型全功能数控车床整机

2. 案例二

T-500 型钻攻中心采用伺服主轴，X、Y、Z 三向进给均由伺服电机驱动滚珠丝杠实现。要求：具备三轴联动功能，并可根据用户要求，提供数控转台，实现四坐标联动；具有汉字显示、三维图形动态仿真、双向式螺距补偿、小线段高速插补功能，以及通过软硬盘、RS232 接口、网络等多种途径输入程序的功能；独有的大容量程序加工功能；不需要 DNC，可直接加工大型复杂型面零件;适合用于加工工具、模具,能满足航空航天、电子、汽车和机械制造等行业对表面形状复杂的零件和型腔零件的大、中、小批量加工需求。

选择思路:

1) 类型与性能的选择

T-500 型钻攻中心所选数控系统应为加工中心系统,能满足三轴联动、四轴联动等性能要求。图 6-3 所示为 T-500 型钻攻中心床身主体。

2) 功能的选择

需具备汉字显示、三维图形动态仿真、双向式螺距补偿、小线段高速插补功能,以及通过软硬盘、RS232 接口、网络等多种途径输入程序的功能,能进行表面形状复杂的零件和型腔零件的大、中、小批量加工。

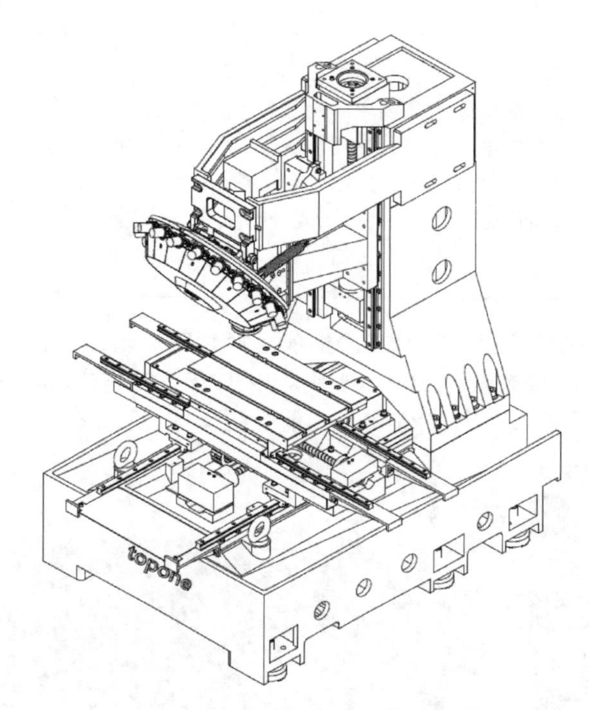

图 6-3　T-500 型钻攻中心床身主体

3) 价格与技术服务的选择

T-500 型钻攻中心可选择 FANUC 数控系统、华中 8 型数控系统。常见 FANUC 数控系统配置如表 6-2 所示。

表 6-2　FANUC 数控系统配置信息表

数控系统	0i-MD	0i-TD	0i-PD	0i-Mate-MD	0i-Mate-TD
最大可控制路径数	1	2	1	1	1
最大总控制轴数	8	11	7	6	6

续表

数控系统	0i-MD	0i-TD	0i-PD	0i-Mate-MD	0i-Mate-TD
最大可控进给轴数	7	9	7	5	5
最大可控制主轴数	2	4	0	1	2
性能特点	具备 AICCⅡ、加加速控制、刀具管理以及倾斜面分度等功能	具有基于伺服电机的主轴控制、刚性攻螺纹回退、刀具管理以及 AICCⅡ等功能	高性能的伺服控制，可在保障冲压效果的同时提高冲压效率；具备冲压轴控制、直线/圆弧冲压、Y 轴间隙消除等功能	与 β 伺服系统进行组合，使系统具有超群的性能价格比	与 β 伺服系统进行组合，使系统具有超群的性价比
适用机床	铣床、加工中心	通用车床及双路径车床	冲床	经济型加工中心和平面磨床	经济型车床和外圆磨床

FANUC 0i-Mate-MD 数控系统为加工中心系统，如图 6-4(a)所示，可以进行三轴联动，能实现四坐标联动，且可与 β 伺服系统进行组合，使机床具有超群的性能价格比，相较于其他国外进口系统性价比高，故选择其为 T-500 型钻攻中心（见图 6-4(b)）的数控系统。

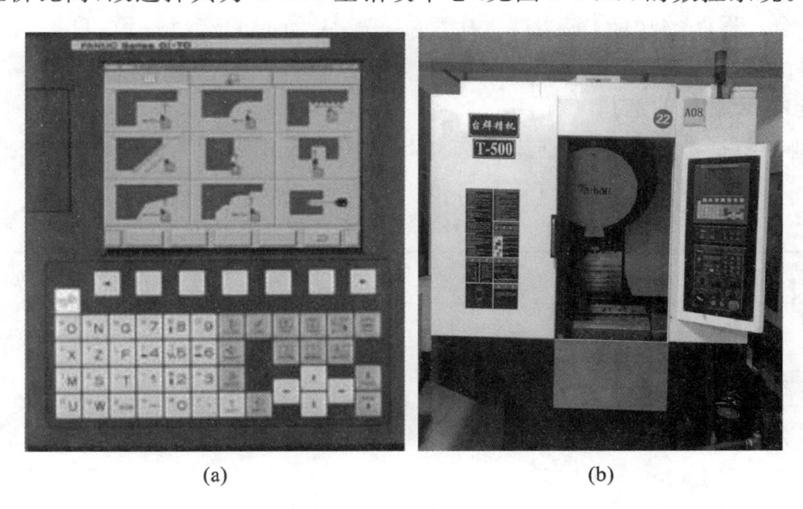

(a)　(b)

图 6-4　FANUC 0i-Mate-MD 数控系统和 T-500 型钻攻中心整机

3. 案例三

SP2506 型半防护数控龙门镗铣床（见图 6-5），是集现代机电技术为一体的高科技产品，是加工工艺范围广泛、精度及生产率高的大重型数控机床。具备三轴联动功能，刚性好、精度高、可靠性强、操作方便、造型美观，且配以功能附件（3＋2 工作台）能实现五轴联动；能实现大中型零件多工作面的铣、钻、镗，攻螺纹及曲面加工等多工序加工；属于工程机械、机车车辆、矿山设备、水轮机、汽轮机、船舶、钢铁设备、军工装备、环保设备等机械制造工业的加工设备。

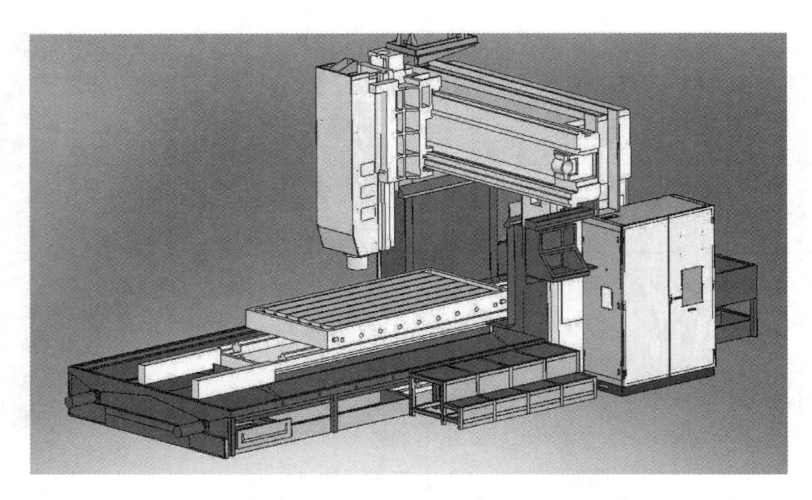

图 6-5 SP2506 型半防护数控龙门镗铣床结构

选择思路：

1）类型与性能的选择

SP2506 型半防护数控龙门镗铣床所选数控系统应为铣床系统，能实现三轴联动和五轴联动，满足刚性好、精度高、可靠性强、操作方便等性能要求。

2）功能的选择

需具备汉字显示、三维图形动态仿真、双向式螺距补偿、小线段高速插补功能，以及通过网络等多种途径输入程序的功能，能实现大中型零件多工作面的铣、钻、镗，攻螺纹及曲面加工等多工序加工。

3）价格与技术服务的选择

SP2506 型半防护数控龙门镗铣床可选择 SIEMENS 数控系统、FANUC 数控系统、华中 8 型数控系统等，各种类型系统的配置信息如表 6-3 所示。

表 6-3 SIEMENS 数控系统配置信息

数控系统	808D	828D	840D sl
最大通道数	1	1	30
最大总控制轴数	4	8	93
性能特点	7.5 彩色显示屏，基于 SIMATIC S7-200	8.4/10.4 彩色显示屏，基于 SIMATIC S7-200	最大 19 彩色显示屏，基于 SIMATIC S7-200
适用机床	车床、铣床	车床、铣床、加工中心	多工艺系统

SIEMENS 828D 数控系统为高档数控系统，如图 6-6(a)所示，它能实现三轴联动和五轴联动加工要求，具备刚性好、精度高、可靠性好、功能全、操作方便等性能特点，且能实现大中型零件多工作面的铣、钻、镗，攻螺纹及曲面加工等多工序加工。该数控系统相较于其他国外进口系统性价比高，故选择其为 SP2506 型半防护数控龙门镗铣床(见图 6-6(b))的数控系统。

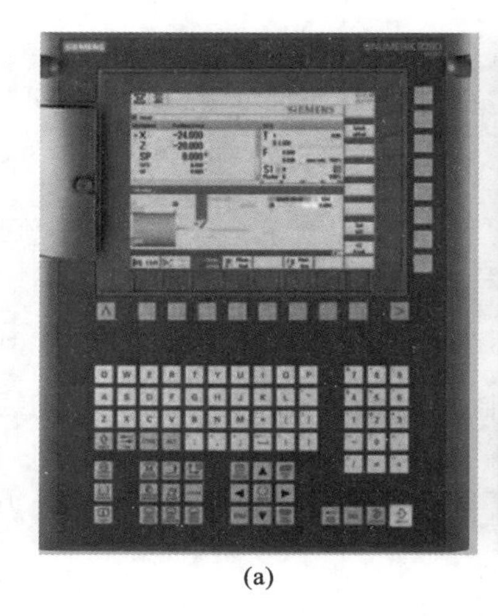

(a)

(b)

图 6-6　SIEMENS 828D 数控系统和 SP2506 型半防护数控龙门镗铣床

6.1.2　伺服电机与驱动装置选型

伺服电机是数控机床领域中使用较为广泛的电机，通常用于精度较高的速度或位置控制部件的驱动。

6.1.2.1　伺服电机选型原则

伺服电机选型主要是选择进给驱动电机，选择时需要考虑机械部分的传动结构与电机的匹配、电机的运转速度、机床的加减速时间，以及电机的停止距离等因素。在选型中需要注意以下原则：

(1) 连续工作转矩小于伺服电机额定转矩；

(2) 瞬时最大转矩小于伺服电机最大转矩(加速时)；

(3) 惯量比小于电机规定的惯量比；

(4) 连续工作速度小于电机额定转速。

6.1.2.2　伺服电机选型计算

1. 确定传动机构

选型计算前，先确定传动机构。

不同的机构所采用不同的公式来确定各机构零件的细节，如滚珠丝杠的长度、导程，以及带轮直径等。

1) 典型机构示例

图 6-7 为典型的传动机构示例。

滚珠丝杠机构的参数有：负载质量 m(kg)、滚珠丝杠导程 P(mm)、滚珠丝杠直径 D(mm)、滚珠丝杠质量 m_B(kg)、滚珠丝杠摩擦系数 μ、传动效率 η。

2) 直线电机

直线电机是一种不需要任何中间转换机构，就能将电能直接转换成直线运动机械能的传动装置。

在直线电机的选型计算中需注意以下因素。

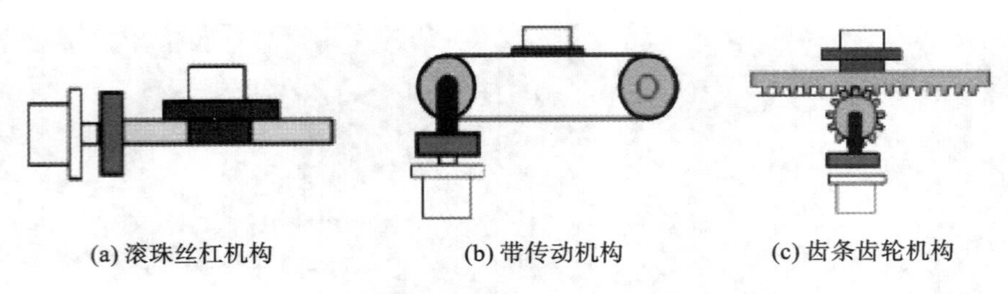

图 6-7　典型机构示例

(1) 电机推力计算：峰值推力应不小于计算峰值推力，连续推力应不小于计算连续推力。计入 20%裕度，则电机推力需大于或等于 1.2 倍的计算推力。

(2) 电机承载能力：对于有铁芯的电机要考虑直线导轨有足够的能力承载电磁吸力，以及足够的精度等级。

(3) 光栅选择：需考虑光栅栅距、分辨率，注意最大允许速度=分辨率×采样频率。

(4) 驱动器选择：需保证峰值电流大于或等于直线电机峰值电流，连续电流大于或等于直线电机峰值电流。

2. 确定运转模式

确认所需加减速时间、匀速时间、停止时间、循环时间、移动距离等。运转模式对电机的容量选择有很大的影响，除有特殊需要外，在考虑将加减速时间、停止时间尽量取得大时，就可选择小容量的电机。图 6-8 所示为运转速度曲线。

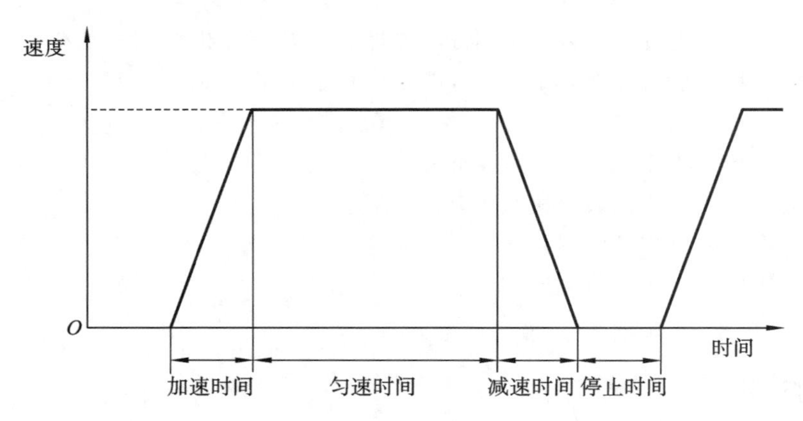

图 6-8　运转速度曲线

运转模式参数包括：负载移动速度 v(mm/s)、行程 L(mm)、行程时间 t_S(s)、加减速时间 t_A(s)、定位精度 A_P(mm)。

3. 负载惯量和惯量比

结合各机构计算负载惯量(请参照普通的惯量及其计算方法)。

滚珠丝杠的转动惯量计算式为

$$J_B=\frac{m_B D^2}{8}\times 10^{-6}\quad (\mathrm{kg\cdot m^2})$$

式中：m_B——滚珠丝杠的质量。

负载惯量计算式为

$$J_W = m\left(\frac{P}{2\pi}\right)^2 \times 10^{-6} + J_B \quad (\mathrm{kg \cdot m^2})$$

式中：m——负载质量。

换算到电机轴的负载惯量为

$$J_L = G_2(J_W + J_2) + J_1 \quad (\mathrm{kg \cdot m^2})$$

式中：G_2——系数。

用所选的电机的转动惯量除以惯量，得到惯量比。

按照通常的标准，750 W 以下的电机惯量比在 20 以下，1000 W 以上的电机惯量比在 10 以下。若要求快速响应，则需更小的惯量比；若加速时间允许为数秒，就可采用更大的惯量比。

4. 计算转速

电机转速计算公式为

$$n = \frac{60v}{P} (\mathrm{r/min})$$

最高转速通常要在额定转速以下，使用电机的最高转速时需注意转矩和温升。

5. 计算转矩

力矩是使物体转动状态产生变化的因素，即在不为零的外力矩作用下，原来静止的物体将开始转动，原来转动的物体转速将发生变化。转动力矩常称为转矩或扭矩。转矩又可以分为以下三种。

1）峰值转矩

运转过程中（主要是加减速时）电机所需的最大转矩即峰值转矩，通常为电机最大转矩的 80%以下。

2）移动转矩

电机长时间运转所需的转矩即移动转矩，通常在电机额定转矩的 80%以下。图 6-9 为滚珠丝杠机构的移动转矩计算示意图。

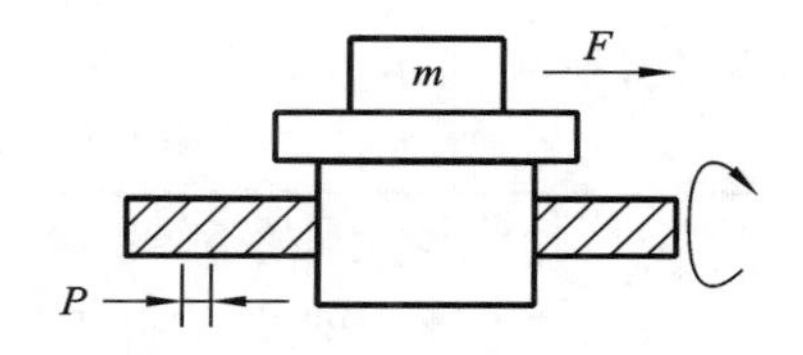

图 6-9　滚珠丝杠机构的移动转矩计算示意图

移动转矩计算式为

$$T_f = \frac{P}{2\pi\eta}(\mu g m + F)$$

式中：m——质量（kg）；

η——机械部分的效率；

P——导程（m）；

μ——摩擦系数；

F——外力（N）；

g——重力加速度，$g = 9.8\ \mathrm{m/s^2}$。

3）有效转矩

运转、停止全过程中所需转矩的平方平均数的单位时间数值，即有效转矩，通常也在电机的额定转矩的 80%以下。有效转矩计算式为

$$T_{rms} = \sqrt{\frac{T_a^2 t_a + T_f^2 t_b + T_d^2 t_d}{t_c}}$$

式中：T_a——加速时转矩（N·m）；

t_a——加速时间（s）；

T_f——移动转矩(N·m);

t_b——匀速时间(s);

T_d——减速时转矩(N·m);

t_d——减速时间(s);

t_c——循环时间(s),即运转时间+停止时间。

6. 编码器及抱闸

选择合适的编码器,目前数控机床常用的编码器包括增量式编码器与绝对式编码器。

选择合适的抱闸装置,目前数控机床垂直轴均需要使用抱闸装置。

7. 选择电机

选择能满足以上第3~5项条件的电机。

6.1.2.3 驱动器选型

驱动单元选配电机以电流匹配为原则,以过载倍数为参考,此时需要参考的电气性能指标有:驱动单元额定输出电流(I_{ns})、驱动单元短时最大输出电流(I_{ms})、驱动单元额定输出功率(P_{os})、伺服电机额定相电流(I_{om})、伺服电机额定功率(P_{nm})以及过载倍数 K。

驱动单元与电机匹配时要注意:$I_{ns} \geqslant I_{om}$,$K = I_{ms}/I_{om}$ ($1.5 \leqslant K \leqslant 3.0$),$P_{os} > P_{nm}$。

在对动态响应要求较高、负载惯量比较高的场合,过载倍数 K 宜取较大值。

6.1.2.4 典型案例

现有数控铣床使用FANUC系统,主轴为水平轴,传动方式为滚珠丝杠1∶1传动。其他参数:质量为1000 kg,丝杠 D=40 mm、L=1000 mm、P=12 mm,快速进给速度为36 m/min。表6-4、表6-5所示均为FANUC伺服电机的性能参数,表6-6所示为FANUC伺服电机的部分尺寸参数,图6-10所示为对应的尺寸参数示意图。

表 6-4 FANUC 伺服电机性能参数(一)

电机名称	额定转速/(r/min)	最高转速/(r/min)	额定功率/(kW)	额定转矩/(N·m)	最大转矩/(N·m)	转动惯量/(kg·m²)
αiS 8/4000	4000	4000	2.3	8	32	0.0012
αiS 8/6000	6000	6000	2.2	8	22	0.0012
αiS 12/4000	4000	4000	2.5	12	46	0.0023
αiS 12/6000	6000	6000	2.2	12	52	0.0023

表 6-5 FANUC 伺服电机性能参数(二)

电机名称	额定转速/(r/min)	最高转速/(r/min)	额定功率/(kW)	额定转矩/(N·m)	最大转矩/(N·m)	转动惯量/(k·m²)
βiS 8/3000	2000	3000	1.2	7	15	0.0012
βiS 12/2000	2000	2000	1.4	10.5	21	0.0023
βiS 12/3000	3000	3000	1.8	11	27	0.0023

1) 电机选型

选择思路:

确认传动机构为滚珠丝杠机构,传动比为1∶1。

通过已知数据计算相关参数。

（1）摩擦负载为

$$F_{\mathrm{f}}=1000\times(0.012/6.28)\times9.8\times0.1\ \mathrm{N\cdot M}=1.87\ \mathrm{N\cdot m}$$

摩擦负载需要在额定转矩的 30%以内，可知以上型号都符合。

（2）负载惯量为

$$J_{\mathrm{W}}=1000\times(0.012/6.28)^{2}+765\times0.04^{4}\times1=0.00561$$

负载惯量应为电机惯量的 3 倍左右，由表 6-4、表 6-5 可知 αiS 8、αiS 12、βiS 12 均符合要求。

（3）快速进给旋转速度为

$$n=36/0.012\ \mathrm{r/min}=3000\ \mathrm{r/min}$$

αiS 12/4000、βiS 12/3000 的额定转速符合要求。

（4）快速进给时间常数＝快速进给旋转速度×0.105×总计转动惯量/最大转矩。对于 αiS 12/4000，快速进给时间常数为 3000×0.105×0.00789/40＝0.062 s；对于 βiS 12/3000，快速进给时间常数为 3000×0.105×0.00789/20＝0.124 s，足够。

该数控铣床主轴为水平轴，不需抱闸装置。

表 6-6　FANUC 伺服电机尺寸参数

图号	电机型号	A	C	D	E		F	G	H	I	J		K	L	M
					锥轴	直轴					锥轴	直轴			
1	βiS 2/4000	90	66.2	100	37	32	75	130	80	6.6	11	10	—	—	119
1	βiS 4/4000	90	66.2	100	44	30	111	166	80	6.6	14	14	—	—	155
1	βiS 2/4000 B	90	66.2	100	37	32	75	159	80	6.6	11	10	—	—	148
1	βiS 4/4000 B	90	66.2	100	44	30	111	195	80	6.6	14	14	—	—	184
2	βiS 8/3000	130	75	145	58	55	108	166	110	9	16	19	90	31	155
2	βiS 12/2000	130	75	145	58	55	164	222	110	9	16	24	90	31	211
2	βiS 12/3000	130	75	145	58	55	164	222	110	9	16	24	90	31	211
2	βiS 8/3000 B	130	75	145	58	55	133	191	110	9	16	19	90	31	180
2	βiS 12/2000 B	130	75	145	58	55	189	247	110	9	16	24	90	31	236
2	βiS 12/3000 B	130	75	145	58	55	189	247	110	9	16	24	90	31	236

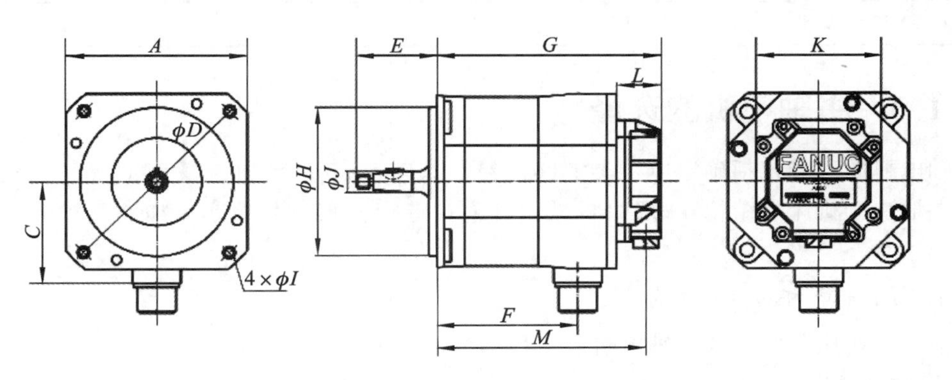

图 6-10　FANUC 伺服电机尺寸参数示意图

综合考虑性价比因素,最终选择的电机为 βiS 12/3000。

2) 伺服驱动选型

表 6-7 所示为 FANUC 伺服驱动(220 V)系列参数,表 6-8 所示为 FANUC 电机组(220 V)系列,表 6-9 所示为 FANUC 伺服驱动参数。

表 6-7　FANUC 伺服驱动(220 V)系列参数

伺服驱动(单轴)	输出电流/A	峰值电流/A	电　机　组
βiSV4	1.5	4	A
βiSV20	6.5	20	B
βiSV40	13	40	C

表 6-8　FANUC 电机组(220 V)系列参数

电机组 A	电机组 B	电机组 C
βiS 0.2/5000、βiS 0.3/5000	βiS 12/3000	βiS 22/2000

最后所选驱动电机为 βiS V20。

表 6-9　FANUC 伺服驱动参数

<table>
<tr><th>轴数</th><th>接口类型</th><th>放大器名称</th><th>伺服放大器额定输出电流/A</th><th>伺服放大器最大输出电流/A</th><th>动力电源输入容量/(kV·A)</th><th>放大器尺寸/mm</th></tr>
<tr><td rowspan="8">单轴</td><td rowspan="4">FSSB</td><td>βiSV 4</td><td>1.5</td><td>4</td><td>0.2(0.3)</td><td>W75×H150×D172</td></tr>
<tr><td>βiSV 20</td><td>6.5</td><td>20</td><td>2.8(1.9)</td><td>W75×H150×D172</td></tr>
<tr><td>βiSV 40</td><td>13</td><td>40</td><td>4.7</td><td>W60×H380×D272</td></tr>
<tr><td>βiSV 80</td><td>19</td><td>80</td><td>6.5</td><td>W60×H380×D272</td></tr>
<tr><td rowspan="4">I/O Link</td><td>βiSV 4</td><td>1.5</td><td>4</td><td>0.2(0.3)</td><td>W75×H157×D172</td></tr>
<tr><td>βiSV 20</td><td>6.5</td><td>20</td><td>2.8(1.9)</td><td>W75×H157×D172</td></tr>
<tr><td>βiSV 40</td><td>13</td><td>40</td><td>4.7</td><td>W60×H380×D272</td></tr>
<tr><td>βiSV 80</td><td>19</td><td>80</td><td>6.5</td><td>W60×H380×D272</td></tr>
<tr><td rowspan="2">双轴</td><td rowspan="2">FSSB</td><td>βiSV 20/20</td><td>6.5/6.5</td><td>20/20</td><td>2.7</td><td>W60×H380×D172</td></tr>
<tr><td>βiSV 40/40</td><td>13/13</td><td>40/40</td><td>4.8</td><td>W90×H380×D172</td></tr>
</table>

6.1.3　主轴电机的选择

主轴电机的选择包括确定电机类型、安装形式、转速、功率和加减速时间等。电机类型和安装形式取决于机床的结构,一般由机械设计人员选定,而转速、功率与加速度则需要通过计算确定。

6.1.3.1　电机类型的确定

目前数控机床上常用的主轴电机有三种类型。

1. 变频调速主轴电机

使用变频器实现电机的调速(即机床主轴的变速),主轴没有定向准停要求的机床,如铣床、车床等都采用这种变频调速主轴电机，其特点是价格较低廉。

2. 主轴伺服电机

用于主轴有定向准停要求、高转速要求以及有刚性攻螺纹功能要求的机床，如加工中心、高档数控机床。

3. 电主轴

电主轴具有结构紧凑、质量小、惯性小、噪声低、响应快等优点，而且转速高、功率大，可简化机床设计，易于实现主轴定位，是高速主轴单元中的一种理想结构。电主轴轴承采用高速轴承技术，耐磨耐热，其寿命是传统轴承的几倍。

6.1.3.2　电机转速的选择

主轴电机转速选择包括确定电机的额定转速与最高转速。在相同的最高转速下，主轴电机的额定转速决定了主轴的恒功率输出范围，它是反映机床实际切削加工能力的指标。在生产成本、安装尺寸许可情况下，原则上应尽量选择额定转速较低的电机，以提高切削能力。

对于传动比可变的主轴系统，还需要考虑因传动变换而带来的主轴功率下降，并保证功率下降在允许范围之内。

6.1.3.3　电机功率的选择

主轴电机的输出功率应根据机床的“切削能力”指标计算后确定，机床的切削能力一般以每分钟能切削的典型金属材料（如45钢）的体积 Q 来衡量。

（1）车削能力计算公式：

$$Q=\frac{\pi DdF}{1000}$$

式中：Q——每分钟切削体积（cm^3/min）；

D——平均切削直径（mm）；

d——切削深度（mm）；

F——切削进给速度（mm/min）。

（2）铣削能力计算公式：

$$Q=\frac{WdF}{1000}$$

式中：W——切削宽度（mm）；

d——铣削深度（mm）。

其余参数与车削能力计算公式中一致。

（3）钻孔能力计算公式：

$$Q=\frac{\pi(D/2)^2F}{1000}$$

式中：D——钻孔直径（mm）。

其余参数与车削能力计算公式中一致。

得出切削能力后，可根据公式 $P=Q/(\eta\cdot M_r)$ 计算出输出功率，其中 η 为机械传动装置效率（见表6-10），M_r 为单位功率切削能力。

单位功率切削能力与刀具材料、切削用量、工件材质、硬件等因素有关，对于常规加工可参考表6-11。

表 6-10　常用机械传动装置效率

传动装置类型	传动效率
同步带(单级)	0.95～0.97
齿轮传动(单级)	0.90～0.95
行星齿轮传动(单/双级)	0.88～0.94
齿轮传动(多级)	0.80～0.88
摆线齿轮传动(单级)	0.85～0.90
谐波齿轮传动	0.80～0.90
涡轮传动	0.7

表 6-11　常规加工的单位功率切削能力参考用表

工件材质	硬度	单位功率切削能力 M_r/(cm^3/(min·kW))					
		车削，主轴进给速度为每转 0.12～0.38 mm，高速钢或硬质合金刀具		铣削，进给速度为每齿 0.12～0.3 mm，硬质合金刀具		钻削，主轴进给速度为每转 0.05～0.3 mm，高速钢刀具	
		锋利	钝化	锋利	钝化	锋利	钝化
碳素钢 合金结构钢 工具钢	85～200 HBW	25	19.6	25	19.6	27.4	21
	35～40 HRC	19.6	16.1	18.2	14.4	19.6	16.1
	40～50 HRC	18.2	14.4	15.2	12.5	16.1	13
	50～55 HRC	13.6	10.9	13	10.5	13	10.5
	55～58 HRC	8	6.5	10.5	8.5	10.5	8.5
铸铁	110～190 HBW	39.1	30.5	45.7	34.2	27.4	22.9
	190～320 HBW	19.6	16.1	25	19.6	17.1	13.6
不锈钢	135～275 HBW	21	17.1	19.6	16.1	25	19.6
	30～45 HRC	19.6	16.1	18.2	14.4	22.9	18.2
硬化不锈钢	150～450 HBW	19.6	16.1	18.2	14.4	22.9	18.2
钛合金	250～375 HBW	22.9	18.2	25	19.6	25	19.6
耐高温合金	200～360 HBW	10.9	8.7	13.6	10.9	13.6	10.9
铁合金	180～320 HBW	17.1	13.66	17.1	13.6	22.9	18.2
钨钢	321 HBW	9.8	7.7	9.4	7.6	10.5	8.2
钼钢	229 HBW	13.6	10.9	17.1	13.6	17.1	13.6
铌钢	217 HBW	16.1	13	18.2	14.4	19.6	16.1
镍合金	80～360 HBW	13.6	10.9	14.4	11.9	15.2	12.5
铝合金	20～150 HBW	110	91.5	85.7	68.6	171.5	137.2
锰合金	40～90 HBW	171.5	137.2	171.5	137.2	171.5	137.2

续表

工件材质	硬　　度	单位功率切削能力 M_r/(cm³/(min·kW))					
		车削，主轴进给速度为每转 0.12～0.38 mm，高速钢或硬质合金刀具		铣削，进给速度为每齿 0.12～0.3 mm，硬质合金刀具		钻削，主轴进给速度为每转 0.05～0.3 mm，高速钢刀具	
		锋利	钝化	锋利	钝化	锋利	钝化
铜	80 HRB	27.4	22.9	27.4	22.9	30.5	25
铜合金	80～100 HRB	27.4	22.9	27.4	22.9	34.2	27.4

主轴电机功率计算实例如下。

例 6-1　假设某数控车床要求能够利用高速钢刀具，对硬度为 180 HBW、直径为 100 mm 的钢件进行单边 3 mm 以上的切削。主轴传动采用多级齿轮变速，传动效率取 0.8，计算主轴电机功率。

对于通常情况，高速钢刀具加工硬度为 180 HBW 的钢件，其切削速度可取 30 m/min，主轴每转进给量为 0.3 mm，因此各量如下：

主轴转速为

$$n=\frac{v}{\pi D}=\frac{30\times1000}{\pi\times100}\ \text{r/min}=95\ \text{r/min}$$

进给速度为

$$F=0.3\times95\ \text{mm/min}=29\ \text{mm/min}$$

车削能力为

$$Q=\frac{\pi DdF}{1000}=\frac{\pi\times100\times3\times29}{1000}\ \text{cm}^3/\text{min}=27.33\ \text{cm}^3/\text{min}$$

主轴功率为

$$P\geqslant\frac{Q}{\eta M_r}=\frac{27.33}{0.8\times25}\ \text{kW}=1.37\ \text{kW}$$

选择电机时注意：以上主轴功率是主轴转速为 95 r/min 时得到的，并非主轴在额定转速下的最大输出功率。假设车床在低速挡的传动比为 6∶1，即要求主轴电机在 570 r/min 时输出功率为 1.37 kW，如果选择额定转速为 2000 r/min 的电机，则电机的额定功率必须为

$$P_e\geqslant2000/570\times1.37\ \text{kW}=4.8\ \text{kW}$$

因此可以选择额定转速 2000 r/min、额定功率 5.5 kW 的主轴电机。

例 6-2　假设某加工中心要求能利用高速钢刀具，对硬度为 180 HBW 的钢件，钻直径为 25 mm 的孔。主轴采用一级(1∶1)同步齿形带传动，传动效率取 0.95，计算主轴功率。

对于通常情况，用高速钢刀具对硬度为 180 HBW 的钢件进行钻孔加工，其切削速度可以取为 21 m/min，主轴每转进给量为 0.3 mm，因此计算得各量如下：

主轴转速为

$$n=\frac{v}{\pi D}=\frac{21\times1000}{\pi\times25}\ \text{r/min}=267\ \text{r/min}$$

进给速度为

$$F=0.3\times 267\ \text{mm/min}=80\ \text{mm/min}$$

钻孔能力为

$$Q=\frac{\pi(D/2)^2F}{1000}=\frac{\pi(25/2)\times 80}{1000}\ \text{cm}^3/\text{min}=39.27\ \text{cm}^3/\text{min}$$

主轴功率为

$$P\geqslant\frac{Q}{\eta M_r}=\frac{39.27}{0.95\times 27.4}\ \text{kW}=1.5\ \text{kW}$$

选择电机时需注意：以上主轴功率是在主轴转速为 267 r/min 时得到的，并非在额定转速下的最大输出功率。所以当主轴电机与主轴 1∶1 连接，选择额定转速为 2000 r/min 的主轴电机时，功率应达到 11.3 kW；选择额定转速为 1500 r/min 的主轴电机功率时，功率应达到8.43 kW。

6.2　数控系统的连接及调试

6.2.1　数控机床电气系统调试

数控系统的主要功能是把预先编制的数控程序转换成各坐标轴的机械位移。在轴位移的过程中，好的动态特性和稳定性是驱动系统稳定高效运行的关键，特别是在模具高速加工中，要求系统具有良好的动态、静态特性。在机床调试时，伺服驱动器会给各轴设定对应的预设参数(缺省值)。这些参数一般是用于保证数控系统正常运行的参数，没有相应的量化指标及数据。伺服驱动优化的目的就是利用相关调试工具，获取各轴的相关数据及曲线表，进而在现有的基础上尽可能地提高系统的动态特性。

6.2.1.1　调试工具

目前国内外主流品牌数控系统的调试工具不尽相同，但其作用都是针对各轴运动特性进行性能优化。

(1) FANUC 数控系统：采用 SERVO GUIDE 伺服调试软件。

(2) MITSUBISHI 数控系统：采用 NV Analyzer 伺服分析软件。

(3) SIEMENS 数控系统：采用 SINUMERIK Commissioning 调试优化软件。

(4) HNC 数控系统：采用 Servo Self Test Tools(SSTT)伺服调整工具。

以上各软件都可实现伺服参数设定、圆度测试，刚性攻螺纹测试，以及各坐标轴位置、跟踪误差、加速度、电流等数据的采样及优化。以下以华中数控的伺服调整工具 Servo Self Test Tools(简称 SSTT)为例，简要介绍数控系统调试和优化方法。

SSTT 主要用于配套华中数控 HNC-8 型总线式数控系统的机床在线调试、诊断，也可作为一种离线数据分析工具。其连接方式如图 6-11 所示。

SSTT 软件功能界面如图 6-12 所示，其主要功能如下。

(1) 数据采样：提供给用户快捷的基本数据(如位置、速度、电流等)采样和用户自定义数据(可以是任意数据)采样。

(2) 测试功能：包括圆度测试、刚性攻螺纹测试和轮廓测试功能。

(3) 图形操作：使用户能进行波形曲线缩放、局部框选放大、回放等操作，以便对采样特征点进行全局和局部分析。

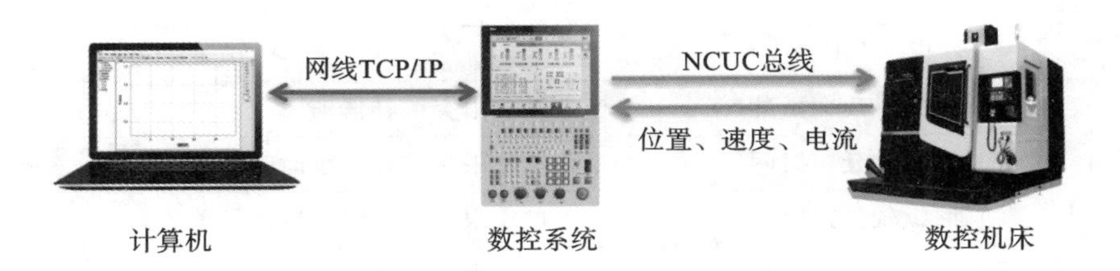

图 6-11　SSTT 连接方式示意图

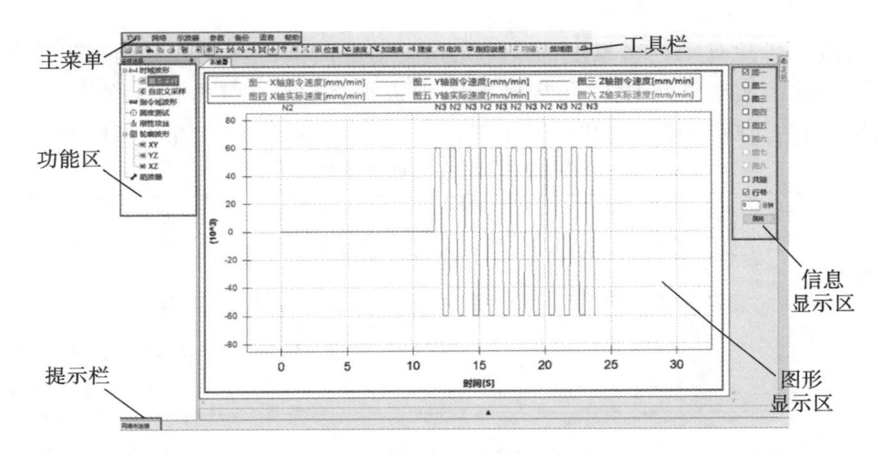

图 6-12　SSTT 软件功能界面

(4) 数据分析：根据采样数据绘制出相应的波形曲线，并根据波形数据智能分析得出一系列量化指标值。

(5) 参数调整：支持在线读取数控系统参数、伺服参数，并进行实时参数设置。

(6) 文件导入和导出：支持用户保存采样数据，并在离线模式下导入采样数据文件，用于观察波形，对波形进行任意放大、缩小操作，以此进行数据分析。

(7) 图形对比：支持两个示波器文件的图形数据对比，也支持在线采集的波形与离线保存的数据波形文件对比。

6.2.1.2　进给伺服驱动系统调试优化

进给伺服驱动系统优化体现为进给轴的优化。进给轴优化分为单轴优化、同步轴优化及圆度测试优化等。伺服参数优化对于提高进给轴响应速度、跟随精度和抗干扰性等具有重要作用。进给伺服驱动系统调试优化的典型案例为调试圆的圆度误差以及摩擦力补偿，圆度测试的目的是输出圆度误差波形以及相应的量化指标。表 6-12 所示为根据圆度测试的量化指标进行伺服参数调整的方法。

表 6-12　伺服参数调整方法

序　号	指　标	调 整 方 法
1	伺服不匹配度	伺服不匹配度大于 0：增加 Y 轴位置比例增益，或减小 X 轴位置比例增益。伺服不匹配度小于 0：增加 X 轴位置比例增益，或减小 Y 轴位置比例增益

续表

序　号	指　标	调整方法
2	横轴、纵轴反向跃冲	输入过象限突跳补偿值
3	横轴、纵轴延时时间	输入过象限突跳补偿延时时间值
4	横轴、纵轴加速时间	输入过象限突跳补偿加速时间值
5	横轴、纵轴减速时间	输入过象限突跳补偿减速时间值

6.2.1.3　主轴系统调试优化

主轴系统调试优化有刚性攻螺纹调试优化与主轴定向调试优化。利用 SSTT 的刚性攻螺纹调试功能可以输出刚性攻螺纹的同步误差时域波形图,以及刚性攻螺纹的相关量化指标。根据量化指标,刚性攻螺纹调试时共有三个参数需要配置,具体含义如表 6-13 所示。

表 6-13　刚性攻螺纹参数

序　号	参　数	说　明
1	攻螺纹轴轴号	攻螺纹轴的逻辑轴号,默认为 Z 轴(轴 2)
2	旋转轴轴号	旋转轴的逻辑轴号,默认为 C 轴(轴 5)
3	螺距	C 轴每转一圈,Z 轴所产生的位移(此位移为矢量,注意正负号)

华中数控系统电气调试除进给伺服系统调试外,还有 I/O 调试和传感器调试,具体可参见华中数控系统用户手册。

6.2.2　误差测量及补偿

数控机床误差补偿法大致可以分为以下几类:硬件静态补偿法、数控代码补偿法、系统参数补偿法、快速刀具伺服机构补偿法、位置环反馈补偿法和坐标偏置补偿法。

目前,主流数控系统都提供了多种误差补偿功能来补偿机床的各项误差,包括定位误差、垂直度误差、热误差等。其中 FANUC 31i 数控系统主要利用三维误差补偿原理,应用多体系统理论,以 21 项几何误差作为误差源,建立机床空间误差模型,设置相关系统参数,在 MATLAB 环境下实现补偿算法,确定机床的 21 项几何误差后,生成补偿值列表进行补偿以及实验验证;在 SIEMENS 840D 数控系统的补偿方法中,螺距误差补偿主要用于补偿机床单轴的定位误差;根据机床精度和实际加工要求不同,华中 8 型数控系统相继开发了空间几何误差补偿功能、综合误差补偿功能和热误差补偿功能。

6.2.2.1　空间误差补偿

数控机床误差补偿步骤一般分为:机床误差源的分析检测;误差综合数学模型的建立;误差元素的辨识和建模;误差补偿执行;误差补偿效果评价。

1. 几何误差元素定义

(1) 线性误差:也称定位误差,指机床移动部件沿轴线方向的实际位置与理想位置的偏差。

(2) 直线度误差:指机床移动部件沿坐标轴移动时,偏离该轴轴线的程度。

(3) 转角误差:指机床部件沿某一坐标轴移动时绕其自身坐标轴或其他坐标轴旋转而产生的误差。其中:绕其自身坐标轴旋转而产生的误差为滚动误差;在运动平面内旋转而产生的误差称为偏摆误差；在垂直于运动平面的平面内旋转而产生的误差为俯仰误差。

(4)垂直度误差：机床 X、Y、Z 三个坐标轴之间的垂直偏差。

2. 空间误差检测方法

误差检测是误差建模及补偿研究的基础。数控机床误差检测方法分为两种：直接测量法和间接辨识法。

直接测量法即直接测出单项几何误差，因受制于测量仪器，直接测量法仅能测量线性定位误差。

间接辨识法研究较为广泛，综合误差测量参数辨识法主要应用于多轴联动的数控机床，检测时先用测量仪器对运动轨迹上多个测量点的综合误差进行测量，然后通过数学模型对测得的综合误差进行误差辨识和分离，从而得到所需要的误差源。该方法的重点在于辨识模型正确辨识出单项误差。

间接辨识法主要分为人工装置测量法和对角线法两大类。其中，对角线法是通过测量指定直线的线性位移误差，再利用数学方法求得各个误差元素，又分为二十二线法、十五线法、十四线法、十二线法和九线法。

3. 空间误差补偿的实现

1）线性误差补偿

影响数控机床线性误差的因素很多，在机床制造误差、装配误差存在的情况下，主要从进给轴反向间隙造成的反向间隙误差、螺距不均匀造成的螺距误差两个方面进行线性误差补偿。

线性误差补偿模块的实现：由激光干涉仪测量得到测量轴的精度指标，可知反向间隙平均值和各测量点的线性误差值，将其反向叠加到数控插补指令中，抵消部分误差，通过修正后的插补指令来控制进给运动，使其更加接近理想指令。

(1) 反向间隙误差补偿　根据螺距误差补偿方式的不同选择是否进行反向间隙补偿。对于反向间隙大小的控制可采取调整和预紧的方法，先减少部分间隙。对于剩余的间隙，若进行单向螺距误差补偿，则要先对机床进行反向间隙补偿。可利用激光干涉仪测出反向间隙值，将误差值作为参数输入数控系统，当坐标轴接收到反向指令时，数控系统调用间隙补偿程序，自动将间隙补偿值叠加到运行程序中。即进给换向运动时先按平均反向误差值运行一段，控制电机多走一段距离(这段距离等于间隙)，再按照数控指令进行运动。

(2) 螺距误差补偿　反向间隙补偿值是固定的，能够在一定程度上提高数控机床的重复定位精度和定位精度。为了使数控机床能够达到更高的重复定位精度，还需要采用另一种更好的补偿手段，即螺距误差补偿。

螺距误差补偿分为双向补偿和单向补偿两种方式。若采用单向螺距误差补偿，要在反向间隙误差补偿后进行；若采用双向螺距误差补偿，要禁用反向间隙误差补偿功能。线性定位误差主要是由于机床丝杠的螺距误差而产生的，误差值与当前轴位置相关，且运动轴与补偿轴为同一轴。为实现线性定位误差补偿，必须首先根据误差曲线采样建立补偿值序列，该序列是行程范围内等间距点处补偿值的集合。

得到补偿值序列后，当前运动轴在各位置处的补偿值按线性插值法计算得到，其方法如图 6-13 所示。

实施补偿时，补偿值会与当前运动轴指令坐标叠加，因此当补偿值为正值时会促使当前轴朝正方向移动。

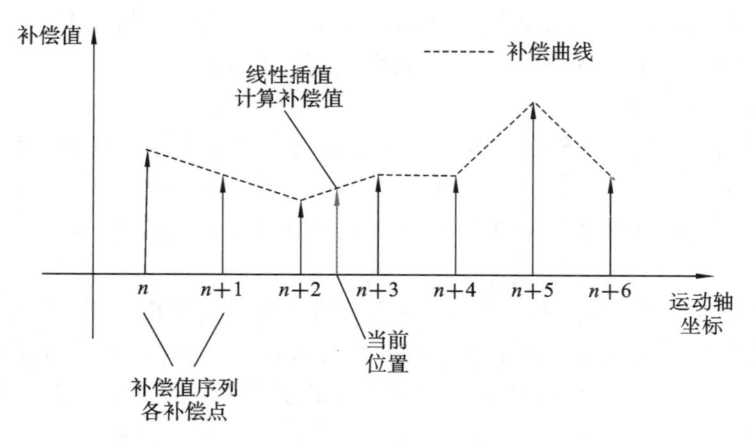

图 6-13　线性插值计算当前位置补偿值

2）直线度误差补偿

直线度误差补偿与线性位移误差补偿类似，不同之处在于直线度误差补偿的运动轴与补偿轴并非同一轴，根据当前运动轴位置计算得到的补偿值将会与指定的补偿轴指令坐标叠加。

3）转角误差补偿

以 X 轴上测量的角度为例，如果测量位置的 Y 坐标为 y_0、Z 坐标为 z_0，那么 X、Y、Z 轴的偏移量分别为

$$d_X=(y-y_0)\sin\alpha+(z-z_0)\sin\beta$$

$$d_Y=(z-z_0)\sin\varphi$$

$$d_Z=(y-y_0)\sin\varphi$$

式中：α——偏摆角；

β——俯仰角；

φ——滚动角。

余弦误差忽略不计。在转角补偿时首先要将角度补偿量转换成各个轴的位移量，然后与该轴的其他误差量叠加。

4）垂直度误差补偿

由于机床三个坐标轴 X、Y、Z 互相垂直，故数控机床还存在三个垂直度误差。垂直度误差如图 6-14 所示。从图中可以看出，当两轴正向夹角大于 90°时垂直度误差为正，小于 90°时为负。由于垂直度误差与机床运动轴位置无关，因此不需要建立补偿值序列。

为了利用数控系统实现垂直度误差补偿，需将垂直度、角度误差转化为各轴上的位移误差。图 6-15 所示为垂直度误差造成的基准坐标轴和移动坐标轴上的位移偏差。

由图 6-28 可知，X 轴与 Y 轴的垂直度误差为 θ。当在 Y 方向上移动时，在垂直度误差的影响下，X 轴、Y 轴方向上分别产生移动偏差，其中：

$$\Delta x = L\sin\theta,\quad \Delta y = L - L\cos\theta$$

基于小误差假设，有 $\sin\theta=\theta$，$\cos\theta=1$，得出 $\Delta x=L\theta$，$\Delta y=0$，即在 Y 方向移动时，X 轴、Y 轴之间的垂直度误差会造成 X 轴方向上的位移偏差，在 Y 轴方向上的位移偏差忽略不计。

由此可得出，在数控系统中针对垂直度误差的机床位移补偿量计算公式如下：

$$\text{补偿值}=\text{运动轴坐标}\times\text{垂直度误差}$$

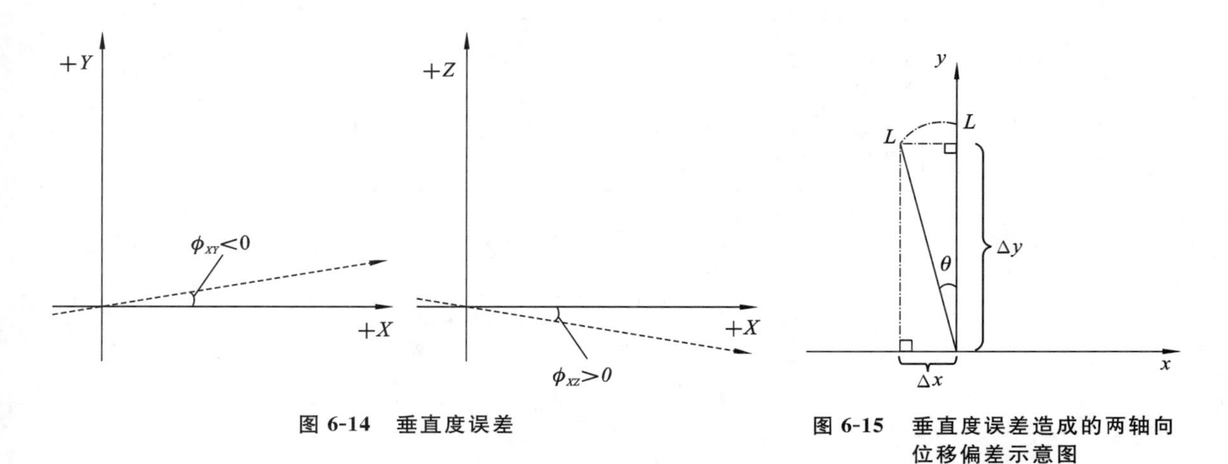

图 6-14　垂直度误差

图 6-15　垂直度误差造成的两轴向位移偏差示意图

假设机床 X 轴与 Y 轴的垂直度误差为 θ，当以 X 轴作为补偿轴时，补偿值 $\mathrm{Com}p_{\mathrm{X}}=y\theta$，其中 y 为运动轴 Y 当前位置坐标。

对垂直度误差补偿不需要建立补偿值序列，其结构如表 6-14 所示。该表描述了机床各轴之间的垂直度关系。

表 6-14　垂直度误差补偿表

参　数　名	参数值范围
误差补偿类型	0～6
垂直度误差	－2147483648～2147483647(0.001°)

表 6-14 中各参数含义如下：

①误差补偿类型　补偿类型由运动轴(误差产生轴)、补偿轴共同决定，取值含义如下：0 表示无垂直度误差补偿，1 表示 X-Y 垂直度误差(第一项表示运动轴，第二项表示补偿轴)垂直度误差，2 表示 X-Z 垂直度误差，3 表示 Y-X 垂直度误差，4 表示 Y-Z 垂直度误差，5 表示 Z-X 垂直度误差，6 表示 Z-Y 垂直度误差。

②垂直度误差　该参数用于计算垂直度误差补偿值。

6.2.2.2　热误差补偿

探究机床热误差的形成机理首先要分析机床的热源。机床的热源主要分为内部热源与外部热源，其中：内部热源主要包括切屑、运动部件、驱动电机等；外部热源包括光照热源、辐射热源等。由于金属具有热胀冷缩的热特性，当机床处于工作状态时，在机床内外部热源的共同作用下，机床工艺系统产生热变形，从而引起机床的热误差。

图 6-16 所示为机床热误差的形成机理。在机床内外部热源的共同作用下产生的热量通过辐射、对流、传导等方式传递给零部件并引起温升，进而形成零部件热变形，使刀具和工件间的位置误差增大，从而影响工件的加工精度。

综上所述，机床热误差形成的基本过程可总结为：热源→温升→热变形→热误差。

以下讨论热误差补偿的实现。

1. 热误差实验平台的构建

搭建机床热误差实验平台，目的在于研究机床的热因素对空间精度的影响规律，为开展机

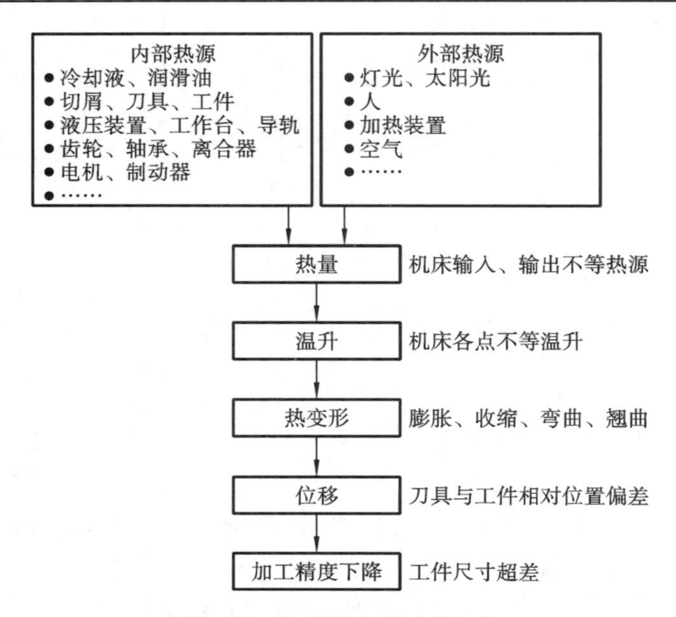

图 6-16　机床热误差形成机理

床空间误差的热建模与补偿提供数据依据。

1）温度传感器选择

温度传感器(temperature transducer)是指能感受温度并将温度值转换成可用输出信号的传感器。温度传感器是温度测量仪表的核心部分,品种繁多。按测量方式可分为接触式和非接触式两大类,按照传感器材料及电子元件特性分为热电阻和热电偶两类。

机床的主要发热部件为丝杠轴承和螺母座,这两处由于发热变形会影响机床的加工精度。为了检测这两处的实时温度,在其相应位置加入温度传感器。在实际应用中,采取在适当位置打孔并封入温度传感器的直接测量手段。需选取微型热电阻温度传感器 PT100,如图 6-17 所示。

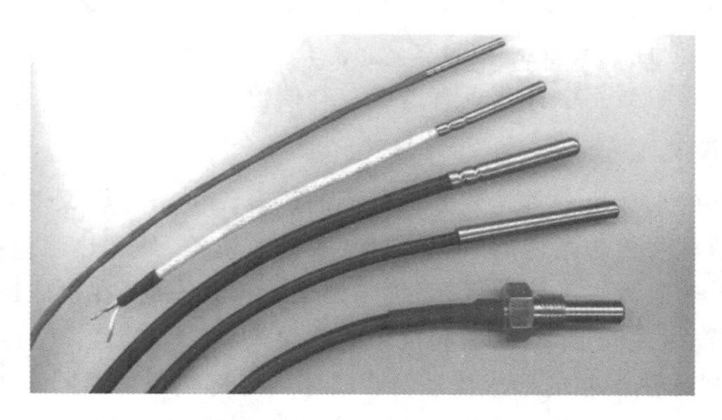

图 6-17　PT 100 温度传感器

PT100 是铂热电阻温度传感器,其阻值会随着温度的变化而改变。铂热电阻温度传感器精度高,稳定性好,应用温度范围广,是中低温区(−200～650 ℃)最常用的一种温度检测器,不仅广泛应用于工业测温,还被制成各种标准温度计(涵盖国家和世界基准温度)供计量和校准使用。

2）温度采集卡选型

华中数控系统温度采集模块有两大类：①HIO-1075 热电阻采集模块，此模块可直接与数控系统通信，安装使用方便；②HS-P9-E-R 温度采集模块，此模块为独立开发的采集卡，需要通过网线通信，采集的温度数据相对稳定可靠。

（1）HIO-1075 热电阻采集模块　HIO-1075 热电阻采集模块能够将三线制温度传感器 PT100 所测的温度值转换为数字量信号传递至机床数控系统。热电阻传感器（如 PT100）的信号通过数控系统提供的高集成度热电阻采集模块 HIO-1075 输入数控系统装置。其主要参数如表 6-15 所示。

表 6-15　HIO-1075 的主要参数

项　　目	参　数　值
PT100 最大接入组数	6
测量温度范围	−40～240 ℃
分辨率	0.1 ℃
精确度	±0.5%（不含 PT100 引线带入的误差）
ENOB/NFR	16/16 位

HIO-1075 是 HIO-1000 总线式 I/O 单元的扩展模块，其具有如下特性：

①适用于两线或三线制 PT100 热电阻温度传感器；

②可以同时接六组 PT100 热电阻温度传感器；

③具有输入通道端口自动识别功能并将温度值变为数字信号；

④把检测到的信号传给上位机，通过检测产品部件温升情况对整个系统进行闭环控制。

（2）HS-P9-E-R 温度采集模块　HS-P9-E-R 是实现三线制温度传感器 PT100 温度测量值输入的网络模块，其具备良好的扩展性，可灵活地通过自带的 RS485 总线连接多个同系列串口 I/O 设备，以实现各种数字量、模拟量的组合采集，并实现扩展采集功能。本产品采用标准 Modbus TCP 通信协议，适合各类工业监控现场应用，可轻松地与其他上位机进行通信。

3）温度传感器安装

热电阻传感器通过数控系统提供的高集成度热电阻采集模块 HIO-1075（温度采集卡选择 HIO-1075）输入数控系统装置，无须加温度信号变送器。

为了方便研究热因素对机床空间精度的影响，需要检测出机床温度敏感点。对立式加工中心的温度敏感点进行检测和分析，可知敏感点在机床 X、Y、Z 三个进给轴及主轴上，因此在以上位置安装温度传感器，如图 6-18 所示。

4）华中数控系统热误差补偿功能模块

数控机床的热误差由主轴与滚珠丝杠的热膨胀、主轴箱与立柱的热变形等几种因素共同作用而产生。其中滚珠丝杠的热膨胀是引起热误差的主要原因。HNC-8 数控系统提供的热误差补偿功能针对主轴、进给轴的热膨胀引起的误差，可产生一定的补偿效果。

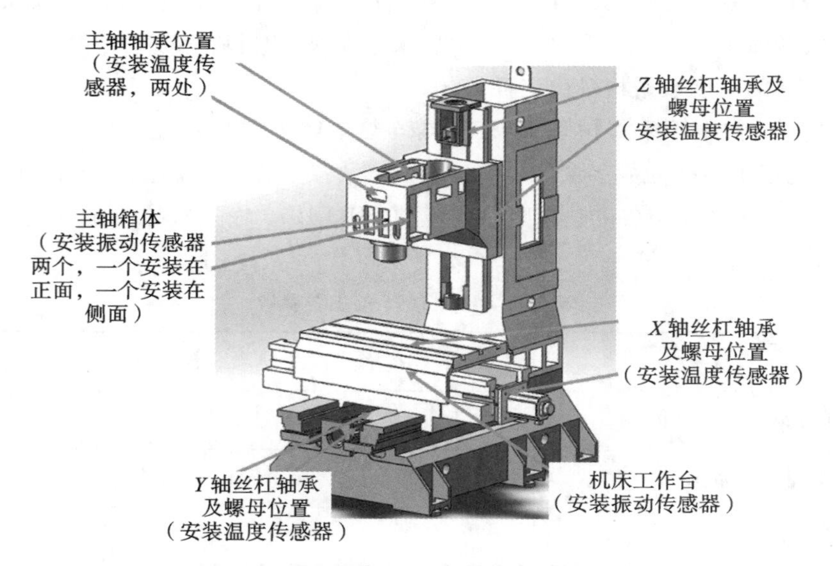

图 6-18　温度传感器在机床中的安装位置

将测量得到的补偿值送至 CNC 插补单元,参与插补运算,修正轴的运动。若温度补偿值为正值,则控制轴正向移动,否则控制轴负向移动。由于温度影响的滞后性,PLC 程序采取定时地间隔进行温度采样的方法,周期性地修改 CNC 系统中的相关补偿参数,并利用公式计算温度偏差,从而补偿由温度变化引起的位置偏差。

为实现机床热误差补偿,首先要得到误差随温度变化的特征曲线。测量指定温度(T)下机床各运动轴在行程范围内的误差值序列,根据误差值序列绘制热误差曲线。以 X 轴补偿为例,热误差曲线如图 6-19 所示。

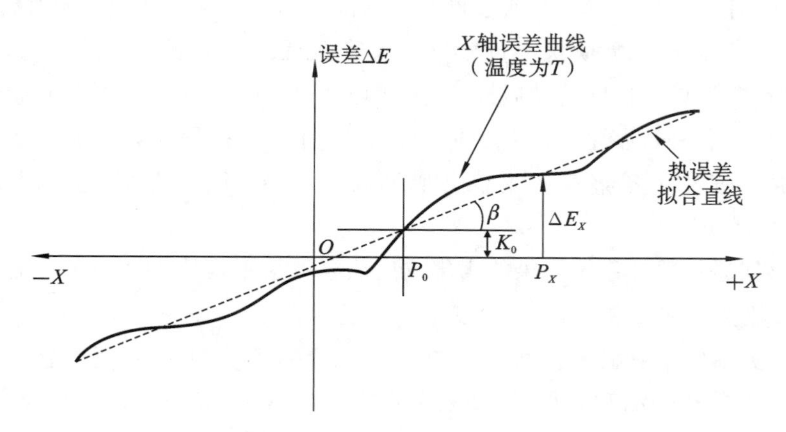

图 6-19　X 轴热误差曲线

从图 6-19 可以看出:在满足一定精度要求的前提下,热误差曲线可以用一条直线(即图 6-19中的虚线)代替;当温度为 T 时,该直线可以通过斜率与补偿参考点 P_0 唯一地确定。

由图 6-19 可得出热误差补偿值计算公式如下:

$$\mathrm{Com}p_X = -\Delta E_X = -[K_0(T) + \tan\beta(T) \cdot (P_X - P_0)]$$

式中：$\mathrm{Com}p_X$——X 轴在 P_X 位置的温度补偿值(mm)；

ΔE_X——X 轴在温度 T 时的热误差值；

$K_0(T)$——X 轴位置无关式热误差补偿值；

P_X——X 轴指令位置参数；

P_0——X 轴补偿参考点位置参数；

$\tan\beta(T)$——X 轴位置相关式热误差补偿系数(即 X 轴热误差拟合直线的斜率)。

由上述公式可看出，热误差补偿值由两部分组成：

(1) 补偿参考点 P_0 处的基准热误差 $K_0(T)$，该误差在行程范围内为恒定值，并随着温度变化而改变，因此被称为位置无关式热误差补偿值；

(2) 其余各点的热膨胀误差 $\tan\beta(T) \cdot (P_X - P_0)$，这些误差在基准热误差的基础上存在额外偏置，偏置值随着补偿点与补偿参考点距离的增加而增大，因此被称为位置相关式热误差补偿值。

根据数控机床的实际情况，HNC-8 数控系统热误差补偿有以下三种补偿方式。

(1) 偏置补偿：针对主轴热膨胀的热误差补偿，为位置无关式热误差补偿，此时补偿值计算公式为

$$\mathrm{Com}p_X = -\Delta E_X = -K_0(T) \tag{6.1}$$

(2) 线性热膨胀补偿：针对滚珠丝杠热膨胀的补偿，为位置相关式误差补偿，此时补偿值计算公式为

$$\mathrm{Com}p_X = -\Delta E_X = -\tan\beta(T) \cdot (P_X - P_0) \tag{6.2}$$

(3) 混合式补偿：同时包含以上两种情况，补偿值为偏置补偿值和线性热膨胀补偿值之和，此时计算公式即为

$$\mathrm{Com}p_X = -\Delta E_X = -[K_0(T) + \tan\beta(T) \cdot (P_X - P_0)] \tag{6.3}$$

2. 热误差补偿应用实例

以某卧式加工中心为对象，利用 Renishaw XL-80 激光干涉仪对加工中心热误差测量和补偿开展检测实验，对该机床的华中数控系统 HNC-848 中配置的空间几何误差补偿功能进行验证。

测试结果彩图

1) 热误差测试

测量并补偿精密卧式加工中心三根轴的线性热膨胀误差。完成机床几何误差补偿之后，撤销 Renishaw XL-80 测量系统中设置的热膨胀系数，测量某轴线性误差，人为升高温度，每隔 1 ℃测量一次机床某轴的线性误差，具体测量和补偿步骤如下。

(1) 测量和补偿 X 轴线性热膨胀误差。

①使 X 轴温度上升并测量误差，在 X 轴温度为 20～29 ℃时其线性热膨胀误差测量数据如图 6-20 所示。

②计算斜率。根据图 6-21 计算出 X 轴在不同温度下的误差斜率，如表 6-16 所示。根据表中数据可以画图计算出各条斜线的交点坐标(X=0 mm)。

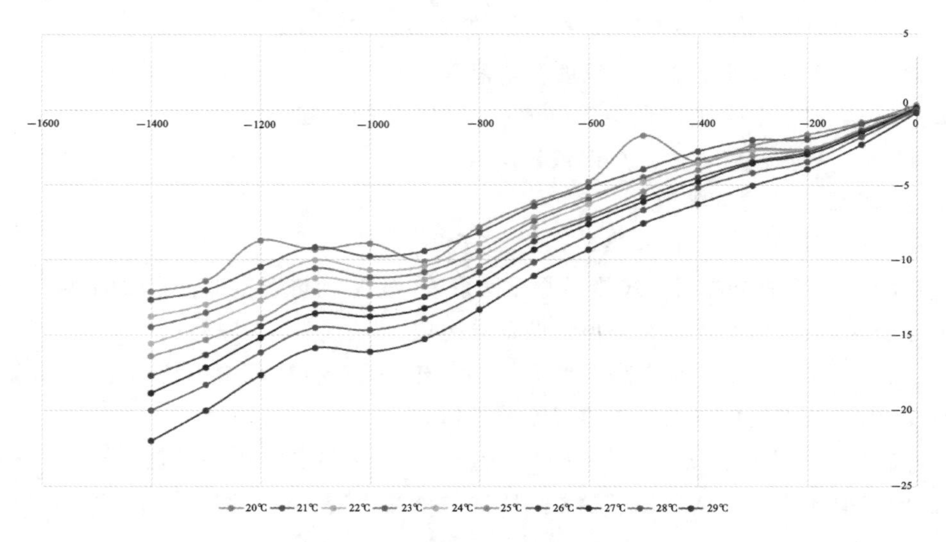

图 6-20　X 轴线性热膨胀误差

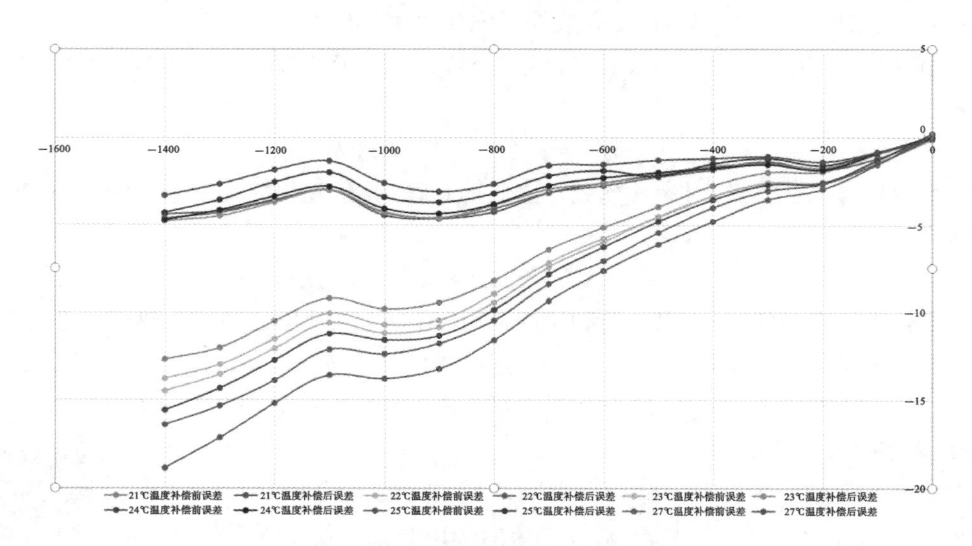

图 6-21　X 轴线性热膨胀误差补偿前后对比

表 6-16　X 轴在不同温度下的误差斜率

温升/℃	丝杠温度/℃	斜率
0	20	0.0090
1	21	0.0094
2	22	0.0099
3	23	0.0105
4	24	0.0112
5	25	0.0119
6	26	0.0126
7	27	0.0134

续表

温升/℃	丝杠温度/℃	斜率
8	28	0.0140
9	29	0.0150

③补偿线性热膨胀误差。X 轴线性热膨胀误差补偿前后对比如图 6-21 所示。从误差补偿前后对比图可以看出：机床温度上升时，温度越高，热误差越大，当温度上升到 27 ℃时，误差达到 18 μm。经过温度补偿后，误差被控制在 5 μm 以内，补偿效果良好。

(2) 测量和补偿 Y 轴线性热膨胀误差。

①使 Y 轴温度升高并测量误差，在 Y 轴温度为 18.7～28.7 ℃时其线性热膨胀误差测量数据如图 6-21 所示。

②计算斜率。根据图 6-22 计算出 Y 轴在不同温度下的误差斜率，如表 6-17 所示，根据表中数据可以画图计算出各条斜线的交点坐标(Y=0 mm)。

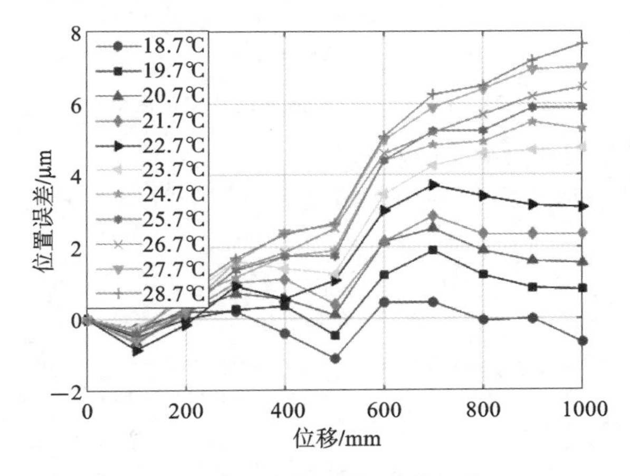

图 6-22　Y 轴线性热膨胀误差

表 6-17　Y 轴在不同温度下的斜率

温升/℃	温度/℃	斜　　率
0	18.7	−0.0002
1	19.7	0.0016
2	20.7	0.0025
3	21.7	0.0031
4	22.7	0.0046
5	23.7	0.0057
6	24.7	0.0066
7	25.7	0.0073
8	26.7	0.0079
9	27.7	0.0086
10	28.7	0.0089

③补偿线性热膨胀误差。Y 轴线性热膨胀误差补偿前后对比如图 6-23 所示。由图可知，Y 轴热误差未补偿前有 7 μm，补偿后被控制在 4 μm 以内，补偿效果良好。

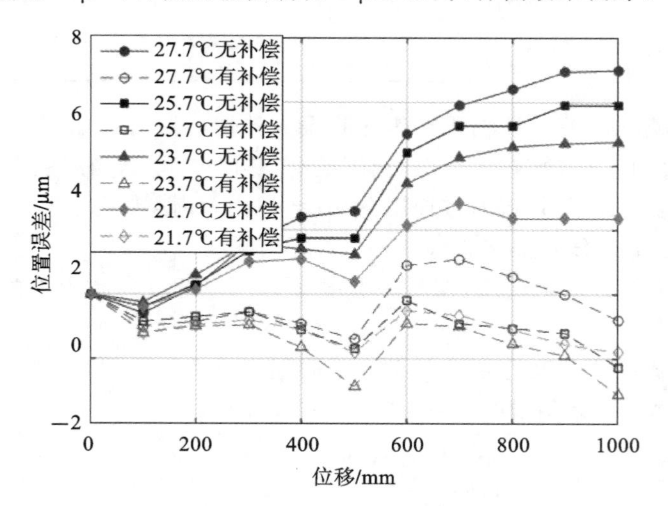

图 6-23　Y 轴线性热膨胀误差补偿前后对比

(3) 测量和补偿 Z 轴线性热膨胀误差。

①使 Z 轴温度上升并测量误差，在 Z 轴温度为 18.6～27.6 ℃时其线性热膨胀误差测量数据如图 6-24 所示。

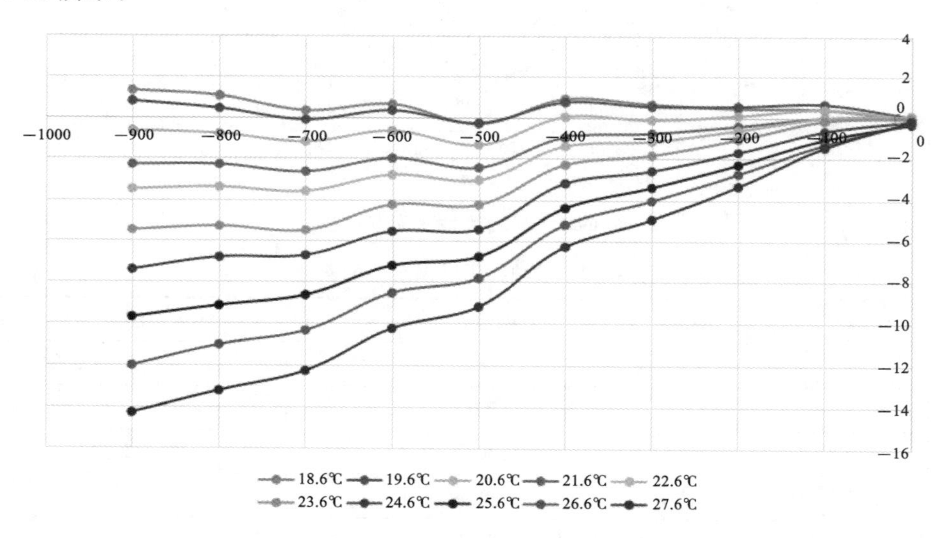

图 6-24　Z 轴线性热膨胀误差

②计算斜率。根据图 6-24 计算出 Z 轴在不同温度下的误差斜率，如表 6-18 所示。根据表中数据可以画图计算出各条斜线的交点坐标(Z=0 mm)。

表 6-18　Z 轴在不同温度下的误差斜率

温升/℃	温度/℃	斜率
0	18.6	−0.0009
1	19.6	0

续表

温升/℃	温度/℃	斜率
2	20.6	0.0014
3	21.6	0.0032
4	22.6	0.0047
5	23.6	0.0071
6	24.6	0.0088
7	25.6	0.0113
8	26.6	0.0139
9	27.6	0.0166

③补偿线性热膨胀误差。Z 轴线性热膨胀误差补偿前后对比如图 6-25 所示。

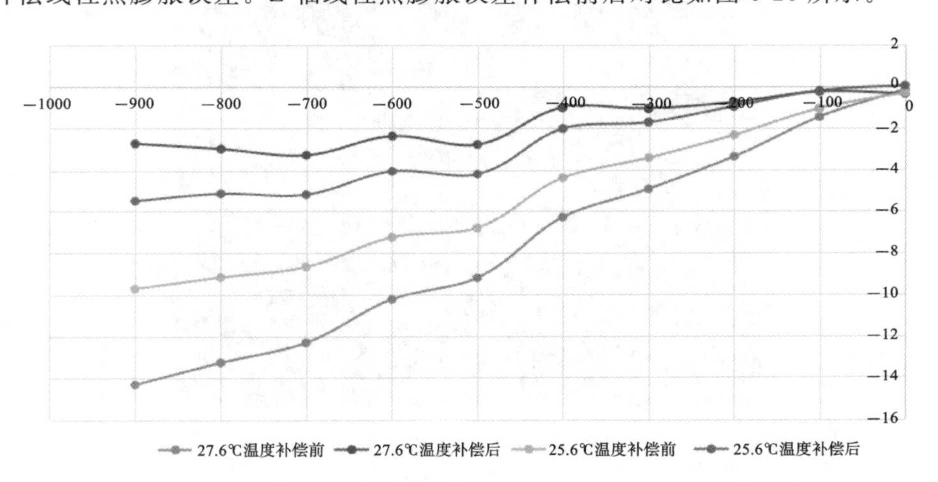

图 6-25　Z 轴线性热膨胀误差补偿前后对比

由误差补偿的前后对比图可知：在 27.6 ℃时，进行热误差补偿前热误差达到 14 μm，热误差补偿后热误差被控制在 4 μm 以内，补偿效果良好。（在 25.6 ℃的温度下测量时，没有给机床进行预热，补偿效果欠佳，热误差被控制在 6 μm 以内。）

6.2.2.3　主轴测试及补偿

1. 主轴误差测量与补偿

1）主轴误差项

数控机床主轴旋转时，如图 6-26 所示，主轴静态误差包括三项移动误差与两项转角误差。

三项移动误差分别为 X 向直线度误差 δ_{Xs}、Y 向直线度误差 δ_{Ys} 和 Z 向线性位移误差 δ_{Zs}。两项转角误差分别为绕 X 轴的转角误差 ε_{Xs} 和绕 Y 轴的转角误差 ε_{Ys}。

由于多项误差最终都反映在刀尖与工件的相对运行轨迹上，故可表示为主轴径向误差和轴向误差。

2）主轴误差测量原理

在主轴旋转过程中，由于刀具的实际轴线与理想轴线有偏差，形成绕 X 轴的转角误差 ε_{Xs} 和绕 Y 轴的转角误差 ε_{Ys}，在刀具下端表现为沿 X 方向和 Y 方向的径向误差。如图 6-27 所示，

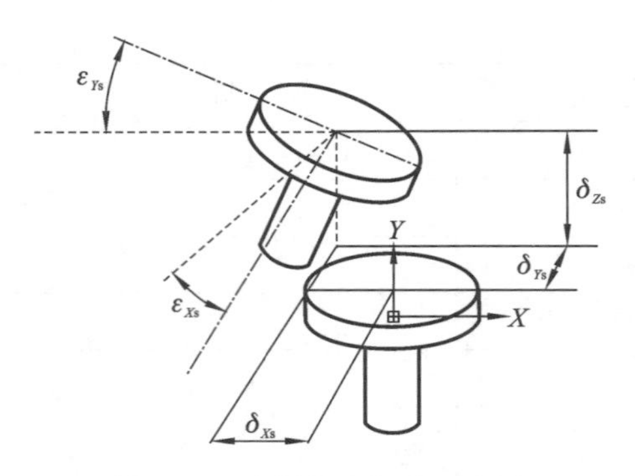

图 6-26　主轴静态误差示意图

检测棒连接主轴,使主轴的各项误差体现为回转误差,将位移传感器安放在特制的磁座上,S1 位移传感器测量 X 轴径向误差,S2 位移传感器测量 Y 轴径向误差,S3 位移传感器测量主轴伸长误差。

位移传感器的工作原理为:电涡流位移传感器的探头处产生磁场,当检测棒靠近时,检测棒的表面也会产生与探头相反的磁场,从而使位移传感器的高频电流的幅度和相位产生变化,并根据变化程度不同转化为电信号,测量得到位移输出。

图 6-27　主轴误差检测示意图

以 HNC715 型数控机床为例,其测量步骤如下。

(1) 安全设置:检查机床,确保机床运行正常,并保证机床本身的径向误差以及轴向误差小于 0.1 mm。(由于机床主轴需要高速旋转,检测棒距离磁座较近,需要保证检测棒的安全性,防止碰撞等事故,保证 0.1 mm 的安全距离。)

(2) 安装磁座:在工作台上放置特制磁座,保证特制磁座的 X、Y、Z 方向的位移传感器分别沿各自的坐标轴方向摆放。安装方法:使用水平直角尺标定磁座,使磁座相对机床坐标系没有角度偏置。

(3) 安装主轴检测棒:借助于高精度主轴刀柄,将检测棒安装在机床主轴上,锁死拉钉,保证机床主轴正常运行。

(4) 设置安全测量距离:首先移动机床的直线轴,使检测棒下端标准球的球心处在三个传感器轴线的相交位置;然后调节位移传感器,使检测棒与位移传感器的距离为 0.25 mm 左右,即安全测试距离约为 0.25 mm。

(5) 安装速度传感器:在检测棒上端有一个圆柱形平台,速度传感器放置在距离圆柱侧面 0.25 mm 处,设置转速为机床加工工件时的转速,即 3000 r/min。

(6) 编写测量程序,设置测量软件参数。

(7) 进行主轴误差检测。

2. 主轴误差补偿实例

测量结果彩图

以某高精度机床为例,利用主轴分析仪对机床主轴开展实验测量和补偿,对该机床的华中数控 HNC-848 型数控系统中配置的主轴偏置误差补偿功能进行验证。对机床进行主轴误差检测,得到图 6-28 所示的径向误差测量结果,轴向误差测量结果则如图 6-29 所示。

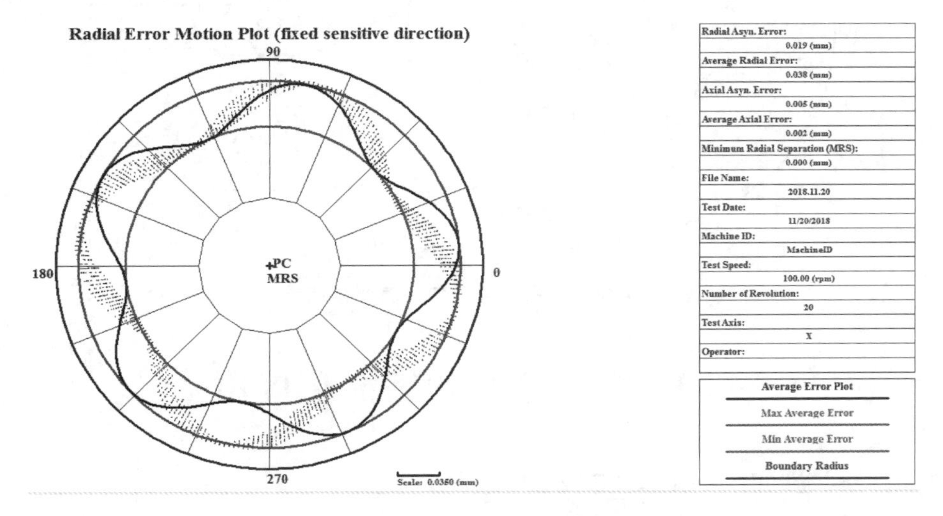

图 6-28　径向误差测量结果

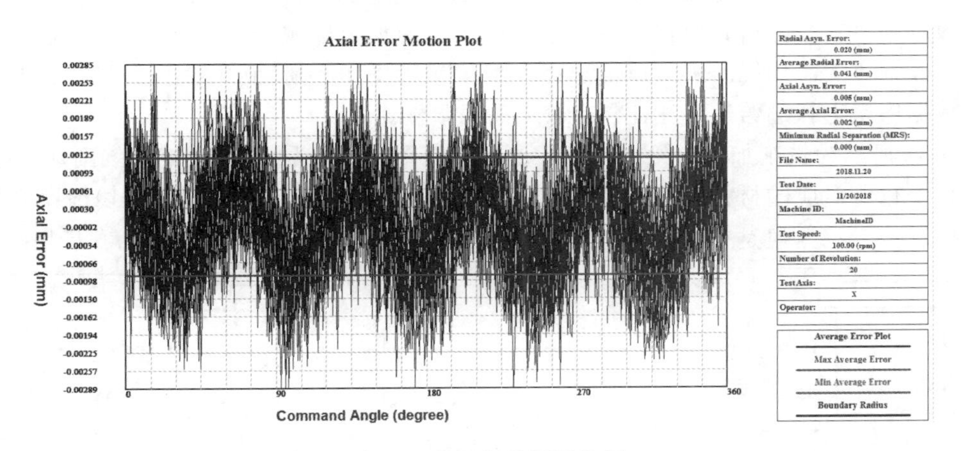

图 6-29　轴向误差测量结果

具体测量结果:平均径向误差为 0.038 mm,异步径向误差为 0.019 mm;平均轴向误差为 0.002 mm,异步轴向误差为 0.005 mm。径向误差较大,轴向误差较小,因此需要补偿径向误差。

通过华中 8 型数控系统的主轴偏置补偿模块,通过 Z 轴项的主轴偏置实现轴向误差补偿,通过 X 轴与 Y 轴项的主轴偏置实现径向误差补偿。

测量补偿后的径向误差,结果如图 6-30 所示。补偿后平均径向误差由原来的 0.038 mm 降低为 0.006 mm,异步径向误差由原来的 0.019 mm 降低为 0.008 mm,平均径向精度提高 50%。

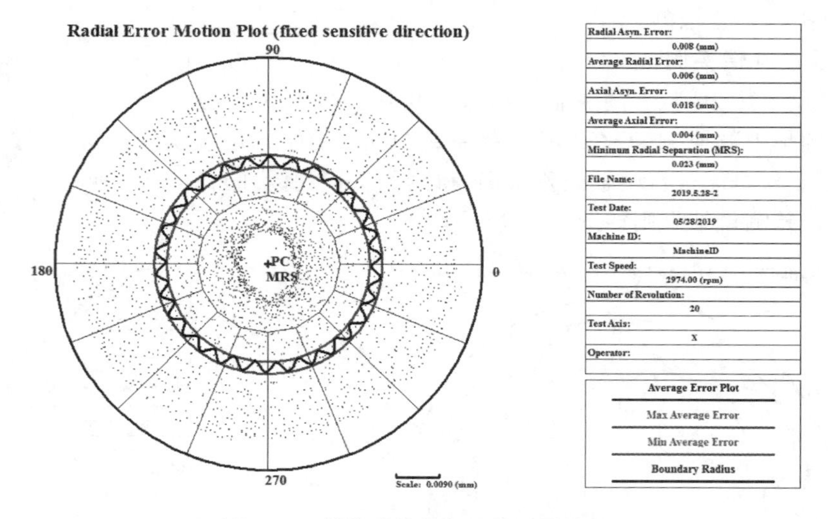

图 6-30　补偿后的径向误差测量结果

6.3　数控系统的智能化应用

6.3.1　铣削加工进给速度优化

铣削加工进给速度优化是指令域分析方法的一种典型应用。进给速度是工作任务中最关键的参数之一,根据需要,其值在同一个工序中不同的加工区域会有所不同,因此进给速度的合理选择非常重要。传统的进给速度选择一般依赖于操作手册,利用编程人员的经验或传统的切削数据库来选择进给速度往往具有较大的局限性。

图 6-31 所示为铣削加工进给速度优化原理。从图中可以看出,在传统的铣削加工过程中,不同的指令行所对应的材料去除量是不同的。在优化前,指令行 1～3 对应的切削厚度为 h_1～h_3,其中 $h_3<h_1<h_2$,但是往往因采用了相同的进给速度 F,主轴功率波动较大,且切削厚度较

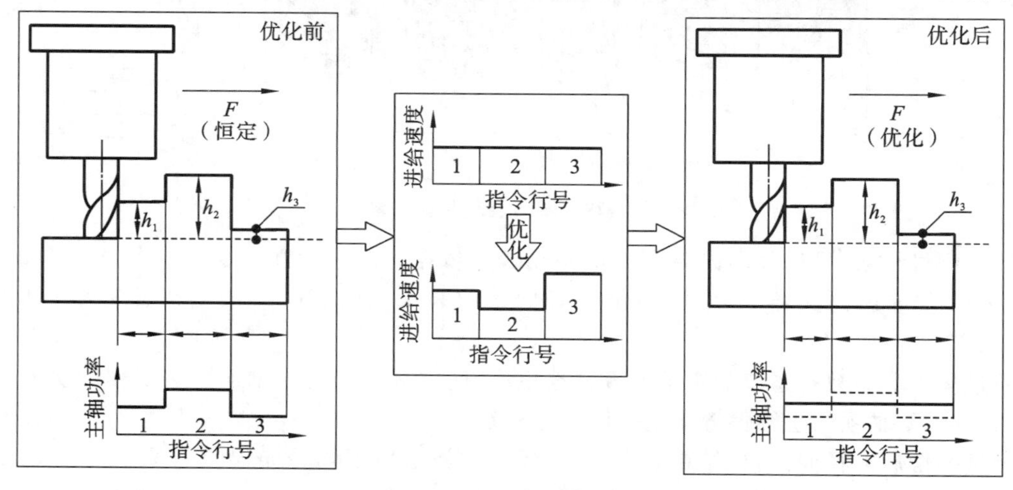

图 6-31　铣削加工进给速度优化原理

小时，切削效率未被充分挖掘。为降低主轴功率波动，提升切削效率，可通过提升材料去除率较小的指令行(如指令行1和指令行3)的速度，而降低材料去除率较大的指令行(如指令行2)的速度，最终在得到稳定的主轴功率的同时提升加工效率。

通过首次实际加工，利用数控系统的进给速度优化模块进行优化，再利用优化的代码进行实际加工，得到优化前与优化后的G代码如下。

优化前：

```
%O21232
N0010  G40  G17  G90  G71
N0020  G91  G28  Z0.0  G05.1  Q1
N0040  G00  G90  X-61.6952  Y48.7384  S3000  M03
……
N0060  Z1.
N0070  G01  Z-2.  F500.  M08
N0090  G02  X-53.5676  Y53.342  I5.0546  J-8.6285
```

优化后：

```
……
%O21232
N0010  G40  G17  G90  G71
N0020  G91  G28  Z0.0
G05.1  Q1
N0040  G00  G90  X-61.6952  Y48.7384  S3000  M03
……
N0060  Z1.
N0070  G01  Z-2.  M08  F513
N0090  G02  X-53.5676  Y53.342  I5.0546  J-8.6285  F536
……
```

优化结果如表6-19所示。从表中可以看到，进给速度优化在使加工效率提升的同时，也使主轴功率波动的方差降低了。

表6-19　进给速度优化结果

项　目	方　差	加工时间/s	效率提升/(%)	方差降低比例/(%)
优化前	863.3	75	4	0.3
优化后	860.5	72		

6.3.2　数控机床的健康保障

机床的健康保障功能模块效仿了人体体检过程。正如人进行体检时往往会做一些标准的动作，并且我们要通过肺活量等数据对人体进行健康判定一样，健康保障模块中有针对机床设计的一套标准的自检G代码，健康保障模块在机床未加载的情况下定期运行该自检G代码，同时在运行过程中记录机床内部电流信号及跟随误差等数据，将采样数据与G代码对应绑定，形成指令域特征，在机床健康状态下记录健康指令域特征，形成机床健康状态基准，之后在机床实际加工生产过程中定期体检,对体检记录特征进行归一化处理并将处理结果与基准进行比较,得出机床健康指数,用于健康状态评价。健康指数计算流程如图 6-32 所示。

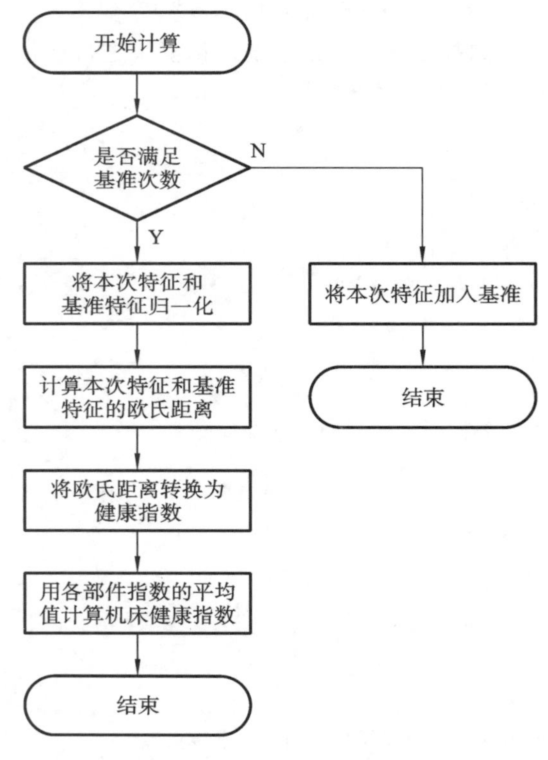

图 6-32　健康指数计算流程

健康保障功能模块各部件目前采用的指令域特征如表 6-20 所示。

表 6-20　健康保障功能模块部件采用的指令域特征

直线轴(*X*/*Y*/*Z*)和旋转轴(*A*/*B*/*C*)特征	主 轴 特 征	刀 库 特 征
加速时间	加速时间	主轴重定向次数
加速阶段电流峰峰值	加速阶段电流峰峰值	换刀时间
加速阶段电流脉冲指标	加速阶段电流脉冲指标	主轴定向时间
加速阶段最大跟随误差速度比	减速时间	选刀时间
减速时间	减速阶段电流峰峰值	*Z* 轴电流均方根
减速阶段电流峰峰值	减速阶段电流脉冲指标	*Z* 轴电流峭度
减速阶段电流脉冲指标	恒速段电流均方根值	*Z* 轴电流脉冲指标
减速阶段最大跟随误差速度比	恒速段电流方差	*Z* 轴电流波形指标
恒速段最大跟随误差速度比	恒速段电流歪度	主轴电流均方根值
恒速段电流均方根值	恒速段电流波形指标	主轴电流峭度
恒速段电流方根幅值	恒速段电流裕度指标	主轴电流脉冲指标
恒速段电流方差		主轴电流波形指标
恒速段电流歪度		

续表

直线轴($X/Y/Z$)和旋转轴($A/B/C$)特征	主轴特征	刀库特征
恒速段电流峭度		
恒速段电流波形指标		
恒速段电流裕度指标		

以某型号车床为例，以六台同型号机床作为实验对象，以相同的位置比例增益（X 轴，350；Y 轴，300）和电流比例增益（主轴，500），分早、中、晚三个实验段进行实验，冷机与部分热机分别运行 20 次，记录下健康指数与各特征。在选定某部件与某次数时，可点击“显示特征”按钮观察特征并记录，记录下特征后制成图表即可进行统计观察。此处以 Z 轴低速电流均值为例，如图 6-33 所示。

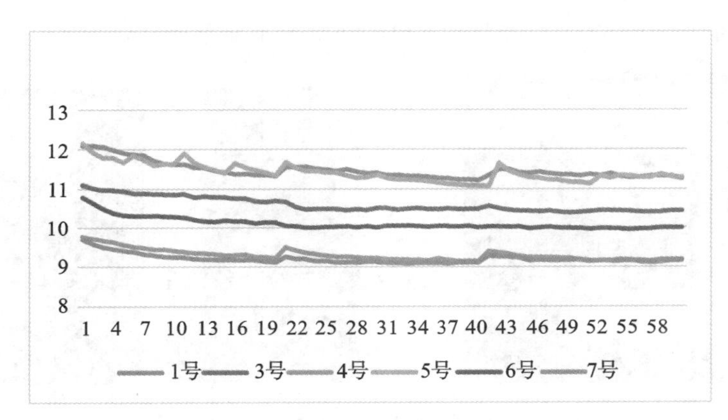

Z 轴低速电流均值曲线对比彩图

图 6-33　Z 轴低速电流均值曲线对比

从图 6-33 中可见，在冷机启动时，低速电流均值最大，其后在机床不断运行的热机过程中，低速电流均值缓慢下降，而在机床停止运行一段时间后运行自检程序，低速电流均值又会有所上升。

通过健康保障模块进行不同思路的实验设计，可以对影响机床健康状态的各种因素与机床运行状态进行更深入细致的研究。

6.3.3　数控机床热误差补偿

热变形是影响数控机床加工精度的重要因素。据统计，在精密加工和大型零件加工中，由热变形引起的误差占整个系统误差的 40%～70%。在使用高速钻攻中心加工 3C 产品（计算机类、通信类、消费类电子产品的统称）时，机床的进给速度达到 40000 mm/min，一道工序之中可能每隔几秒就会有一次换刀动作，机床的高速运行及频繁的换刀动作使得机床 Z 轴丝杠发热情况较为严重，导致这类数控机床的热变形问题尤为突出。针对热变形，目前采用的方法是在开机阶段热机 2 h，使机床达到热平衡状态；在工人休息时机床需要持续空运行以维持机床热变形的稳定，但该方法降低了机床的使用效率，增加了机床的使用成本。因此，对机床的热误差进行预测并进行相应的补偿具有十分重要的意义。

影响数控机床热变形最主要的因素有两个：环境温度的变化和机床运动摩擦产生的热量。外界的环境温度从早上到晚上，从夏季到冬季，均在发生着缓慢的变化；在机床内部，由于加工过程中的多道工序以及频繁的换刀动作和主轴的高速运转，会产生大量的热量。在内外热源共同作用下，机床内部形成了非均匀的温度场，机床产生热变形。从能量的角度看，丝杠吸收了摩擦力矩所做的功，内能增加，因而温度升高，热变形增大。不同加速度、速度的大小对应不同的电流大小，而电流的大小与丝杠移动的距离等数据可以描述丝杠的发热量，而速度、停机时间等数据可以描述丝杠对流散热量。因此，可以通过数控系统内部电控、数控装置和环境温度传感器来建立温度与变形量的映射关系。

采用大连机床集团(DMTG)生产的 TD-500A 型小型钻攻中心实验台(见图 6-34)，进行三组实验，其中前两组实验是为了验证环境温度对 Z 轴热变形的影响。在实验过程中，对刀触头每隔 1 min 触碰对刀仪一次，完成对刀动作，记录此时的对刀触头的 Z 坐标 Z_i 与第一次的 Z 坐标 Z_0 的差值，该差值即为此时的热变形量 ΔL_i。实验历时 2 h。实验中触头碰到对刀仪时，对刀仪接收器将此时的对刀位置信息传递到数控系统 PLC，这个响应过程历时很短，远远小于热变形的变化时间，因此可以认为对刀仪测量的热变形量是准确的。

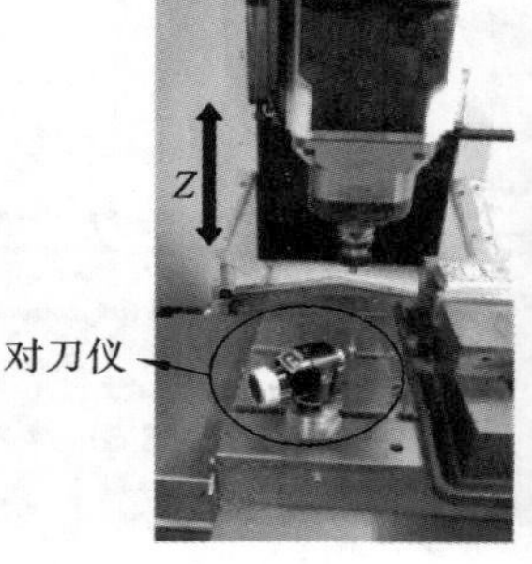

图 6-34　实验设备

以 Z 轴热误差预测为例，其结果如图 6-35 所示。

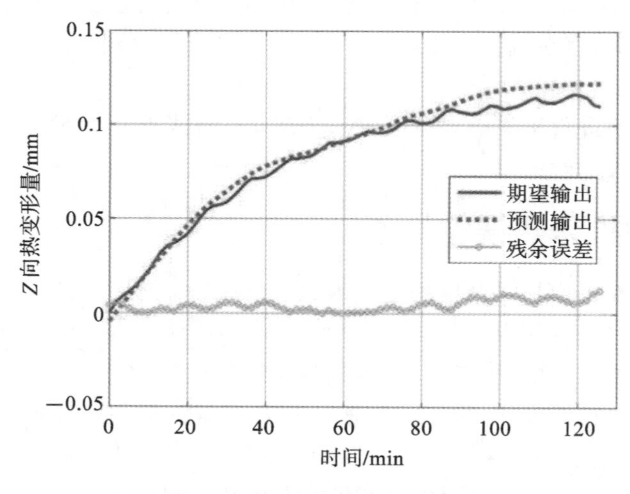

Z 轴热误差预测结果彩图

图 6-35　Z 轴热误差预测结果

由图 6-35 可以看出，数控系统的热误差补偿模块可以将主轴无冷却系统的数控机床 Z 向热变形量从 0.11 mm 降低到 0.02 mm，即热变形量降低了 81.82%，预测效果较好。

6.4　数控系统应用案例

6.4.1　龙门式五轴联动加工中心

6.4.1.1　龙门式五轴联动加工中心结构介绍

图 6-36 所示为龙门式五轴联动加工中心。五轴结构为双摆头结构；X 轴为双轴同步类型，由伺服电机进行力矩消隙，由齿轮齿条机构进行传动，带正余弦距离码全闭环光栅尺；Y 轴由伺服电机进行力矩消隙，由齿轮齿条机构进行传动，并且其带减速机构和正余弦距离码全闭环光栅尺；Z 轴由齿轮齿条机构进行传动，带减速机构，由液压平衡杠配重，带正余弦距离码全闭环光栅尺；C 轴由力矩伺服电机直接驱动，带全闭环圆光栅；A 轴由双力矩伺服电机直接驱动，带全闭环圆光栅。

图 6-36　龙门式五轴联动加工中心

图 6-37 所示为 A 轴上的双力矩五轴铣头。

图 6-37　双力矩五轴铣头

X、Y、Z 三轴均采用直线导轨，导轨上安装有防止机床高速共振的阻尼块，使用齿轮齿条机构（见图 6-38）或直线电机驱动。导轨上还装有制动单元和安全缓冲装置。

6.4.1.2　龙门式五轴联动加工中心电气配置

1. 数控系统选型配置

选用华中 8 型总线式数控系统 HNC848DM，如图 6-39 所示，它基于我国具有完全自主知

图 6-38　齿轮齿条传动机构

识产权的 NCUC 工业现场总线技术，采用模块化、开放式体系结构的高可靠性设计，具有高速高精加工控制、五轴联动控制、多轴多通道控制、双轴同步控制及误差补偿等高档数控系统功能。数控系统提供了五轴加工、车铣复合加工完整解决方案，适用于航空航天装备制造、能源装备、汽车制造、船舶制造、3C 产品制造领域。

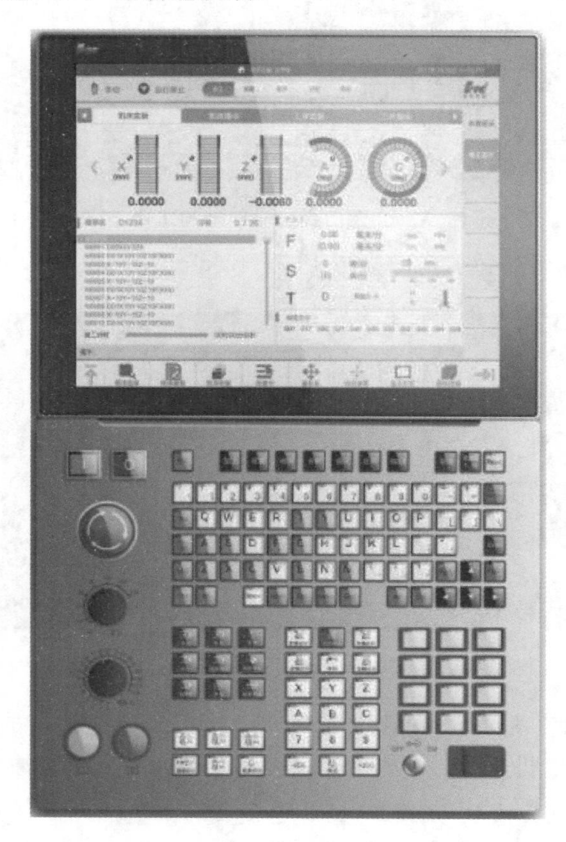

图 6-39　华中 8 型总线式数控系统 HNC848DM

2. 伺服驱动选型配置

采用华中数控的总线式高压伺服驱动装置，如图 6-40 所示。全数字交流伺服驱动单元采用专用运动控制数字信号处理器（DSP）、智能化功率模块（IPM）或绝缘栅双极型晶体管（IGBT）等当今最新技术设计，具有高速工业以太网总线接口，采用 NCUC 总线协议，实现与数控装置的高速数据交换。

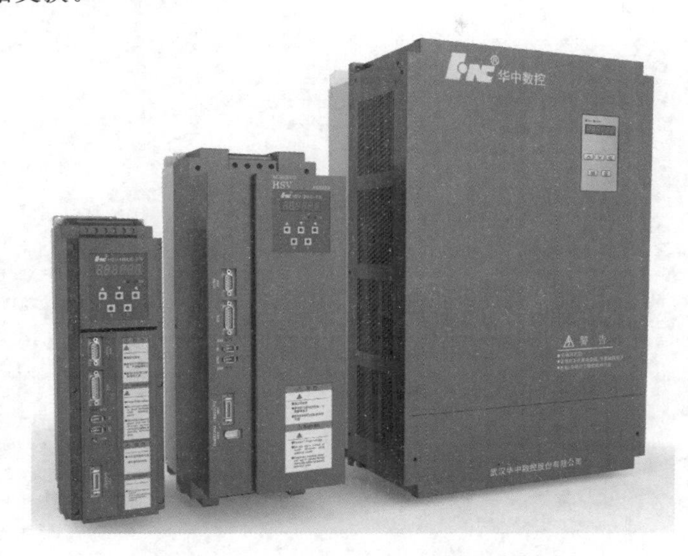

图 6-40　华中数控的总线式高压伺服驱动装置

3. 伺服电机选型配置

伺服电机选择 GK6 交流永磁同步伺服电机，如图 6-41 所示。该伺服电机由定子、转子、高精度反馈元件（17 位绝对值编码器）组成。其采用高性能稀土永磁材料形成气隙磁场，采用无机壳定子铁芯，温度梯度大，散热效率高，并具有结构紧凑、功率密度高、转子惯量小、响应速度快、低速转矩脉动小、平衡精度高、高速运行平稳，以及噪声低、振动小等优点。

图 6-41　GK6 交流永磁同步伺服电机

4. 机床电柜设计配置

机床电柜采用横向布局设计，与伺服装置并列并排安装，且强电气与弱电气设备分开布局安装，避免造成电磁干扰，如图 6-42 所示。

图 6-42　机床电柜布局设计

6.4.1.3　龙门式五轴联动加工中心调试过程

在完成电气配置后，龙门式五轴联动加工中心的调试步骤和过程如下：

(1) 机床各直线轴采用的是登奇伺服电机，适配 HEIDENHAIN 绝对式编码器，设置相应电机代码，伺服驱动装置进行各伺服电机相应参数匹配。

(2) 根据各轴伺服驱动总线连接顺序来设置各逻辑轴号，根据机床厂家定义对各轴轴名、逻辑轴号进行匹配，针对各轴丝杠螺距等相关信息进行各轴系统参数设置。

(3) 根据机床实际需求，修改、完善 PLC 功能，完成系统各种工作模式切换，达到功能需求，对安全区域进行安全保护设置，实现安全连锁功能。

(4) 根据机床各轴安装的全闭环光栅尺(直线轴为 HEIDENHAIN 距离码回零增量式光栅尺，摆动轴为 HEIDENHAIN 绝对式圆光栅)反馈，调试全闭环相关参数设置，进行机床全闭环控制运行。

(5) 使用 Reinshaw 激光干涉仪对机床各轴进行双向螺距误差数据采集，并且生成系统可识别的补偿文件，进行补偿数据一键导入，实现各轴螺距误差补偿功能。

(6) 使用系统自带示波器功能对机床各轴伺服驱动电流环、速度环、位置环进行参数匹配、调整，优化各单轴性能参数，并进行不同平面的圆度测试联动匹配。

(7) 对机床进行典型零件(三轴方圆试件、五轴 NAS 试件、S 试件)的试切工作,根据不同零件的精度要求,对试切零件进行检测。

(8) 机床进行典型零件试切合格后,对机床进行 24 h 可靠性验证,让机床各轴联动连续运行,要求机床不出现故障,能够正常运行。

6.4.2 智能产线和数字化车间

6.4.2.1 智能产线背景及现状

在新经济环境之下,传统的生产方式已经不能适应复杂多变、日新月异的个性化市场需求。因此制造业开始积极探索适合自身发展的智能制造模式,对企业进行转型升级和结构调整。智能产线是一种技术复杂、高度自动化、自适应能力强的生产系统,它的优点在于对设备的利用率高,生产能力稳定,产品应变能力大,产品生产质量高。

如图 6-43 所示,智能产线的目标有:

(1) 实现多品种、变批量的混流加工;

(2) 通过总线控制技术,根据生产执行计划,实现程序下发,刀具识别和刀具调用;实现工件的自动传送和自动加工;

(3) 在线实现工件品种自动更换,多工件的自动识别;

(4) 通过对刀具磨损状态、主轴功率、切削参数等数据的实时监控和调整,降低机床碰撞的风险,实现数控设备的自适应、高效加工等。

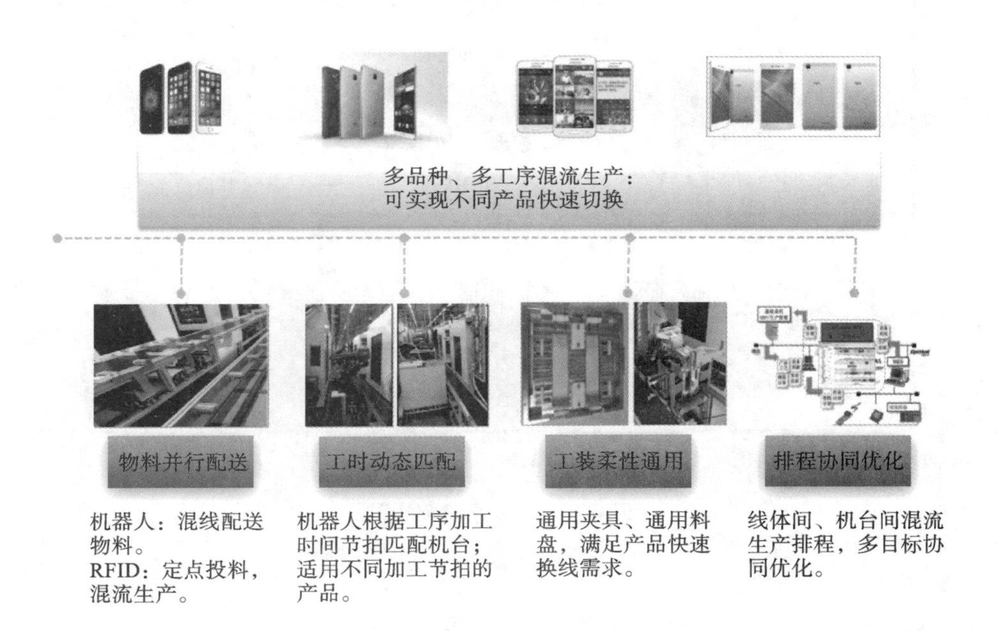

图 6-43　智能产线系统示意图

目前在智能产线研究领域,德玛吉(DMG)公司的 Celos 系统以及法斯顿公司的 Fastems 系统处于领先地位。Celos 系统是基于应用程序(APP)的独特多点触控系统,目前提供了 16

个标准应用程序以及10个可选应用程序,以帮助操作者更直观方便地控制机床,能够正确地准备、优化和处理生产作业,实时显示机床和订单状态,实现企业到机床的垂直整合(连通ERP、PPS、MES、PDM和CAD/CAM等)。Fastems系统提供的柔性制造系统(FMS)是一个完全可配置的机床刀具托盘自动化系统,具有多个可选模块,支持客户根据自身需求进行相应的更改。

6.4.2.2 产线级数字化

如图6-44所示,车间产线数据化结构主要是由产线总控装置、总控IPC(industrial personal computer,工控机)、底层设备单元(包括机床、机器人、PLC、RFID等)、产线服务器等组成的。产线总控装置是产线的“大脑”,通过协议接口(包括机床的二次开发数据接口、TCP/IP等协议接口)对产线底层的所有设备进行数据采集,进而对产线进行控制。总控IPC是产线的“执行机构”,其任务主要是对产线的单元动作进行执行、控制以及反馈。

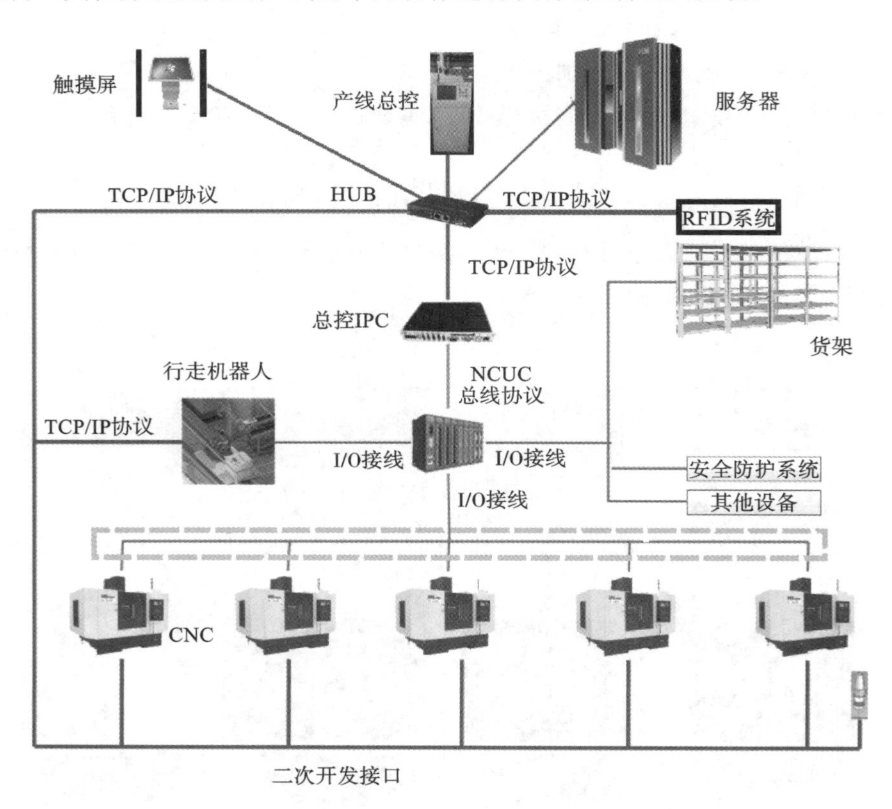

图6-44 产线网络拓扑图

1. 产线总控集成模块

(1) 数据采集与监控模块:对底层设备进行数据采集并下发控制指令。

(2) 产线生产调度模块:主要是根据产线实时任务,对产线的生产进行实时调度,确保产线连续生产。

(3) 与上层MES的集成模块:产线总控主要是通过数据库或者以文件的形式与上层MES

进行数据交互。

2. 总控 IPC 集成模块

(1) 单元动作集成模块:对底层设备的动作单元(如机器人移动、抓放等)进行单元动作划分及控制。

(2) 安全防护模块:对产线进行异常处理控制及产线操作安全防护。

3. 产线大屏展示集成模块

(1) 产线生产数据模块:对产线机床的生产数据进行实时统计显示。

(2) 产线机床监控模块:对产线机床的实时状态数据进行实时监控显示。

6.4.2.3　车间级数字化

数字化车间建设有三条主线:

第一条主线是以机床、机器人、测量测试设备等组成的自动化设备与相关设施,实现生产过程的精确化执行,这是数字化车间的物理基础,即产线级。

第二条主线是以 MES 为中心的智能化管控系统,实现对计划调度、生产物流、工艺执行等生产过程各环节,以及过程质量、设备等要素的精细化管控,这是典型的 Cyber(网络)系统。

第三条主线是在互联互通的设备物联网基础上,通过设备物联网连接起 Cyber 空间的 MES 等信息化系统与机床等物理空间的自动化设备,构建车间级的信息物理系统(cyber physical system,CPS),实现 Cyber 空间与物理空间的相互作用、深度融合。

三条主线交汇,实现数据在自动化设备、信息化系统之间的有序流动,将整个车间打造成软硬一体的系统级 CPS,最终实现高效、高质、绿色、低成本生产,提升企业竞争力。

图 6-45 所示为车间数字化架构图。

6.4.2.4　应用案例

下面给出了“高档数控机床与基础制造装备”科技重大专项——“面向汽车关键零部件加工的自动化产线控制系统及工业机器人示范应用”课题相关的应用案例。该应用示范线由 55 台国产数控机床、24 台机器人、4 台检测设备、2 条装配线、1 条高频淬火线组成,是集成了制造、检测、装配、热处理等多工序产线,充分示范了精密加工中心、高速车削中心、数控双端面磨床、华中 8 型数控系统、机器人等关键装备。

产线一:轮毂单元智能产线。

轮毂加工单元产线由 2 条前轮毂法兰智能产线,1 条轮毂单元外法兰盘热前加工智能产线,1 条轮毂单元外法兰盘热后加工智能产线,1 条轮毂单元外法兰智能超磨线,1 条轮毂单元智能检测装配线组成。图 6-46 所示为车削中心和机器人组成的前轮毂法兰智能产线。

产线二:高压油泵驱动单元产线。

高压油泵驱动单元产线由 1 条壳体加工生产线,1 条凸轮轴热前加工产线,1 条凸轮轴热后加工产线,1 条高压油泵单元智能装配线组成。图 6-47 所示为加工中心与机器人组成的高压壳体智能产线。

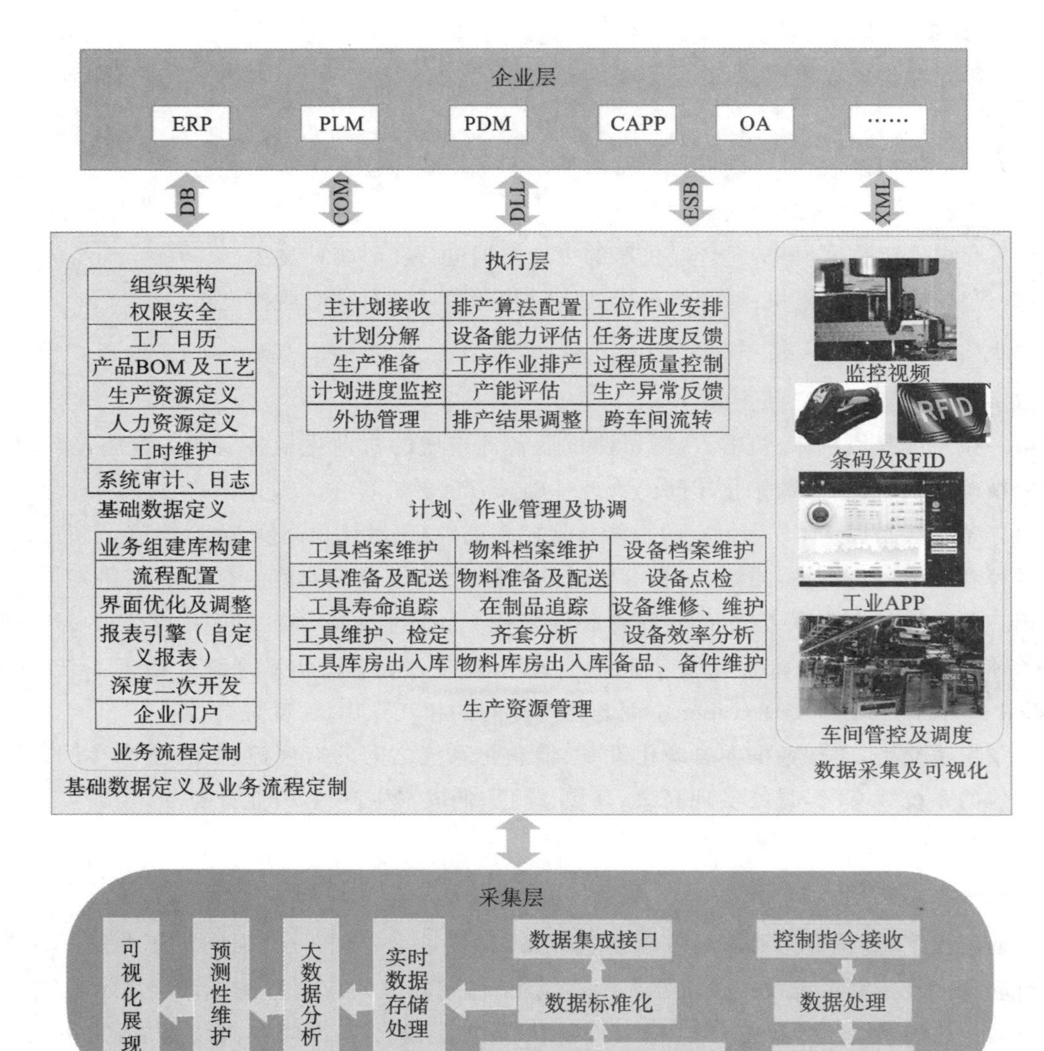

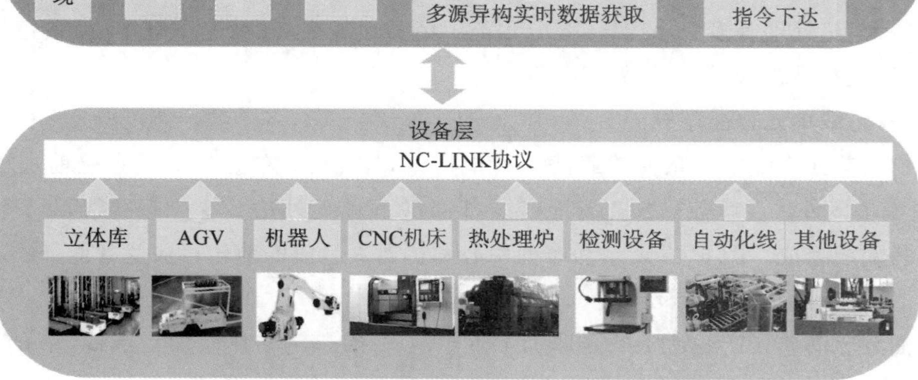

图 6-45　车间数字化架构图

图 6-46　前轮毂法兰智能产线

图 6-47　高压壳体智能产线

习　题

1. 数控系统选型需考虑的主要因素有哪些？
2. 论述伺服电机选型原则。
3. 驱动单元选型需要参考的电气性能指标有哪些？
4. 主轴电机的选择包括哪些内容？
5. 假设某数控车床要求能够利用高速钢刀具，对硬度为 180 HBW、直径为 80 mm 的钢件进行单边进给量为 2 mm 以上的切削。主轴传动采用多级齿轮变速,传动效率取 0.7,试计算主轴电机功率。

6. 国内外主流品牌数控系统的调试工具有哪些?

7. 伺服参数调整有哪些指标?

8. 机床的健康保障是指什么?

9. 机床热误差的形成机理有哪些? 如何进行补偿?

10. 谈谈你对智能产线和数字化车间的认识。

数控机床标准代码 G、M 功能定义表

附表 A-1 准备功能 G 代码(摘自 JB 3208—1999)

代 码	功能保持到被取消或被用同样字母表示的程序指令所代替	功能仅在所出现的程序段内有作用	功 能
G00	a		点定位
G01	a		直线插补
G02	a		顺时针圆弧插补
G03	a		逆时针圆弧插补
G04		*	暂停
G05	#	#	不指定
G06	a		抛物线插补
G07	#	#	不指定
G08		*	加速
G09		*	减速
G10～G16	#	#	不指定
G17	c		*OXY* 平面选择
G18	c		*OZX* 平面选择
G19	c		*OYZ* 平面选择
G20～G32	#	#	不指定
G33	a		螺纹切削,等螺距
G34	a		螺纹切削,增螺距
G35	a		螺纹切削,减螺距
G36～G39	#	#	永不指定
G40	d		刀具补偿/刀具偏置,注销
G41	d		左刀补
G42	d		右刀补
G43	#(d)	#	刀具正偏置

续表

代　码	功能保持到被取消或被用同样字母表示的程序指令所代替	功能仅在所出现的程序段内有作用	功　　能
G44	#(d)	#	刀具负偏置
G45	#(d)	#	刀具偏置+/+
G46	#(d)	#	刀具偏置+/-
G47	#(d)	#	刀具偏置-/-
G48	#(d)	#	刀具偏置-/+
G49	#(d)	#	刀具偏置 0/+
G50	#(d)	#	刀具偏置 0/-
G51	#(d)	#	刀具偏置+/0
G52	#(d)	#	刀具偏置-/0
G53	f		直线偏移,注销
G54	f		直线偏移 *X*
G55	f		直线偏移 *Y*
G56	f		直线偏移 *Z*
G57	f		直线偏移 *XY*
G58	f		直线偏移 *XZ*
G59	f		直线偏移 *YZ*
G60	h		准确定位 1(精)
G61	h		准确定位 2(中)
G62	h		快速定位(粗)
G63		*	攻螺纹
G64～G67	#	#	不指定
G68	#(d)	#	刀具偏置,内角
G69	#(d)	#	刀具偏置,外角
G70～G79	#	#	不指定
G80	e		固定循环注销
G81～G89	e		固定循环
G90	j		绝对尺寸
G91	j		增量尺寸
G92		*	预置寄存
G93	k		时间倒数,进给率
G94	k		每分钟进给
G95	k		主轴每转进给
G96	I		恒线速度

续表

代 码	功能保持到被取消或被用同样字母表示的程序指令所代替	功能仅在所出现的程序段内有作用	功 能
G97	I		每分钟转数(主轴)
G98～G99	#	#	不指定

注:(1) #号表示如选作特殊用途,必须在程序格式说明中说明。

(2) 如在直线切削控制中没有刀具补偿,用 G43 到 G52 可指定作其他用途。

(3) 在表中左栏括号中的字母(d)表示可以被同栏中没有括号的字母 d 注销或代替,也可被有括号的字母(d)注销或代替。

(4) G45～G52 功能可用于机床上任意两个预定的坐标。

(5) 控制机上没有 G53～G59、G63 功能时,可以指定作其他用途。

附表 A-2 辅助功能 M 代码(摘自 JB 3208—1999)

代 码	功能开始时间		功能保持到被注销或被适当程序指令代替	功能仅在所出现的程序段内有作用	功 能
	与程序段指令运动同时开始	在程序段指令运动完成后开始			
M00		*		*	程序停止
M01		*		*	计划停止
M02		*		*	程序结束
M03	*		*		主轴顺时针方向
M04	*		*		主轴逆时针方向
M05		*	*		主轴停止
M06	#	#		*	换刀
M07	*		*		2 号冷却液泵开
M08	*		*		1 号冷却液泵开
M09			*		冷却液关
M10	#	#	*		夹紧
M11	#	#	*		松开
M12	#	#	#	#	不指定
M13	*		*		主轴顺时针方向,冷却液泵开
M14	*		*		主轴逆时针方向,冷却液泵开
M15	*			*	正运动
M16	*			*	负运动
M17～M18	#	#	#	#	不指定
M19		*	*		主轴定向停止
M20～M29	#	#	#	#	永不指定
M30		*		*	程序结束

续表

代　码	功能开始时间		功能保持到被注销或被适当程序指令代替	功能仅在所出现的程序段内有作用	功　能
	与程序段指令运动同时开始	在程序段指令运动完成后开始			
M31	#	#		*	互锁旁路
M32～M35	#	#	#	#	不指定
M36	*		#		进给范围 1
M37	*		#		进给范围 2
M38	*		#		主轴速度范围 1
M39	*		#		主轴速度范围 2
M40～M45	#	#	#	#	如有需要作为齿轮换挡,此外不指定
M46～M47	#	#	#	#	不指定
M48		*	*		注销 M49
M49			#		进给率修正旁路
M50			#		3 号冷却液泵开
M51			#		4 号冷却液泵开
M52～M54	#	#	#	#	不指定
M55	*		#		刀具直线位移,位置 1
M56	*				刀具直线位移,位置 2
M57～M59	#	#	#	#	不指定
M60		*		*	更换工作
M61	*				工件直线位移,位置 1
M62	*		*		工件直线位移,位置 2
M63～M70	#	#	#	#	不指定
M71	*		*		工件角度位移,位置 1
M72	*		*		工件角度位移,位置 2
M73～M89	#	#	#	#	不指定
M90～M99	#	#	#	#	永不指定

注:(1) # 号表示如选作特殊用途,必须在程序说明中说明。* 号表示可选项。

(2) M90～M99 可指定作特殊用途。

参考文献

[1] 李斌,李曦.数控技术[M].武汉:华中科技大学出版社,2010.

[2] 廖效果.数控技术[M].武汉:湖北科学技术出版社,2000.

[3] 廖效果,朱启逑.数字控制机床[M].武汉:华中理工大学出版社,1992.

[4] 彭晓南.数控技术[M].北京:机械工业出版社,2001.

[5] 裴炳文.数控加工工艺与编程[M].北京:机械工业出版社,2005.

[6] 王永章,杜君文,程国全.数控技术[M].北京:高等教育出版社,2001.

[7] 易红.数控技术[M].北京:机械工业出版社,2005.

[8] 徐宏海.数控机床刀具及其应用[M].北京:化学工业出版社,2010.

[9] 贺曙新,张思弟,文少波.数控加工工艺[M].北京:化学工业出版社,2005.

[10] 李郝林,方键.机床数控技术[M].北京:机械工业出版社,2001.

[11] 方建军.数控加工自动编程技术[M].北京:化学工业出版社,2005.

[12] 黄圣杰,王俊祥.实战 Pro/Engineer NC 入门宝典[M].北京:中国铁道出版社,2002.

[13] 曹岩.Pro/ENGINEER Wildfire 数控加工实例精解[M].北京:机械工业出版社,2006.

[14] 赵德永,刘学江,王会刚.Pro/ENGINEER 数控加工[M].北京:清华大学出版社,2002.

[15] 席文杰.最新数控机床加工工艺编程技术与维护维修实用手册[M].长春:吉林电子出版社,2004.

[16] 王润孝,秦观生.机床数控原理与系统[M].西安:西北工业大学出版社,1997.

[17] 毕毓杰.机床数控技术[M].北京:机械工业出版社,1999.

[18] 杨有君.数字控制技术与数控机床[M].北京:机械工业出版社,1999.

[19] 张超英,罗学科.数控机床加工工艺、编程及操作实训[M].北京:高等教育出版社,2003.

[20] 罗学科,谢富春.数控原理与数控技术[M].北京:化学工业出版社,2004.

[21] 娄锐.数控应用关键技术[M].北京:电子工业出版社,2005.

[22] 罗学科,赵玉侠.典型数控系统及其应用[M].北京:化学工业出版社,2006.

[23] 廖常初.PLC 编程及应用[M].2 版.北京:机械工业出版社,2006.

[24] 文怀兴.数控铣床设计[M].北京:化学工业出版社,2006.

[25] 王立平.数控机床先进技术浅谈[J].航空制造技术,2010(10):49-52.

[26] 刘晋春,赵家齐,赵万生.特种加工[M].3 版.北京:机械工业出版社,1999.

[27] 董丽华,王东胜,佟锐.数控电火花加工实用技术[M].北京:电子工业出版社,2006.

[28] 袁根福.祝锡晶.精密与特种加工技术[M].北京:北京大学出版社,2007.

[29] 张辽远.现代加工技术[M].北京:机械工业出版社,2003.

[30] 白基成,郭永丰,刘晋春.特种加工技术[M].哈尔滨:哈尔滨工业大学出版社,2006.

[31] 左铁钏.21 世纪的先进制造——激光技术与工程[M].北京:科学出版社,2007.

[32] 张永康.激光加工技术[M].北京:化学工业出版社,2004.
[33] 杨志峰.四轴联动数控水射流切割机床研究[D].成都:西华大学,2008.
[34] 董庆华.数控高压水射流切割机的研究与设计[D].合肥:合肥工业大学,2007.
[35] 王育立.超高压多相射流的流动特性及切割性能分析[D].镇江:江苏大学,2009.
[36] 郭隐彪,杨继东,梁锡昌,等.杯状砂轮修整器对 CBN 砂轮的修形及磨削.制造技术与机床[J],1999(2):33-36.
[37] 李继贤,张飞虎.成形砂轮修整技术研究现状[J].机械工程师,2006(10):19-22.
[38] 黄鹤汀.金属切削机床(上册)[M].北京:机械工业出版社,2004.
[39] 贾亚洲,金属切削机床概论[M].北京:机械工业出版社,1998.
[40] 张俊生,金属切削机床与数控机床[M].北京:机械工业出版社,1994.
[41] 刘贵杰,巩亚东,王宛山.基于摩擦声发射信号的磨削表面粗糙度在线检测方法研究[J].摩擦学学报,2003(3):236-239.
[42] 张自强,阎秋生,陈少波,等.一种转动轴与移动轴并联的数控砂轮修整器.组合机床与自动化加工技术[J],2004(6):3-6.
[43] 尹丽娟,罗烽.智能化外圆磨削主动测量仪的研究[J].机械开发,2000(1):11-13.
[44] 张曙,U. Heisel.并联运动机床[M].北京:机械工业出版社,2003.
[45] 邓星钟.机电传动控制[M].4 版.武汉:华中科技大学出版社,2007.
[46] 叶伯生,戴永清.数控加工编程与操作[M].武汉:华中科技大学出版社,2005.
[47] 王小荣.机床数控技术及应用[M].北京:化学工业出版社,2017.
[48] 李虹霖.机床数控技术[M].上海:上海科学技术出版社,2012.
[49] 肖潇,郑兴睿.数控机床原理与结构[M].北京:清华大学出版社,2017.
[50] 刘一博,李俊杰.工业 4.0 未来 CAM 软件的智能化[J].世界制造技术与装备市场,2018(2):83-85.
[51] 李曦,陈吉红.国产数控机床与系统选型匹配手册[M].武汉:华中科技大学出版社,2018.

二维码资源使用说明

本书配套数字资源以二维码的形式在书中呈现,读者第一次利用智能手机在微信下扫码成功后提示微信登录,授权后进入注册页面,填写注册信息。按照提示输入手机号后点击获取手机验证码,稍等片刻收到 4 位数的验证码短信,在提示位置输入验证码成功后,重复输入两遍设置密码,点击“立即注册”,注册成功。(若手机已经注册,则在“注册”页底面选择“已有账号?绑定账号”,进入“账号绑定”页面,直接输入手机号和密码,提示登录成功。)接着提示输入学习码,需刮开教材封底防伪图层,输入 13 位学习码(正版图书拥有的一次性使用学习码),输入正确后提示绑定成功,即可查看二维码数字资源。手机第一次登陆查看资源成功,以后便可直接在微信端扫码登陆,重复查看本书所有的数字资源。

友好提示:如读者忘记登陆密码,请在 PC 机上,输入以下链接 http://jixie. hustp. com/index. php? m=Login,先输入自己的手机号,再点击“忘记密码”,通过短信验证码重新设置密码即可。